新世纪土木工程系列规划教材

工程结构抗震设计

主　编　张耀军　于海波
副主编　王新元　徐宗美　史　玲
参　编　庄金钊　方有亮　赵全斌

机械工业出版社

本书根据土木工程本科专业工程结构抗震课程教学的培养目标，结合 GB 50011—2010《建筑抗震设计规范（2016 年版）》、GB 18306—2015《中国地震动参数区划图》、GB 50017—2017《钢结构设计标准》等现行规范及标准编写而成。全书共 10 章，主要内容包括结构抗震设计基本知识，建筑抗震的概念设计，建筑场地、地基和基础，结构地震反应和结构抗震验算，多层和高层钢筋混凝土房屋抗震设计，多层砌体和底部框架砌体房屋抗震设计，多层和高层钢结构房屋抗震设计，桥梁延性抗震设计，结构隔震和消能减震设计，地下建筑抗震设计。本书设置了多层和高层钢筋混凝土房屋抗震设计、多层砌体和底部框架砌体房屋抗震设计、桥梁延性抗震设计三个实例，以便读者理解和掌握相关内容。

本书可作为普通高等院校土木工程专业工程结构抗震课程的教材，也可作为从事土木工程设计、施工和监理等工作的工程技术人员的参考书。

图书在版编目（CIP）数据

工程结构抗震设计/张耀军，于海波主编. —北京：机械工业出版社，2018.12

新世纪土木工程系列规划教材

ISBN 978-7-111-61352-7

Ⅰ.①工… Ⅱ.①张…②于… Ⅲ.①建筑结构-防震设计-高等学校-教材 Ⅳ.①TU352.104

中国版本图书馆 CIP 数据核字（2018）第 259869 号

机械工业出版社（北京市百万庄大街 22 号　邮政编码 100037）
策划编辑：马军平　责任编辑：马军平
责任校对：王　延　封面设计：张　静
责任印制：李　昂
河北鹏盛贤印刷有限公司印刷
2019 年 1 月第 1 版第 1 次印刷
184mm×260mm・17.25 印张・423 千字
标准书号：ISBN 978-7-111-61352-7
定价：45.00 元

凡购本书，如有缺页、倒页、脱页，由本社发行部调换

电话服务	网络服务
服务咨询热线：010-88379833	机 工 官 网：www.cmpbook.com
读者购书热线：010-88379649	机 工 官 博：weibo.com/cmp1952
	教育服务网：www.cmpedu.com
封面无防伪标均为盗版	金 书 网：www.golden-book.com

前言

我国处于环太平洋地震带和亚欧地震带之间，是世界上地震灾害最严重的国家之一。我国的地震活动分布广、震级高、震源浅、震害严重。1976年唐山地震、2008年汶川地震、2010年玉树地震等大地震不仅造成了巨大的人员伤亡和经济损失，还带来了无法磨灭的心灵之痛。目前地震的监测预报还是世界性难题，故抓好工程结构的抗震设防，提高工程结构自身的抗震能力尤为重要。

工程结构抗震设计是高等院校土木工程专业的一门重要专业课程。该课程设置的教学目的就是培养学生的工程抗震意识，使其掌握工程结构抗震设防的基本理论与方法。本书结合GB 50011—2010《建筑抗震设计规范（2016年版）》、JTG/T B02-01—2008《公路桥梁抗震设计细则》、CJJ 166—2011《城市桥梁抗震设计规范》、GB 18306—2015《中国地震动参数区划图》、GB 50017—2017《钢结构设计标准》等现行规范编写而成。本书吸收了近年来工程抗震领域的成熟经验和成果，增加了关于性能设计的内容，力图体现抗震设计的新趋势，使设计理念更加先进；增加了结构隔震和消能减震设计、地下建筑抗震设计的专门章节，使涵盖的结构类型更加完整；系统介绍了结构非弹性地震反应时程分析方法及静力弹塑性分析方法，较大程度上拓宽了知识面，更好地满足了土木工程本科专业的教学需要。本书在编写过程中注重基本概念、基本理论和基本方法的介绍，注重内容的系统性及与其他相关课程内容上的衔接性，注重理论知识和工程实践的结合。为便于读者理解和巩固所学知识，主要章节都设置了例题或设计实例，章末设有思考题或习题。

本书由山东农业大学张耀军、新疆塔里木大学于海波担任主编，山东农业大学王新元、徐宗美、史玲担任副主编，中国农业大学庄金钊、河北大学方有亮、山东建筑大学赵全斌参编。全书由张耀军统稿。具体编写分工如下：徐宗美编写第1、7章，张耀军编写第2、3章，张耀军、赵全斌编写第4章，庄金钊编写第5章，于海波编写第6章，史玲编写第8章，方有亮编写第9章，王新元编写第10章并整理附录。

在本书编写过程中，学习和参考了大量已出版的教材，以及一些专家、学者的著作，在此谨向原编著者致以诚挚的谢意。

限于编者水平，书中难免存在不妥之处，敬请读者提出宝贵意见。

编 者

目 录

前 言
第1章 结构抗震设计基本知识 ……… 1
1.1 地震的成因 ……… 1
1.2 地震波及其传播 ……… 3
1.3 地震震级与烈度 ……… 4
1.4 地震活动及其破坏作用 ……… 7
1.5 工程结构的抗震设防 ……… 12
思考题与习题 ……… 16

第2章 建筑抗震的概念设计 ……… 17
2.1 建筑场地选择 ……… 17
2.2 结构的规则性 ……… 18
2.3 结构体系布置与选择 ……… 21
2.4 非结构构件 ……… 22
2.5 结构材料与施工要求 ……… 22
思考题 ……… 23

第3章 建筑场地、地基和基础 ……… 24
3.1 建筑场地的选择 ……… 24
3.2 建筑场地类别的划分 ……… 26
3.3 天然地基和基础的抗震验算 ……… 30
3.4 地基土的液化与抗液化措施 ……… 32
3.5 桩基础抗震设计 ……… 40
思考题与习题 ……… 42

第4章 结构地震反应和结构抗震验算 ……… 44
4.1 单自由度弹性体系的水平地震反应 ……… 44
4.2 单自由度弹性体系水平地震作用及反应谱 ……… 47
4.3 多自由度弹性体系的水平地震反应 ……… 53
4.4 多自由度弹性体系水平地震作用的计算 ……… 60
4.5 结构基本周期的近似计算 ……… 67
4.6 考虑扭转影响的水平地震作用计算 ……… 69
4.7 结构竖向地震作用 ……… 71
4.8 结构非弹性地震反应分析方法简介 ……… 73
4.9 结构抗震验算 ……… 82
思考题与习题 ……… 88

第5章 多层和高层钢筋混凝土房屋抗震设计 ……… 90
5.1 多层和高层钢筋混凝土房屋的震害特点 ……… 90
5.2 多层和高层钢筋混凝土房屋抗震设计的一般规定 ……… 94
5.3 框架结构的抗震计算与抗震构造措施 ……… 100
5.4 抗震墙结构的抗震计算与抗震构造措施 ……… 124
5.5 框架—抗震墙结构的抗震计算与抗震构造措施 ……… 139
思考题 ……… 144

第6章 多层砌体和底部框架砌体房屋抗震设计 ……… 145
6.1 多层砌体和底部框架砌体房屋的震害特点 ……… 145
6.2 多层砌体房屋抗震设计的一般规定 ……… 147
6.3 多层砌体房屋的抗震验算 ……… 150
6.4 多层砌体房屋的抗震构造措施 ……… 163
6.5 底部框架—抗震墙砌体房屋抗震设计的一般规定 ……… 168
6.6 底部框架—抗震墙砌体房屋的抗震构造措施 ……… 171
思考题 ……… 173

第7章 多层和高层钢结构房屋抗震设计 ········ 175
- 7.1 多层和高层钢结构的震害特点 ········ 175
- 7.2 多层和高层钢结构房屋体系 ········ 176
- 7.3 多层和高层钢结构房屋抗震设计的一般规定 ········ 180
- 7.4 多层和高层钢结构房屋抗震计算 ········ 183
- 7.5 钢框架结构的抗震构造措施 ········ 189
- 思考题 ········ 195

第8章 桥梁延性抗震设计 ········ 196
- 8.1 桥梁震害 ········ 196
- 8.2 桥梁工程抗震设计的一般规定 ········ 199
- 8.3 延性抗震设计理论 ········ 202
- 8.4 规则桥梁的延性抗震设计 ········ 207
- 8.5 桥梁抗震构造措施 ········ 216
- 思考题 ········ 218

第9章 结构隔震与消能减震设计 ········ 219
- 9.1 结构隔震原理与方法 ········ 219
- 9.2 结构消能减震原理与方法 ········ 224
- 9.3 结构主动减震控制简介 ········ 230
- 思考题 ········ 231

第10章 地下建筑抗震设计 ········ 232
- 10.1 地下建筑的震害特点 ········ 232
- 10.2 地下建筑抗震设计的一般规定 ········ 233
- 10.3 地下建筑抗震设计计算要点 ········ 234
- 10.4 地下建筑抗震构造措施 ········ 239
- 思考题 ········ 240

附录 我国主要城镇和地区的抗震设防烈度、设计基本地震加速度和设计地震分组 ········ 241

参考文献 ········ 269

结构抗震设计基本知识　第1章

1.1 地震的成因

作为一种突发式的自然灾害,地震以其巨大的威力,对人类社会构成了严重的威胁。据统计,地球上每天都在发生地震,一年约有 500 万次,其中约 5 万次人们可以感觉到;能造成破坏的约有 1000 次;毁灭性地震约有 2 次。地震时强烈的地面运动会造成建筑物倒塌或损坏,并可能引发火灾、水灾、山崩、滑坡及海啸等一系列次生灾害,灾难性地震会造成重大的人员伤亡和经济损失。为了最大限度地减少地震灾害带来的损失,现阶段最为切实有效的方法是对工程结构进行抗震设计。

1.1.1 地震的类型

地震按其成因可分为构造地震、火山地震、塌陷地震、诱发地震四种。

(1) **构造地震**　地应力在某一地区逐渐增加,岩石变形也不断增加,当地应力超过岩石的极限强度时,在岩石的薄弱处突然发生断裂和错动,部分应变能突然释放,引起震动,其中一部分能量以波的形式传到地面,产生的地震为构造地震。构造地震发生断裂错动的地方所形成的断层称为发震断层。发震断层处应力集中且岩石强度低,因此构造地震常常发生在已有的断层上。

(2) **火山地震**　活动的火山爆发,岩浆猛烈冲出地面时引起的地面震动为火山地震。火山地震影响一般比较小,不致引起较大的灾害。

(3) **塌陷地震**　地表或地下岩层突然发生大规模的陷落和崩塌时引起的地面震动。塌陷地震造成的危害一般比较小。

(4) **诱发地震**　由人工爆破、矿山开采、水库储水、深井注水等原因引发的地震。影响范围较小,地震强度一般不大。

在这四种地震类型中,构造地震分布最广,危害最大,约占地震总量的 90% 以上。因此,在地震工程学中,主要的研究对象是构造地震。在工程抗震设防中所指的地震就是构造地震,简称为地震。

1.1.2 地震常用术语

地球内部发生地震的地方称为震源。震源在地球表面的投影称为震中。地球上某一地点到震中的距离称为震中距。震中附近地区称为震中区,破坏最为严重的地区称为极震区,震源到震中的垂直距离称为震源深度,如图 1-1 所示。

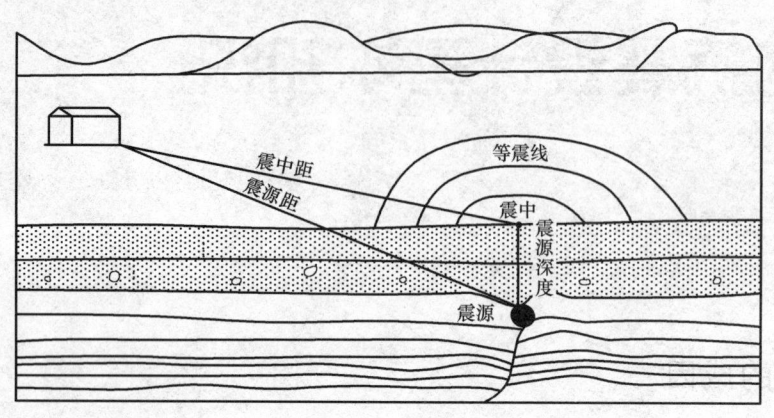

图 1-1 地震术语

按震源的深浅，地震又可分为浅源地震、中源地震和深源地震。浅源地震的震源深度在 60km 以内，约占地震总数的 70%，一年中全世界所有地震释放的能量约 85% 来自浅源地震。浅源地震波及范围较小，破坏程度较大。中源地震的震源深度在 60~300km，约占地震总数的 25%。深源地震的震源深度在 300km 以上，约占地震总数的 5%。破坏性地震一般是浅源地震，如 1976 年唐山地震的震源深度为 12km。

1.1.3 地震的成因

根据对地应力产生机理解释的不同，产生了多种关于地震成因的学说，其中比较公认的是断层成因学说和板块构造学说。

断层成因学说认为，组成地壳的岩层时刻处于变动状态，产生的地应力也在不停变化。当地应力较小时，岩层尚处于完整状态，仅发生褶皱。随着作用力不断增强，当地应力引起的应变超过某处岩层的极限应变时，该处的岩层将产生断裂和错动。而承受应变的岩层在其自身的弹性应力作用下将发生回跳，迅速弹回到新的平衡位置。一般情况下，断层两侧弹性回跳的方向是相反的。地下岩石受到长期的构造作用积累了应变能，当积累的能量超过一定限度时，地下岩层突然破裂，形成断层；或者是沿已有的断层发生突然滑动，释放出很大的能量，其中一小部分以地震波的形式传播出去，形成地震。

板块构造学说认为，地球的岩石圈不是一块整体，而是被一些活动的构造带（海岭、岛弧、平移大断层等）割裂的若干板块。全球岩石圈可分为欧亚板块、太平洋板块、澳洲板块、美洲板块、非洲板块和南极板块六大板块。它们又可分成若干小板块。各板块之间因岩石层下面的地幔软流层的对流运动，在边界处相互挤压和顶撞，从而致使板块边缘附近岩石层脆性断裂而引发地震。地球上的主要地震带就处于这些大板块的交界处。据资料统计，全世界 85% 左右的地震发生在板块边缘。

多数大地震发生在岩石层（圈）板块边缘的断层上，各板块间的相对运动是引发大地震的主要原因。但也有不少地震发生在板块内部，称为板内地震。由于陆地人口稠密，板内地震造成的人员伤亡和财产损失往往十分巨大。1556 年我国陕西关中大地震、1976 年唐山大地震及 2008 年汶川大地震均属于板内地震。

1.2 地震波及其传播

1.2.1 地震波

当震源岩层发生断裂、错动时,岩层所积累的能量突然释放,以波的形式从震源向四周传播,这种波称为地震波。

地震波是一种弹性波,按其在地壳中传播的位置不同分为体波和面波。

1. 体波

体波为在地球内部传播的波,体波根据其介质质点振动方向和波传播方向的不同又可以分为纵波和横波,如图1-2所示。纵波的介质质点振动的方向和波传播的方向相同,是从震源向四周传播的压缩波。纵波一般周期较短、波速较快、振幅较小,在地面上引起上下颠簸波动。纵波由于波速较快,在地震发生时往往最先到达,因此纵波也称为初波、P波、压缩波或疏密波。纵波波速一般用v_p来表示,在地壳内纵波的传播速度一般为200~1400m/s。

横波的介质质点振动的方向和波传播的方向垂直,是从震源向四周传播的剪切波。横波一般周期较长、波速较慢、振幅较大,引起地面水平方向的运动。横波由于波速较慢,在地震发生时到达的时间比纵波晚,因此横波也称为次波、S波、剪切波或等体积波。横波波速一般用v_s来表示,在地壳内横波的传播速度一般为100~800m/s。

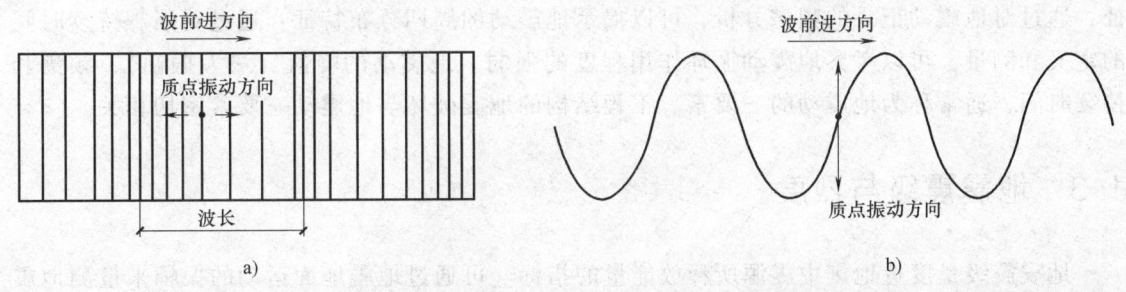

图1-2 纵波和横波

a) 纵波 b) 横波

2. 面波

面波为在地表面传播的波。面波主要分为瑞利波(R波)和勒夫波(L波)。

瑞利波传播时,介质质点在波的前进方向与地表法向组成的平面内做椭圆运动,如图1-3a所示。勒夫波传播时,介质质点在与波的前进方向垂直的水平方向运动,在地面上表现为蛇形运动,如图1-3b所示。

面波是经过地层界面的多次反射、折射形成的次生波,其波速低、周期长、振幅大、衰减慢,在地震发生时,往往最后到达。建筑物的破坏主要由面波造成。

利用纵波、横波和面波传播速度的不同,可以大致确定震源的距离。

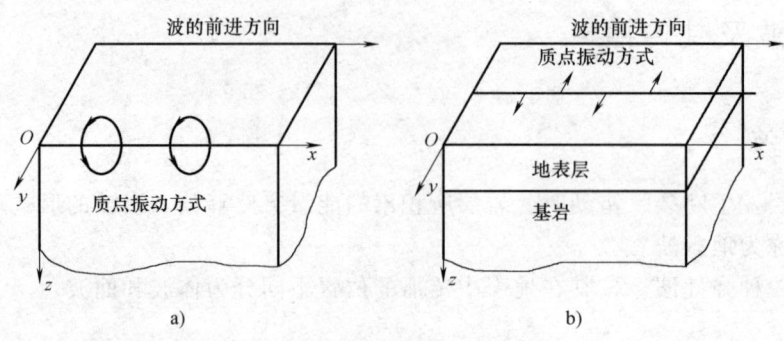

图 1-3 面波质点振动形式

a) 瑞利波质点振动 b) 勒夫波质点振动

1.2.2 地震动

由地震波传播所引发的地面振动，通常称为地震动。其中，在震中区附近的地震动称为近场地震动。对于近场地震动，一般通过记录地面运动的加速度来了解地震动的特征。对加速度记录进行积分，可以得到地面运动的速度与位移。一般来说，地震动在空间上具有3个平动方向的分量、3个转动方向的分量。

从前面对地震波的介绍可知，地面上任一点的振动过程实际上包括了各种类型地震波的综合作用。因此，地震动记录的最明显表征是其不规则性。从工程应用角度考察，可以采用有限的几个要素反映不规则的地震波。例如，通过最大振幅，可以定量反映地震动的强度特征；通过对地震动记录的频谱分析，可以揭示地震动的周期分布特征；通过对强震持续时间的定义和测量，可以考察地震动循环作用程度的强弱。地震动的峰值（最大振幅）、频谱和持续时间，通常称为地震动的三要素。工程结构的地震破坏与地震动三要素密切相关。

1.3 地震震级与烈度

地震震级是度量地震中震源所释放能量的指标。可通过地震地面运动的振幅来量测地震震级。

1.3.1 地震震级

1935年，美国地震学家里希特（C. F. Richter）首先提出了震级的概念，采用Wood-Anderson式标准地震仪（周期0.8s、阻尼系数0.8、放大倍数2800的地震仪）在距离震中100km处记录到的以μm为单位的最大水平地面位移A的常用对数值来表示震级的大小，即里氏震级M，其计算公式为

$$M = \lg A \tag{1-1}$$

地震震级是表征地震大小或强弱的指标，是一次地震释放能量多少的度量，它是地震的基本参数之一。一次地震只有一个震级。震级直接与震源释放能量的多少有关，可以用下式表示

$$\lg E = 11.8 + 1.5M \tag{1-2}$$

式中 E——地震能量（J）。

一个6级地震释放的能量相当于一个2万t级原子弹释放的能量。震级相差一级，振幅相差10倍，能量相差约32倍。震级及其相应的能量的关系见表1-1。

表1-1 震级及其相应能量

震级	能量/erg	震级	能量/erg
1	$2.00×10^{13}$	6	$6.31×10^{20}$
2	$6.31×10^{14}$	7	$2.00×10^{22}$
3	$2.00×10^{16}$	8	$6.31×10^{23}$
4	$6.31×10^{17}$	8.5	$3.55×10^{24}$
5	$2.00×10^{19}$		

注：$1erg = 10^{-7}J$。

根据震级的大小，地震可分为七类，见表1-2。

表1-2 地震按震级的分类

类 型	震 级	类 型	震 级
超微震	震级<1	强烈地震	6≤震级<7
弱震和微震	1≤震级<3	大地震	震级≥7
有感地震	3≤震级<4.5	巨大地震	震级≥8
中强地震	4.5≤震级<6		

1.3.2 地震烈度

地震烈度表示地震造成地面上各地点的破坏程度。

地震烈度与震级、震中距、震源深度、地质构造、建（构）筑物的地基条件有关。烈度的大小是根据人的感觉、地面房屋受破坏程度等综合因素评定的。地震震级和地震烈度是描述地震现象的两个参数。

一次地震只有一个震级而地震烈度值可以有多个。震级越大，震中烈度越高；离震中越远，地震烈度越低。震源深度越浅，地震烈度越高。震源深度越深，地震烈度越低。

一般来说，地震烈度随着震中距的增加而递减。我国根据153个等震线资料统计出的烈度 I、震级 M、震中距 R 的经验关系式如下。

$$I = 0.92 + 1.63M - 3.49\lg R \tag{1-3}$$

对于浅源地震而言，地震震级与震中烈度有大致的对应关系，见表1-3。

表1-3 震中烈度与震级的大致关系

震级	2	3	4	5	6	7	8	>8
烈度[①]	1~2	3	4~5	6~7	7~8	9~10	11	12

① 地震烈度在GB/T 17742—2008中用罗马数字表示，但在《建筑抗震设计规范》《混凝土结构设计规范》《钢结构设计标准》等现行规范或标准中均用阿拉伯数字表示，故本书除表1-4外，烈度均用阿拉伯数字表示。

地震烈度表示地震影响的强弱程度，为了便于评判，需要建立一个合适的标准，这个标

工程结构抗震设计

准就是地震烈度表。目前世界上各国普遍采用 12 度的烈度表，表 1-4 所列为我国 2008 年批准实施的中国地震烈度表。

表 1-4 中国地震烈度表（摘自 GB/T 17742—2008）

地震烈度	人的感觉	房屋震害			其他震害现象	水平向地震动参数	
		类型	震害程度	平均震害指数		峰值加速度 /(m/s²)	峰值速度 /(m/s)
I	无感觉	—	—	—	—	—	—
II	室内个别静止中的人有感觉	—	—	—	—	—	—
III	室内少数静止中的人有感觉	—	门、窗轻微作响	—	悬挂物微动	—	—
IV	室内多数人、室外少数人有感觉，少数人梦中惊醒	—	门、窗作响	—	悬挂物明显摆动，器皿作响	—	—
V	室内绝大多数、室外多数人有感觉，多数人梦中惊醒	—	门窗、屋顶、屋架颤动作响，灰土掉落，个别房屋墙体抹灰出现细微裂缝，个别屋顶烟囱掉砖	—	悬挂物大幅度晃动，不稳定器物摇动或翻倒	0.31 (0.22~0.44)	0.03 (0.02~0.04)
VI	多数人站立不稳，少数人惊逃户外	A	少数中等破坏，多数轻微破坏和/或基本完好	0.00~0.11	家具和物品移动；河岸和松软土出现裂缝，饱和砂层出现喷砂冒水，有的独立砖烟囱轻度裂缝	0.63 (0.45~0.89)	0.06 (0.05~0.09)
		B	个别中等破坏，少数轻微破坏，多数基本完好				
		C	个别轻微破坏，大多数基本完好	0.00~0.08			
VII	大多数人惊逃户外，骑自行车的人有感觉，行驶中的汽车驾乘人员有感觉	A	少数破坏和/或严重破坏，多数中等破坏和/或轻微破坏	0.09~0.31	物体从架子上掉落；河岸出现塌方，饱和砂层常见喷砂冒水，松软土地上地裂缝较多；大多数独立砖烟囱中等破坏	1.25 (0.90~1.77)	0.13 (0.10~0.18)
		B	少数中等破坏，多数轻微破坏和/或基本完好				
		C	少数中等和/或轻微破坏，多数基本完好	0.07~0.22			
VIII	多数人摇晃颠簸，行走困难	A	少数破坏，多数严重和/或中等破坏	0.19~0.51	干硬土上出现裂缝，饱和砂层绝大多数喷砂冒水；大多数独立砖烟囱严重破坏	2.50 (1.78~3.53)	0.25 (0.19~0.35)
		B	个别破坏，少数严重破坏，多数中等和/或轻微破坏				
		C	少数严重和/或中等破坏，多数轻微破坏	0.20~0.40			
IX	行动的人摔跤	A	多数严重破坏或/和破坏	0.49~0.71	干硬土上多处出现裂缝，可见基岩裂缝、错动，滑坡、塌方常见；独立砖烟囱多数倒塌	5.00 (3.54~7.07)	0.50 (0.36~0.71)
		B	少数毁坏，多数严重和/或中等破坏				
		C	少数毁坏和/或严重破坏，多数中等和/或轻微破坏	0.38~0.60			

(续)

地震烈度	人的感觉	房屋震害			其他震害现象	水平向地震动参数	
		类型	震害程度	平均震害指数		峰值加速度 /(m/s²)	峰值速度 /(m/s)
X	骑自行车的人会摔倒,处于不稳状态的人会被抛离原地,有抛起感	A	绝大多数毁坏	0.69~0.91	山崩和地震断裂出现,基岩上拱桥破坏;大多数独立砖烟囱从根部破坏或倒毁	10 (7.08~14.14)	1 (0.72~1.41)
		B	大多数毁坏				
		C	多数毁坏和/或严重破坏	0.58~0.80			
XI	—	A	绝大多数毁坏	0.89~1.00	地震断裂延续很长,大量山崩滑坡	—	—
		B					
		C		0.78~1.00			
XII	—	A	几乎全部毁坏	1.00	地面剧烈变化,山河改观		
		B					
		C					

注：1. 用本标准评定烈度时，Ⅰ~Ⅴ度以地面上人的感觉及其他震害现象为主；Ⅵ~Ⅹ度以房屋震害和其他震害现象综合考虑为主，人的感觉仅供参考；Ⅺ~Ⅻ度以地表震害现象为主。
2. 表中房屋为未经抗震设计或加固的单层或数层砖混和砖木房屋。相对建筑质量特别差或特别好以及地基特别差或特别好的房屋，可根据具体情况，对表中各烈度相应的震害程度和平均震害指数予以提高或降低。
3. 在农村可按自然村为单位、在城镇可按街区进行烈度的评定，面积以1平方公里为宜。
4. 数量词说明："个别"为10%以下；"少数"为10%~45%；"多数"为40%~70%；"大多数"为60%~90%；"绝大多数"为80%以上。
5. 评定烈度的房屋类型包括三种类型：①A类是指木构架和土、石、砖墙建造的旧式房屋；②B类是指未经抗震设防的单层或多层砖砌体房屋；③C类是指按照Ⅶ度抗震设防的单层或多层砖砌体房屋。

1.3.3 基本烈度

基本烈度是指某地区在今后一段时间内，在一般场地条件下可能遭受的最大地震烈度。我国是根据45个城镇的历史震灾记录进行统计并依据烈度递减规律进行预估，50年内超越概率为10%的烈度。

1.4 地震活动及其破坏作用

1.4.1 世界地震活动

破坏性地震并不是均匀分布于地球的各个部位。根据地震的历史资料，将地震发生的地点和强度在地图上标志出来，也就是绘制震中分布图。在地球上震中的分布是沿一定深度和规律集中在某些特定的大地构造部位，总体呈带状分布。通常可以划分出四条全球规模的地震活动带。其中环太平洋地震带和地中海—喜马拉雅地震带是世界上两条主要的地震活动带。

1. 环太平洋地震活动带

环太平洋地震活动带全长超过35000km，地震活动极为强烈，是地球上最主要的地震带。该地震带释放的能量占全部地震能量的 75% 以上，全世界约 80% 的浅源地震和 90% 的中源地震，以及所有的深源地震都集中在此。它北起太平洋北部的阿留申群岛，分东西两支沿太平洋东西两岸向南延伸。环太平洋地震活动带的东支经阿拉斯加、加拿大、美国西海岸、墨西哥、中美洲后直下南美洲。环太平洋地震活动带构造系基本上是大洋岩石圈与大陆岩石圈相聚合的边缘构造系。

2. 地中海—喜马拉雅地震活动带

地中海—喜马拉雅地震活动带西起大西洋中的亚速尔群岛，经地中海、土耳其、伊朗，抵达帕米尔，沿喜马拉雅山东行，穿过中南半岛西缘，直到印度尼西亚的班达海与太平洋地震带相接，总长超过 20000km，因其穿过欧亚两大洲，也称为欧亚地震带。除太平洋地震带外几乎所有的中源地震和大的浅源地震都发生在此带内，释放能量占全部地震能量的 15% 左右。

表 1-5 所列为百年以来全世界范围内大地震情况。

表 1-5 百年来全球大地震一览表

地震名称	时间	地点	震级	死亡人数
意大利墨西拿大地震	1908 年 12 月 18 日	西西里岛墨西拿市	7.5	7.5 万人
日本关东大地震	1923 年 9 月 1 日	日本横滨、东京一带	8.2	13 万余人
土耳其大地震	1939 年 12 月 27 日	东部城市埃尔津詹	8	5 万人
智利大地震	1960 年 5 月 21 日	智利康塞普西翁	8.9	约 1 万人
秘鲁大地震	1970 年 5 月 31 日	秘鲁钦博特市	7.6	6 万多人
中国唐山大地震	1976 年 7 月 28 日	河北省唐山市	7.8	24.2 万人
墨西哥大地震	1985 年 9 月 19 日	西部太平洋沿岸 4 个州	7.8	3.5 万人
伊朗大地震	1990 年 6 月 21 日	西北部鲁尔巴	7.3	5 万人
日本神户大地震	1995 年 1 月 17 日	日本神户市	7.2	6200 多人
印度洋地震海啸	2004 年 12 月 26 日	印尼苏门答腊岛北部	8.9	约 30 万人
中国汶川地震	2008 年 5 月 12 日	四川省汶川县	8.0	接近 9 万人
印尼苏门答腊地震	2009 年 9 月 30 日	印尼苏门答腊岛海域	7.9	1325 人
海地地震	2010 年 1 月 12 日	海地	7.3	约 25 万人
智利地震	2010 年 2 月 27 日	智利康塞普西翁	8.8	507 人
中国玉树地震	2010 年 4 月 14 日	青海省玉树州	7.1	2220 人
日本东北海域地震	2011 年 3 月 11 日	日本本周宫城县海域	9.0	超过 20000 人
巴基斯坦地震	2013 年 9 月 24 日	巴基斯坦西南部的俾路支省	7.7 6.8	超过 825 人
尼泊尔地震	2015 年 4 月 25 日	尼泊尔境内	7.8	约 9000 人
阿富汗地震	2015 年 10 月 26 日	阿富汗和巴基斯坦北部附近	7.8	约 400 人
厄瓜多尔地震	2016 年 4 月 16 日	厄瓜多尔太平洋沿岸	7.8	超过 650 人
墨西哥地震	2017 年 9 月 19 日	墨西哥中部	7.1	超过 369 人

1.4.2 中国地震活动

1. 中国大陆地震带分布特点

根据板块构造学说，中国位于欧亚板块的东南端，东接太平洋板块，南邻印澳板块。我国是世界上地震较多的国家之一。

我国境内的地震分布具有条带分布的特点,地震活动主要分布在 5 个地区的 23 条地震带上。这 5 个地区是:①台湾省及其附近海域;②西南地区,主要是西藏、四川西部和云南中西部;③西北地区,主要在甘肃河西走廊、青海、宁夏、天山南北麓;④华北地区,主要在太行山两侧、汾渭河谷、阴山—燕山一带、山东中部和渤海湾;⑤东南沿海的广东、福建等地。我国的台湾省位于环太平洋地震带上,西藏、新疆、云南、四川、青海等省区位于地中海—喜马拉雅地震带上,其他省区处于相关的地震带上。

中国地震带的分布是制定中国地震重点监视防御区的重要依据。

2. 我国的地震记录

我国历史文化悠久,地震历史资料丰富,最早有文字可考的地震灾害记录可以追溯到 4500 年以前。表 1-6 所列为中国历史上的强烈地震情况。

表 1-6 中国历史上的强烈地震

序号	发震年份	地点	震级	死亡人数
1	1303	山西洪洞	8	200000
2	1311	西藏当雄	8.5	—
3	1556	陕西华县	8	830000
4	1654	甘肃天水	8.5	31000
5	1668	山东郯城	8	5000
6	1679	河北三河	8	45000
7	1739	宁夏平罗	8	50000
8	1812	新疆尼勒克	8	58
9	1833	西藏聂拉木	8	5
10	1833	云南嵩明	8	6707
11	1879	甘肃武都	8	30000
12	1902	新疆阿图什	8.3	5600
13	1920	台湾大港口	8.0	5
14	1920	宁夏海原	8.5	235000
15	1927	甘肃古浪	8.0	40000
16	1931	新疆富蕴	8.0	300
17	1950	西藏察隅	8.6	3300
18	1951	西藏当雄	8.0	—
19	1972	台湾火烧岛	8.0	1
20	1976	河北唐山	7.6	242000
21	2001	青海昆仑山口	8.1	—
22	2008	四川汶川	8.0	接近 90000
23	2010	青海玉树	7.1	2220
24	2013	四川雅安	7.0	196
25	2017	四川阿坝州九寨沟县	7.0	25

3. 我国地震活动特点

我国境内发生的地震，大多数属于浅源地震，震源深度东部较浅、西部较深。这种地震震源深度的分布与我国的西高东低的地势相关。

4. 中国地震烈度区划图

目前，我国已将国土划分为由不同基本烈度覆盖的区域，这一工作称为地震区划。随着研究工作的不断深入，地震区划已给出了相应的地震动参数。现在我国已颁发实施的是GB 18306—2015《中国地震动参数区划图》。地震烈度区划图不仅标识了不同地区的地震历史震害，也给出了各地区未来地震活动的趋势，对于工程结构抗震具有重要的指导意义。

抗震设防烈度是指按国家规定的权限批准的，作为一个地区抗震设防依据的地震烈度。一般情况下，抗震设防烈度可以采用中国地震烈度区划图的地震基本烈度，或采用与GB 50011—2010《建筑抗震设计规范（2016年版）》（以下简称《抗震规范》）设计基本地震加速度对应的地震烈度，但还需根据建筑物所在城市的大小，建筑物类别、高度，以及当地的抗震设防规划确定。

1.4.3 地震破坏

对历史地震的考察和分析表明，地震的破坏作用主要表现为三种形式：地表破坏、工程结构的破坏、次生灾害。

1. 地表破坏及其影响

地表破坏主要表现为地裂缝、地面下沉、喷水冒砂和滑坡等形式。

地裂缝分为构造性地裂缝和重力式地裂缝两类。前者是地震断层错动后在地表形成的痕迹。裂缝带长可延伸几千米到几万米，带宽达数十厘米到数米。后者是由于地表土质不匀及受地貌影响所形成，其规模较前者为小。当构造性地裂缝穿过建筑物时，会造成结构开裂直至建筑物倒塌。

地面下沉多发生在软土分布地区和矿业采空区。地面的不均匀沉陷易引起建筑物的破坏甚至倒塌。

在地下水位较高的地区，地震波的作用会使地下水压急剧增高，从而导致地下水经地裂缝或其他通道喷出地面。当地表土层含有砂层或粉土层时，会造成砂土液化甚至出现喷水冒砂现象，液化可以造成建筑物倾斜与倒塌、埋地管网的大面积破坏。

在河岸、山崖、丘陵地区，地震时极易诱发滑坡。地震时的大滑坡可以切断交通通道、冲毁房屋和桥梁、堵塞河流（图1-4和图1-5）。

2. 地震中工程结构的破坏

工程结构的破坏是造成人类生命和财产损失的主要原因，其破坏可能是由地基失效引起，也可能是由上部结构承载力不足形成的破坏或结构丧失整体稳定性造成。地震历史资料表明，由地基失效引起的工程结构的破坏仅占结构破坏的10%左右，其余90%是由于结构承载力不足或丧失整体稳定造成的。世界各国的抗震设计规范都将主要精力集中在上部结构破坏机理的分析和研究上。

建筑物的动力破坏主要表现为主体结构强度不足形成的破坏和结构丧失整体性两类破坏形式。其中，强度破坏主要是因为结构承重构件的抗剪、抗弯、抗压等强度不足，如墙体裂缝、钢筋混凝土构件开裂或酥裂等。结构构件发生强度破坏前后，结构物一般进入弹塑性变形阶段。在这一阶段，结构物在强烈振动作用下会因为延性不足、节点连接失效、主要承重构件失稳等而丧失整体性，从而造成局部或整体结构的倒塌（图1-6和图1-7）。

第1章 结构抗震设计基本知识

图1-4 山体滑坡

图1-5 桥梁破坏

图1-6 框架结构破坏

图1-7 强梁弱柱造成的破坏

表1-7与表1-8分别是我国历史强震中多层砖房和单层混凝土柱工业厂房的部分震害资料统计结果。对这些资料的研究与分析，有助于从宏观上认识建筑结构在不同烈度下的总体破坏特征。

表1-7 多层砖房屋震害程度统计（2054幢）

震害程度	地震烈度									
	6度		7度		8度		9度		10度	
	栋数	百分比(%)	栋数	百分比(%)	栋数	百分比(%)	栋数	百分比(%)	栋数	百分比(%)
基本完好	230	45.9	250	40.8	22	14.8	7	1.6	2	0.6
轻微损坏	212	42.3	231	37.7	24	16.1	35	7.8	19	5.6
中等破坏	56	11.2	75	12.2	54	36.2	138	30.7	23	6.7
严重破坏	3	0.6	54	8.8	40	27.5	169	37.5	68	19.9
倒毁	—	—	3	0.5	8	5.4	101	23.4	229	67.2
总计	501	100	613	100	149	100	450	100	341	100

表 1-8 单层混凝土柱工业厂房震害统计（249 幢）

震害程度	地震烈度							
	7度		8度		9度		10度	
	栋数	百分比（%）	栋数	百分比（%）	栋数	百分比（%）	栋数	百分比（%）
基本完好	3	15.8	24	13.7	—	—	—	—
轻微损坏	11	57.9	46	26.3	1	10	3	6.7
中等破坏	3	15.8	59	33.7	2	20	15	33.3
严重破坏	2	10.5	38	21.7	7	70	11	24.4
倒毁	—	—	8	4.6	—	—	16	35.6
总计	19	100	175	100	10	100	45	100

3. 地震的次生灾害

强烈地震除了引起结构的破坏外，一般还会引起其他一些次生灾害，如火灾、水灾、泥石流、海啸、滑坡等（图 1-8 和图 1-9）。例如，1995 年的日本阪神大地震，震后火灾多达 500 余处，震中区木结构房屋几乎全部烧毁。一般来说，地震本身造成的直接损失往往小于次生灾害造成的间接损失。所以，对地震灾害的预防应强调其综合性和连锁性。

图 1-8 地震引起的火灾

图 1-9 海啸灾害

1.5 工程结构的抗震设防

工程结构抗震设防的标准必须根据国民经济的基本状况和结构安全使用的基本要求来确定。设防标准过高将大大提高建筑物的造价，设防标准过低将不能保证在地震作用下建筑物和人民生命、财产的安全。因此，我国采用了按建筑物重要性分类和三水准设防、二阶段设计的基本思想，指导抗震设计规范的制定。

1.5.1 建筑抗震设防分类和设防标准

对于不同的建筑物，地震破坏产生的后果不同。因此，有必要对不同用途的建筑物采取不同的设防标准。我国建筑工程抗震设防分类标准将建筑物按其用途的重要性分为四类。

（1）甲类建筑　指重大建筑工程和地震时可能发生严重次生灾害的建筑。这类建筑的破坏会导致严重后果，须经国家规定的批准权限批准。

（2）乙类建筑　指地震时使用功能不能中断或需尽快恢复的生命线相关建筑，以及地震时可能导致大量人员伤亡等重大灾害后果的建筑。如抗震城市中生命线工程的核心建筑和中小学教学楼等。城市生命线工程一般包括供水、供电、交通、消防、通信、救护、供气、供热等系统。

（3）丙类建筑　指一般建筑，包括除甲、乙、丁类建筑以外的一般工业与民用建筑。

（4）丁类建筑　指次要建筑，包括一般的仓库、人员较少的辅助建筑物等。

各抗震设防类别建筑的设防标准，应符合表 1-9 的要求。

表 1-9　抗震设防标准

建筑的抗震设防类别	地震作用的确定	抗震措施
甲类	地震作用应高于本地区抗震设防烈度的要求，其值应按批准的地震安全性评价结果确定	当抗震设防烈度为 6~8 度时应比本地区设防烈度提高一度的要求考虑；当为 9 度时，应按比 9 度抗震设防更高的要求考虑
乙类	按本地区抗震设防烈度要求确定地震作用。抗震设防烈度为 6 度时，除《抗震规范》有具体规定外，可不进行地震作用计算。	一般情况下，抗震设防烈度为 6~8 度时，应比本地区抗震设防烈度提高一度考虑；当为 9 度时，应按比 9 度抗震设防更高的要求考虑
丙类		按本地区抗震设防烈度的要求考虑
丁类		允许按本地区设防烈度的要求适当降低，但设防烈度为 6 度时不再降低

注：1. 地震作用指由地震动引起的结构动态作用，包括水平地震作用和竖向地震作用。
　　2. 抗震措施指除地震作用计算和抗力计算以外的抗震设计内容，包括抗震构造措施。

1.5.2　抗震设防的基本思想

地震基本烈度的确定反映了考虑地震烈度衰减规律和震中距等影响的概率因素，它确定的是基本烈度在地域上的分布。但是对于某一个地区，并不是每次地震都是按基本烈度发生的，也存在一个概率分布的问题。

根据 45 个城镇地震危险性分析，地震烈度的概率分布符合概率论中的极值Ⅲ型，其分布函数为

$$F_{\mathrm{III}}(I) = \exp\left[-(\omega-I)^k/(\omega-\varepsilon)\right] \tag{1-4}$$

式中　ω——烈度上限；

I——烈度；

ε——众值烈度（也称多遇地震烈度）；

k——形状系数，以 50 年中超越概率为 10% 的地震动强度作为设计标准而确定。

图 1-10 所示为地震烈度的概率分布。峰值点对应的是众值烈度 ε，50 年内超越概率（众值烈度 ε 以右的空白面积与总面积之比）约为 63.2%；比 ε 高 1.55 度左右为基本烈度，其 50 年内超越概率为 10%；再高 1 度左右为罕遇烈度，其 50 年内超越概率为 2%。

工程结构抗震设防的基本目的就是在一定的经济条件下，最大限度地限制和减轻工程结

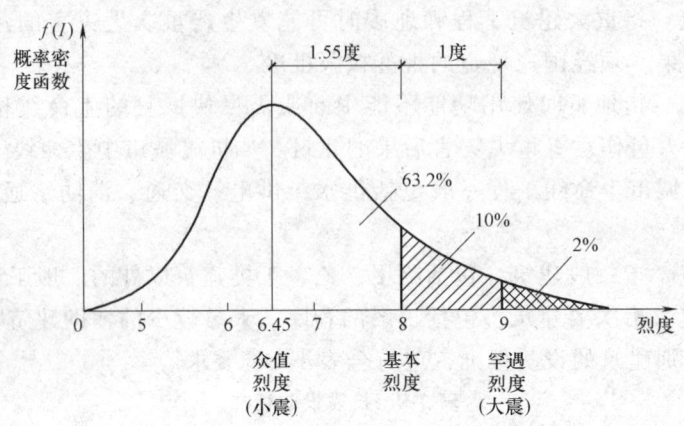

图 1-10 地震烈度的概率分布

构的地震破坏，避免人员伤亡，减少经济损失。为了实现这一目的，近年来许多国家和地区的抗震设计规范采用"小震不坏、中震可修、大震不倒"作为工程结构抗震设计的基本准则。为了实现这一设计准则，我国《抗震规范》明确提出了三个水准的抗震设防要求：第一水准，当遭受低于本地区设防烈度的多遇地震影响时，建筑物一般不受损害或不需修理仍可继续使用；第二水准，当遭受相当于本地区设防烈度的地震影响时，建筑物可能损坏，但经一般修理即可恢复正常使用；第三水准，当遭受高于本地区设防烈度的罕遇地震影响时，建筑不致倒塌或发生危及生命安全的严重破坏。

在进行建筑抗震设计时，要满足上述三水准的抗震设防要求，通常采用简化的两阶段设计方法来实现。

第一阶段设计：采用第一水准烈度的地震动参数，计算出结构在弹性状态下的地震作用效应，与风、重力等荷载效应组合，并引入承载力抗震调整系数，进行构件截面设计，从而满足第一水准的强度要求；同时，采用同一地震动参数计算出结构的弹性层间位移角，使其不超过规定的限值；采用相应的抗震结构措施，保证结构具有相应的延性、变形能力和塑性耗能能力，从而自动满足第二水准的变形要求。

第二阶段设计：采用第三水准烈度的地震动参数，计算出结构的弹塑性层间位移角，满足规定的要求，并采取必要的抗震构造措施，从而满足第三水准的防倒塌要求。

1.5.3 地震影响

地震经验表明，在宏观烈度相似的情况下，处在大震级、远震中距下的柔性建筑，其震害要比中、小震级近震中距的情况严重得多。理论分析也发现，震中距不同时地震频谱特性并不相同。抗震设计时，对同样场地条件、同样烈度的地震，按震源机制、震级大小和震中距远近区别对待是必要的，为更好体现震级和震中距的影响，建筑工程的设计地震分为三组，见附录。建筑所在地区遭受的地震影响，《抗震规范》采用与抗震设防烈度相应的设计基本地震加速度和设计特征周期来表征，表 1-10 所列为抗震设防烈度与设计基本地震加速度的对应关系。

表 1-10　抗震设防烈度和设计基本地震加速度值的对应关系

抗震设防烈度	6	7	8	9
设计基本地震加速度值	0.05g	0.10(0.15)g	0.20(0.30)g	0.40g

注：1. 表中 g 为重力加速度。
　　2. 设计基本地震加速度值是按 50 年设计基准期超越概率 10% 的地震加速度的设计取值。
　　3. 设计基本地震加速度为 0.15g 和 0.30g 地区内的建筑，除了另有具体规定外，应分别按抗震设防烈度 7 度和 8 度的要求进行抗震设计。

设计特征周期也是表征地震影响的一个重要因素，它与建筑物所在的场地条件（场地土类型、覆盖层厚度等）、震中距、震级等因素有关。其取值根据设计地震分组和场地类别来确定，详见第 4 章相关内容。

1.5.4　抗震性能化设计

当建筑结构采用抗震性能化设计时，应根据其抗震设防类别、设防烈度、场地条件、结构类型和不规则性，建筑使用功能和附属设施功能的要求、投资大小、震后损失和修复难易程度等，对选定的抗震性能控制目标提出技术和经济可行性综合分析和论证。

建筑的抗震性能化设计立足于承载力和变形能力的综合考虑，可以使抗震设计从宏观定性目标具体量化。针对具体工程的需要和可能，可以对整个结构，也可以对某些部位或关键构件，灵活运用各种措施达到预期的性能目标，着重提高抗震安全性或满足使用功能的专门要求。例如，可以根据楼梯间作为"抗震安全岛"的要求，提出确保大震下能具有安全避难通道的具体目标和性能要求；可以针对特别不规则、复杂建筑结构的具体情况，对抗侧力结构的水平构件和竖向构件提出相应的性能目标，提高其整体或关键部位的抗震安全性；也可针对水平转换构件，为确保大震下自身及相关构件的安全而提出大震下的性能目标。钢结构的抗震性能设计应依据 GB 50017—2017《钢结构设计标准》的相关规定执行。

与抗震设计目标相配套的地震破坏分级和地震直接经济损失估计方法，总体上分五级详细描述，见表 1-11。

表 1-11　各类房屋的地震破坏分级和损失估计

名称	破坏描述	继续使用的可能性	变形参考值
基本完好（含完好）	承重构件完好；个别非承重构件轻微损坏；附属构件有不同程度破坏	一般不需修理即可继续使用	$<[\Delta u_e]$
轻微损坏	个别承重构件轻微裂缝（对钢结构构件指残余变形），个别非承重构件明显破坏；附属构件有不同程度破坏	不需修理或需稍加修理，仍可继续使用	$(1.5\sim2)[\Delta u_e]$
中等破坏	多数承重构件轻微裂缝（或残余变形），部分明显裂缝（或残余变形）；个别非承重构件严重破坏	需一般修理，采取安全措施后可适当使用	$(3\sim4)[\Delta u_e]$
严重破坏	多数承重构件严重破坏或部分倒塌	应排险大修，局部拆除	$<0.9[\Delta u_p]$
倒塌	多数承重构件倒塌	需拆除	$>[\Delta u_p]$

注：1. 个别指 5% 以下，部分指 30% 以下，多数指 50% 以上。
　　2. 中等破坏的变形参考值，大致取《抗震规范》弹性位移角限值 Δu_e 和弹塑性位移角限值 Δu_p 的平均值，轻微损坏取 Δu_p 平均值的 1/2。

工程结构抗震设计

参照上述等级划分，建筑物在不同地震水准下可供选定的高于常规设计的一般情况的预期性能控制目标见表 1-12。

表 1-12　高于一般情况的预期性能控制目标破坏状态

地震水准类别	性能 A	性能 B	性能 C	性能 D
多遇地震	完好	完好	完好	完好
设防烈度地震	完好，正常使用	基本完好，检修后继续使用	轻微损坏，简单修理后继续使用	轻微至接近中等损坏，变形小于 $3[\Delta u_e]$
罕遇地震	基本完好，检修后继续使用	轻微至中等破坏，修复后继续使用	其破坏需加固后继续使用	接近严重破坏，大修后继续使用

实现上述性能控制目标，需要落实到具体措施，即各个地震水准下构件的承载力、变形和细部构造的指标。仅提高承载力时，安全性有相应提高，但使用上的变形要求不一定满足；仅提高变形能力，则结构在小震、中震下的损坏情况大致没有改变，但抵御大震倒塌的能力提高。因此，性能设计控制目标往往侧重于通过提高承载力推迟结构进入塑性工作阶段并减少塑性变形，必要时需同时提高刚度以满足使用功能的变形要求，而变形能力的要求可根据结构及其构件在中震、大震下进入弹塑性的程度加以调整。

思考题与习题

1. 什么是地震波？地震波包含哪几种波？
2. 什么是地震震级？什么是地震烈度？
3. 什么是多遇地震？什么是罕遇地震？
4. 建筑物的抗震设防类别分为哪几类？
5. 何谓抗震性能化设计？
6. 多项选择题

（1）地震引起的工程结构破坏主要体现在（　　）。

　A. 承载力不足　　　B. 变形过大　　　C. 结构失稳　　　D. 地基失效

（2）地震现象表明，（　　）使建筑物产生上下颠簸，（　　）使建筑物产生水平方向摇晃，而（　　）则使建筑物既产生上下摇晃又产生左右摇晃。

　A. 面波　　　B. 纵波　　　C. 横波　　　D. 勒夫波

（3）抗震设防是指对建筑物进行抗震设计并采取一定的抗震构造措施，以达到结构抗震的效果和目的。其依据是（　　）。

　A. 基本烈度　　　B. 多遇烈度　　　C. 抗震设防烈度　　　D. 罕遇烈度

（4）地球上某一地点到震中的距离称为（　　）。

　A. 震源深度　　　B. 震中区　　　C. 震中距　　　D. 震源距

7. 从波速、周期、振幅等方面，列出地震体波和面波的特点。
8. 地震烈度与地震震级有什么不同？地震烈度与哪些因素有关？
9. 建筑抗震设防标准中，小高层住宅、核反应堆、消防车库各属于哪一类建筑？对于乙类、丙类和丁类建筑，在确定地震作用和采取抗震措施上有什么不同？
10. 设计基本地震加速度 $0.15g$、$0.30g$ 分别对应的抗震设防烈度是多少？

建筑抗震的概念设计　第2章

建筑抗震设计一般包括三个方面：概念设计、抗震计算和构造措施。概念设计是指根据地震灾害和工程经验等所形成的基本设计原则和设计思想，进行建筑和结构的总体布置并确定细部构造的过程，概念设计在总体上把握抗震设计的基本原则；抗震计算为建筑抗震设计提供定量手段；构造措施则可以在保证结构整体性、加强局部薄弱环节等意义上保证抗震计算结果的有效性。抗震设计上述三个层次的内容是一个不可割裂的整体，忽略任何一部分，都可能造成抗震设计的失败。

建筑抗震概念设计一般主要包括以下几个内容：注意场地选择和地基基础设计，把握建筑结构的规则性，选择合理的抗震结构体系，合理利用结构延性，重视非结构因素，确保材料和施工质量。

2.1　建筑场地选择

根据我国多年来在乌鲁木齐、东川、邢台、通海、海城和唐山等地的地震震害普查结果所绘制的等震线图，在正常的烈度区内，常存在着小面积的高一度或低一度的局部烈度异常区。此外，同一次地震的同一烈度区内位于不同小区的房屋，尽管建筑形式、结构类型和施工质量等情况基本相同，但震害程度却出现较大差异。其原因主要是地形和场地条件不同造成的。国外的大量震害也表明，不同场地上的建筑物震害差异是十分明显的。见表2-1和表2-2。表2-1中的数据表明，地基土剪切模量越大的场地，房屋震害指数越小，破坏越轻，反之房屋震害指数越大，破坏越重。表2-2给出了1985年墨西哥7.8级地震时记录到的不同场地土的地震动参数。表2-2中实测的地震记录表明，不同类别场地土的地震动强度具有较大的差别。古湖床软土上的地震动参数与硬土上的相比，加速度峰值约增加4倍，速度峰值增加5倍，位移峰值增加1.3倍，而反应谱最大反应加速度则增加了9倍之多。因此，在建筑设计的早期阶段就应考虑场址和场地土条件等因素对建筑物地震安全性的不利影响，以满足抗震设计的基本要求，取得较好的经济效益。

表2-1　海城地震房屋破坏程度与场地土刚度的关系

地名	于官屯西街	西庙子	感王小学校	牛庄	于官屯后街	李家	董家	东拉拉房
地基土剪切模量 $G_s/10^4$Pa	14.8	13.8	12.2	8.5	8.7	7.2	6.0	3.7
房屋震害指数 i	0.20	0.38	0.40	0.52	0.65	0.60	0.82	0.92

表 2-2　墨西哥市区不同场地土的地震动参数

场地土类别	地震动卓越周期/s	水平地震动参数			结构(5%阻尼比)最大反应加速度/g
		加速度/g	速度/(cm/s)	位移/cm	
岩石	<0.5	0.03	9	6	0.12
硬土	≤1.0	0.04	10	9	0.10
软硬土过渡区	1.0	0.11	12	7	0.16
软土①(古湖床)	2.0	0.20	61	21	1.02
软土②(古湖床)	3.0~4.0	0.14	40	22	0.43

① 震害最重地区,土的剪切波速 $v_s = 20~50\text{m/s}$。
② Texcoco 湖附近。

选择有利于抗震的场地,是减轻场地引起的地震灾害的第一道工序。选择建筑场地时,应根据工程需要,掌握地震活动情况、工程地质和地震地质资料,对抗震有利和不利地段做出综合评价。抗震设防的建筑工程应避开不利地段,并避免建设在危险的地段。针对汶川地震的经验教训,《抗震规范》强调:严禁在危险地段建造甲、乙类建筑。为此,场地选择时应注意区分不利地段和危险地段,此部分内容详见第 3 章。

地基与基础设计应符合下列要求:同一结构单元的基础不宜设置在性质截然不同的地基上,同一结构单元不宜部分采用天然地基,部分采用桩基;当地基为软弱黏性土、液化土、新近填土或严重不均匀时,应估计地震时地基不均匀沉降或其他不利影响,并采取相应措施。

2.2　结构的规则性

结构规则与否是影响结构抗震性能的重要因素。形状规则的建筑地震时各部分的振动容易协调一致,减小应力集中的可能性,有利于抗震。建筑设计应重视其平面、立面和竖向剖面的规则性,从抗震性能及经济合理性的角度出发,宜择优选用规则的形体。但是,由于建筑设计的多样性,不规则结构有时是难以避免的。同时,由于结构本身的复杂性,通常不可能做到完全规则,也只能尽量使其规则,减少不规则性带来的不利影响。值得指出的是,根据不规则的程度,结构应采取不同的计算模型分析方法,并采取相应的加强措施;对特别不规则建筑结构应进行专门研究和论证,采取特别的加强措施;严重不规则的建筑不应采用。

2.2.1　平面规则性准则

结构平面布置应力求简单、规则、对称,减少偏心,避免刚度、质量和承载力分布不均匀,是抗震概念设计的基本要求。

楼板平面内刚度与竖向构件的侧向刚度相比足够大,一般看作刚性楼板,计算时可以忽略楼板变形对竖向结构构件间内力分配的影响。但如果楼板在平面内突然间断,或楼板内洞口削弱面积超过整个楼层面积的 30%,也属于平面不规则结构。

对混凝土房屋、钢结构房屋和钢—混凝土混合结构房屋,表 2-3 规定了平面不规则的类型。图 2-1~图 2-3 为平面不规则的典型示例。

表 2-3 平面不规则的类型

不规则类型	定 义
扭转不规则	楼层的最大弹性水平位移(或层间位移)大于该楼层两端弹性水平位移(或层间位移)平均值的 1.2 倍
凹凸不规则	结构平面凹进的一侧尺寸大于相应投影方向总尺寸的 30%
楼板局部不规则	楼板的尺寸和平面刚度急剧变化,例如,有效楼板宽度小于该层楼板典型宽度的 50%,或开间面积大于该层楼面面积的 30%,或较大的楼层错层

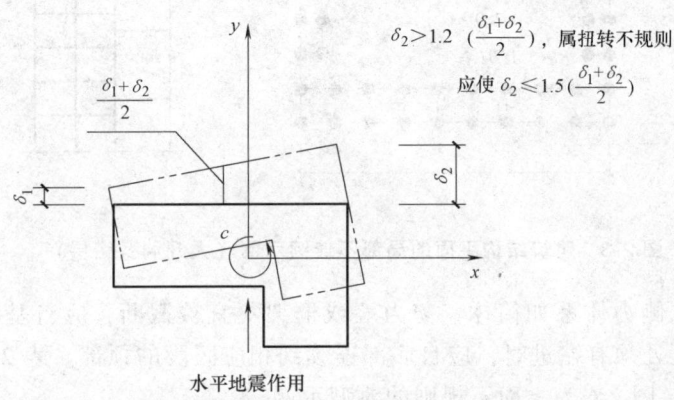

图 2-1 建筑结构平面的扭转不规则示例

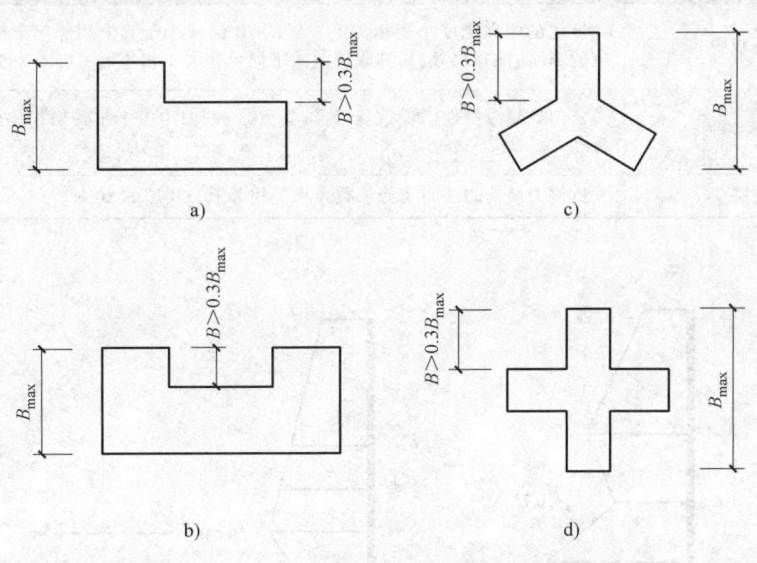

图 2-2 建筑结构平面的凸角或凹角不规则示例

2.2.2 立面规则性准则

在结构立面或竖向,各楼层侧向刚度或质量沿结构高度分布宜保持不变或逐步减小,不

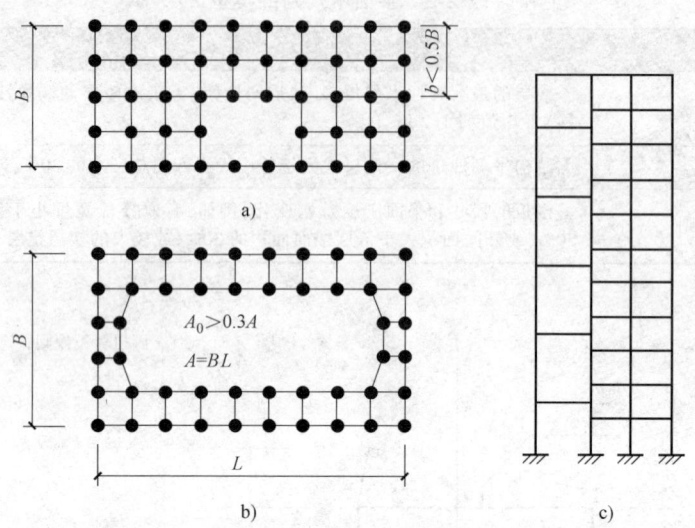

图 2-3 建筑结构平面的局部不连续示例（大开洞及错层）

宜出现突变。所有抗侧力体系如筒体、剪力墙或框架不宜被截断，应自基础连续到结构顶部；或当在不同高度处须有缩进时，应自底部连续到相应区段的顶部。表 2-4 规定了竖向不规则的类型。图 2-4~图 2-6 为立面不规则的典型示例。

表 2-4　竖向不规则的类型

不规则类型	定　　义
侧向刚度不规则	该层的侧向刚度小于相邻上一层的 70%，或小于其上相邻三个楼层侧向刚度平均值的 80%；除顶层外，局部收进的水平向尺寸大于相邻下一层的 25%
竖向抗侧力构件不连续	竖向抗侧力构件（桩、抗震墙、抗震支撑）的内力由水平转换构件（梁、桁架等）向下传递
楼层承载力突变	抗侧力结构的层间受剪承载力小于相邻上一楼层的 80%

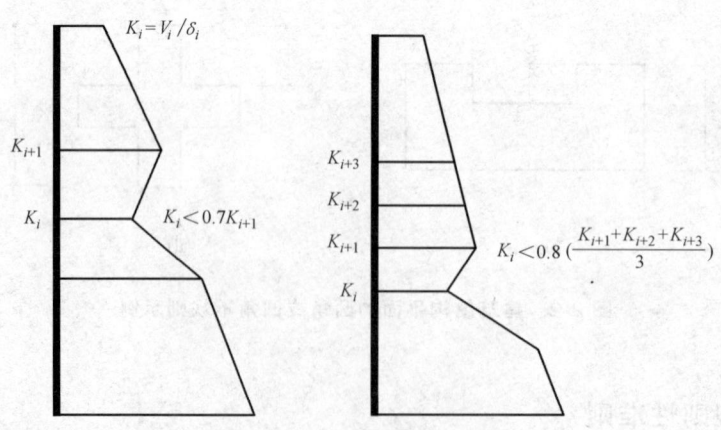

图 2-4　沿竖向的侧向刚度不规则示例

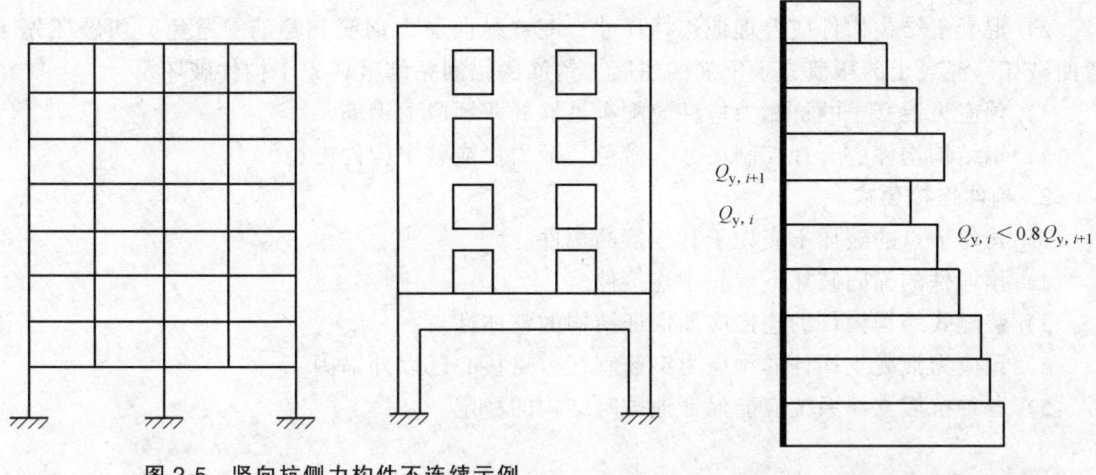

图 2-5 竖向抗侧力构件不连续示例

图 2-6 竖向抗侧力结构屈服抗剪强度非均匀化（有薄弱层）

2.3 结构体系布置与选择

大量地震还表明，采取布置合理的抗震结构体系，加强结构的整体性，增强结构各个构件是减轻地震破坏、提高建筑物抗震能力的关键。结构体系应根据建筑的抗震设防类别、抗震设防烈度、建筑高度、场地条件、地基、结构材料和施工等因素，经技术、经济和使用条件综合比较确定。

1. 选择抗震结构体系

选择建筑抗震结构体系时，应从以下几个方面考虑：

1) 应具有明确的计算简图和合理的地震作用传递途径。

2) 宜有多道抗震防线，应避免因部分结构或构件破坏而导致整个结构丧失抗震能力或对重力荷载的承载能力。在建筑抗震设计中，可以利用多种手段实现设置多道防线的目的，如增加结构超静定数、有目的地设置人工塑性铰、利用框架的填充墙、设置消能元件或消能装置等。

3) 应具备必要的抗震承载力、良好的变形能力和消耗地震能量的能力。结构能否抵抗强烈地震主要取决于其吸能和消能能力，这种能力依靠结构或构件在预定部位产生塑性铰，即结构可承受反复塑性变形而不倒塌，仍具有一定的承载能力。为实现上述目的，可利用结构各部位的联系构件形成消能元件，或将塑性铰控制在一系列有利部位，使这些并不危险的部位首先形成塑性铰或发生可以修复的破坏，从而保护主要承重体系。

4) 宜具有合理的刚度和承载力分布，避免因局部削弱或突变形成薄弱部位，产生过大的应力集中或塑性变形集中；对可能出现的薄弱部位，应采取措施提高抗震能力。

5) 结构在两个主轴方向的动力特性宜相近。

2. 结构构件的抗震设计要求

结构构件的抗震设计应符合以下要求：

1) 砌体结构应按规定设置钢筋混凝土圈梁和构造柱、芯柱,或采用配筋砌体等。

2) 混凝土结构构件应合理地选择尺寸、配置纵向受力钢筋和箍筋,避免剪切破坏先于弯曲破坏、混凝土的压溃先于钢筋的屈服、钢筋的锚固粘结破坏先于构件破坏。

3) 预应力混凝土的抗侧力构件应配有足够的非预应力钢筋。

4) 钢结构构件应合理控制尺寸,避免局部失稳或整个构件失稳。

3. 构件连接要求

1) 构件节点的破坏不应先于其连接的构件。

2) 预埋件的锚固破坏不应先于连接件。

3) 装配式结构构件的连接应能保证结构的整体性。

4) 预应力混凝土构件的预应力钢筋宜在节点核心区以外锚固。

5) 各种抗震支撑系统应能保证地震时结构的稳定。

2.4 非结构构件

非结构构件包括建筑非结构构件和建筑附属机电设备。为了防止附加震害,减少损失,应处理好非承重结构构件与主体结构之间的关系:

1) 附着于楼、屋面结构上的非结构构件,应与主体结构有可靠的连接或锚固,避免地震时倒塌伤人或砸坏重要设备。

2) 围护墙和隔墙应考虑对结构抗震的不利影响,避免不合理设置而导致主体结构的破坏。

3) 幕墙、装饰贴面与主体结构应有可靠连接,避免地震时脱落伤人。

4) 安装在建筑上的附属机械、电气设备系统的支座和连接,应符合地震使用功能的要求,且不应导致相关部件的损坏。

2.5 结构材料与施工要求

建筑结构材料及施工质量的好坏直接影响建筑物的抗震性能。因此,《抗震规范》对结构材料性能指标提出了最低要求,对施工中的钢筋代换也提出了具体要求。抗震结构对材料和施工质量的特殊要求应在设计文件上注明,并应保证切实执行。

1. 结构材料性能指标要求

(1) 砌体结构材料

1) 普通砖和多孔砖的强度等级不应低于 MU10,其砌筑砂浆强度等级不应低于 M5。

2) 混凝土小型空心砌块的强度等级不应低于 MU7.5,其砌筑砂浆强度等级不应低于 Mb7.5。

(2) 混凝土结构材料

1) 混凝土的强度等级,框支梁,框支柱及抗震等级为一级的框架梁、柱、节点核心区,不应低于 C30;构造柱、芯柱、圈梁及其他各类构件不应低于 C20。

2) 抗震等级为一、二、三级的框架和斜撑构件(含梯段),其纵向受力钢筋采用普通钢筋时,钢筋的抗拉强度实测值与屈服强度实测值的比值不应小于 1.25;钢筋的屈服强度实测值与屈服强度标准值的比值不应大于 1.3，且钢筋在最大拉力下的总伸长率实测值不应小于 9%。

(3) 钢结构的钢材

1) 钢材的屈服强度实测值与抗拉强度实测值的比值不应大于 0.85。
2) 钢材应有明显的屈服台阶，且伸长率不应小于 20%。
3) 钢材应有良好的焊接性能和合格的冲击韧性。

2. 结构材料性能指标要求

1) 普通钢筋宜优先采用延性、韧性和焊接性能较好的钢筋；普通钢筋的强度等级，纵向受力钢筋宜选用符合抗震性能指标的不低于 HRB400 级的热轧钢筋，也可采用符合抗震性能指标的 HRB335 级热轧钢筋；箍筋宜选用符合抗震性能指标的不低于 HRB335 级的热轧钢筋，也可选用 HPB300 级热轧钢筋。钢筋的检验方法应符合现行 GB 50204—2015《混凝土结构工程施工质量验收规范》的规定。

2) 混凝土结构的混凝土强度等级，抗震墙不宜超过 C60；其他构件，9 度时不宜超过 C60，8 度时不宜超过 C70。

3) 钢结构的钢材宜采用 Q235 等级 B、C、D 的碳素结构钢及 Q345 等级 B、C、D、E 的低合金高强度结构钢；当有可靠依据时，尚可采用其他钢种和钢号。

3. 钢筋代换原则

在施工中，当需要以强度等级较高的钢筋替代原设计中的纵向受力钢筋时，应按照钢筋受拉承载力设计值相等的原则换算，并应满足最小配筋率要求。

4. 钢结构焊接

采用焊接连接的钢结构，当接头的焊接拘束度较大、钢板厚度不小于 40mm 且承受沿板厚方向的拉力时，钢板厚度方向截面收缩率不应小于 GB/T 5313—2010《厚度方向性能钢板》关于 Z15 级规定的允许值。

5. 构造柱和砌体抗震墙施工顺序

钢筋混凝土构造柱和底部框架—抗震墙房屋中的砌体抗震墙，其施工应先砌墙，后浇构造柱和框架梁柱。

6. 施工缝

混凝土墙体、框架柱的水平施工缝，应采取措施加强混凝土的结构性能。对于抗震等级一级的墙体和转换层楼板与落地混凝土墙体的交接处，宜验算水平施工缝截面的受剪承载力。

思 考 题

1. 选择建筑场地时应注意些什么问题？
2. 结构平面不规则包括哪些类型？竖向不规则包括哪些类型？
3. 进行建筑结构体系布置时应符合哪些要求？
4. 结构构件的设计应符合哪些要求？

建筑场地、地基和基础　第3章

3.1　建筑场地的选择

场地是指工程群体所在地，其范围相当于一个厂区、居民小区和自然村或不小于 $1.0km^2$ 的平面面积。地震对建筑物的破坏作用是通过场地、地基传递给上部结构的。同时，场地与地基在地震时又支撑着上部结构，场地条件和地基情况对基础和上部结构的震害有着直接的影响。国内外的震害资料表明，建筑物在不同地质条件的场地上，地震时的破坏程度是明显不同的。因此，如果能选择对抗震有利的场地和避开不利场地进行建设，就能减轻震害。但必须认识到建设用地还受到地震以外的许多因素的制约，除极不利和有严重危险性的场地外往往不能排除其作为建设用地。

《抗震规范》按场地上建筑物震害轻重的程度，对建筑场地进行了划分，以便从宏观上指导设计人员趋利避害，合理选择建筑场地或按照不同场地特点采取抗震措施。

3.1.1　场地地段的划分

场地地段的划分，是在选择建筑场地的勘察阶段进行的，一般要根据地震活动情况和工程地质资料进行综合评价。场地地段按其上建筑物震害程度的轻重分为对抗震有利、一般、不利和危险地段，见表 3-1。

表 3-1　有利、一般、不利和危险地段的划分

地段类别	地质、地形、地貌
有利地段	稳定基岩，坚硬土，开阔、平坦、密实、均匀的中硬土等
一般地段	不属于有利、不利和危险的地段
不利地段	软弱土，液化土，条状突出的山嘴，高耸孤立的山丘，陡坡，陡坎，河岸和边坡的边缘，平面分布上成因、岩性、状态明显不均匀的土层（含故河道、疏松的断层破碎带、暗埋的塘浜沟谷和半填半挖地基）；高含水量的可塑黄土，地表存在结构性裂缝等
危险地段	地震时可能发生滑坡、崩塌、地陷、地裂、泥石流等及发震断裂带上可能发生地表位错的部位

选择建筑场地时，应根据工程需要，综合考虑场地的地形、地貌和岩土特性影响后加以评价。显然，应选择对抗震有利的地段，避开不利地段，当无法避开时，应采取有效措施，不应在危险地段建造甲、乙、丙类建筑。

3.1.2 发震断裂带的影响

断裂带是地质构造上的薄弱环节，根据其活动情况可分为发震断裂带和非发震断裂带。具有潜在地震活动的断裂带通常称为发震断裂带，地震时可能产生新的错动直通地表，在地面产生位错，对建在位错带上的建筑，其破坏是不易用工程措施加以避免的。因此，当场地内存在发震断裂带时，应对断裂的可能性和对建筑物的影响进行评价。

断裂带是否错动和出露到地表与很多因素有关，一般地震震级越高，出露于地表的断层长度越长，断层位错就越大；覆盖层厚度越大，出露于地表的位错与断层长度就越小。综合国内外多次地震中的破坏现象和一些试验，《抗震规范》规定，对符合下列规定之一的情况，可忽略发震断裂错动对地面建筑的影响：抗震设防烈度小于8度；非全新世活动断裂；抗震设防烈度为8度和9度时，隐伏断裂的土层覆盖厚度分别大于60m和90m。

当不符合上述规定的情况时，应避开主断裂带，其避让距离不宜小于表3-2的规定。在避让的距离范围内确有需要建造分散的、低于三层的丙、丁类建筑时，应按提高一度采取抗震措施，并提高基础和上部结构的整体性，且不得跨越断层线。

表 3-2 发震断裂的最小避让距离 （单位：m）

烈度	建筑抗震设防类别			
	甲	乙	丙	丁
8	专门研究	200	100	—
9	专门研究	400	200	—

3.1.3 局部突出地形的影响

所谓局部突出地形主要是指山包、山梁和悬崖、陡坎等地段。宏观震害调查和理论分析表明，岩质地形与非岩质地形对烈度的影响有所不同。如在云南通海地震的大量宏观调查中，发现非岩质地形对烈度的影响比岩质地形的影响更明显。另外，高度达数十米的条状突出的山脊和高耸孤立的山丘，由于鞭梢效应明显，振动有所加大，烈度有增高趋势。如1920年宁夏海原发生8.5级地震，处于渭河谷地姚庄的烈度为7度，而2km外的牛家庄因位于高出百米的黄土梁上，烈度则达9度。此外，云南通海地震、东川地震、辽宁海城地震等地震调查也发现，位于局部孤突地形上的建筑物，其震害明显加重。1975年辽宁海城地震时，中国地震局工程力学研究所在大石桥龙盘山高差达58m的两个测点测得的强余震加速度记录表明，局部突出地形上的地面最大加速度与坡脚下的地面最大加速度比值为1.84。

依据宏观震害调查的结果和对不同地形条件和岩土构成的形体进行的二维地震反应分析结果反映的总趋势，大致可以归纳为以下几点：

1）高突地形距离基准面的高度越大，高处的反应越强烈。
2）离陡坎和边坡顶部边缘的距离越大，反应相对减小。
3）从岩土构成方面看，在同样地形条件下，土质结构的反应比岩质结构大。
4）高突地形顶面越开阔，远离边缘的中心部位的反应明显减小。
5）边坡越陡，其顶部的放大效应相应加大。

基于以上变化趋势，以突出地形的高差 H 和与之对应的坡降角度的正切 H/L，以及场址

距突出地形边缘的相对距离 L_1/H 为参数,如图 3-1 所示,归纳出各种地形的地震作用放大系数见下式

$$\lambda = 1+\xi\alpha \tag{3-1}$$

式中 λ——局部突出地形顶部的地震影响系数的放大系数,其值在 1.1~1.6 内采用;

α——局部突出地形地震动参数的增大幅度,按表 3-3 采用;

ξ——附加调整系数,与建筑场地离突出台地边缘的距离 L_1 与相对高差 H 的比值有关(当 $L_1/H<2.5$ 时,ξ 可取为 1.0;当 $2.5 \leqslant L_1/H<5$ 时,ξ 可取为 0.6;当 $L_1/H \geqslant 5$ 时,ξ 可取为 0.3;L、L_1 均按距离场地的最近点考虑)。

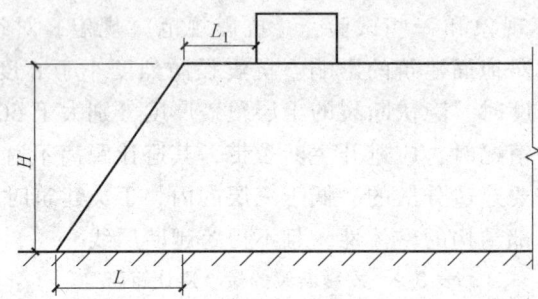

图 3-1 局部突出地形示意

表 3-3 局部突出地形地震影响系数的增大幅度

突出地形的高度 H/m	非岩质地层	$H<5$	$5 \leqslant H<15$	$15 \leqslant H<25$	$H \geqslant 25$
	岩质地层	$H<20$	$20 \leqslant H<40$	$40 \leqslant H<60$	$H \geqslant 60$
局部突出台地边缘的侧向平均坡降 (H/L)	$H/L<0.3$	0	0.1	0.2	0.3
	$0.3 \leqslant H/L<0.6$	0.1	0.2	0.3	0.4
	$0.6 \leqslant H/L<1.0$	0.2	0.3	0.4	0.5
	$H/L \geqslant 1.0$	0.3	0.4	0.5	0.6

综上所述,局部突出地形对抗震不利,在这种不利地段上建造丙类及丙类以上建筑时,除保证其在地震作用下的稳定性外,尚应估计不利地段对地震动参数的放大作用,其地震影响系数最大值应乘以放大系数 λ。λ 值可根据不利地段的具体情况按式(3-1)确定,但不宜大于 1.6。

3.2 建筑场地类别的划分

如上节所述,应选择对抗震有利的场地和避开抗震不利的场地进行建设,以便减轻震害。但由于建设用地还受到地震以外的许多因素的限制,除了极不利和危险地段以外,一般不能排除其他场地作为建筑用地。这样就有必要将建筑场地按其对建筑物地震作用的强弱和特征进行分类,以便根据不同的建筑场地类别采用相应的设计参数,进行建筑物的抗震设计和采取抗震措施。这就是在抗震设计中要对场地进行划分的目的。

3.2.1 建筑场地的地震影响

不同场地上建筑物的震害差异是很明显的。通过对建筑物震害现象进行总结,会发现以

第3章 建筑场地、地基和基础

下的规律性：在软弱地基上，柔性结构最容易遭到破坏，刚性结构表现较好；而在坚硬地基上，柔性结构表现较好，刚性结构表现不一，有的表现较差，有的又表现较好，常出现矛盾现象。在坚硬地基上，建筑物的破坏通常是因结构破坏所致，在软弱地基上，则有时是由于结构破坏而有时是由于地基破坏所致。就地面建筑总的破坏现象来说，在软弱地基上的破坏比坚硬地基上的破坏要严重。

场地覆盖层厚度不同，其震害表现也明显不同。场地覆盖层厚度指地表到坚硬土层顶面的距离。一般来讲，位于深厚覆盖层上的建筑物震害较重。如1976年唐山地震时，市区西南部基岩深度达500~800m，房屋倒塌率近100%，而市区东北部大城山一带，则因覆盖层较薄，多数厂房虽然也位于极震区，但房屋倒塌率仅为50%。又如1967年委内瑞拉地震中，加拉加斯高层建筑的破坏主要集中在市内冲积层最厚的地方，具有明显的地区性。在覆盖层厚度为中等厚度的一般地基上，中等高度房屋的破坏要比高层建筑的破坏严重，而在基岩上各类房屋的破坏普遍较轻。

场地土指场地下的岩石和土。从震源传来的地震波是由许多频率不同的分量组成的，场地土对于从基岩传来的某些入射波具有放大作用，而地震波中与场地土层固有周期相近的谐波分量放大最多，使该波引起表土层的振动最强烈。也可以说，一个场地的地面运动，存在一个破坏性最强的主振周期，即地震动卓越周期。它相当于根据地震时某一地区地面运动记录计算出来的反应谱的主峰位置所对应的周期。一个地区的地震动卓越周期与震源特性、传播介质和该地区场地条件有关，一般随震级大小和震中距远近而变化。但因其与场址的场地土性质存在某种相关性，一般可利用场地的固有周期来估计地震动卓越周期，即认为场地的固有周期约为地震动的卓越周期。当地震动卓越周期与该地点土层的固有周期一致时，产生共振现象，使地表面振幅大大增加。另一方面，场地土对于从基岩传来的入射波中与场地土层固有周期不同的谐波分量又具有滤波作用。因此，土质条件对于改变地震波的频率特性具有重要作用。当基岩入射来的大小和周期不同的波群进入表土层时，土层会使一些具有与土层固有周期一致的某些频率波群放大并通过，而将另一些与土层固有周期不一致的频率波群缩小或滤掉。

表层土的滤波作用，使坚硬场地的地震动以短周期为主，而软弱场地以长周期为主。表层土的放大作用，使坚硬场地土地震动加速度幅值在短周期内局部增大，而软弱场地土地震动加速度幅值在长周期范围内局部增大，如图3-2所示，当地震波中占优势的波动分量的周期与建筑物自振周期接近时，建筑物将由于共振效应而出现震害。由此可以解释坚硬场地上刚性建筑物震害较重，而软弱场地上柔性建筑物震害较重。此外，建筑物的地震反应是往复振动过程。在地震作用下建筑物开裂或损坏，其刚度逐步下降，自振周期增大。由图3-2可以看出，坚硬场地上的建筑物，因自振周期增大，建筑物受到的地震作用却大大减小，而软弱场地上的建筑物受到的地震作用将有所增加，使建筑物的损伤进一步加重。所以，一般

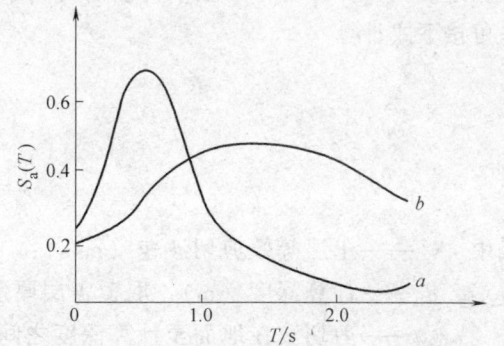

图3-2 软硬场地的加速度反应谱

a—坚硬场地　b—软弱场地

$S_a(T)$—质点加速度　T—建筑物自振周期

来讲,软弱地基上的建筑物震害要比硬土地基上的建筑物严重。

3.2.2 场地土类型和覆盖层厚度

1. 场地土类型

由上述分析可以看出,场地土对建筑物震害的影响,主要与场地土的坚硬程度和土层的组成有关,而对于场地土类型的划分,则根据常规勘探资料按其等效剪切波速或参照一般土性描述来分类,见表3-4。在场地初步勘察阶段,对大面积的同一地质单元,测试土层剪切波速的钻孔数量不宜少于3个;在场地详细勘察阶段,单幢建筑测试土层剪切波速的钻孔数量不宜少于2个,数据变化较大时,可适量增加;对小区中处于同一地质单元的密集高层建筑群,测试土层剪切波速的钻孔数量可适量减少,但每幢高层建筑和大跨空间结构的钻孔数量均不得少于1个。对于丁类建筑及丙类建筑中层数不超过10层、高度不超过24m的多层建筑,当无实测剪切波速时,可根据岩土名称和性状,按表3-4中土的性状描述来划分土的类型,再利用当地经验在表3-4的剪切波速范围内估计各土层的剪切波速。

表3-4 土的类型划分和剪切波速范围

土的类型	岩石名称和性状	土层剪切波速范围/(m/s)
岩石	坚硬、较硬且完整的岩石	$v_s > 800$
坚硬土或软质岩石	破碎或较破碎的岩石或软和较软的岩石,密实的碎石土	$800 \geq v_s > 500$
中硬土	中密、稍密的碎石土,密实、中密的砾、粗砂、中砂,$f_{ak} > 150\text{kPa}$ 的黏性土和粉土,坚硬黄土	$500 \geq v_s > 250$
中软土	稍密的砾、粗砂、中砂,除松散外的细、粉砂,$f_{ak} \leq 150\text{kPa}$ 的黏性土和粉土,$f_{ak} > 130\text{kPa}$ 的填土,可塑新黄土	$250 \geq v_s > 150$
软弱土	淤泥和淤泥质土,松散的砂,新近沉积的黏性土和粉土,$f_{ak} \leq 130\text{kPa}$ 的填土,流塑黄土	$v_s \leq 150$

注:f_{ak} 为由载荷试验等方法得到的地基承载力特征值;v_s 为岩土剪切波速。

地基只有单一性质场地土的情况是很少见的,且地表土层的组成也比较复杂。所以,对多层土组成的地基,不应用其中一种土的剪切波速来确定土的类型,也不能简单地用几种土的剪切波速平均值,而应按等效剪切波速来确定土的类型。所谓等效剪切波速,是指以剪切波在地面至计算深度各层土中传播的时间不变的原则确定的土层平均剪切波速。等效剪切波速可按下式计算

$$v_{se} = \frac{d_0}{t} \quad (3-2)$$

$$t = \sum_{i=1}^{n} \frac{d_i}{v_{si}} \quad (3-3)$$

式中 v_{se}——土层等效剪切波速(m/s);

d_0——计算深度(m),取覆盖层厚度和20m二者的较小值;

t——剪切波在地面至计算深度之间的传播时间;

d_i——计算深度范围内第i土层的厚度(m);

v_{si}——计算深度范围内第i土层的剪切波速(m/s);

n——计算深度范围内土层的分层数。

2. 覆盖层厚度

场地覆盖层厚度指地面到坚硬土层顶面的距离。在确定场地覆盖层厚度时，应符合以下要求：

1) 一般情况下，应按地面至剪切波速大于500m/s且其下卧各层岩土的剪切波速均不小于500m/s的土层顶面的距离确定。
2) 当地面5m以下存在剪切波速大于其上部各土层剪切波速2.5倍的土层，且该层及其下卧各层岩土的剪切波速均不小于400m/s时，可按地面至该土层顶面的距离确定。
3) 剪切波速大于500m/s的孤石、透镜体，应视同周围土层。
4) 土层中的火山岩硬夹层，应视为刚体，其厚度应从覆盖土层中扣除。

3.2.3 场地类别

场地类别是重要的抗震设计参数之一，它表示了建筑场地条件对基岩地震动的放大作用。场地类别主要根据场地土等效剪切波速和场地覆盖层厚度两个因素确定，可分为四类。表3-5列出了建筑场地的类别与场地的等效剪切波速、场地覆盖层厚度的关系。

表3-5 各类建筑场地的覆盖层厚度 （单位：m）

等效剪切波速 /(m/s)	场地类别				
	I_0	I_1	II	III	IV
$v_{se}>800$	0				
$800 \geqslant v_{se}>500$		0			
$500 \geqslant v_{se}>250$		<5	≥5		
$250 \geqslant v_{se}>150$		<3	3~50	>50	
$v_{se} \leqslant 150$		<3	3~15	>15~80	>80

场地类别划分的原则是将地面加速度反应谱相近者划为一类。这样，对同一类的场地就可以用一个标准反应谱确定建筑物上的地震作用以进行抗震设计。但是，按表3-5确定场地类别时存在一个缺陷，就是当等效剪切波速和场地覆盖层厚度的值在分界线附近时稍有变化，得出的场地类别不同，从而导致地震作用的取值差异较大，为了弥补这一缺陷，《抗震规范》规定：当有可靠的等效剪切波速和场地覆盖层厚度且其值在表3-5所列场地类别的分界线附近（与分界线相差15%范围内）时，可以用插入法确定地震作用计算所用的设计特征周期。这部分内容将在第4章中介绍。

【例3-1】 已知某建筑场地的钻孔土层资料见表3-6，试确定该建筑场地的类别。

表3-6 土层钻孔资料

土层底部深度/m	土层厚度/m	土的名称	土层剪切波速 v_{si}/(m/s)
2.5	2.5	填土	120
5.5	3.0	粉质黏土	180
7.0	1.5	黏质粉土	200
11.0	4.0	砂质粉土	220
18.0	7.0	粉细砂	230
21.0	3.0	粗砂	290

(续)

土层底部深度/m	土层厚度/m	土的名称	土层剪切波速 v_{si}/(m/s)
48.0	27.0	卵石	510
51.0	3.0	中砂	380
58.0	7.0	粗砂	420
60.0	2.0	砂岩	800

【解】（1）确定地面下20m土层的等效剪切波速。由表3-6知，覆盖层厚度大于20m，故取计算深度 $d_0 = 20$m。

根据表3-6计算深度范围内土层厚度和相应的剪切波速，由式（3-3）得

$$t = \left(\frac{2.5}{120} + \frac{3.0}{180} + \frac{1.5}{200} + \frac{4.0}{220} + \frac{7.0}{230} + \frac{2.0}{290} \right) \text{s} = 0.101 \text{s}$$

由式（3-2）得等效剪切波速 v_{se} 为

$$v_{se} = \frac{20}{0.101} \text{m/s} = 198.02 \text{m/s}$$

（2）确定覆盖层厚度。由表3-6知，21m以下的 $v_{si} = 510$m/s>500m/s，但其下还分布有波速小于500m/s的砂层，故覆盖层厚度应为58m。

（3）确定建筑场地类别。由于本场地土层的等效剪切波速为 250m/s$\geqslant v_{se} > 150$m/s，覆盖层厚度大于50m，查表3-5知，该建筑场地类别属于Ⅲ类。

3.3 天然地基和基础的抗震验算

大量震害调查表明，在天然地基上只有少数房屋是由地基问题导致上部结构破坏的。这类导致上部结构破坏的地基多半为液化地基、易产生震陷的软弱黏性土地基或不均匀地基，而大量一般性地基均具有较好的抗震能力，地震时并没有发现由地基失效导致的上部结构明显破坏。这可能是由于一般天然地基在静荷载作用下具有相当大的安全储备，且在建筑物自重的长期作用下，地基固结，其承载力还会有所提高。地震时尽管地基受到的荷载有所增加，但由于地震作用历时短暂且属于动力作用，动载荷作用下地基承载力会有所提高。在上述因素的影响下，一般地基遭受地震破坏的可能性还是大大地降低了。

应该指出，尽管由地基原因导致的建筑物震害仅占建筑震害总数中的一小部分，但这类震害却不能忽视。因为一旦地基发生破坏，震后的修复加固是很困难的，有时甚至是不可能修复的。因此，应对地基的震害现象进行具体分析，设计时采取相应的抗震措施。

3.3.1 可不进行天然地基及基础抗震验算的范围

如上所述，大量的天然地基具有较好的抗震能力，按地基静力承载力设计的地基能够满足抗震要求，所以，为简化和减少抗震设计的工作量，《抗震规范》规定下列建筑物可不进行天然地基及基础的抗震承载力验算。

1）《抗震规范》规定可不进行上部结构抗震验算的建筑。
2）地基主要受力层范围内不存在软弱黏性土层的下列建筑：

① 一般的单层厂房和单层空旷房屋。
② 砌体房屋。
③ 不超过8层且高度在24m以下的一般民用框架和框架—抗震墙房屋。
④ 基础荷载与③项相当的多层框架厂房和多层混凝土抗震墙房屋。

软弱黏性土层是指7度、8度和9度时，地基承载力特征值分别小于80kPa、100kPa和120kPa的土层。

3.3.2 天然地基的抗震验算

地基和基础的抗震验算，一般采用"拟静力法"。此法假定地震作用如同静力作用，一般只考虑水平方向的地震作用，只在个别情况下才计算竖向地震作用。承载力的验算方法与静力状态下的验算相似，即基础底面压力不超过地基承载力设计值。《抗震规范》规定，验算天然地基地震作用下的竖向承载力时，按地震作用效应标准组合的基础底面平均压力和边缘最大压力应符合式（3-4）和式（3-5）的要求。

$$p \leqslant f_{aE} \tag{3-4}$$

$$p_{max} \leqslant 1.2 f_{aE} \tag{3-5}$$

式中 p——地震作用效应标准组合的基础底面平均压力；

p_{max}——地震作用效应标准组合的基础边缘的最大压力；

f_{aE}——调整后的地基抗震承载力。

此外，还需限制地震作用下过大的基础偏心荷载。对于高宽比大于4的高层建筑，在地震作用下基础底面不宜出现脱离区（零应力区）；其他建筑，基础底面与地基土之间脱离区（零应力区）面积不应超过基础底面面积的15%。

3.3.3 地基抗震承载力 f_{aE} 的确定

地震作用是动力作用，要确定地基的抗震承载力值，就需要知道地震作用下土的动力强度。国内外研究资料表明，除十分软弱的土外，地震作用下一般土的动强度比静强度高。同时基于地震作用的偶然性和短暂性以及工程的经济性考虑，地基在地震作用下的可靠度可比静荷载下有所降低因此地基的抗震承载力可采用静荷载下确定的地基承载力特征值乘以调整系数来计算，即

$$f_{aE} = \zeta_a f_a \tag{3-6}$$

式中 f_a——深宽修正后的地基承载力特征值，应按 GB 50007—2011《建筑地基基础设计规范》采用；

ζ_a——地基抗震承载力调整系数，应按表3-7采用。

表3-7 地基抗震承载力调整系数

岩石名称和性状	ζ_a
岩石，密实的碎石土，密实的砾、粗、中砂，$f_{ak} \geqslant 300$kPa 的黏性土和粉土	1.5
中密、稍密的碎石土，中密和稍密的砾、粗、中砂，密实和中密的细、粉砂，150kPa$\leqslant f_{ak}<300$kPa 的黏性土和粉土，坚硬黄土	1.3
稍密的细、粉砂，100kPa$\leqslant f_{ak}<150$kPa 的黏性土和粉土，可塑黄土	1.1
淤泥，淤泥质土，松散的砂，杂填土，新近堆积黄土及流塑黄土	1.0

表 3-7 中的地基抗震承载力调整系数 ζ_a 是综合考虑了土在动荷载作用下强度的提高和可靠度指标的降低两个因素确定的。

3.4 地基土的液化与抗液化措施

3.4.1 地基土的液化现象

处于地下水位以下的饱和砂土和粉土在地震时容易发生液化现象。地震时砂土和粉土的土颗粒结构受到地震作用趋于密实，当土颗粒处于饱和状态时，颗粒结构压密使孔隙水压力急剧上升，而地震作用时间短暂，这种急剧上升的孔隙水压力来不及消散，使原先由土颗粒通过其接触点传递的压力（有效压力）减小，当有效压力完全消失时，土颗粒局部或全部处于悬浮状态。此时，土体抗剪强度等于零，形成犹如"液体"的现象，称为地基土达到液化状态。此时液化区下部的水头压力比上部高，所以水向上涌，并把土粒带到地面上来，出现喷水冒砂现象。随着水和土粒不断涌出，孔隙水压力逐渐降低。当降至一定程度时，就会出现只冒水而不喷土粒的现象。此后，随着孔隙水压力进一步消散，冒水终将停止，土粒渐渐沉落并重新堆积排列，压力重新由孔隙水传给土粒承受，砂土或粉土又达到一个新的稳定状态，土的液化过程结束。

土层液化可引起一系列震害。喷出的水砂可冲走家具、淹埋农田和沟渠；地上结构常因此产生不均匀沉陷和下沉，如日本新潟地震时几座公寓严重倾斜或平卧于地表。不均匀沉降还可能引起建筑物上部结构破坏，使梁板等结构构件破坏、墙体开裂和建筑物在体形变化处开裂。个别情况下还可引起地下或半地下结构物的上浮，如 1975 年海城地震时，一座半地下排灌站就有上浮现象；液化还常常对河岸、边坡的滑动有重要影响，如 1964 年美国阿拉斯加地震时安科雷奇市的大滑坡，使部分地基滑入海中等。

3.4.2 影响地基液化的因素

1. 土层的地质年代

地质年代的新老表示土层沉积时间的长短。较老的沉积土，经过长时间固结作用和历次大地震影响，土较密实，还往往具有一定的胶结紧密结构。因此，地质年代越久的土层，其固结度、密实度和结构性越好，抗液化能力越强。震害调查表明，在我国和国外的历次大地震中，位于地质年代第四纪晚更新世（Q_3）的冲积平原砂土层，由于年代老，砂层密实度好，标准贯入锤击数均较高，虽然有些地区为水位较高的饱和砂土，但在地震烈度 7~11 度时皆未发生液化，而地质年代较近的饱和砂土层，则发生液化。如唐山地震震中区（路北区），地层年代为晚更新世（Q_3）地层，钻探测试表明，地下水位为 3~4m，表层为 3.0m 左右的黏性土，其下为饱和砂土层，在 10 度情况下没有发生液化，而在地质年代较新的地层，地震烈度虽然只有 7 度和 8 度却发生了大面积液化。

2. 土的组成和密实程度

颗粒均匀单一的土比颗粒级配良好的土容易液化；松砂比密砂容易液化；细砂比粗砂容易液化，这是因为细砂的渗透性较差，地震时容易产生孔隙水的超压作用。

粉土是黏性土与砂类土之间的过渡性的土，粉土的黏性颗粒（粒径小于 0.005mm）含量多少决定了这类土的性质。粉土中黏性颗粒含量超过一定限值,土的黏聚力增加,其性质接近黏性土,抗液化性能增强。图3-3为海城、唐山两个震区粉土液化点黏粒含量与烈度关系分布图。由图可以看出,液化点在不同烈度区的黏粒含量上限不同。随着烈度增加,黏粒含量上限值也增大。7度、8度和9度时的黏粒含量界限值分别为10%、13%和16%。因此,可根据粉土的黏粒含量的多少,大致判别地基土的液化可能性。

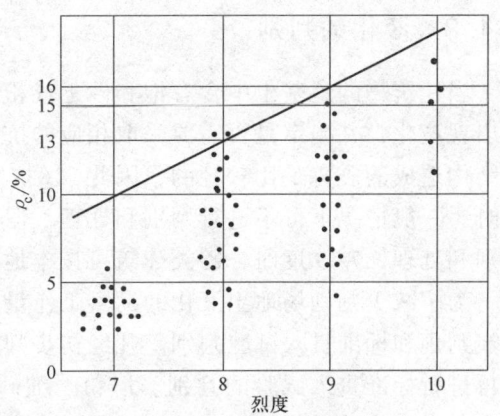

图3-3 海城、唐山粉土液化点黏粒含量与烈度分布图

3. 上覆非液化土层的厚度和地下水位的深度

上覆非液化土层的厚度是指地震时能抑制可液化土层喷水冒砂的土层厚度。构成覆盖层的非液化层除天然地层外,还包括堆积五年以上,或地基承载力大于100kPa的人工填土层。通过对海城、唐山两地震区中液化与非液化的砂土与粉土的实际地下水位以及上覆非液化土层厚度的情况进行分析比较表明,液化土层埋深越大,地下水位越深,其饱和砂土层上的有效覆盖压力越大,就越不容易液化。因此,地下砂层的液化绝大多数仅见于地表面下十几米之内。就砂土而言,地下水位深度超过4m时,或覆盖厚度超过6m时,没有发生液化现象;而对于粉土来说,7度、8度和9度地区内的地下水位深度分别大于1.5m、2.5m和6.0m时,或覆盖层厚度超过7.0m时,也没有液化现象发生,如图3-4所示。在下面即将讲到的液化判别中,初步判别的条件即根据这些震害资料再考虑留有一定的安全储备给出。

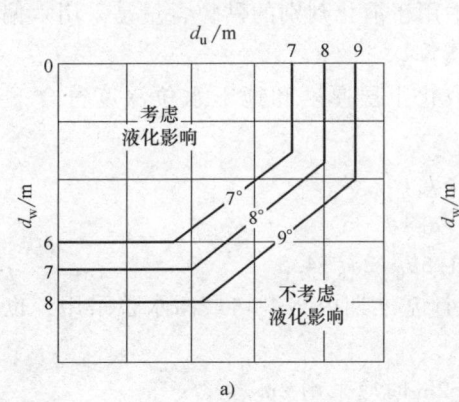
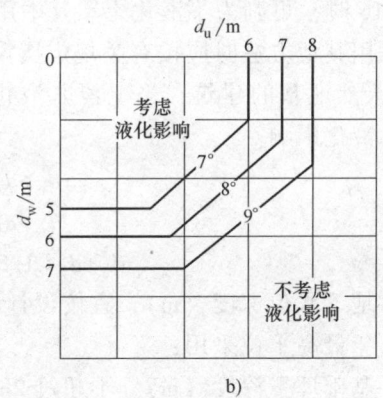

图3-4 地下水位深度和上覆非液化土层厚度对液化的影响
a) 砂土 b) 粉土

4. 地震烈度和地震持续时间

地震烈度越高,地震持续时间越长,饱和砂土越容易发生液化。日本新潟在过去的300多年中曾发生过25次地震,其中只有在地面运动加速度大于$0.13g$的3次地震中发生过液化现象,且地面运动加速度越大,液化现象越严重。另外,地震持续时间越长,即使地震烈度较低,也可能会出现液化问题。

3.4.3 液化的判别

当建筑物的地基土中含有饱和砂土或粉土时,应经过勘察试验预测其在未来地震时是否会出现液化,并确定是否需要采取相应的抗液化措施。鉴于许多资料表明在6度区液化对房屋结构造成的震害是比较轻的,因此,《抗震规范》规定,饱和砂土和粉土的液化判别,6度时,一般情况下可不进行判别和处理,但对液化沉陷敏感的乙类建筑可按7度的要求进行判别和处理,7~9度时,乙类建筑可按本地区抗震设防烈度的要求进行判别和处理。

为了减少判别场地土液化的勘察工作量,饱和砂土或粉土的液化判别可分两步进行,即初步判别和标准贯入试验判别。凡经初步判别定为不液化或不考虑液化影响的场地土,一般不再进行标准贯入试验的判别。但粉、细砂中有时黏粒含量可能超过10%,在初判时不宜判为不考虑液化,因缺乏这方面的实际经验,该情况下应进行标准贯入法判别是否液化。

1. 初步判别

由上所述的影响地基液化的因素可以看出,场地土是否液化与土层的地质年代、地貌单元、黏粒含量、上覆非液化土层的厚度和地下水位的深度等有密切关系。利用这些关系即可对土层液化进行判别,这属于初步判别。初步判别的作用是排除一大批不会液化的工程,可少做标准贯入试验,以减少勘察工作量,达到省时、省钱的目的。

对饱和的砂土或粉土(不含黄土),当符合下列条件之一时,可初步判别为不液化或可不考虑液化影响:

1)地质年代为第四纪晚更新世(Q_3)及其以前时,设防烈度为7度、8度时可判为不液化。

2)粉土的黏粒(粒径小于0.005mm的颗粒)含量百分率,7度、8度和9度分别不小于10、13和16时,可判为不液化土。其中用于液化判别的黏粒含量是采用六偏磷酸钠作分散剂测定,采用其他方法时应按有关规定换算。

3)浅埋天然地基的建筑,当上覆非液化土层厚度和地下水位深度符合下列条件之一时,可不考虑液化影响

$$d_u > d_0 + d_b - 2 \tag{3-7}$$

$$d_w > d_0 + d_b - 3 \tag{3-8}$$

$$d_u + d_w > 1.5d_0 + 2d_b - 4.5 \tag{3-9}$$

式中 d_w——地下水位深度(m),宜按设计基准期内年平均最高水位采用,也可按近期内年最高水位采用;

d_b——基础埋置深度(m),不超过2m时应采用2m;

d_0——液化土特征深度(m),可按表3-8采用;

d_u——上覆非液化土层厚度(m),计算时宜将淤泥和淤泥质土层扣除(因为当上覆土层中夹有软土层时,软土对抑制液化过程中的喷水冒砂作用很小,且其本身在地震中也很可能出现软化现象,故应将其从上覆土层中扣除。上覆土层厚度一般从第一层可液化土层的顶面算至地表)。

上述公式可结合图3-4加以理解,图中d_w和d_u分别为地下水位深度和上覆非液化土层厚度。当天然地基的基础埋置深度d_b不超过2m时,根据建设场地的地下水位深度d_w和上覆非液化土层厚度d_u两个条件来判别在图3-4中所属的区域,当位于图3-4中不考虑液化影

表 3-8 液化土特征深度 d_0 （单位：m）

饱和土类别	烈 度		
	7度	8度	9度
粉土	6	7	8
砂土	7	8	9

响的区域时，可认为地基土不液化或可不考虑液化影响；如果天然地基的基础埋置深度 d_b 超过 2m 时，要将 d_w 和 d_u 分别减去差值 (d_b-2) 后，再按图 3-4 进行初步判别。至于 (d_b-2) 项，则是考虑基础埋置深度 $d_b>2m$ 时，对不考虑土层液化时液化土特征深度界限值的修正项。液化土特征深度 d_0 是在基础埋置深度 d_b 小于 2m 的条件下确定的。此时饱和土层位于地基主要受力层之下，它的液化与否不会引起房屋的有害影响，但当基础埋置深度 $d_b>2m$ 时，液化土层有可能进入地基主要受力层范围内而对房屋造成不利影响。因此，应考虑此修正项。

2. 标准贯入试验判别

凡土层初判为可能液化或需要考虑液化影响时，应采用标准贯入试验判别法判别地面下 20m 深度范围内土的液化；但对《抗震规范》规定可不进行天然地基及基础的抗震承载力验算的各类建筑，可只判别地面下 15m 范围内土的液化。

标准贯入试验设备如图 3-5 所示，由标准贯入器、触探杆和质量为 63.5kg 的穿心锤等部分组成。操作时，先用钻具钻至试验土层标高以上 15cm 处，然后将贯入器打至标高位置，最后在锤的落距为 76cm 的条件下，打入土层 30cm，记录锤击数为 $N_{63.5}$，记录下的锤击数即标贯值。由此可见，标贯值越大，说明土的密实程度越高，土层越不容易液化。当饱和土标准贯入锤击数（未经杆长修正）小于或等于液化判别标准贯入锤击数临界值时，应判为液化土，否则为不液化土。当有成熟经验时，也可采用其他判别方法。

地面下 20m 深度范围内，液化判别标准贯入锤击数的临界值 N_{cr} 可按下式计算

$$N_{cr} = N_0\beta\left[\ln(0.6d_s+1.5)-0.1d_w\right]\sqrt{3/\rho_c} \quad (3-10)$$

式中 N_{cr}——液化判别标准贯入锤击数临界值；

N_0——液化判别标准贯入锤击数基准值，应按表 3-9 采用；

d_s——饱和土标准贯入点深度（m）；

ρ_c——黏粒含量百分率，当小于 3 或为砂土时，应采用 3；

β——调整系数，设计地震第一组取 0.80，第二组取 0.95，第三组取 1.05。

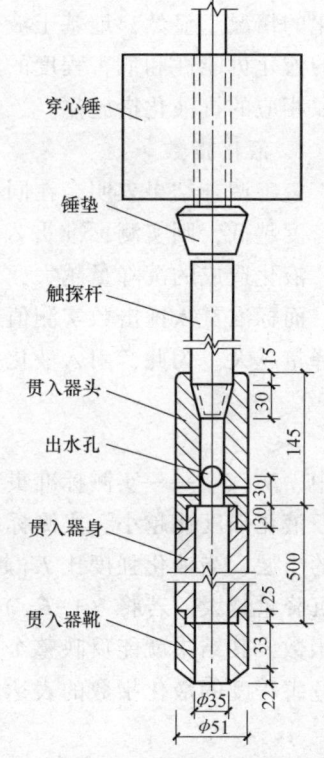

图 3-5 标准贯入试验设备示意

表 3-9 液化判别标准贯入锤击数基准值 N_0

设计基本地震加速度/g	0.10	0.15	0.20	0.30	0.40
液化判别标准贯入锤击数基准值	7	10	12	16	19

式(3-10)是以对数曲线的形式来表示液化临界锤击数随深度的变化。可以看出,在确定标准贯入锤击数临界值 N_{cr} 时主要考虑了土层所处的深度、地下水位的深度、饱和土的黏粒含量及震级等影响场地土液化的主要因素。当地下水位深度越浅,黏粒含量百分率越小,地震烈度越高,地震加速度越大,地震作用持续时间越长,土层越容易液化,则标准贯入锤击数临界值 N_{cr} 就越大。标准贯入锤击数临界值 N_{cr} 越大,就越容易被判别为液化土层。此外,公式中乘项 $\sqrt{3/\rho_c}$ 具有三点明确的物理意义,即

1) 使公式同时适用于饱和砂土和粉土的判别。

2) 常数3表示 $\rho_c(\%)=3$ 是砂土与粉土的分界线,当 $\rho_c(\%)<3$ 时取 $\rho_c(\%)=3$,则上述公式适用于砂土液化的判别。

3) 随着土中黏粒含量的增加,土层的相应标准贯入锤击数临界值 N_{cr} 将减小,土层越不容易液化,这就反映了粉土的液化趋势。

3.4.4 液化地基的评价

以上是对地基是否液化进行的判别,而对液化土层可能造成的危害不能做出定量评价。建筑场地一般由多层土组成,经常会遇到其中一些土层被判别为液化,另一些土层判别为不液化的情况。显然,地基土液化程度不同,对建筑的危害就不同。因此,需要有一个可判定土的液化可能性和危害程度的定量指标,这样才能对地基的液化危害性做出定量评价,从而采取相应的抗液化措施。

1. 液化指数

震害调查结果表明,在同一地震强度的作用下,可液化土层的厚度越大,埋藏越浅,土的密度越低,则实测标准贯入锤击数比液化标准贯入锤击数临界值小得越多,地下水位越高,液化造成的沉降量越大,对建筑物的危害程度也就越大。土层的沉降量与土的密实度有关,而标准贯入锤击数实测值可反映土的密实程度,如标准贯入锤击数实测值越小,土层的沉降量越大。为此,引入液化强度比 F_{lE}

$$F_{lE} = \frac{N}{N_{cr}} \tag{3-11}$$

式中 N、N_{cr}——实测标准贯入锤击数和标准贯入锤击数临界值。

液化强度比越小,实测标准贯入锤击数相对于标准贯入锤击数临界值越小。对于同一标高的土层,当液化强度比 F_{lE} 越小,则 $(1-F_{lE})$ 的值越大,说明单位厚度液化土产生的液化沉降量越大。若将 $(1-F_{lE})$ 的值沿土层深度求和,并在求和过程中引入反映层位影响的权函数,其结果就能反映整个可液化土层的危害性。这样,《抗震规范》中用来衡量液化场地危害程度的液化指数的表达式为

$$I_{lE} = \sum_{i=1}^{n} \left(1 - \frac{N_i}{N_{cri}}\right) d_i W_i \tag{3-12}$$

式中 I_{lE}——液化指数;

n——在判别深度范围内标准贯入试验点的总数;

N_i、N_{cri}——i 点标准贯入锤击数的实测值和临界值(当实测值大于临界值时应取临界值的数值;当只需要判别15m范围以内的液化时,15m以下的实测值可按临界值采用);

d_i——i 点代表的土层厚度（m），可采用与该标准贯入试验点相邻的上、下两标准贯入试验点深度差的一半，但上界不高于地下水位深度，下界不深于液化深度；

W_i——i 土层单位土层厚度的层位影响权函数值（m^{-1}）。当该层中点深度不大于 5m 时应采用 10，等于 20m 时应采用零值，5~20m 时应按线性内插法取值，如图 3-6 所示。

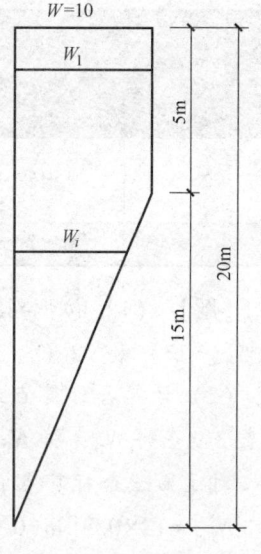

图 3-6　层位影响权函数图形

2. 液化等级

液化指数与液化危害之间有着明显的对应关系。一般地，液化指数越大，场地的喷冒情况和建筑物的液化震害就越严重。按液化指数的大小，可将液化等级分为轻微、中等和严重三级，见表 3-10，然后可根据液化等级采取相应的技术措施。

当液化等级轻微时，地面一般无喷水冒砂现象，或仅在洼地、河边有零星的喷水冒砂点。场地上的建筑物一般没有明显的沉降或不均匀沉降，液化危害很小。

当液化等级为中等时，液化危害增大，喷水冒砂频频出现，常导致建筑物产生明显的不均匀沉降或裂缝，尤其是那些直接用液化土做地基持力层的建筑和农村简易房屋，受到的影响普遍较重。

表 3-10　液化等级

液化等级	轻微	中等	严重
液化指数 I_{lE}	$0<I_{lE}\leq6$	$6<I_{lE}\leq18$	$I_{lE}>18$

当液化等级为严重时，液化危害普遍较重，场地喷水冒砂严重，涌砂量大，地面变形明显，覆盖面广，建筑物的不均匀沉降很大，高重心建筑物还会产生不允许的倾斜。在唐山地震和美国、日本的大地震中都发生过这样的地震灾害。

【例 3-2】　某场地设防烈度 8 度，设计地震分组为第一组，设计基本地震加速度为 $0.2g$。基础埋深在地面下 2m，场地地下水位深度为 2.0m，钻孔的地质资料见表 3-11。试计算该场地液化指数并确定相应的液化等级。

表 3-11　钻孔地质资料

层序	土层名称	层底深度 /m	标准贯入试验			黏粒含量 ρ_c/%
			编号	试验点深度 /m	标贯实测值 N_i	
1	粉砂	5.6	1	3	11	5.0
			2	4	10	
			3	5	13	
2	粉土	8.4	4	6	8	13.5
			5	7	9	
			6	8	9	

(续)

层序	土层名称	层底深度/m	标准贯入试验			黏粒含量 ρ_c/%
			编号	试验点深度/m	标贯实测值 N_i	
3	细砂	11.0	7	9	13	2.0
			8	10	15	
4	粉质黏土	20m 未钻穿	9	13	9	32

【解】(1) 初步判别。对第二层粉土层和第四层粉质黏土，由于其黏粒含量 ρ_c 分别为 13.5（>13）和 32（>13），可判为不液化土，故不必计算 N_{cri} 值。

(2) 计算各标贯点的标贯锤击数临界值。根据抗震设防烈度为 8 度等有关题设条件，由表 3-9 查得 N_0，将 N_0 值、d_w 值及各标贯点深度 d_{si} 值代入式（3-10），得各标贯点的 N_{cri}

对于第一个标贯点 $d_{s1}=3$m

$N_{cr1}=12\times0.8[\ln(0.6\times3+1.5)-0.1\times2]=9.54<11$，不液化。

$N_{cr2}=12\times0.8[\ln(0.6\times4+1.5)-0.1\times2]=11.12>10$，液化。

$N_{cr3}=12\times0.8[\ln(0.6\times5+1.5)-0.1\times2]=12.52<13$，不液化。

第三层细砂层 N_{cri} 的计算

$N_{cr7}=12\times0.8[\ln(0.6\times9+1.5)-0.1\times2]=16.6>13$，液化。

$N_{cr8}=12\times0.8[\ln(0.6\times10+1.5)-0.1\times2]=17.42>15$，液化。

(3) 计算各标贯点代表的土层厚度 d_i 及相应中点深度 z_i。由于第 1、3、4、5、6、9 点为非液化点，故不必计算其代表的土层厚度。对于第 2 标贯点

$$d_2=\frac{1}{2}(4+5)\text{m}-\frac{1}{2}(3+4)\text{m}=1.0\text{m} \qquad z_2=\left(3.5+\frac{1.0}{2}\right)\text{m}=4.0\text{m}$$

对第 7、8 标贯点

$$d_7=\frac{1}{2}(9+10)\text{m}-8.4\text{m}=1.1\text{m}, \quad z_7=\left(8.4+\frac{1.1}{2}\right)\text{m}=8.95\text{m}$$

$$d_8=11.0\text{m}-\frac{1}{2}(9+10)\text{m}=1.5\text{m}, \quad z_8=\left(9.5+\frac{1.5}{2}\right)\text{m}=10.25\text{m}$$

(4) 计算液化指数并判别液化等级。根据式（3-12），只需计算三个可液化的标准贯入试验点，计算结果见表 3-12。

表 3-12 液化指数 I_{lE} 的计算

标贯点的标号	标贯点的深度 d_{si}/m	标贯实测值 N_i	标贯临界值 N_{cri}	相对标贯值之比 $F_i'=\left(1-\dfrac{N_i}{N_{cri}}\right)$	标贯点所代表的土层厚度 d_i/m	标贯点所代表土层的中点深度 z_i/m	对应于 z_i 的权函数值 W_i	$F_i'd_iW_i$	液化指数 I_{lE}
2	4	10	11.12	0.10	1.0	4.0	10	1.0	
7	9	13	16.6	0.22	1.1	8.95	7.37	1.78	4.15
8	10	15	17.42	0.14	1.5	10.25	6.5	1.37	

因为液化指数 $I_{lE}=4.15$ 在 0~6 之间，故该场地的液化等级属于轻微。

3.4.5 地基抗液化措施

抗液化措施是对液化地基的综合治理。应当根据建筑物的重要性和地基的液化等级,并结合当地的施工条件、惯常采用的施工方法和施工工艺等具体情况予以确定。当液化土层较平坦均匀时,宜按表 3-13 选用地基抗液化措施;尚可计入上部结构重力荷载对液化危害的影响,根据液化震陷量的估计适当调整抗液化措施。

不宜将未经处理的液化土层作为天然地基持力层。

表 3-13 抗液化措施

建筑抗震设防类别	地基的液化等级		
	轻微	中等	严重
乙类	部分消除液化沉陷,或对基础和上部结构处理	全部消除液化沉陷,或部分消除液化沉陷且对基础和上部结构处理	全部消除液化沉陷
丙类	基础和上部结构处理,亦可不采取措施	基础和上部结构处理,或更高要求的措施	全部消除液化沉陷,或部分消除液化沉陷且对基础和上部结构处理
丁类	可不采取措施	可不采取措施	基础和上部结构处理,或其他经济的措施

注:甲类建筑的地基抗液化措施应进行专门研究,但不宜低于乙类的相应要求。

1. 全部消除地基液化沉陷的措施应符合的要求

1)采用桩基时,桩端伸入液化深度以下稳定土层中的长度(不包括桩尖部分),应按计算确定,且对碎石土、砾、粗、中砂,坚硬黏性土和密实粉土尚不应小于 0.8m,对于其他非岩石土尚不宜小于 1.5m。

2)采用深基础时,基础底面应埋入液化深度以下的稳定土层中,其深度不应小于 0.5m。

3)采用加密法(如振冲、振动加密、挤密碎石桩、强夯等)加固时,应处理至液化深度下界;振冲或挤密碎石桩加固后,桩间土的标准贯入锤击数不宜小于液化判别标准贯入锤击数临界值。

4)用非液化土替换全部液化土层,或增加上覆非液化土层的厚度。

5)采用加密法或换土法处理时,在基础边缘以外的处理宽度,应超过基础底面下处理深度的 1/2 且不小于基础宽度的 1/5。

2. 部分消除地基液化沉陷的措施应符合的要求

1)处理深度应使处理后的地基液化指数减少,其值不宜大于 5;大面积筏基、箱基的中心区域(中心区域指位于基础外边界以内沿长宽方向距外边界大于相应方向 1/4 长度的区域),处理后的液化指数可比上述规定降低 1;对独立基础和条形基础,尚不应小于基础底面下液化土特征深度和基础宽度的较大值。

2)采用振冲或挤密碎石桩加固后,桩间土的标准贯入锤击数不宜小于相应液化判别标准贯入锤击数临界值。

3)基础边缘以外的处理宽度,应超过基础底面下处理深度的 1/2 且不小于基础宽度的 1/5。

4）采取减小液化震陷的其他方法，如增厚上覆非液化土层的厚度和改善周边的排水条件等。

3. 减轻液化影响的基础和上部结构处理措施

1）选择合适的基础埋置深度。
2）调整基础底面积，减少基础偏心。
3）加强基础的整体性和刚度，如采用箱基、筏基或钢筋混凝土交叉条形基础，加设基础圈梁等。
4）减轻荷载，增强上部结构的整体刚度和均匀对称性，合理设置沉降缝，避免采用对不均匀沉降敏感的结构形式等。
5）管道穿过建筑处应预留足够尺寸或采用柔性接头等。

以上是抗液化影响的措施及要求，可根据实际工程情况采用，但上述措施不适用于坡度大于10°的倾斜场地和液化土层严重不均的情况。因倾斜场地的土层液化往往带来大面积土体滑动，造成严重后果，而水平场地土层液化的后果一般只造成建筑的不均匀下沉和倾斜。因此，在故河道及临近河岸、海岸和边坡等有液化侧向扩展或流滑可能的地段内不宜修建永久性建筑，否则应进行抗滑动验算，采取防土体滑动措施或结构抗裂措施等。

3.4.6 软弱黏性土液化或震陷的判别

国内外多次震害表明，软土层震陷是造成场地震害的重要原因之一。如1989年Loma Prieta地震、1994年Northridge地震，特别是1999年台湾集集地震和土耳其Kocaeli地震之后，软土在地震中的变形和失效引起了地震学者的高度重视。《抗震规范》增加了软弱黏性土层的震陷判别方法，即当设防烈度8度（0.30g）和9度时，当塑性指数小于15且符合下式规定时，饱和粉质黏土可判为震陷性软土。

$$W_S \geq 0.9 W_L \tag{3-13}$$

$$I_L \geq 0.75 \tag{3-14}$$

式中 W_S——天然含水量；
W_L——液限含水量，采用液、塑限联合测定法测定；
I_L——液性指数。

上式适用于对塑性指数在10~15的软弱饱和粉质黏土的震陷判别。软弱饱和粉质黏土的震陷不仅与低塑性土的特性有关，也与地震作用强度及持续时间等因素有关。因此，对于重要工程尚应进行专门的研究，同时应根据沉降和横向变形大小等因素综合确定抗震陷措施。

3.5 桩基础抗震设计

3.5.1 桩基不需进行验算的范围

震害调查表明，桩基在建筑抗震中是一种较好的基础类型。在我国唐山地震中，一般高承台桩基的震害普遍严重，而主要承受竖向荷载的低承台桩基，其抗震性能好，震后沉降量很小。因此，《抗震规范》规定，对承受以竖向荷载为主的低承台桩基，当地面下无液化土层，且桩承台周围无淤泥、淤泥质土和地基承载力特征值不大于100kPa的填土时，下列建筑可不进行桩基抗震承载力验算：

1）7度和8度时的下列建筑

① 一般的单层厂房和单层空旷房屋。

② 不超过8层且高度在24m以下的一般民用框架房屋。

③ 基础荷载与2）项相当的多层框架厂房和多层混凝土抗震墙房屋。

2）《抗震规范》规定可不进行上部结构抗震验算的建筑和砌体房屋。

除此之外，则应按下面介绍的方法，对桩基抗震承载力进行验算。

3.5.2 桩基抗震承载力的验算

1. 非液化土中低承台桩基

非液化土中低承台桩基的抗震验算，应符合下列规定：

1）单桩的竖向和水平向抗震承载力特征值，可比非抗震设计时承载力提高25%。

2）当承台周围的回填土夯实至干密度不小于GB 50007—2011《建筑地基基础设计规范》对填土的要求时，可由承台正面填土与桩共同承担水平地震作用；但不应计入承台底面与地基土间的摩擦力。

不计桩基承台底面与地基土间的摩擦力，是考虑到软弱黏性土存在震陷，一般黏性土可能因桩身摩擦力产生的桩间土在附加应力下的压缩使土与承台脱空，欠固结土可能产生固结下沉，非液化的砂砾则可能震密等因素，使承台底面与地基间的摩擦力不可靠，故不计这部分摩阻力。

对于目前大力推广应用的疏桩基础，如果桩的设计承载力按极限荷载取用则可以考虑承台与土的摩阻力。因为此时承台与土之间不会脱空，且桩、土的竖向荷载分担比也比较明确。

2. 存在液化土层的低承台桩

存在液化土层的低承台桩基的抗震验算，应符合下列规定：

1）承台埋深较浅时，不宜计入承台周围土的抗力或刚性地坪对水平地震作用的分担作用。

2）当桩承台底面上、下分别有厚度不小于1.5m、1.0m的非液化土层或非软弱土层时，可按下列两种情况进行桩的抗震验算，并按不利情况设计。

① 桩承受全部地震作用，桩承载力按上述确定非液化土中低承台桩基抗震承载力规定采用，液化土的桩周摩阻力及桩水平抗力均应乘以表3-14中的折减系数；表3-14中列出的土层液化影响折减系数，是根据地震反应分析和振动台试验结果提出的。根据试验，地面加速度最大时刻出现在液化土的孔压比为0.5~0.6时，此时土尚未充分液化，而刚度比未液化时下降很多，因此需对液化土的刚度进行折减。

② 地震作用按水平地震影响系数最大值的10%采用，桩承载力仍按非液化土中低承台桩基抗震承载力第1）条规定取用，但应扣除液化土层的全部摩阻力及桩承台下2m深度范围内非液化土的桩周摩阻力。这是考虑液化土中孔隙水压力消散而导致沿桩与基础四周出现排水现象，使桩身摩阻力大为减少。

表 3-14 土层液化影响折减系数

实际标贯锤击数/临界标贯锤击数	深度 d_s/m	折减系数
≤0.6	$d_s \leq 10$	0
	$10 < d_s \leq 20$	1/3
>0.6~0.8	$d_s \leq 10$	1/3
	$10 < d_s \leq 20$	2/3
>0.8~1.0	$d_s \leq 10$	2/3
	$10 < d_s \leq 20$	1

3) 打入式预制桩及其他挤土桩，当平均桩距为 2.5~4 倍桩径且桩数不少于 5×5 时，可计入打桩对土的加密作用及桩身对液化土变形限制的有利影响。当打桩后桩间土的标准贯入锤击数值达到不液化的要求时，单桩承载力可不折减，但对桩尖持力层做强度校核时，桩群外侧的应力扩散角应取为零。打桩后桩间土的标准贯入锤击数宜由试验确定，也可按下列经验公式计算

$$N_1 = N_p + 100\rho(1 - e^{-0.3N_p}) \tag{3-15}$$

式中　N_1——打桩后的标准贯入锤击数；
　　　ρ——打入式预制桩的面积置换率；
　　　N_p——打桩前的标准贯入锤击数。

3.5.3　桩基的抗震措施及构造要求

处于液化土中的桩基承台周围，宜用密实干土填筑夯实，若用砂土或粉土则应使土层的标准贯入锤击数不小于式（3-10）确定的液化判别标准贯入锤击数临界值。

桩基理论分析证明，地震作用下的桩基在软、硬土层交界面处最易受到剪、弯损害。为保证震陷软土和液化土层附近桩身的抗弯和抗剪承载力，《抗震规范》规定，液化土中桩的配筋范围，应自桩顶至液化深度以下符合全部消除液化沉陷所要求的深度，其纵向钢筋应与桩顶部相同，箍筋应加粗、加密。

在有液化侧向扩展的地段，桩基除应满足本节规定外，还应考虑土流动时的侧向作用力，且承受侧向推力的面积应按边桩外缘间的宽度计算。

思考题与习题

1. 什么是场地？如何划分场地类别？
2. 简述天然地基基础抗震验算的一般原则。哪些建筑可不进行天然地基基础的抗震承载力验算？为什么？
3. 怎样确定地基土的抗震承载力？
4. 什么是地基土的液化？怎样判别？液化对建筑物有哪些危害？
5. 如何确定地基的液化指数和液化等级？
6. 简述可液化地基的抗液化措施。
7. 哪些建筑可不进行桩基的抗震承载力验算？为什么？
8. 某场地地层条件见表 3-15，试确定该场地类别。

表 3-15 某场地地质资料

土层编号	岩土名称	土层底部深度/m	剪切波速/(m/s)
1	粉质黏土	1.5	90
2	粉质黏土	3.0	140
3	粉砂	6.0	160
4	细砂	11.0	350
5	岩石	未钻穿	800

9. 某场地设防烈度 7 度,设计地震分组为第一组,设计基本地震加速度为 $0.15g$。基础埋深在地面下 2m,场地地下水位深度为 1.0m,钻孔的地质资料见表 3-16。试计算该场地液化指数并确定相应的液化等级。

表 3-16 某场地钻孔地质资料

成因年代	层序	土层名称	层底深度/m	标准贯入试验			黏粒含量 ρ_c/%
				编号	试验点深度/m	标贯实测值 N_i	
Q_4	1	粉质黏土	5.00	1	1.0	2	16
				2	2.5	4	
				3	4.0	5	
Q_4	2	粉砂	9.00	4	5.0	7	2.0
				5	7.0	12	
				6	8.5	10	
Q_3	3	细砂	12.0	7	10.0	15	1.0
				8	11.0	16	

第 4 章 结构地震反应和结构抗震验算

结构地震反应又称为地震作用效应，指地震时地面震动使建筑结构产生的内力、变形、位移及结构运动速度与加速度等的统称。结构的地震反应是一种动力反应，其大小不仅与地面运动有关，还与结构自身动力特性如自振周期、振型和阻尼等有关，需要根据结构动力学理论进行求解。

结构抗震计算包括地震作用计算和结构抗震验算两部分内容。地震作用指地震时地面运动加速度在结构上产生的惯性力。其大小随时间而变化，方向也是随机的。为简化计算，《抗震规范》采用最大惯性力作为结构的地震作用，并根据地震引起结构振动的主要方向，将地震作用划分为水平地震作用和竖向地震作用。结构抗震验算是在结构方案确定后，首先计算结构的地震作用，然后计算结构在地震作用下的效应，最后将地震作用效应与其他荷载效应进行组合，验算结构和构件的承载力与变形，以满足抗震设防要求。

4.1 单自由度弹性体系的水平地震反应

结构动力计算简图的确定是进行结构地震反应分析的第一步。计算简图中的结构质量模拟有两种，一种是连续化分布，另一种是集中分布。工程上常采用集中分布质量的模型进行动力计算。采用集中质量方法确定计算简图时，需先定出结构质量集中位置。例如：对于单层单跨或单层多跨工业厂房，可将结构的质量集中到各跨屋盖标高处，如图 4-1a 所示，形成单质点体系；对于多高层建筑可将质量集中于各层楼面或屋盖标高处，如图 4-1b 所示。当结构无明显主要质量部分时可将结构分成若干区域，将各区域的质量集中于质心处，如图 4-1c 所示，形成多质点体系。

计算简图中质点可以运动的独立参数称为结构体系的自由度。空间中一个自由质点可有 3 个独立的位移，因此它有 3 个自由度。若限制质点在平面内运动，则一个质点有 2 个自由度。结构体系上的质点，由于受到结构构件的约束，其自由度数小于自由质点的自由度数。根据结构自由度的数量多少，可分为单自由度体系和多自由度体系。单质点弹性体系做单向运动，就形成一个单自由度弹性体系。

1. 运动方程的建立

为了研究单自由度弹性体系的水平地震反应，首先要建立单自由度体系在地震作用下的运动方程。

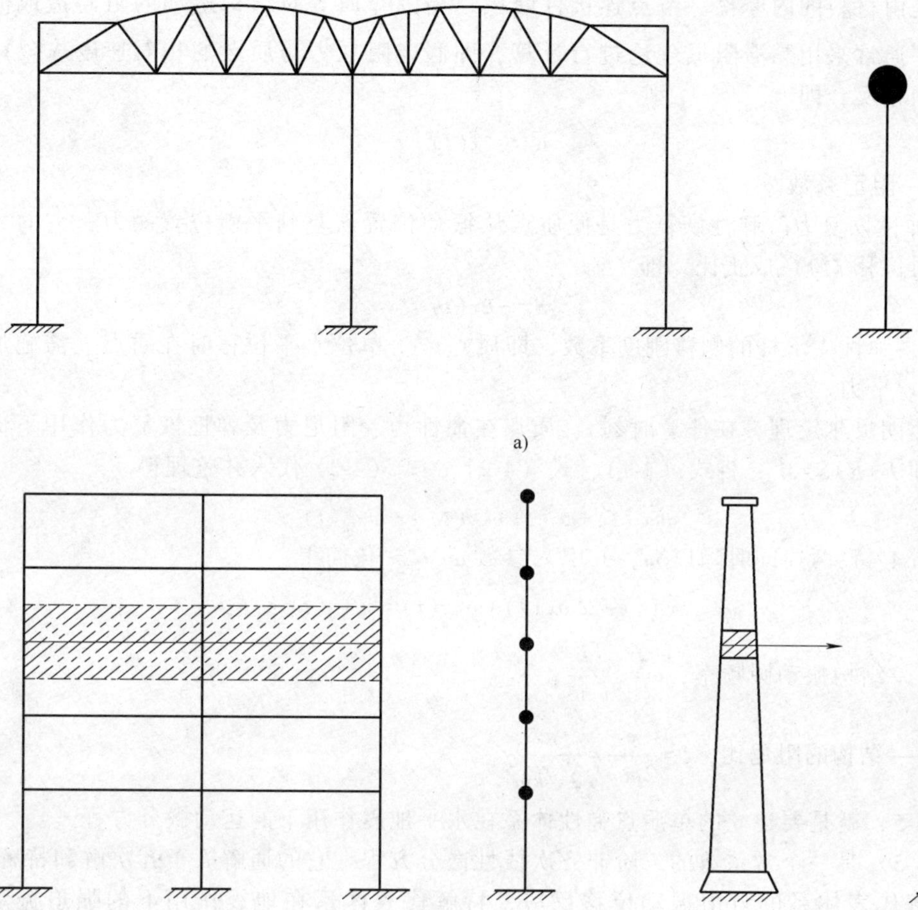

第4章 结构地震反应和结构抗震验算

图 4-1 结构动力计算简图
a) 单层厂房及其计算简图 b) 多层建筑及其计算简图 c) 烟囱及其计算简图

图 4-2 所示为一个单自由度体系在水平地震作用下的计算简图。体系具有集中质量 m,弹性直杆刚度系数为 k。其中 $x_g(t)$ 表示地震时地面水平运动的位移,$x(t)$ 表示质点相对地面的水平位移,它们都为时间 t 的函数。

若取质点 m 为隔离体,其上作用有 3 种力,即质点惯性力 F、阻尼力 R 和弹性恢复力 S。

(1) 惯性力 惯性力是质点质量与绝对加速度的乘积,即

$$F = -m[\ddot{x}_g(t) + \ddot{x}(t)] \tag{4-1}$$

(2) 阻尼力 阻尼力是造成结构振动衰减

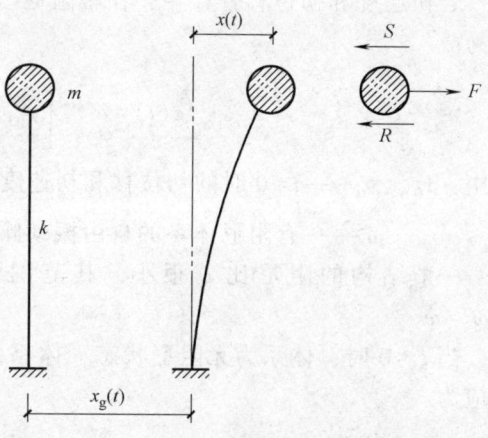

图 4-2 水平地震作用下单自由度体系的振动

的力,它是由材料的内摩擦、节点连接件摩擦、周围介质等对结构运动的阻碍造成的。目前,工程中通常采用黏滞阻尼理论进行计算,即假定阻尼力与质点的相对速度 $\dot{x}(t)$ 成正比,而方向相反,即

$$R = -c\dot{x}(t) \tag{4-2}$$

式中 c ——阻尼系数。

(3) 弹性恢复力 弹性恢复力是使质点从振动位置恢复到平衡位置的力,它的大小与质点的相对位移 $x(t)$ 成正比,即

$$S = -kx(t) \tag{4-3}$$

式中 k ——弹性支承杆的侧移刚度系数,即质点产生单位水平位移时在质点上需施加的水平力。

根据达朗贝尔定理,在任意时刻 t,质点在惯性力、阻尼力及弹性恢复力作用下保持动力平衡,即 $F+R+S=0$,将式(4-1)、式(4-2)、式(4-3)代入并整理得

$$m\ddot{x}(t)+c\dot{x}(t)+kx(t) = -m\ddot{x}_g(t) \tag{4-4}$$

将式(4-4)两边同时除以 m,并引入参数 ω、ζ,化简得

$$\ddot{x}(t)+2\zeta\omega\dot{x}(t)+\omega^2 x(t) = -\ddot{x}_g(t) \tag{4-5}$$

式中 ω ——结构振动圆频率,$\omega = \sqrt{\dfrac{k}{m}}$;

ζ ——结构的阻尼比,$\zeta = \dfrac{c}{2m\omega} = \dfrac{c}{2\sqrt{km}}$。

式(4-5)就是要建立的单质点弹性体系在水平地震作用下的运动微分方程。

式(4-5)是一个常系数的二阶非齐次线性微分方程。它的通解等于齐次解和特解之和。其中齐次解代表体系的自由振动位移反应,特解代表体系在地震作用下的强迫振动位移反应。

2. 运动方程的齐次解

运动方程式(4-5)的齐次解可由下式求得

$$\ddot{x}(t)+2\zeta\omega\dot{x}(t)+\omega^2 x(t) = 0 \tag{4-6}$$

若初速度和初位移皆存在,在小阻尼($\zeta<1$)条件下,根据动力学相关公式可得上式的解为

$$x(t) = e^{-\zeta\omega t}\left[x_0\cos\omega't+\dfrac{\dot{x}_0+\zeta\omega x_0}{\omega'}\sin\omega't\right] \tag{4-7}$$

式中 x_0、$\dot{x}_0$ —— $t=0$ 时的初位移和初速度;

ω' ——有阻尼体系的自由振动频率,$\omega' = \omega\sqrt{1-\zeta^2}$。

一般结构的阻尼比 ζ 很小,其范围约为 0.01~0.1,因此,实际工程计算时通常取 $\omega' = \omega$。

当 $\zeta=0$ 时,体系为无阻尼状态,体系的自由振动为简谐振动。体系做简谐振动的位移反应为

$$x(t) = x_0\cos\omega t+\dfrac{\dot{x}_0}{\omega}\sin\omega t \tag{4-8}$$

由式（4-8）可知，无阻尼单自由度体系的自由振动方程是一个周期函数。如果给时间 t 一个增量，则位移和速度的数值不变，即每隔一个时间 T，质点又回到原来的状态。

$$T = \frac{2\pi}{\omega} = 2\pi\sqrt{\frac{m}{k}} \tag{4-9}$$

时间 T 称为体系的自振周期，自振周期的倒数称为体系的频率，即

$$f = \frac{1}{T} \tag{4-10}$$

由式（4-9）和式（4-10）可知

$$\omega = \frac{2\pi}{T} = 2\pi f \tag{4-11}$$

式中 ω——质点在 2π 秒内振动的次数，一般称为体系的振动圆频率。

严格来说，有阻尼单自由度体系的自由振动不是周期性的，因体系在振动过程中振幅不断衰减，直至停止振动。但由于体系的运动是一种往复运动，质点每一个振动过程所需的时间间隔相等，因此把这个时间间隔也称为有阻尼单自由度体系的周期 T'，即

$$T' = \frac{2\pi}{\omega'} \tag{4-12}$$

自振周期是结构的一个很重要的动力特性。由式（4-9）可以看出，结构的自振周期与其质量和刚度的比值大小有关，而质量和刚度是结构体系固有的，因此自振周期也是体系固有的，故又称为固有周期。

3. 运动方程的特解

由于地震的随机性，对强迫振动反应不可能求得解析表达式，只能借助数值积分的方法求出数值解。在动力学中，式（4-5）的强迫振动位移反应由杜哈梅（Duhamel）积分给出

$$x(t) = -\frac{1}{\omega'}\int_0^t \ddot{x}_g(\tau) e^{-\zeta\omega(t-\tau)} \sin\omega'(t-\tau) d\tau \tag{4-13}$$

对一般建筑，阻尼很小，所以 $\omega' = \omega$。因此一般建筑的强迫振动位移反应可取为

$$x(t) = -\frac{1}{\omega}\int_0^t \ddot{x}_g(\tau) e^{-\zeta\omega(t-\tau)} \sin\omega(t-\tau) d\tau \tag{4-14}$$

4. 运动方程的通解

将式（4-7）与式（4-13）取和，即为单自由度弹性体系运动微分方程的通解

$$x(t) = e^{-\zeta\omega t}\left[x_0\cos\omega' t + \frac{\dot{x}_0 + \zeta\omega x_0}{\omega'}\sin\omega' t\right] - \frac{1}{\omega'}\int_0^t \ddot{x}_g(\tau) e^{-\zeta\omega(t-\tau)} \sin\omega'(t-\tau) d\tau \tag{4-15}$$

由上式可以看出，当结构体系初位移和初速度为零时，即体系初始状态为静止时，上式第一项为零，仅剩第二项杜哈梅积分，杜哈梅积分也就是初始处于静止状态的单自由度体系地震反应的计算公式。

4.2 单自由度弹性体系水平地震作用及反应谱

4.2.1 水平地震作用

水平地震作用即地震时结构质点上受到的惯性力，即

$$F(t) = -m[\ddot{x}_g(t) + \ddot{x}(t)] = kx(t) + c\dot{x}(t) \tag{4-16}$$

工程中，通常阻尼力 $c\dot{x}(t)$ 远远小于弹性恢复力 $kx(t)$，故阻尼力可忽略不计。将式（4-14）代入式（4-16），得到单自由度体系水平地震作用表达式

$$F(t) \approx kx(t) = -m\omega \int_0^t \ddot{x}_g(\tau) e^{-\zeta\omega(t-\tau)} \sin\omega(t-\tau) d\tau \tag{4-17}$$

由上式可见，水平地震作用是时间 t 的函数，它的大小和方向随时间 t 变化。在结构抗震设计中，并不需要求出每一时刻的地震作用值，只需求出水平地震作用的最大绝对值。设 F 表示水平地震作用的最大绝对值，由式（4-17）得

$$F = m\omega \left| \int_0^t \ddot{x}_g(\tau) e^{-\zeta\omega(t-\tau)} \sin\omega(t-\tau) d\tau \right|_{\max} = mS_a \tag{4-18}$$

$$S_a = \omega \left| \int_0^t \ddot{x}_g(\tau) e^{-\zeta\omega(t-\tau)} \sin\omega(t-\tau) d\tau \right|_{\max} \tag{4-19}$$

式中 S_a——质点振动加速度最大值。

4.2.2 地震反应谱

地震反应谱是指单自由度体系最大地震反应与体系自振周期 T 之间的关系曲线，根据地震反应内容的不同，可分为位移反应谱、速度反应谱及加速度反应谱。在结构抗震设计中，通常采用加速度反应谱，简称地震反应谱。体系的自振周期为 $T = \dfrac{2\pi}{\omega}$，由式（4-19）得地震反应谱的曲线方程为

$$S_a = \frac{2\pi}{T} \left| \int_0^t \ddot{x}_g(\tau) e^{-\zeta\frac{2\pi}{T}(t-\tau)} \sin\frac{2\pi}{T}(t-\tau) d\tau \right|_{\max} \tag{4-20}$$

4.2.3 地震系数和动力系数

为方便计算，可将式（4-18）做如下变换

$$F = mS_a = mg \left(\frac{|\ddot{x}_g(t)|_{\max}}{g} \right) \left(\frac{S_a}{|\ddot{x}_g(t)|_{\max}} \right) = Gk\beta = \alpha G \tag{4-21}$$

式中 k——地震系数；

β——动力系数；

G——体系质点的重力荷载代表值；

g——重力加速度；

α——地震影响系数；

$|\ddot{x}_g(t)|_{\max}$——地面运动加速度最大绝对值。

1. 地震系数 k

地震系数 k 是地面运动加速度最大绝对值与重力加速度的比值，即

$$k = \frac{|\ddot{x}_g(t)|_{\max}}{g} \tag{4-22}$$

由上式可知地面加速度越大，地震动越强烈，即地震烈度越大。所以，地震系数与地震

烈度有关,都是地震强烈程度的参数。《抗震规范》中采用的地震系数与基本烈度的对应关系见表4-1。

表 4-1 地震系数与基本烈度的关系

基本烈度	6度	7度	8度	9度
地震系数	0.05	0.10(0.15)	0.20(0.30)	0.40

注:括号中数值按左右次序分别对应于设计基本地震加速度为 0.15g 和 0.30g 的地区。

2. 动力系数 β

动力系数 β 是单自由度弹性体系在地震作用下最大反应加速度与地面最大加速度的比值,反映的是质点最大反应加速度比地面最大加速度放大的倍数。其表达式为

$$\beta = \frac{S_a}{|\ddot{x}_g(t)|_{max}} \tag{4-23}$$

将式(4-20)代入式(4-23)得

$$\beta = \frac{2\pi}{T} \frac{1}{|\ddot{x}_g(t)|_{max}} \left| \int_0^t \ddot{x}_g(\tau) e^{-\zeta \frac{2\pi}{T}(t-\tau)} \sin \frac{2\pi}{T}(t-\tau) d\tau \right|_{max} \tag{4-24}$$

由式(4-24)可以看出,影响 β 的因素主要有结构的自振周期、地面运动加速度 $\ddot{x}_g(t)$ 的特征、结构阻尼比 ζ。当给定地面加速度记录 $\ddot{x}_g(t)$ 和阻尼比 ζ 时,动力系数 β 仅与结构体系的自振周期 T 有关,可根据不同的 T 值算出动力系数 β,从而得到一条 β-T 曲线,这条曲线就称为动力系数反应谱曲线。动力系数是单质点最大反应加速度 S_a 与地面运动最大加速度 $|\ddot{x}_g(t)|_{max}$ 的比值,所以 β-T 曲线实际上是一种加速度反应谱曲线。它反映了地震时地面运动的频谱特性,对不同自振周期的建筑结构有不同的地震动力作用效应。图4-3为1940年 El-Centro 地震时根据地面加速度记录绘制的 β 谱曲线。由图可以看出,ζ 值减小,β 值就增大。不同 ζ 值的曲线在自振周期 T 接近场地特征周期 T_g 时均达到最大峰值。

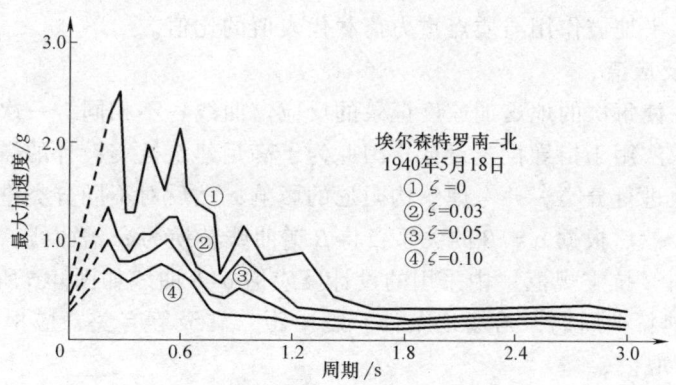

图 4-3 阻尼比对 β 谱曲线的影响

图4-4为不同场地土条件下的 β 谱曲线,由图可知,对于软土场地,β 谱曲线的峰值位置对应于较长的自振周期;对硬土或岩石场地,则对应于较短的自振周期。

图4-5为相同的地震烈度下不同震中距时的 β 谱曲线,由图可知,震中距大时,β 谱曲线峰值位置对应于较长的自振周期;震中距小时,则对应于较短的自振周期。以上这些现象

与第3章分析的场地的地震影响是一致的。

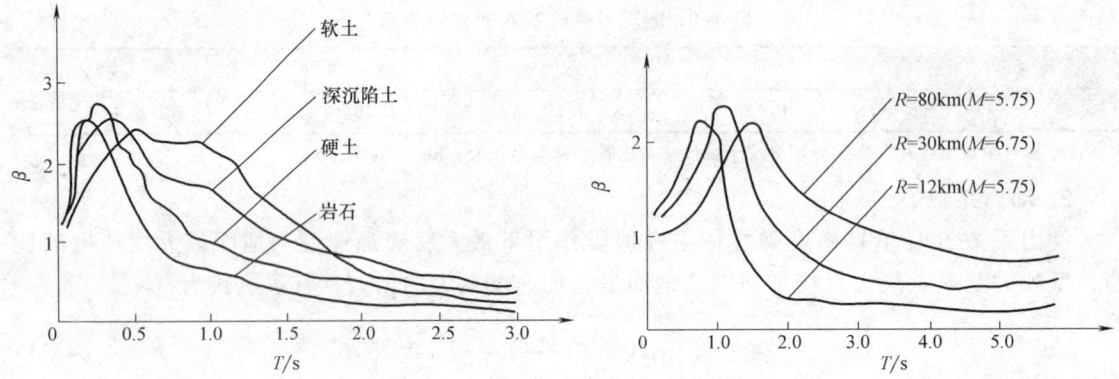

图 4-4 场地土对 β 谱曲线的影响　　　图 4-5 震中距对 β 谱曲线的影响

4.2.4 地震影响系数和抗震设计反应谱

1. 地震影响系数

由式（4-21）可知

$$\alpha = k\beta = \frac{S_a}{g} \quad (4\text{-}25)$$

或

$$\alpha = \frac{F}{G} \quad (4\text{-}26)$$

由式（4-25）知，地震影响系数 α 就是单自由度弹性体系在地震时以重力加速度为单位的质点最大加速度反应。同时，由式（4-26）知，地震影响系数还可以理解为作用于单自由度弹性体系上的水平地震作用与质点重力荷载代表值的比值。

2. 抗震设计反应谱

地震的随机性使每次的地震加速度记录的反应谱曲线各不相同。一次实际地震记录的地震加速度反应谱无法用于指导抗震设计。因此为了满足建筑抗震设计的需要，将大量强震记录按场地、震中距进行分类，并考虑结构阻尼的影响，然后对不同分类进行统计分析，并求出平均 β 谱曲线，然后根据 $\alpha = k\beta$ 的关系，将 β 谱曲线转换为 α 谱曲线，作为抗震设计标准反应谱曲线。我国《抗震规范》中采用的设计反应谱 $\alpha\text{-}T$ 曲线如图 4-6 所示。

图中 T_g 为场地特征周期，与场地条件、震中距、震级等有关，应根据场地类别和设计地震分组按表 4-2 取值。

表 4-2　特征周期值　　　　　　　　　　（单位：s）

设计地震分组	场地类型				
	I_0	I_1	II	III	IV
第一组	0.20	0.25	0.35	0.45	0.65
第二组	0.25	0.30	0.40	0.55	0.75
第三组	0.30	0.35	0.45	0.65	0.90

第4章 结构地震反应和结构抗震验算

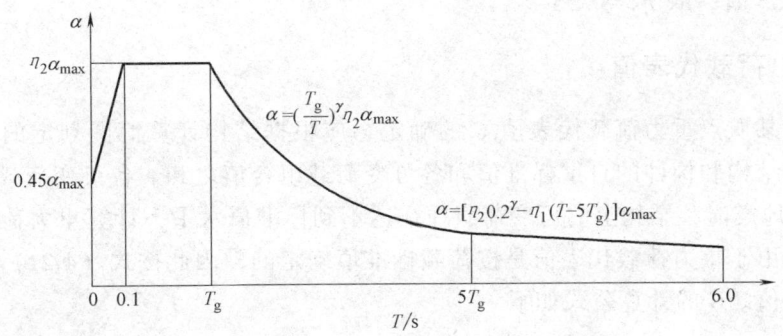

图 4-6 地震影响系数曲线

α—地震影响系数　α_{max}—地震影响系数最大值　η_1—直线下降段的下降斜率调整系数
γ—衰减指数　T_g—场地特征周期　η_2—阻尼调整系数　T—结构自振周期

建筑结构的地震影响系数应根据烈度、场地类别、设计地震分组、结构自振周期及阻尼比确定。水平地震影响系数最大值 α_{max} 应按表 4-3 取值,计算罕遇地震作用时,特征周期应增加 0.05s。

表 4-3　水平地震影响系数最大值 α_{max}

地震影响	6度	7度	8度	9度
多遇地震	0.04	0.08(0.12)	0.16(0.24)	0.32
罕遇地震	0.28	0.50(0.72)	0.90(1.20)	1.40

注:括号中的数值分别用于设计基本地震加速度为 $0.15g$ 和 $0.30g$ 的地区。

建筑结构地震影响系数曲线的阻尼调整系数和形状参数应符合下列要求:

1) 除专门规定外,建筑结构的阻尼比 ζ 应取 0.05,地震影响系数曲线的阻尼调整系数 η_2 应按 1.0 采用,形状参数应符合下列规定:

① 直线上升段,周期小于 0.1s 的区段。
② 水平段,自 0.1s 至特征周期 T_g 区段,应取最大值 α_{max}。
③ 曲线下降段,自特征周期至 5 倍特征周期区段,衰减指数 γ 取 0.9。
④ 直线下降段,自 5 倍特征周期至 6s 区段,下降斜率调整系数 η_1 应取 0.02。

2) 当建筑结构的阻尼比按有关规定不等于 0.05 时,地震影响系数曲线的阻尼调整系数和形状参数应符合下列规定:

① 曲线下降段的衰减指数 γ 应按下式确定

$$\gamma = 0.9 + \frac{0.05-\zeta}{0.3+6\zeta} \tag{4-27}$$

② 直线下降段斜率调整系数 η_1 应按下式确定

$$\eta_1 = 0.02 + \frac{0.05-\zeta}{4+32\zeta} \tag{4-28}$$

当 $\eta_1 < 0$ 时,取 $\eta_1 = 0$。

③ 阻尼调整系数 η_2 应按下式确定

$$\eta_2 = 1 + \frac{0.05-\zeta}{0.08+1.6\zeta} \tag{4-29}$$

当 $\eta_2 < 0.55$ 时，取 $\eta_2 = 0.55$。

4.2.5 重力荷载代表值

建筑物的某质点重力荷载代表值 G 的确定，应根据结构计算简图划定的计算范围，取计算范围内的结构和构件的自重标准值和各可变荷载组合值之和。各可变荷载组合值系数按表4-4采用。地震时，结构上的可变荷载往往达不到标准值水平，计算重力荷载代表值时可以将其折减。由于重力荷载代表值是按荷载标准值确定的，因此按式（4-21）计算出的地震作用也是标准值。G 的计算公式如下

$$G = G_k + \sum_{i=1}^{n} \psi_{Qi} Q_{ik} \tag{4-30}$$

式中 G_k——结构或构件的永久荷载标准值；

ψ_{Qi}——第 i 个可变荷载的组合值系数，按表4-4采用；

Q_{ik}——结构或构件的第 i 个可变荷载标准值。

表4-4 可变荷载组合值系数

可变荷载种类		组合值系数
雪荷载		0.5
屋面积灰荷载		0.5
屋面活荷载		不计入
按实际情况计算的楼面活荷载		1.0
按等效均布荷载计算的楼面活荷载	藏书库、档案库	0.8
	其他民用建筑	0.5
起重机悬吊物重力	硬钩式起重机	0.3
	软钩式起重机	不计入

注：硬钩式起重机的吊重较大时，组合值系数应按实际情况采用。

4.2.6 地震作用的确定

根据《抗震规范》的抗震设计反应谱，可以确定结构受到的地震作用。计算步骤如下：

1）根据计算简图确定结构的重力荷载代表值 G 和自振周期 T。

2）根据结构所在地区的设防烈度、场地条件和设计地震分组，按表4-2和表4-3确定抗震设计反应谱中的特征周期 T_g 和最大地震影响系数 $\alpha_{\max}$。

3）根据结构的自振周期，按图4-6确定地震影响系数 α。

4）按式（4-21）计算结构体系的水平地震作用。

【例4-1】 图4-7a所示单层单跨厂房，跨度24m，长度18m，柱距6m。屋盖刚度无穷大，屋盖自重标准值为880kN，屋面雪荷载标准值为200kN，忽略柱自重，柱抗侧移刚度系数 $k_1 = k_2 = 3.0 \times 10^3$ kN/m，结构阻尼比 $\zeta = 0.05$，I_1 类建筑场地，设计地震分组为第二组，抗震设防烈度为8度，设计基本地震加速度0.20g。求厂房在多遇地震时的横向水平地震作用。

【解】 因质量集中于屋盖，故结构计算时可简化为图4-7b所示的单质点体系。

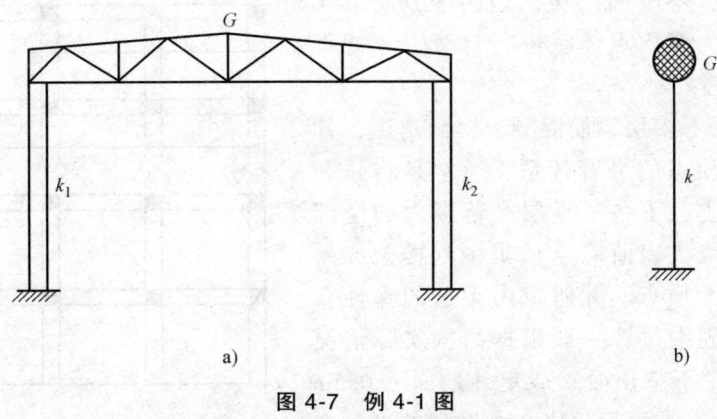

图 4-7 例 4-1 图
a) 单层厂房 b) 计算简图

(1) 确定重力荷载代表值 G 和自振周期 T。由表 4-4 可知，雪荷载组合值系数为 0.5，所以

$$G = (880 + 200 \times 0.5) \text{kN} = 980 \text{kN}$$

质点集中质量
$$m = \frac{G}{g} = \frac{980}{9.8} \text{kg} = 1.0 \times 10^5 \text{kg}$$

柱抗侧移刚度为两排柱抗侧移刚度之和，即

$$k = 4k_1 + 4k_2 = 24.0 \times 10^3 \text{kN/m} = 24.0 \times 10^6 \text{N/m}$$

故结构自振周期为

$$T = 2\pi \sqrt{\frac{m}{k}} = 2\pi \sqrt{\frac{1.0 \times 10^5}{24 \times 10^6}} \text{s} = 0.405 \text{s}$$

(2) 确定地震影响系数最大值 α_{max} 和特征周期 T_g。由表 4-2 和表 4-3 查得，抗震设防烈度 8 度，在多遇地震时，$T_g = 0.30 \text{s}$，$\alpha_{max} = 0.16$。

(3) 计算地震影响系数值 α。因 $T_g < T < 5T_g$，故 α 处于曲线下降段，α 的计算公式为

$$\alpha = \left(\frac{T_g}{T}\right)^\gamma \eta_2 \alpha_{max}$$

当阻尼比 $\zeta = 0.05$ 时，$\eta_2 = 1.0$，$\gamma = 0.9$，则

$$\alpha = \left(\frac{T_g}{T}\right)^\gamma \eta_2 \alpha_{max} = \left(\frac{0.30}{0.405}\right)^{0.9} \times 1.0 \times 0.16 = 0.122$$

(4) 计算水平地震作用。由式 (4-21) 得

$$F = \alpha G = 0.122 \times 980 \text{kN} = 119.56 \text{kN}$$

4.3 多自由度弹性体系的水平地震反应

4.3.1 多自由度弹性体系计算简图

前面运用集中质量法确定了单质点体系的计算简图。然而，在实际工程中有很多结构，

如多、高层建筑，不等高厂房，烟囱等，质量比较分散，应简化为多质点体系进行计算，才能得到切合实际的解答。

图4-8所示为一多层钢筋混凝土框架房屋，计算简图为一串多质点的悬臂杆系，通常是将每一层楼面或楼盖及上、下各一半层高范围内的全部质量（由重力荷载代表值确定）集中到楼盖或屋盖标高处作为一个质点，并假定由无重的弹性直杆支承于地面。固端位置一般根据结构实际情况取至基础顶面（地下室顶面）或室外地面下0.5m处。一般讲，n层房屋可简化成n个质点的多自由度弹性体系，如果只考虑质点水平方向振动，则体系有多少个质点就有多少个自由度。

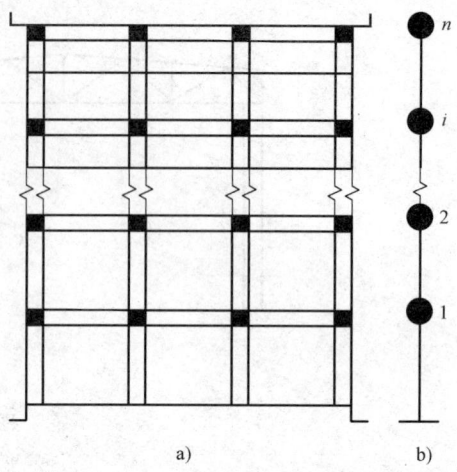

图4-8 多质点弹性体系
a) 多层房屋 b) 计算简图

4.3.2 多自由度弹性体系在地震作用下的运动方程

图4-9所示为一多自由度弹性体系在水平地震作用下发生振动的情况。图中$x_g(t)$表示地面水平位移，$x_i(t)$表示第i个质点相对于地面的位移。为了建立运动方程，取第i个质点为隔离体，作用在质点i上的力有

惯性力 $\quad I_i = -m_i[\ddot{x}_g(t) + \ddot{x}_i(t)]$ (4-31)

阻尼力 $\quad R_i = -(c_{i1}\dot{x}_1 + c_{i2}\dot{x}_2 + \cdots + c_{ir}\dot{x}_r + \cdots + c_{in}\dot{x}_n) = -\sum_{r=1}^{n} c_{ir}\dot{x}_r$ (4-32)

弹性恢复力 $\quad S_i = -(k_{i1}x_1 + k_{i2}x_2 + \cdots + k_{ir}x_r + \cdots + k_{in}x_n)$
$$= -\sum_{r=1}^{n} k_{ir}x_r \quad (4\text{-}33)$$

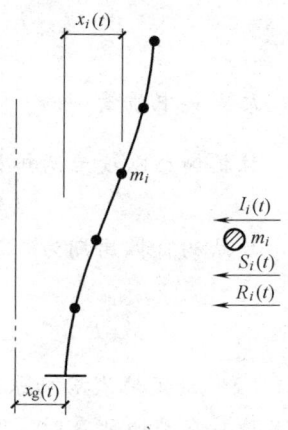

图4-9 多质点弹性体系水平振动

式中 c_{ir}——第r个质点产生单位速度，其余质点速度为零，在i质点上产生的阻尼力；

k_{ir}——第r个质点产生单位位移，其余质点不动，在i质点上产生的弹性反力。

根据达朗贝尔原理，得第i质点动力平衡方程

$$m_i\ddot{x}_i + \sum_{r=1}^{n} c_{ir}\dot{x}_r + \sum_{r=1}^{n} k_{ir}x_r = -m_i\ddot{x}_g \quad (4\text{-}34)$$

将上式整理，并推广到n个质点，得多自由度弹性体系在地震作用下的运动方程

$$m_i\ddot{x}_i + \sum_{r=1}^{n} c_{ir}\dot{x}_r + \sum_{r=1}^{n} k_{ir}x_r = -m_i\ddot{x}_g \quad (i=1,2,\cdots,n) \quad (4\text{-}35)$$

写成矩阵形式

$$[M]\{\ddot{x}\} + [C]\{\dot{x}\} + [K]\{x\} = -[M]\{1\}\ddot{x}_g \quad (4\text{-}36)$$

质量矩阵、阻尼矩阵和刚度矩阵的表达式为

$$[M] = \begin{bmatrix} m_1 & & & 0 \\ & m_2 & & \\ & & \ddots & \\ 0 & & & m_n \end{bmatrix}, \quad [C] = \begin{bmatrix} c_{11} & c_{12} & \cdots & c_{1n} \\ c_{21} & c_{22} & \cdots & c_{2n} \\ \vdots & \vdots & & \vdots \\ c_{n1} & c_{n2} & \cdots & c_{nn} \end{bmatrix}, \quad [K] = \begin{bmatrix} k_{11} & k_{12} & \cdots & k_{1n} \\ k_{21} & k_{22} & \cdots & k_{2n} \\ \vdots & \vdots & & \vdots \\ k_{n1} & k_{n2} & \cdots & k_{nn} \end{bmatrix}$$

(4-37)

式中 m_i——集中质量，$m_i = G_i/g$；

k_{ij}——刚度系数，对应于当 j 质点产生单位位移，其余质点不动时，在 i 质点上引起的弹性反力；

c_{ij}——阻尼系数，对应于当 j 质点产生单位速度，其余质点不动时，在 i 质点上引起的阻尼力。

位移列矢量、速度列矢量和加速度列矢量的表达式为

$$\{x\} = \begin{Bmatrix} x_1 \\ x_2 \\ \vdots \\ x_n \end{Bmatrix}, \quad \{\dot{x}\} = \begin{Bmatrix} \dot{x}_1 \\ \dot{x}_2 \\ \vdots \\ \dot{x}_n \end{Bmatrix}, \quad \{\ddot{x}\} = \begin{Bmatrix} \ddot{x}_1 \\ \ddot{x}_2 \\ \vdots \\ \ddot{x}_n \end{Bmatrix}$$

(4-38)

式（4-35）或式（4-36）展开后得 n 个运动微分方程，在每一个方程中均包含所有未知的质点位移，这 n 个方程是联立的，即耦合的，一般常采用振型分解法求解。

4.3.3 多自由度弹性体系的自振特性

多自由度弹性体系的自振特性主要包括结构体系的自振频率（或自振周期）和振型，需要根据体系的无阻尼自由振动方程求得。

1. 自振频率及周期

由式（4-36）可得无阻尼自由振动方程为

$$[M]\{\ddot{x}\} + [K]\{x\} = \{0\} \tag{4-39}$$

设方程解的形式为

$$\{x\} = \{X\}\sin(\omega t + \varphi) \tag{4-40}$$

式中 $\{X\}$——各质点振幅矢量；

ω——体系自振频率；

φ——初相位角。

将式（4-40）对时间 t 二次微分，得

$$\{\ddot{x}\} = -\omega^2\{X\}\sin(\omega t + \varphi) \tag{4-41}$$

将式（4-40）、式（4-41）代入式（4-39），得

$$([K] - \omega^2[M])\{X\} = \{0\} \tag{4-42}$$

因为振动过程中 $\{X\} \neq 0$，所以式（4-42）的系数行列式必为零，即

$$|[K] - \omega^2[M]| = 0 \tag{4-43}$$

式（4-43）称为体系的频率方程或特征方程。式（4-43）可进一步写为

$$\begin{vmatrix} k_{11}-\omega^2 m_1 & k_{12} & \cdots & k_{1n} \\ k_{21} & k_{22}-\omega^2 m_2 & \cdots & k_{2n} \\ \vdots & \vdots & & \vdots \\ k_{n1} & k_{n2} & \cdots & k_{nn}-\omega^2 m_n \end{vmatrix}=0 \qquad (4\text{-}44)$$

将上式展开，可得关于 ω^2 的 n 次代数方程。求解代数方程可得 n 个根，将其从小到大排列得到体系的自振圆频率为 ω_1，ω_2，$\cdots$，ω_n。其中，最小自振圆频率 ω_1 称为第一自振圆频率或基本自振圆频率，ω_j 称为第 j 阶自振圆频率。有 n 个自由度的体系，就有 n 个自振圆频率，即有 n 种自由振动方式或振型。

对应于体系的各阶自振圆频率 ω_1，ω_2，$\cdots$，ω_n 的自振周期分别为 $T_1=2\pi/\omega_1$、$T_2=2\pi/\omega_2$，$\cdots$，$T_n=2\pi/\omega_n$。其中 T_1 为结构体系的基本自振周期。

2. 主振型

对于双自由度体系，利用频率方程求出 ω_1 和 ω_2 后，将 ω_1、ω_2 分别代入式（4-42），可求得质点 1 和质点 2 的位移幅值。对应于 ω_1，用 X_{11} 和 X_{12} 表示（第一个下标表示振型，第二个下标表示质点位置）；对应于 ω_2，用 X_{21} 和 X_{22} 表示。由于式（4-42）的系数行列式等于零，所以两式不是独立的，只能由其中任一式求出振幅的比值。由式（4-42）可以得到

当 $\omega=\omega_1$ 时 $\qquad\qquad \dfrac{X_{12}}{X_{11}}=\dfrac{m_1\omega_1^2-k_{11}}{k_{12}} \qquad (4\text{-}45a)$

当 $\omega=\omega_2$ 时 $\qquad\qquad \dfrac{X_{22}}{X_{21}}=\dfrac{m_1\omega_2^2-k_{11}}{k_{12}} \qquad (4\text{-}45b)$

由式（4-40）可得到两个质点的位移为

当 $\omega=\omega_1$ 时 $\qquad\qquad \begin{cases} x_{11}=X_{11}\sin(\omega_1 t+\varphi_1) \\ x_{12}=X_{12}\sin(\omega_1 t+\varphi_1) \end{cases} \qquad (4\text{-}46a)$

当 $\omega=\omega_2$ 时 $\qquad\qquad \begin{cases} x_{21}=X_{21}\sin(\omega_2 t+\varphi_2) \\ x_{22}=X_{22}\sin(\omega_2 t+\varphi_2) \end{cases} \qquad (4\text{-}46b)$

则在振动过程中两质点的位移比值为

当 $\omega=\omega_1$ 时 $\qquad\qquad \dfrac{x_{12}}{x_{11}}=\dfrac{X_{12}}{X_{11}}=\dfrac{m_1\omega_1^2-k_{11}}{k_{12}} \qquad (4\text{-}47a)$

当 $\omega=\omega_2$ 时 $\qquad\qquad \dfrac{x_{22}}{x_{21}}=\dfrac{X_{22}}{X_{21}}=\dfrac{m_1\omega_2^2-k_{11}}{k_{12}} \qquad (4\text{-}47b)$

可见在振动过程中，各质点的位移比值等于振幅比值，也为常数。这就是说，在体系振动的任一时刻，两个质点的位移比始终保持不变，对应于某一个自振圆频率就有一个振幅比，体系便按某一弹性曲线形状发生振动，振动时振动形状保持不变，只改变质点振动的大小和方向。这种振动形式称为主振型，简称振型。对应于第一自振圆频率 ω_1 的振型称为第一振型或基本振型；对应于第二自振圆频率 ω_2 的振型称为第二振型；一般来说，体系有多少个自由度就有多少个频率，相应就有多少个主振型。这是体系的固有特性。

主振型只取决于各质点振幅之间的相对比值，而与振幅本身的大小无关，为简便起见，常令其中一个质点的振幅值为 1，其余质点的振幅按相应的比值关系放大或缩小，以保持原来的弹性曲线形状不变。在一般初始条件下，体系的振动曲线将包含全部的振型，任一质点

的振动可视作由各主振型的简谐振动叠加而成的复合振动。例如，两个自由度体系的自由振动，可看作是第一主振型和第二主振型的叠加，即

$$x_1 = X_{11}\sin(\omega_1 t+\varphi_1) + X_{21}\sin(\omega_2 t+\varphi_2)$$
$$x_2 = X_{12}\sin(\omega_1 t+\varphi_1) + X_{22}\sin(\omega_2 t+\varphi_2)$$

叠加后的复合振动不再是简谐振动，各质点之间位移的比值也不再是常数。

3. 振型的正交性

振型的正交性包括振型关于质量矩阵和刚度矩阵两方面的正交性。其含义是：振型之间彼此独立。

振型关于质量矩阵正交的表达式为

$$\{X\}_j^T[M]\{X\}_k = 0 \quad (j\neq k) \tag{4-48}$$

振型关于刚度矩阵正交的表达式为

$$\{X\}_j^T[K]\{X\}_k = 0 \quad (j\neq k) \tag{4-49}$$

振型关于质量矩阵的正交性证明如下：

将体系振幅方程式（4-42）改写为

$$[K]\{X\} = \omega^2[M]\{X\} \tag{4-50}$$

上式对体系任意第 j 阶和第 k 阶频率和振型均成立，即

$$[K]\{X\}_j = \omega_j^2[M]\{X\}_j \tag{4-51a}$$

$$[K]\{X\}_k = \omega_k^2[M]\{X\}_k \tag{4-51b}$$

对式（4-51a）两边左乘 $\{X\}_k^T$，并对式（4-51b）两边左乘 $\{X\}_j^T$，得

$$\{X\}_k^T[K]\{X\}_j = \omega_j^2\{X\}_k^T[M]\{X\}_j \tag{4-52a}$$

$$\{X\}_j^T[K]\{X\}_k = \omega_k^2\{X\}_j^T[M]\{X\}_k \tag{4-52b}$$

将式（4-52a）两边转置，并注意到刚度矩阵和质量矩阵的对称性，可得

$$\{X\}_j^T[K]\{X\}_k = \omega_j^2\{X\}_j^T[M]\{X\}_k \tag{4-53}$$

将式（4-53）与式（4-52b）相减得

$$(\omega_j^2-\omega_k^2)\{X\}_j^T[M]\{X\}_k = 0 \tag{4-54}$$

如果 $j\neq k$，则 $\omega_j\neq\omega_k$，则只有

$$\{X\}_j^T[M]\{X\}_k = 0 \tag{4-55}$$

体系任意两个振型关于质量矩阵的正交性成立。

将式（4-55）代入式（4-52b）可得体系任意两个振型关于刚度矩阵的正交性成立。

【例 4-2】 图 4-10 所示某二层框架结构，各层质量分别为：$m_1 = 60\times 10^3$kg，$m_2 = 45\times 10^3$kg，各层层间侧移刚度分别为 $k_1 = 7\times 10^4$kN/m，$k_2 = 3\times 10^4$kN/m。假定横梁刚度无限大，求该结构在抗震主轴方向的自振圆频率和振型。

【解】（1）求质量矩阵。结构的质量矩阵为

$$[M] = \begin{bmatrix} m_1 & 0 \\ 0 & m_2 \end{bmatrix} = \begin{bmatrix} 60 & 0 \\ 0 & 45 \end{bmatrix} \times 10^3 \text{kg}$$

（2）求刚度矩阵。由题意可知，该结构模型可简化为层间剪切模型。则由图 4-10c 可知

$$k_{11} = k_1 + k_2 = 10\times 10^4 \text{kN/m}$$

$$k_{12} = k_{21} = -k_2 = -3\times 10^4 \text{kN/m}$$

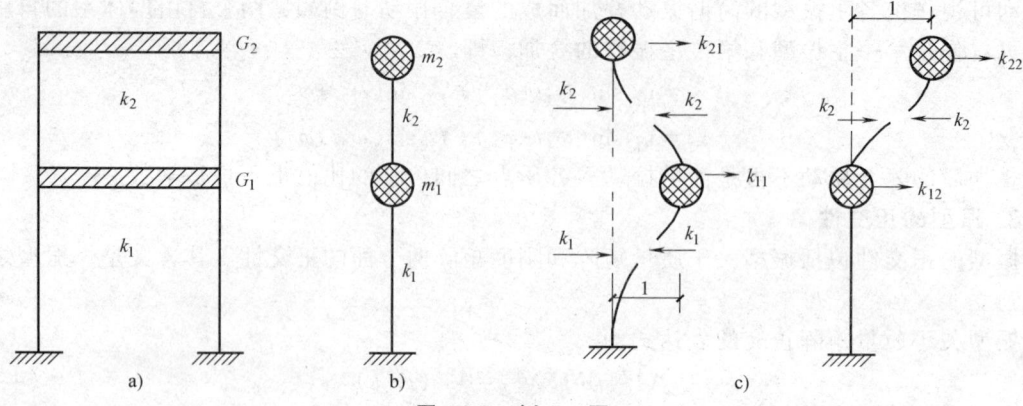

图 4-10 例 4-2 图

a) 二层框架 b) 计算简图 c) 刚度系数计算

$$k_{22}=k_2=3\times10^4\text{kN/m}$$

刚度矩阵为
$$[K]=\begin{bmatrix}k_{11} & k_{12}\\ k_{21} & k_{22}\end{bmatrix}=\begin{bmatrix}10 & -3\\ -3 & 3\end{bmatrix}\times10^4\text{kN/m}$$

(3) 求结构的自振频率。

$$\begin{vmatrix}10\times10^4-60\omega^2 & -3\times10^4\\ -3\times10^4 & 3\times10^4-45\omega^2\end{vmatrix}=0$$

解得 $\omega_1=20.07\text{rad/s}$, $\omega_2=43.94\text{ rad/s}$

(4) 求主振型。对应于第一阶频率（基本频率）ω_1 的振幅方程为

$$\begin{bmatrix}k_{11}-m_1\omega_1^2 & k_{12}\\ k_{21} & k_{22}-m_2\omega_1^2\end{bmatrix}\begin{Bmatrix}X_{11}\\ X_{12}\end{Bmatrix}=\begin{Bmatrix}0\\ 0\end{Bmatrix}$$

展开得第一阶振型幅值的相对比值为

$$\frac{X_{12}}{X_{11}}=\frac{m_1\omega_1^2-k_{11}}{k_{12}}=\frac{60\times20.07^2-10\times10^4}{-3\times10^4}=\frac{2.523}{1}$$

同理可得第二阶振型幅值的相对比值为

$$\frac{X_{22}}{X_{21}}=\frac{m_1\omega_2^2-k_{11}}{k_{12}}=\frac{60\times43.94^2-10\times10^4}{-3\times10^4}=\frac{-0.528}{1}$$

(5) 验证主振型的正交性。

$$\{X\}_1^T[M]\{X\}_2=\{1.000\quad 2.523\}\begin{bmatrix}60 & 0\\ 0 & 45\end{bmatrix}\begin{Bmatrix}1.000\\ -0.528\end{Bmatrix}=0$$

可证振型对质量矩阵正交。

$$\{X\}_1^T[K]\{X\}_2=\{1.000\quad 2.523\}\begin{bmatrix}10 & -3\\ -3 & 3\end{bmatrix}\begin{Bmatrix}1.000\\ -0.528\end{Bmatrix}=0$$

可证振型对刚度矩阵正交。

4.3.4 地震反应分析的振型分解法

1. 阻尼矩阵

运用振型分解法的前提条件是：振型关于质量矩阵和刚度矩阵的正交性是无条件的，一

一般振型关于阻尼矩阵不具有正交性。在实际计算时，对于有阻尼体系，通常把阻尼矩阵取为质量矩阵和刚度矩阵的线性组合。这样做的目的有两个：一是消除阻尼系数，避免麻烦；二是使阻尼矩阵满足正交条件，便于解耦。因此阻尼矩阵的表达式为

$$[C] = a[M] + b[K] \tag{4-56}$$

式中 a、b ——比例常数。

2. 振型分解法

振型分解法的思路是：利用振型的正交性，将耦联的多自由度运动微分方程分解为若干个彼此独立的单自由度微分方程，再根据单自由度体系结果分别得出各个独立方程的解，然后将各个独立解组合叠加，得到总的地震反应。

由振型正交性可知，振型是相互独立的矢量，在一般初始条件下，多自由度体系的振动曲线将包含全部的振型，任一质点的振动可视作由各振型的简谐振动叠加而成的复合振动。在这里，用体系的振型作为基底，引入广义坐标函数 $q_j(t)$，$q_j(t)$ 是关于时间的函数，实际上表示质点在任一时刻的变形中，第 j 振型所占的比例，则质点在任意时刻的位移可表示为

$$\{x\} = [X]\{q\} \tag{4-57}$$

式中 $\{q\}$ ——广义坐标；

$[X]$ ——振型矩阵，$[X] = (\{X\}_1, \{X\}_2, \cdots, \{X\}_n)$。

将式（4-57）代入式（4-36）得

$$[M][X]\{\ddot{q}\} + [C][X]\{\dot{q}\} + [K][X]\{q\} = -[M]\{I\}\ddot{x}_g \tag{4-58}$$

将式（4-58）两边同乘以 $\{X\}_j^T$，得

$$\{X\}_j^T[M][X]\{\ddot{q}\} + \{X\}_j^T[C][X]\{\dot{q}\} + \{X\}_j^T[K][X]\{q\} = -\{X\}_j^T[M]\{I\}\ddot{x}_g \tag{4-59}$$

将上式展开相乘后，根据振型正交性，除第 j 项外，其他各项均为零。因此，式（4-59）可简化为

$$\{X\}_j^T[M]\{X\}_j\ddot{q}_j + \{X\}_j^T[C]\{X\}_j\dot{q}_j + \{X\}_j^T[K]\{X\}_j q_j = -\{X\}_j^T[M]\{I\}\ddot{x}_g \tag{4-60}$$

将上式两边同除以 $\{X\}_j^T[M]\{X\}_j$，并令

$$2\omega_j\zeta_j = \frac{\{X\}_j^T[C]\{X\}_j}{\{X\}_j^T[M]\{X\}_j}, \quad \gamma_j = \frac{\{X\}_j^T[M]\{I\}}{\{X\}_j^T[M]\{X\}_j} = \frac{\sum_{i=1}^n m_i X_{ji}}{\sum_{i=1}^n m_i X_{ji}^2}$$

由 $\{X\}_j^T[K]\{X\}_j = \omega_j^2\{X\}_j^T[M]\{X\}_j$ 得

$$\omega_j^2 = \frac{\{X\}_j^T[K]\{X\}_j}{\{X\}_j^T[M]\{X\}_j}$$

则式（4-60）变为如下独立形式

$$\ddot{q}_j(t) + 2\omega_j\zeta_j\dot{q}_j(t) + \omega_j^2 q_j(t) = -\gamma_j\ddot{x}_g \quad (j=1,2,\cdots,n) \tag{4-61}$$

式中 γ_j ——第 j 阶振型参与系数；

ζ_j ——第 j 阶振型阻尼比。

式（4-56）中的系数 a、b 通常由试验根据第一、二阶振型和阻尼比按下式计算

$$a = \frac{2\omega_1\omega_2(\zeta_1\omega_2 - \zeta_2\omega_1)}{\omega_2^2 - \omega_1^2}, \quad b = \frac{2(\zeta_2\omega_2 - \zeta_1\omega_1)}{\omega_2^2 - \omega_1^2} \tag{4-62}$$

式（4-61）相当于自振频率为 ω_j、阻尼比为 ζ_j 的单自由度弹性体系运动微分方程。因此原来 n 个自由度体系的耦联运动微分方程，被分解为 n 个彼此独立的关于广义坐标 $q_j(t)$ 的单自由度体系运动方程，第 j 个方程的自振圆频率和阻尼比即原来多自由度体系的第 j 阶频率和阻尼比。对每一个独立的单自由度方程求解，可分别求出各阶广义坐标 $q_1(t)$，$q_2(t)$，…$q_n(t)$。由杜哈梅积分可得式（4-61）的解为

$$q_j(t) = -\frac{\gamma_j}{\omega_j}\int_0^t \ddot{x}_g(\tau) e^{-\zeta_j\omega_j(t-\tau)} \sin\omega_j(t-\tau) d\tau = \gamma_j \Delta_j(t) \tag{4-63}$$

$$\Delta_j(t) = -\frac{1}{\omega_j}\int_0^t \ddot{x}_g(\tau) e^{-\zeta_j\omega_j(t-\tau)} \sin\omega_j(t-\tau) d\tau$$

式中 $\Delta_j(t)$——阻尼比为 ζ_j、自振圆频率为 ω_j 的单自由度弹性体系在地震作用下的位移反应，这个单自由度体系称作与振型 j 相应的振子。

求得各阶广义坐标后，即可按式（4-57）进行组合，求出体系各质点位移，第 i 质点的位移为

$$x_i(t) = [X]\{q\} = \sum_{j=1}^n q_j(t) X_{ji} = \sum_{j=1}^n \gamma_j \Delta_j(t) X_{ji} \tag{4-64}$$

式中 γ_j——第 j 阶振型的参与系数。

实际上，γ_j 就是当各质点位移 $x_1 = x_2 = \cdots = x_n = 1$ 时的 q_j 值。两个及两个以上的质点体系，存在如下关系

$$\sum_{j=1}^n \gamma_j X_{ji} = 1 \quad (j=1,2,\cdots,n) \tag{4-65}$$

式（4-64）表明，多自由度体系的地震反应可以通过分解为各阶振型的地震反应求解，故称为振型分解法。计算结构地震反应时，通常不需要计算全部振型。理论分析表明，低阶振型对结构地震反应的贡献最大，高阶振型对地震反应的贡献很小。

4.4 多自由度弹性体系水平地震作用的计算

多自由度弹性体系水平地震作用的计算方法，一种是振型分解反应谱法，另一种是底部剪力法。其中振型分解反应谱法的理论基础就是地震反应分析的振型分解法及地震反应谱理论，而底部剪力法则是振型分解反应谱法的一种简化。下面分别介绍这两种方法。

4.4.1 振型分解反应谱法

多自由度弹性体系在地震作用下，第 i 质点上的地震作用就是第 i 质点受到的惯性力，该惯性力是由地面运动和质点相对运动引起的。若不考虑扭转耦联作用，第 i 质点上的地震作用为

$$F_i(t) = -m_i[\ddot{x}_g(t) + \ddot{x}_i(t)] \tag{4-66}$$

根据式（4-65），$\ddot{x}_g(t)$ 可写成如下形式

$$\ddot{x}_g(t) = \ddot{x}_g(t) \sum_{j=1}^n \gamma_j X_{ji} = \sum_{j=1}^n \ddot{x}_g(t) \gamma_j X_{ji} \tag{4-67}$$

又由式(4-64)得

$$\ddot{x}_i(t) = \sum_{j=1}^{n} \gamma_j \ddot{\Delta}_j(t) X_{ji} \tag{4-68}$$

将式(4-67)和式(4-68)代入式(4-66)得

$$F_i(t) = -m_i \sum_{j=1}^{n} \gamma_j X_{ji} [\ddot{x}_g(t) + \ddot{\Delta}_j(t)] = \sum_{j=1}^{n} F_{ji}(t) \tag{4-69}$$

式中 $[\ddot{x}_g(t) + \ddot{\Delta}_j(t)]$——与第 j 振型相应的振子的绝对加速度。

根据上式可以作出 $F_i(t)$ 随时间变化的曲线即时程曲线。曲线上 $F_i(t)$ 的最大值就是设计时采用的最大地震作用。但上述计算过程复杂，一般先求出对应于每一振型在各质点上产生的最大地震作用（同一振型中各质点地震作用将同时达到最大值）及相应的地震作用效应，然后将这些效用进行组合，以获得结构的最大地震作用效应。

1. 振型的最大地震作用

由式(4-69)可知，第 j 振型在质点 i 上产生的地震作用绝对最大值可写成

$$F_{ji} = m_i \gamma_j X_{ji} [\ddot{x}_g(t) + \ddot{\Delta}_j(t)]_{max} \tag{4-70}$$

令

$$\alpha_j = \frac{[\ddot{x}_g(t) + \ddot{\Delta}_j(t)]_{max}}{g}, \quad G_i = m_i g$$

式(4-70)可写成

$$F_{ji} = \alpha_j \gamma_j X_{ji} G_i \quad (i = 1, 2, \cdots, n; j = 1, 2, \cdots, n) \tag{4-71}$$

式中 F_{ji}——相应于 j 振型在 i 质点上的水平地震作用最大值；
α_j——相应于 j 振型自振周期 T_j 的水平地震影响系数，按图4-6确定；
γ_j——第 j 振型的振型参与系数；
X_{ji}——第 j 振型在 i 质点上水平相对位移，即振型位移；
G_i——集中于 i 质点的重力荷载代表值。

2. 地震作用效应的组合

按上述方法求出相应于各阶振型在各质点上的水平地震作用 F_{ji} 后，即可利用一般结构力学方法计算相应于各阶振型作用时结构的弯矩、剪力、轴力等内力和位移地震作用效应，用 S_j 表示第 j 阶振型在地震作用 F_{ji} 的作用下产生的作用效应，因相应于各振型的地震作用 F_{ji} 均为最大值，按 F_{ji} 求得的地震作用效应 S_j 也是最大值。在任意时刻，各阶振型的地震作用效应不可能同时达到最大值。因此，应根据随机振动理论进行振型组合。《抗震规范》给出了计算结构地震作用效应的"平方和开方"方法（SRSS法），当相邻振型的周期比小于0.85时，应按下式计算

$$S_{Ek} = \sqrt{\sum S_j^2} \tag{4-72}$$

式中 S_{Ek}——水平地震作用标准值的效应；
S_j——j 振型水平地震作用标准值的效应，一般考虑前2~3个振型，即可满足工程上的精度要求，当结构基本自振周期大于1.5s或建筑高宽比大于5时，可适当增加振型个数。

【例4-3】 一现浇钢筋混凝土框架楼房，计算简图如图4-11所示，层数为3层，层高均为4m，经计算得到集中于各楼层标高处的重力荷载代表值分别为 $G_1 = 345$kN、$G_2 = 360$kN、

$G_3 = 340\text{kN}$，沿一抗震主轴方向的各层侧移刚度分别为 $k_1 = 12500\text{kN/m}$、$k_2 = 9900\text{kN/m}$、$k_3 = 9800\text{kN/m}$，体系的前三阶自振频率分别为 $\omega_1 = 15.90\text{rad/s}$、$\omega_2 = 41.10\text{rad/s}$、$\omega_3 = 62.22\text{rad/s}$，体系的前三阶振型分别为

$$\{X\}_1 = \begin{Bmatrix} 0.402 \\ 0.987 \\ 1.0 \end{Bmatrix},\ \{X\}_2 = \begin{Bmatrix} -0.682 \\ -0.604 \\ 1.0 \end{Bmatrix},\ \{X\}_3 = \begin{Bmatrix} 2.352 \\ -2.452 \\ 1.0 \end{Bmatrix}$$

结构阻尼比 $\zeta = 0.05$，I_1 类场地，设计地震分组为第一组，抗震设防烈度为 8 度（设计基本加速度为 $0.20g$）。试按振型分解反应谱法计算结构沿该抗震主轴方向在多遇地震作用时的层间地震剪力，并绘出层间地震剪力图。

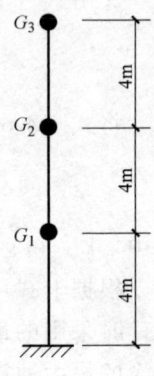

图 4-11 例 4-3 图

【解】（1）水平地震作用计算。

1）求地震影响系数。根据已知条件，由表 4-2 及表 4-3 分别查得 $T_g = 0.25$ 及 $\alpha_{\max} = 0.16$。当阻尼比 $\zeta = 0.05$ 时，$\eta_2 = 1.0$，$\gamma = 0.9$。根据已知的自振圆频率，可求出结构的自振周期为

$$T_1 = \frac{2\pi}{\omega_1} = \frac{2\pi}{15.90}\text{s} = 0.395\text{s}$$

$$T_2 = \frac{2\pi}{\omega_2} = \frac{2\pi}{41.10}\text{s} = 0.153\text{s}$$

$$T_3 = \frac{2\pi}{\omega_3} = \frac{2\pi}{62.22}\text{s} = 0.101\text{s}$$

因 $T_g < T_1 < 5T_g$，故 $\alpha_1 = \left(\dfrac{0.25}{0.395}\right)^{0.9} \times 1.0 \times 0.16 = 0.106$。

由于 $0.1\text{s} < T_2 < T_g$，$0.1\text{s} < T_3 < T_g$，故 $\alpha_2 = \alpha_3 = 0.16$。

2）求振型参与系数 γ_j。

$$\gamma_1 = \frac{\sum_{i=1}^{3} m_i X_{1i}}{\sum_{i=1}^{3} m_i X_{1i}^2} = \frac{345 \times 0.402 + 360 \times 0.987 + 340 \times 1.0}{345 \times 0.402^2 + 360 \times 0.987^2 + 340 \times 1.0^2} = 1.117$$

$$\gamma_2 = \frac{\sum_{i=1}^{3} m_i X_{2i}}{\sum_{i=1}^{3} m_i X_{2i}^2} = \frac{345 \times (-0.682) + 360 \times (-0.604) + 340 \times 1.0}{345 \times (-0.682)^2 + 360 \times (-0.604)^2 + 340 \times 1.0^2} = -0.178$$

$$\gamma_3 = \frac{\sum_{i=1}^{3} m_i X_{3i}}{\sum_{i=1}^{3} m_i X_{3i}^2} = \frac{345 \times 2.352 + 360 \times (-2.452) + 340 \times 1.0}{345 \times 2.352^2 + 360 \times (-2.452)^2 + 340 \times 1.0^2} = 0.061$$

3）计算各阶振型下的水平地震作用 F_{ji}。

第一阶振型时各质点地震作用 F_{1i} 为

$$F_{11} = \alpha_1 \gamma_1 X_{11} G_1 = 0.106 \times 1.117 \times 0.402 \times 345 \text{kN} = 16.42 \text{kN}$$
$$F_{12} = \alpha_1 \gamma_1 X_{12} G_2 = 0.106 \times 1.117 \times 0.987 \times 360 \text{kN} = 42.07 \text{kN}$$
$$F_{13} = \alpha_1 \gamma_1 X_{13} G_3 = 0.106 \times 1.117 \times 1.0 \times 340 \text{kN} = 40.26 \text{kN}$$

第二阶振型时各质点地震作用 F_{2i} 为
$$F_{21} = \alpha_2 \gamma_2 X_{21} G_1 = 0.16 \times (-0.178) \times (-0.682) \times 345 \text{kN} = 6.70 \text{kN}$$
$$F_{22} = \alpha_2 \gamma_2 X_{22} G_2 = 0.16 \times (-0.178) \times (-0.604) \times 360 \text{kN} = 6.19 \text{kN}$$
$$F_{23} = \alpha_2 \gamma_2 X_{23} G_3 = 0.16 \times (-0.178) \times 1.0 \times 340 \text{kN} = -9.68 \text{kN}$$

第三阶振型时各质点地震作用 F_{3i} 为
$$F_{31} = \alpha_3 \gamma_3 X_{31} G_1 = 0.16 \times 0.061 \times 2.352 \times 345 \text{kN} = 7.92 \text{kN}$$
$$F_{32} = \alpha_3 \gamma_3 X_{32} G_2 = 0.16 \times 0.061 \times (-2.452) \times 360 \text{kN} = -8.62 \text{kN}$$
$$F_{33} = \alpha_3 \gamma_3 X_{33} G_3 = 0.16 \times 0.061 \times 1.0 \times 340 \text{kN} = 3.32 \text{kN}$$

（2）各层间地震剪力的计算。由静力平衡可得各阶振型下的楼层地震剪力，然后根据"平方和开方"方法，可求得各层间地震剪力为

第一阶振型时各层间地震剪力 V_{1i} 为
$$V_{11} = F_{11} + F_{12} + F_{13} = (16.42 + 42.07 + 40.26) \text{kN} = 98.75 \text{kN}$$
$$V_{12} = F_{12} + F_{13} = (42.07 + 40.26) \text{kN} = 82.33 \text{kN}$$
$$V_{13} = F_{13} = 40.26 \text{kN}$$

第二阶振型时各层间地震剪力 V_{2i} 为
$$V_{21} = F_{21} + F_{22} + F_{23} = (6.70 + 6.19 - 9.68) \text{kN} = 3.21 \text{kN}$$
$$V_{22} = F_{22} + F_{23} = (6.19 - 9.68) \text{kN} = -3.49 \text{kN}$$
$$V_{23} = F_{23} = -9.68 \text{kN}$$

第三阶振型时各层间地震剪力 V_{3i} 为
$$V_{31} = F_{31} + F_{32} + F_{33} = (7.92 - 8.62 + 3.32) \text{kN} = 2.62 \text{kN}$$
$$V_{32} = F_{32} + F_{33} = (-8.62 + 3.32) \text{kN} = -5.3 \text{kN}$$
$$V_{33} = F_{33} = 3.32 \text{kN}$$

所以，组合后层间地震剪力为
$$V_1 = \sqrt{V_{11}^2 + V_{21}^2 + V_{31}^2} = \sqrt{98.75^2 + 3.21^2 + 2.62^2} \text{kN} = 99.83 \text{kN}$$
$$V_2 = \sqrt{V_{12}^2 + V_{22}^2 + V_{32}^2} = \sqrt{82.33^2 + (-3.49)^2 + (-5.3)^2} \text{kN} = 82.57 \text{kN}$$
$$V_3 = \sqrt{V_{13}^2 + V_{23}^2 + V_{33}^2} = \sqrt{40.26^2 + (-9.68)^2 + 3.32^2} \text{kN} = 41.54 \text{kN}$$

各层间地震剪力如图 4-12 所示。

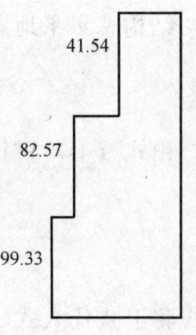

图 4-12 剪力分布

4.4.2 底部剪力法

底部剪力法的思路是：首先计算出作用于结构底部的总的地震作用，即底部剪力。然后将总的地震作用按照一定规律分配到各个质点上，从而得到各个质点的水平地震作用，最后按结构力学方法计算出各层地震剪力及位移。

1. 底部剪力法的适用条件

底部剪力法是一种近似方法，具有一定的适用条件，《抗震规范》规定采用底部剪力法

必须满足以下条件:
1) 高度不超过40m,以剪切变形为主且质量和刚度沿高度分布比较均匀的结构。
2) 近似于单质点体系的结构。

满足上述条件的结构振型具有以下特点:
1) 体系地震位移反应以基本振型为主。
2) 体系基本振型接近于倒三角形分布,如图4-13a、b所示,体系任意质点的第一振型即基本振型的振幅与其高度成正比,即

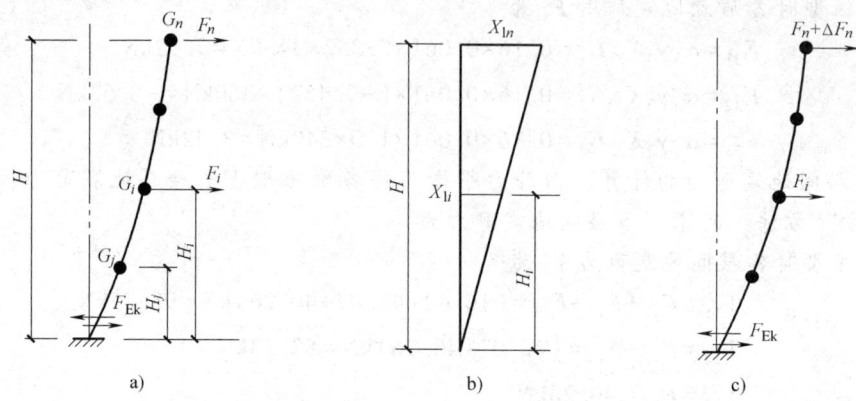

图4-13 底部剪力法计算简图

$$X_{1i} = \eta H_i \tag{4-73}$$

式中 η——比例系数。

2. 水平地震作用的计算

将式(4-73)代入式(4-71),则体系任意质点 i 上的地震作用 F_i 为

$$F_i = \alpha_1 \gamma_1 \eta H_i G_i \tag{4-74}$$

结构总水平地震作用标准值 F_{Ek} 即底部剪力为

$$F_{Ek} = \sum_{i=1}^{n} F_i = \alpha_1 \gamma_1 \eta \sum_{i=1}^{n} G_i H_i \tag{4-75}$$

由式(4-75)得

$$\alpha_1 \gamma_1 \eta = \frac{F_{Ek}}{\sum_{i=1}^{n} G_i H_i} \tag{4-76}$$

将上式代入式(4-74),可得各质点地震作用的计算式为

$$F_i = \frac{G_i H_i}{\sum_{j=1}^{n} G_j H_j} F_{Ek} \quad (i = 1, 2, \cdots, n) \tag{4-77}$$

式中 G_i、G_j——集中于质点 i、j 的重力荷载代表值,按式(4-30)确定;

H_i、H_j——质点 i、j 的计算高度。

为简化计算,根据底部剪力相等的原则,将多质点体系等效为一个与其基本周期相同的单质点体系,即可按单自由度体系公式计算底部剪力值 F_{Ek},即

$$F_{Ek} = \alpha_1 G_{eq} \tag{4-78}$$

$$G_{eq} = \lambda \sum_{i=1}^{n} G_i \tag{4-79}$$

式中 α_1——相应于结构基本自振周期的水平地震影响系数,按图4-6确定;

G_{eq}——结构等效总重力荷载;

λ——等效系数,对单质点体系取$\lambda=1$,对多质点体系一般取$\lambda=0.85$。

3. 底部剪力法的应用修正

(1) 高阶振型的影响 底部剪力法描述的地震作用计算公式仅考虑了第一阶振型的影响。实际上,当结构基本周期较长时($T_1 > 1.4T_g$),高阶振型对地震作用的影响将不能忽略。分析表明,对于周期较长的多层结构,按式(4-77)计算的结构顶部质点的地震作用偏小,因此,需要对式(4-77)进行修正。《抗震规范》给出如下方法修正:

1) 保持底部剪力F_{Ek}不变,仍按式(4-78)计算。

2) 当结构基本周期$T_1 > 1.4T_g$时,如图4-13c所示,在主体结构顶部质点上附加一个地震作用ΔF_n,并按下式计算

$$\Delta F_n = \delta_n F_{Ek} \tag{4-80}$$

则其他各质点上的地震作用为

$$F_i = \frac{G_i H_i}{\sum_{j=1}^{n} G_j H_j}(1-\delta_n) F_{Ek} \quad (i=1,2,\cdots,n) \tag{4-81}$$

式中 δ_n——顶部附加地震作用系数,多层钢筋混凝土房屋和钢结构按表4-5采用,其他房屋可采用0.0。

表4-5 顶部附加地震作用系数 δ_n

T_g/s	$T_1 > 1.4T_g$	$T_1 \le 1.4T_g$
$T_g \le 0.35$	$0.08T_1 + 0.07$	
$0.35 < T_g \le 0.55$	$0.08T_1 + 0.01$	0.0
$T_g > 0.55$	$0.08T_1 - 0.02$	

(2) 鞭梢效应 震害表明,建筑物上局部突出屋面的屋顶间、女儿墙、烟囱等附属结构往往破坏较严重,原因是突出屋面部分的质量、刚度与下层相比突然变小,从而使突出屋面部分的振幅急剧增大,这一现象称为鞭梢效应。当采用底部剪力法对具有突出屋面的屋顶间、女儿墙、烟囱等多层结构进行抗震计算时,修正方法如下:

1) 将房屋顶部局部突出部分作为体系的一个质点集中于突出部分的顶层标高处,该质点上的地震作用效应乘以增大系数3,但增大作用效应不应向下传递,仅用于突出部分结构的计算。

2) 当同时考虑高阶振型影响时,附加地震作用ΔF_n应置于主体结构的屋面质点处,而不应置于局部突出部分的质点处,如图4-14所示。

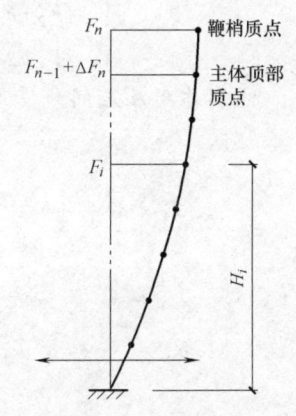

图4-14 考虑高阶振型影响及鞭梢效应时地震计算简图

【例 4-4】 已知条件同例 4-3，试用底部剪力法计算结构在多遇地震下的水平地震作用和层间地震剪力。

【解】 （1）水平地震作用的计算。

1) 计算等效总重力荷载代表值。由例 4-3 已知条件可知，结构等效总重力荷载代表值为

$$G_{eq} = \lambda \sum_{i=1}^{n} G_i = 0.85 \times (345 + 360 + 340) \text{kN} = 888.25 \text{ kN}$$

2) 计算结构底部总地震剪力 F_{Ek}。

$$F_{Ek} = \alpha_1 G_{eq} = 0.106 \times 888.25 \text{kN} = 94.15 \text{kN}$$

3) 计算各质点的水平地震作用 F_i。因 $T_1 = 0.395 > 1.4 T_g = 0.35$，应考虑高阶振型对地震作用的影响，在主体结构顶部质点处附加 ΔF_n。又因 $T_g \leq 0.35$，由表 4-5 可知

$$\delta_n = 0.08 T_1 + 0.07 = 0.102$$

故 $\Delta F_n = \delta_n F_{Ek} = 0.102 \times 94.15 \text{kN} = 9.60 \text{kN}$

又已知 $H_1 = 4\text{m}$，$H_2 = 8\text{m}$，$H_3 = 12\text{m}$，则由式（4-81）得

$$F_1 = \frac{G_1 H_1}{\sum_{j=1}^{3} G_j H_j}(1 - \delta_n) F_{Ek} = \frac{345 \times 4}{345 \times 4 + 360 \times 8 + 340 \times 12} \times (1 - 0.102) \times 94.15 \text{kN} = 13.99 \text{ kN}$$

$$F_2 = \frac{G_2 H_2}{\sum_{j=1}^{3} G_j H_j}(1 - \delta_n) F_{Ek} = \frac{360 \times 8}{345 \times 4 + 360 \times 8 + 340 \times 12} \times (1 - 0.102) \times 94.15 \text{kN} = 29.20 \text{ kN}$$

$$F_3 = \frac{G_3 H_3}{\sum_{j=1}^{3} G_j H_j}(1 - \delta_n) F_{Ek} = \frac{340 \times 12}{345 \times 4 + 360 \times 8 + 340 \times 12} \times (1 - 0.102) \times 94.15 \text{kN} = 41.36 \text{ kN}$$

（2）层间地震剪力的计算。求出地震作用后，根据静力平衡关系计算出各层间地震剪力分别为

$$V_1 = F_1 + F_2 + F_3 + \Delta F_n = (13.99 + 29.20 + 41.36 + 9.60) \text{kN} = 94.15 \text{kN}$$
$$V_2 = F_2 + F_3 + \Delta F_n = (29.20 + 41.36 + 9.60) \text{kN} = 80.16 \text{kN}$$
$$V_3 = F_3 + \Delta F_n = (41.36 + 9.60) \text{kN} = 50.96 \text{kN}$$

地震作用及层间地震剪力如图 4-15 所示。

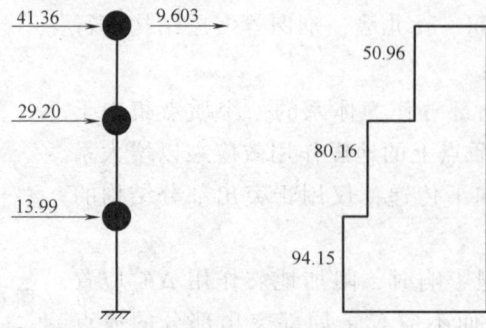

图 4-15 地震作用及层间地震剪力分布图

4.5 结构基本周期的近似计算

用底部剪力法计算地震作用时,只需要知道结构的基本周期就可进行计算。如果采用频率方程计算,计算精度虽高,但工作量较大。工程上通常采用近似计算的方法。常用的结构基本周期的近似计算方法有能量法、顶点位移法、矩阵迭代、等效质量法及经验方法等。下面重点介绍能量法和顶点位移法。

4.5.1 能量法

能量法又称为瑞利法,就是根据结构体系在振动过程中的能量守恒原理确定结构基本周期的近似方法,即一个无阻尼弹性体系在自由振动时,在任意时刻,体系的动能与变形能之和保持不变。设一多质点弹性体系,对应于质点 m_i 的重力荷载代表值为 G_i,如图 4-16 所示。用能量法计算结构体系基本周期的精确程度取决于假定的第一阶振型的近似程度,根据瑞利理论,假定各质点的重力荷载代表值 G_i 沿水平方向施加在各质点上,由此产生的变形曲线作为体系的第一阶振型。如图所示,与 G_i 对应的最大水平位移为 Δ_i。因此,振动过程中各质点的瞬时水平位移为

$$x_i(t) = \Delta_i \sin(\omega_1 t + \varphi_1)$$

瞬时速度为

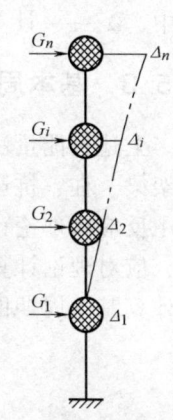

图 4-16 能量法计算简图

$$\dot{x}_i(t) = \omega_1 \Delta_i \cos(\omega_1 t + \varphi_1)$$

当体系各质点水平位移同时达到最大时,动能为零,而变形位能 U 达到最大值,即

$$U_{\max} = \frac{1}{2} \sum_{i=1}^{n} G_i \Delta_i \tag{4-82}$$

当体系各质点同时恢复经过静平衡位置时,变形位能为零,体系动能 T 达到最大值,即

$$T_{\max} = \frac{1}{2} \sum_{i=1}^{n} m_i (\omega_1 \Delta_i)^2 = \frac{\omega_1^2}{2g} \sum_{i=1}^{n} G_i \Delta_i^2 \tag{4-83}$$

根据能量守恒原理,由 $T_{\max} = U_{\max}$ 得到体系基本频率为

$$\omega_1 = \sqrt{\frac{g \sum_{i=1}^{n} G_i \Delta_i}{\sum_{i=1}^{n} G_i \Delta_i^2}} \tag{4-84}$$

结构体系的基本周期为

$$T_1 = \frac{2\pi}{\omega_1} = 2\pi \sqrt{\frac{\sum_{i=1}^{n} G_i \Delta_i^2}{g \sum_{i=1}^{n} G_i \Delta_i}} \approx 2 \sqrt{\frac{\sum_{i=1}^{n} G_i \Delta_i^2}{\sum_{i=1}^{n} G_i \Delta_i}} \tag{4-85}$$

在上述能量法中,采用了近似的振型曲线来计算结构的频率,因此求得的频率也是近似的。若要提高频率精度,则必须提高振型的精度。

4.5.2 顶点位移法

顶点位移法的思路是：对一质量均匀分布的悬臂结构体系，根据结构在重力荷载代表值水平作用下产生的水平顶点位移来求其基本频率或基本周期。顶点位移可以通过将各质点重力荷载代表值水平作用于体系各质点上，然后根据各楼层刚度，按静力方法求出。

对于质量和刚度沿高度分布比较均匀的结构，其基本周期均可按下式计算

$$T_1 = 1.7\sqrt{\Delta_n} \tag{4-86}$$

式中 Δ_n——计算基本周期用的结构顶点的假想水平位移（m）。

4.5.3 基本周期的修正

上述按能量法和顶点位移法计算结构基本周期时，只考虑了主体承重构件的刚度（如框架梁、柱、抗震墙），而没有考虑非承重构件的刚度影响，这使理论计算的周期偏长。当采用反应谱理论计算地震作用时，地震作用会偏小而不安全。因此，为使计算结果更符合实际，应对理论计算值进行折减，对式（4-85）和式（4-86）分别乘以折减系数 ψ_T，即能量法计算基本周期的公式为

$$T_1 = 2\psi_T \sqrt{\frac{\sum_{i=1}^{n} G_i \Delta_i^2}{\sum_{i=1}^{n} G_i \Delta_i}} \tag{4-87}$$

顶点位移法计算基本周期的公式为

$$T_1 = 1.7\psi_T \sqrt{\Delta_n} \tag{4-88}$$

式中 ψ_T——考虑填充墙影响的周期折减系数，民用框架结构取 0.5~0.7，工业框架结构取 0.8~0.9，框架—抗震墙结构取 0.7~0.8，抗震墙结构取 1.0。

【例 4-5】 如图 4-17 所示三层钢筋混凝土框架结构，各层高均为 5m，各楼层重力荷载代表值分别为 $G_1 = 1500\text{kN}$、$G_2 = 1200\text{kN}$、$G_3 = 1100\text{kN}$，楼板平面内刚度无限大，各楼层抗侧刚度分别为 $K_1 = K_2 = 4.6\times 10^4 \text{kN/m}$、$K_3 = 3.9\times 10^4 \text{kN/m}$。试分别按能量法和顶点位移法计算该结构的基本周期（取填充墙影响折减系数为 0.7）。

【解】 （1）计算结构的侧移。将各楼层重力荷载代表值水平作用于结构各楼层处，用静力法计算各楼层剪力及相应的侧移，计算结果见表 4-6。

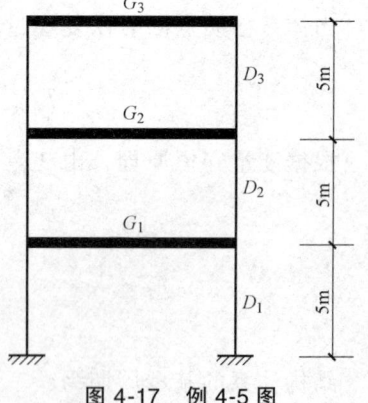

图 4-17 例 4-5 图

表 4-6 楼层剪力及侧移计算

层数	楼层重力荷载代表值 G_i/kN	楼层剪力 $V_i = \sum_{j=i}^{3} G_j$ (kN)	楼层侧移刚度 $K_i/(\text{kN}/\text{m})$	层间侧移 $\delta_i = \dfrac{V_i}{K_i}/\text{m}$	楼层侧移 $\Delta_i = \sum_{j=1}^{i} \delta_j/\text{m}$
3	1100	1100	39000	0.0282	0.1608

(续)

层数	楼层重力荷载代表值 G_i/kN	楼层剪力 $V_i = \sum_{j=i}^{3} G_j$ (kN)	楼层侧移刚度 K_i/(kN/m)	层间侧移 $\delta_i = \dfrac{V_i}{K_i}$/m	楼层侧移 $\Delta_i = \sum_{j=1}^{i} \delta_j$/m
2	1200	2300	46000	0.0500	0.1326
1	1500	3800	46000	0.0826	0.0826

（2）按能量法计算基本周期。

$$T_1 = 2\psi_T \sqrt{\dfrac{\sum\limits_{i=1}^{n} G_i \Delta_i^2}{\sum\limits_{i=1}^{n} G_i \Delta_i}} = 2 \times 0.7 \sqrt{\dfrac{1500 \times 0.0826^2 + 1200 \times 0.1326^2 + 1100 \times 0.1608^2}{1500 \times 0.0826 + 1200 \times 0.1326 + 1100 \times 0.1608}} \, \text{s}$$

$$= 0.5047 \text{s}$$

（3）按顶点位移法计算基本周期。

$$T_1 = 1.7\psi_T \sqrt{\Delta_n} = 1.7 \times 0.7 \sqrt{0.1608} \, \text{s} = 0.4772 \text{s}$$

4.6 考虑扭转影响的水平地震作用计算

前面几节讨论的水平地震作用的计算方法适用于结构平面布置规则、质量和刚度分布均匀的结构体系。该类结构可简化为质点系，即每一楼层可简化为一个自由度的质点。当结构布置不能满足均匀、规则、对称的要求时，结构的振动除了平移振动外，还会伴随着扭转振动。这是因为地震时地面运动存在转动分量或地面各点的运动存在相位差，即使是对称结构也难免发生扭转振动，对不规则结构，由于结构平面质量中心与刚度中心不重合，在地震作用下惯性力的合力通过结构的质心，而相应的各抗侧力构件恢复力的合力则通过结构的刚心，因而结构除产生平移振动外，还会产生围绕刚心的扭转振动，从而形成平扭耦联的振动。大量震害调查表明，扭转将产生对结构不利的影响，加重建筑结构的地震震害，对结构抗震不利。

4.6.1 考虑扭转影响时地震作用的计算

《抗震规范》规定结构考虑水平地震作用的扭转影响时，可采用下列方法：

1）规则结构不进行扭转耦联计算时，考虑由施工、使用等原因产生的偶然偏心引起的地震扭转效应及地震地面运动扭转分量的影响，采用增大边榀构件地震效应的方法，即平行于地震作用方向的两个边榀构件，其地震作用效应应乘以增大系数。一般情况下，短边可按 1.15 采用，长边可按 1.05 采用；当扭转刚度较小时，周边各构件宜按不小于 1.3 采用。角部构件宜同时乘以两个方向各自的增大系数。

2）结构按扭转耦联振型分解法计算地震作用及其效应。确有依据时，尚可采用简化计算方法确定地震作用效应。

按扭转耦联振型分解法计算时，假定楼盖平面内刚度为无限大，将质量分别就近集中到各楼板平面上，则扭转耦联时的结构计算简图如图 4-18 所示的串联刚片系，而不再是仅考

虑平移振动时的串联质点系。各楼层可取两个正交的水平位移和一个平面内转角共 3 个自由

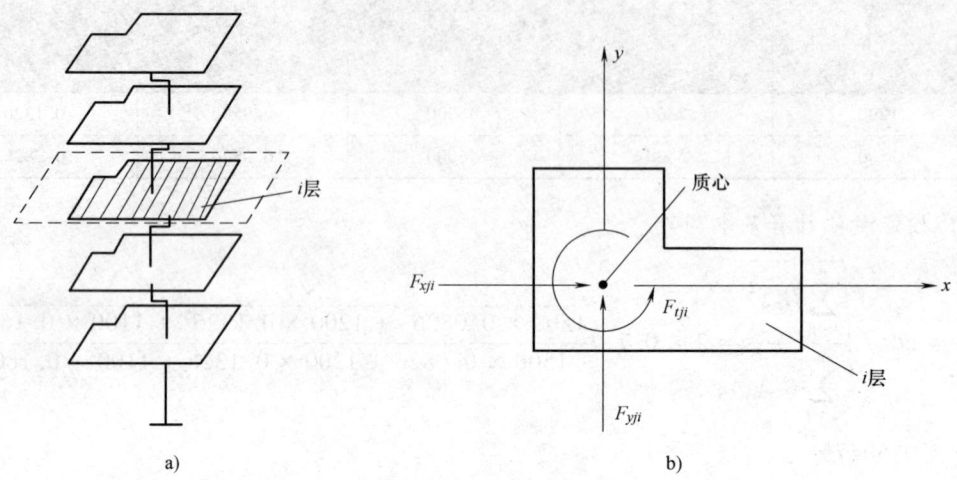

图 4-18 平扭耦联计算模型及地震作用
a) 串联刚片模型 b) 刚片上质心处地震作用

度, 当结构有 n 层时, 则结构共有 $3n$ 个自由度。自由振动时, 任一振型 j 在任意层 i 具有 3 个振型位移, 即两个正交水平位移 X_{ji}、Y_{ji} 和一个转角位移 φ_{ji}。第 j 振型第 i 层的水平地震作用标准值, 应按下列公式确定

$$F_{xji} = \alpha_j \gamma_{tj} X_{ji} G_i \tag{4-89a}$$

$$F_{yji} = \alpha_j \gamma_{tj} Y_{ji} G_i \quad (i=1,2,\cdots,n, j=1,2,\cdots,m) \tag{4-89b}$$

$$F_{tji} = \alpha_j \gamma_{tj} r_i^2 \varphi_{ji} G_i \tag{4-89c}$$

式中 F_{xji}、F_{yji}、F_{tji}——j 振型 i 层的 x 方向、y 方向和转角方向的地震作用标准值;

X_{ji}、Y_{ji}——j 振型 i 层质心在 x、y 方向的水平相对位移;

φ_{ji}——j 振型 i 层的相对扭转角;

r_i——i 层转动半径, 可取 i 层绕质心的转动惯量除以该层质量的商的正二次方根;

γ_{tj}——计入扭转的 j 振型的参与系数。

γ_{tj} 可按下列公式确定

当仅取 x 方向地震作用时

$$\gamma_{tj} = \gamma_{xj} = \sum_{i=1}^{n} X_{ji} G_i \Big/ \sum_{i=1}^{n} (X_{ji}^2 + Y_{ji}^2 + \varphi_{ji}^2 r_i^2) G_i \tag{4-90}$$

当仅取 y 方向地震作用时

$$\gamma_{tj} = \gamma_{yj} = \sum_{i=1}^{n} Y_{ji} G_i \Big/ \sum_{i=1}^{n} (X_{ji}^2 + Y_{ji}^2 + \varphi_{ji}^2 r_i^2) G_i \tag{4-91}$$

当取与 x 方向斜交的地震作用时,

$$\gamma_{tj} = \gamma_{xj} \cos\theta + \gamma_{yj} \sin\theta \tag{4-92}$$

式中 γ_{xj}、γ_{yj}——由式 (4-90)、式 (4-91) 求得的参与系数;

θ——地震作用方向与 x 方向的夹角。

4.6.2 考虑扭转影响时地震作用效应的组合

按式（4-89）求出任意振型的最大地震作用后，需要进行振型组合求结构总的地震效应。考虑扭转影响时，体系振动有以下特点：体系自由度数大大增加，各振型的频率间隔缩短，相邻较高振型的频率可能非常接近。所以组合时，应考虑相近频率振型间的相关性，并增加组合时的振型个数。《抗震规范》采用完全二次方根法（CQC）进行组合。

1) 当计算单向水平地震作用下的扭转耦联效应时，可按下列公式确定

$$S_{Ek} = \sqrt{\sum_{j=1}^{m}\sum_{k=1}^{m}\rho_{jk}S_j S_k} \tag{4-93}$$

$$\rho_{jk} = \frac{8\sqrt{\zeta_j\zeta_k}(\zeta_j+\lambda_T\zeta_k)\lambda_T^{1.5}}{(1-\lambda_T^2)^2+4\zeta_j\zeta_k(1+\lambda_T^2)\lambda_T+4(\zeta_j^2+\zeta_k^2)\lambda_T^2} \tag{4-94}$$

式中 S_{Ek}——地震作用标准值的扭转效应；

S_j、S_k——j、k 振型地震作用标准值的效应，可取前 9~15 个振型；

ζ_j、ζ_k——j、k 振型的阻尼比；

ρ_{jk}——j 振型与 k 振型的耦联系数；

λ_T——k 振型与 j 振型的自振周期比。

2) 当计算双向水平地震作用下的扭转耦联效应，可按下列公式中的较大值确定

$$S_{Ek} = \sqrt{S_x^2+(0.85S_y)^2} \tag{4-95}$$

或

$$S_{Ek} = \sqrt{S_y^2+(0.85S_x)^2} \tag{4-96}$$

式中 S_x、S_y——x、y 向单向水平地震作用下按式（4-93）计算的扭转效应。

4.7 结构竖向地震作用

宏观震害和理论分析表明，在高烈度区，竖向地震作用对建筑，特别是对高层建筑、高耸结构及大跨结构等影响是很显著的。例如，对一些高层建筑和高耸结构的地震计算分析发现，竖向地震应力 σ_v 和重力荷载应力 σ_G 的比值 $\lambda_v = \dfrac{\sigma_v}{\sigma_G}$ 均沿建筑高度向上逐渐增大。对高层建筑，在 8 度的地区，房屋上部的比值 λ_v 可超过 1；对烟囱及类似高耸结构，在 9 度地区，其上部的比值 λ_v 也达到或超过 1。即在上述情况下，地震作用在高层建筑、高耸结构的上部产生拉应力。因此，近年来国内外一些学者对结构的竖向地震反应的研究日益重视。《抗震规范》规定，8 度和 9 度时的大跨度和长悬臂结构及 9 度时的高层建筑，应计算竖向地震作用。

4.7.1 高层建筑的竖向地震作用计算

要进行竖向地震作用计算，首先应掌握竖向反应谱。大量地震地面运动记录的资料分析研究表明，竖向最大地震动加速度与水平最大地面加速度的比值大都在 1/2~2/3，竖向地震动力系数 β 谱曲线与水平地震动力系数 β 谱曲线的形状大致相同。因此，在竖向地震作用的计算中，可近似采用水平反应谱，而竖向地震影响系数的最大值 α_{vmax} 近似取为水平地震影

响系数最大值 α_{max} 的 65%。

大量高层建筑的分析表明，高层建筑的主要振动规律可概括为：

1）竖向基本振型接近于一条直线，按倒三角形分布。
2）竖向地震反应以基本振型为主。
3）高层建筑竖向基本周期很短，一般在 0.1~0.2s。

故可采用类似于水平地震作用的底部剪力法，得到 9 度时高层建筑竖向地震作用计算的基本公式

$$F_{Evk} = \alpha_{vmax} G_{eq} \tag{4-97}$$

$$F_{vi} = \frac{G_i H_i}{\sum G_j H_j} F_{Evk} \tag{4-98}$$

式中 F_{Evk}——结构总竖向地震作用标准值；

F_{vi}——质点 i 的竖向地震作用标准值；

α_{vmax}——竖向地震影响系数最大值，取水平地震影响系数最大值的 65%；

G_{eq}——结构等效总重力荷载，可取总重力荷载代表值的 75%。

由式（4-98）求出各楼层质点的竖向地震作用后，可进一步确定楼层的竖向地震作用效应，楼层的竖向地震作用效应可按各构件承受的重力荷载代表值的比例分配，并宜乘以 1.5 的增大系数。

4.7.2 大跨度结构的竖向地震作用计算

大量分析表明，对平板型网架、大跨度屋盖、长悬臂结构等大跨度结构的各主要构件，竖向地震作用内力与重力荷载的内力的比值彼此相差一般不大，因而可认为竖向地震作用的分布相同。《抗震规范》规定：对跨度小于 120m 或长度小于 300m 且规则的平板型网架屋盖、跨度大于 24m 的屋架、屋盖横梁及托架、长悬臂结构和其他大跨度结构，竖向地震作用标准值可采用静力法计算，取其重力荷载代表值和竖向地震作用系数的乘积，即

$$F_{vi} = \varepsilon_v G_i \tag{4-99}$$

式中 F_{vi}——结构或构件的竖向地震作用标准值；

G_i——结构或构件的重力荷载代表值；

ε_v——竖向地震作用系数（平板型网架和跨度大于 24m 的屋架按表 4-7 采用，长悬臂和其他大跨度结构，8 度时 $\varepsilon_v = 0.10$，9 度时 $\varepsilon_v = 0.20$，当设计基本地震加速度为 $0.30g$ 时，$\varepsilon_v = 0.15$）。

表 4-7 竖向地震作用系数 ε_v

结构类型	烈度	场地类别		
		I	II	III、IV
平板型网架、钢屋架	8	可不计算(0.10)	0.08(0.12)	0.10(0.15)
	9	0.15	0.15	0.20
钢筋混凝土屋架	8	0.10(0.15)	0.13(0.19)	0.13(0.19)
	9	0.20	0.25	0.25

注：括号中数值用于基本地震加速度为 $0.30g$ 的地区。

大跨度空间结构的竖向地震作用，除按上述静力法计算外，还可按竖向振型分解反应谱法计算。采用该方法时，竖向反应谱采用水平反应谱的65%，包括最大值和形状系数。但竖向反应谱的特征周期明显小于水平反应谱，所以特征周期均按设计第一组采用。

4.8 结构非弹性地震反应分析方法简介

4.8.1 非弹性地震反应分析的目的

我国抗震设防目标为"小震不坏，中震可修，大震不倒"。"小震不坏"可以通过振型分解反应谱法或底部剪力法计算多遇地震作用下的结构内力和弹性变形，并满足《抗震规范》规定的限值来保证。但在罕遇地震（大震）作用下，允许结构开裂、产生塑性变形，但不允许结构倒塌，为保证"大震不倒"，需进行结构非弹性地震反应分析。结构进入非弹性变形状态后，刚度发生变化，叠加原理便不再适用，这时结构弹性状态下的动力特性（自振频率和振型）不再存在。因此，振型分解反应谱法或底部剪力法不适用于结构非弹性地震反应分析。

《抗震规范》规定：特别不规则的建筑、甲类建筑及特殊场地条件超过一定高度范围的高层建筑，应采用时程分析法进行多遇地震下的补充计算，以及某些特殊结构在罕遇地震作用下的弹塑性变形的计算。

结构非弹性地震反应分析的目的是通过认识结构从弹性到弹塑性，从开裂到屈服、损坏直至倒塌的全过程，研究结构内力分配、内力重分配的机理，研究防止破坏的条件和防止倒塌的措施，实现结构设计兼顾安全性和经济性的原则。

4.8.2 非弹性地震反应分析的方法概述

对建筑结构进行地震作用下的非弹性地震反应分析，可根据结构特点及设计需求分别采用弹塑性时程分析方法或静力弹塑性分析方法。

1. 弹塑性时程分析方法

（1）结构计算模型　结构计算模型是结构在外部作用影响下进行结构作用效应计算的主题。进行弹塑性时程分析首先要建立结构动力模型。动力计算模型可根据结构实际情况进行必要的离散简化，形成自由度较少的模型，以减少计算工作量。常用的结构动力计算模型有层间模型、杆系模型及有限元模型。

1) 层间模型。层间模型是以建筑楼层为基本单元，以楼层所在位置集中离散质量，建立层间刚度。其几何模型相当于串联质点模型，模型的主要参数是层间刚度及其非线性变化规律。如果仅考虑单方向层间剪力与层间位移，不考虑平面自由度，建立层间刚度矩阵，这种层间模型称为层间剪切模型，如图4-19所示，其自由度为楼层总层数，适用于框架结构和砌体结构。

如果考虑层间弯矩与层间转角，应建立层间剪力、层间弯矩与层间位移、层间转角的刚度矩阵，组成层间弯剪模型。对于平面布

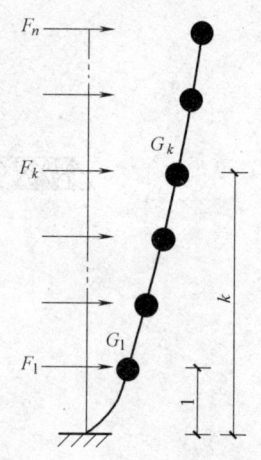

图4-19　层间剪切模型

局沿高度分布变化较大的结构,应建立层间剪力、层间扭矩与层间位移、层间扭矩角的刚度矩阵,考虑结构在地震作用下的弯扭耦联振动,组成层间剪扭模型。

2)杆系模型。杆系模型就是假定楼板在其自身平面内为绝对刚性,将梁、柱离散为杆元形成的整个结构的计算模型。如果杆元为带刚域的平面杆元(每个节点自由度为3),如图4-20所示,则形成的模型为平面杆系模型;如果杆元为带刚域的空间杆元(每个节点自由度为6),则形成的模型为空间杆系模型,如图4-21所示。杆系模型一般适合于框架结构。如果将抗震墙、楼电梯筒离散为薄壁杆元,则杆系模型可以用于框架—抗震墙结构或框架—筒体结构,此外,杆系模型还可用于平面或空间桁架问题。《抗震规范》规定,规则结构可以使用平面杆系模型计算罕遇地震下的弹塑性变形,不规则结构应采用空间杆系模型。杆系模型的优点是可以用结构构件自然组成模型,构件之间的连接可以是刚性的,也可以是弹性的,构件本身的力学性能指标参数可由试验确定。但该模型的缺点是对抗震墙、筒体非线性性能模拟较差,对弹性楼板或楼盖开洞等复杂问题的模拟存在较大误差。

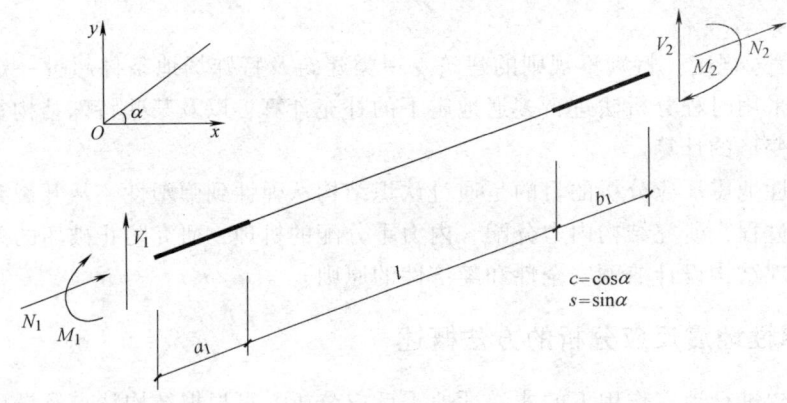

图 4-20 带刚域的平面杆元

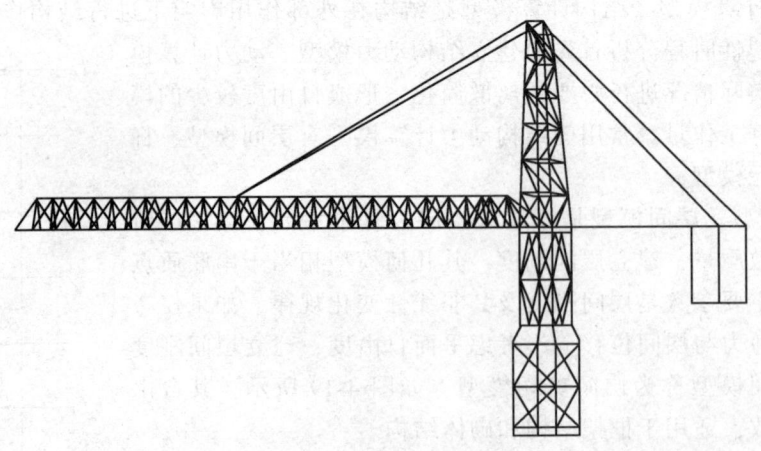

图 4-21 空间杆系模型

3）有限元模型。上述层间模型和杆系模型，也可以看成是有限元模型。这两种模型的共同假设为楼盖平面内的刚性无限大，使楼层基本自由度数大大减小，从而使问题得以简化，有利于提高计算效率。但是对于弹性楼板连接问题、多塔楼问题、柔性楼盖问题等，就不能再沿用这一假设。因此，应该采用杆元、壳元、墙元、梁元、实体元、接触单元等单元模型，建立整个结构的有限单元计算模型，以适用于复杂结构动力或静力分析，这种模型称为有限元模型。有限元模型对一维、二维和三维问题都是有效的。目前，通用结构有限元分析软件得到广泛应用，如 ANSYS、SAP2000、MARC 等。图 4-22～图 4-27 所示为大型结构有限元分析软件 ANSYS 中的单元库内提供的部分单元模型。

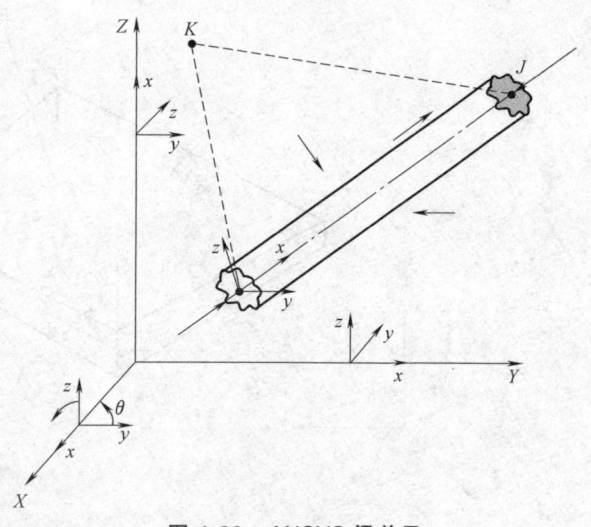

图 4-22 ANSYS 梁单元

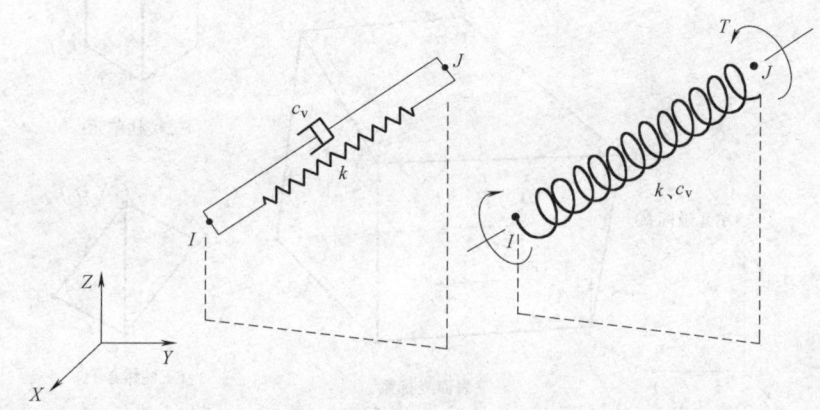

图 4-23 ANSYS 弹簧单元

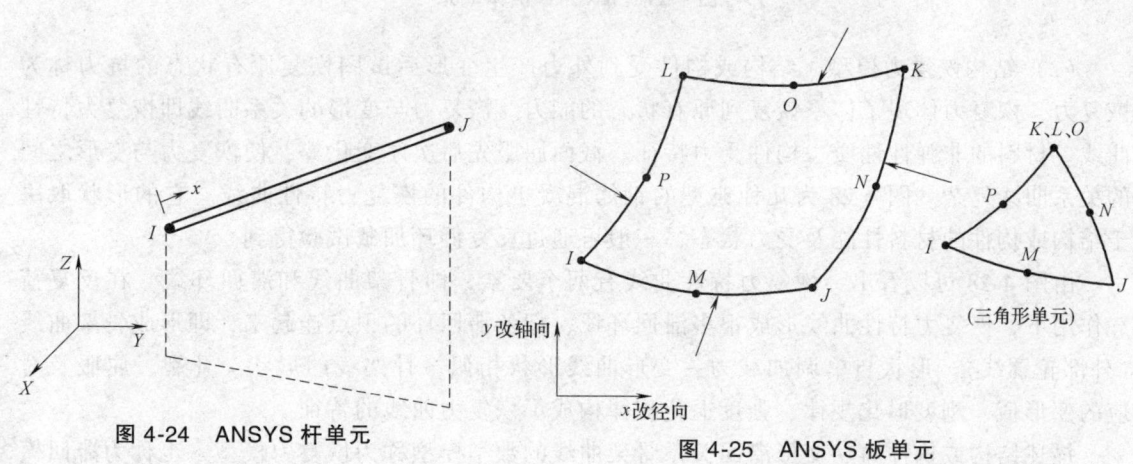

图 4-24 ANSYS 杆单元　　　　　图 4-25 ANSYS 板单元

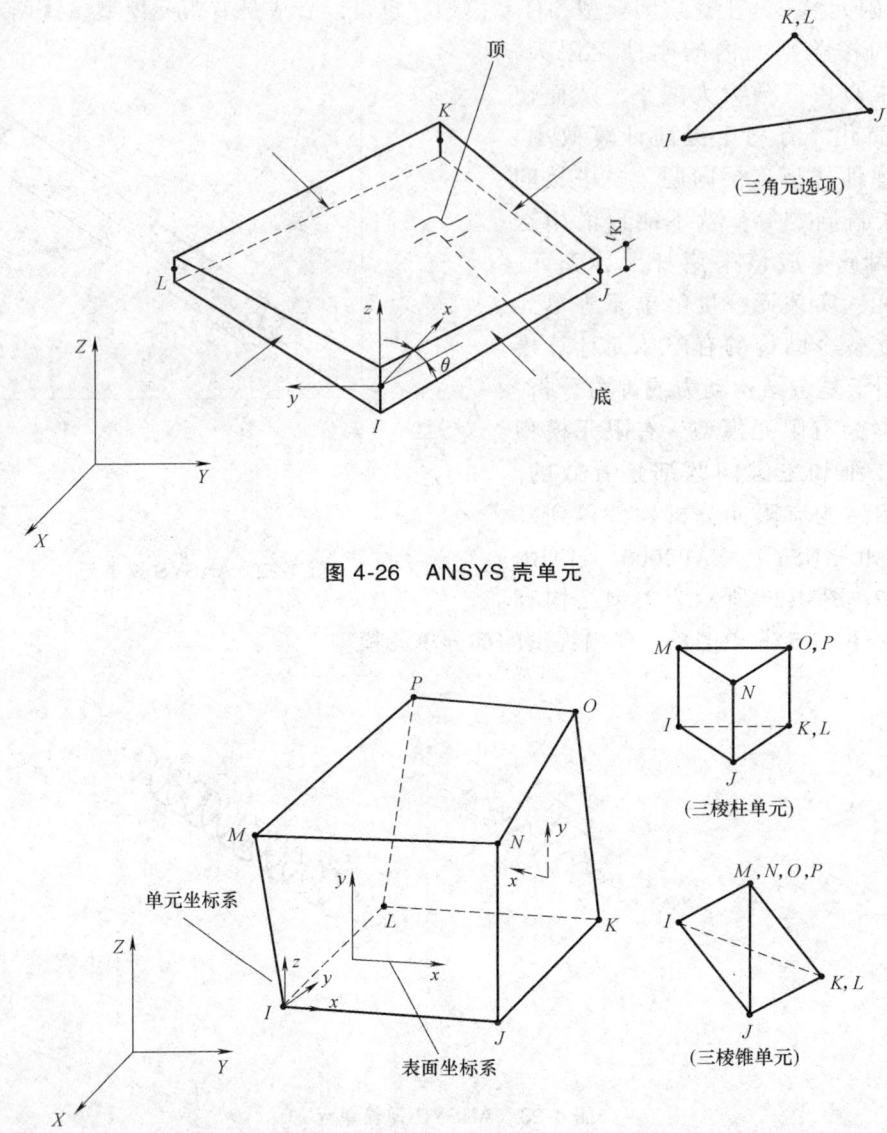

图 4-26 ANSYS 壳单元

图 4-27 ANSYS 实体单元

（2）结构恢复力模型　结构或构件受到外力产生变形后试图恢复原有状态的抗力称为恢复力，恢复力体现了体系恢复到原有状态的能力。恢复力与变形的关系曲线即恢复力特性曲线。材料的非弹性性质、构件受力特征、截面屈服先后次序变化等，使恢复力与变形之间的关系曲线复杂。图 4-28 为几种典型的钢筋混凝土构件的恢复力特性曲线。它的形状取决于结构或构件的材料性能及受力状态，一般可通过反复循环加载试验得到。

由图 4-28 可以看出，恢复力特性曲线有两个要素，即骨架曲线和滞回环线。在反复荷载作用下，恢复力特性曲线形成很多滞回环线，把各滞回环的顶点连起来，即形成骨架曲线（外部轮廓线）。形状与单调加载力—变形曲线形状相似。骨架线的形状、开裂、屈服及对应的变形值、刚度退化规律、强度退化规律构成了恢复力曲线的特征。

描述结构或构件力—变形滞回关系骨架曲线的数学模型称为恢复力模型，也称为滞回模

第4章 结构地震反应和结构抗震验算

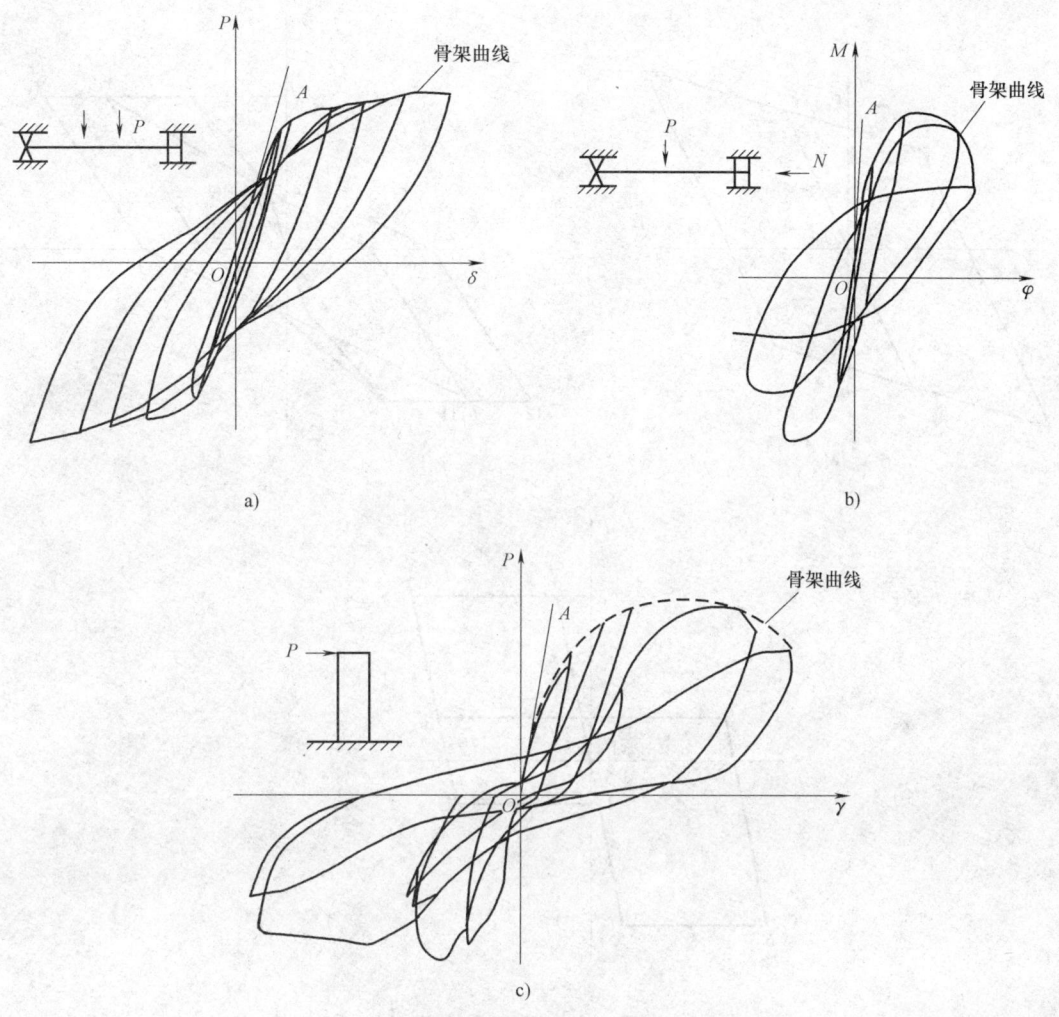

图 4-28 钢筋混凝土构件恢复力特性曲线
a) 受弯构件 b) 压弯构件 c) 剪力墙

型。为使计算简便，恢复力模型可以将试验滞回骨架曲线简化为由一定规则的折线组成。折线型模型包括双折线型模型、三折线型模型、刚度退化双折线型模型、刚度退化三折线型模型、剪切滑移型模型等，如图 4-29 所示。对混凝土结构可以采用双折线型模型、刚度退化三折线型模型；对钢结构通常采用双折线型模型、剪切滑移型模型等。

恢复力模型的参数可通过试验或理论分析得到（如屈曲强度 P_y、开裂强度 P_c、滑移强度 P_s、弹性刚度 K_0、弹塑性刚度 K_p 和开裂刚度 K_c 等）。

（3）动力方程的求解 多自由度非弹性体系的运动方程为

$$[M]\{\ddot{x}\}+[C]\{\dot{x}\}+[K(t)]\{x\}=-[M]\{I\}\ddot{x}_g(t) \tag{4-100}$$

要对上述方程进行弹塑性动力分析，可以看出与弹性动力分析的不同在于，刚度矩阵和地面运动加速度都随时间变化，不能用简单的函数表达。因此，运动方程的解只能采用数值分析法。目前多采用增量法求解，即在时间增量 Δt 内，上式中各参量增量分别为 Δx、$\Delta \dot{x}$、$\Delta \ddot{x}$、$\Delta \ddot{x}_g$，由于 Δt 很小，假定在 Δt 时间内结构的阻尼、刚度为常量，则增量运动方程为

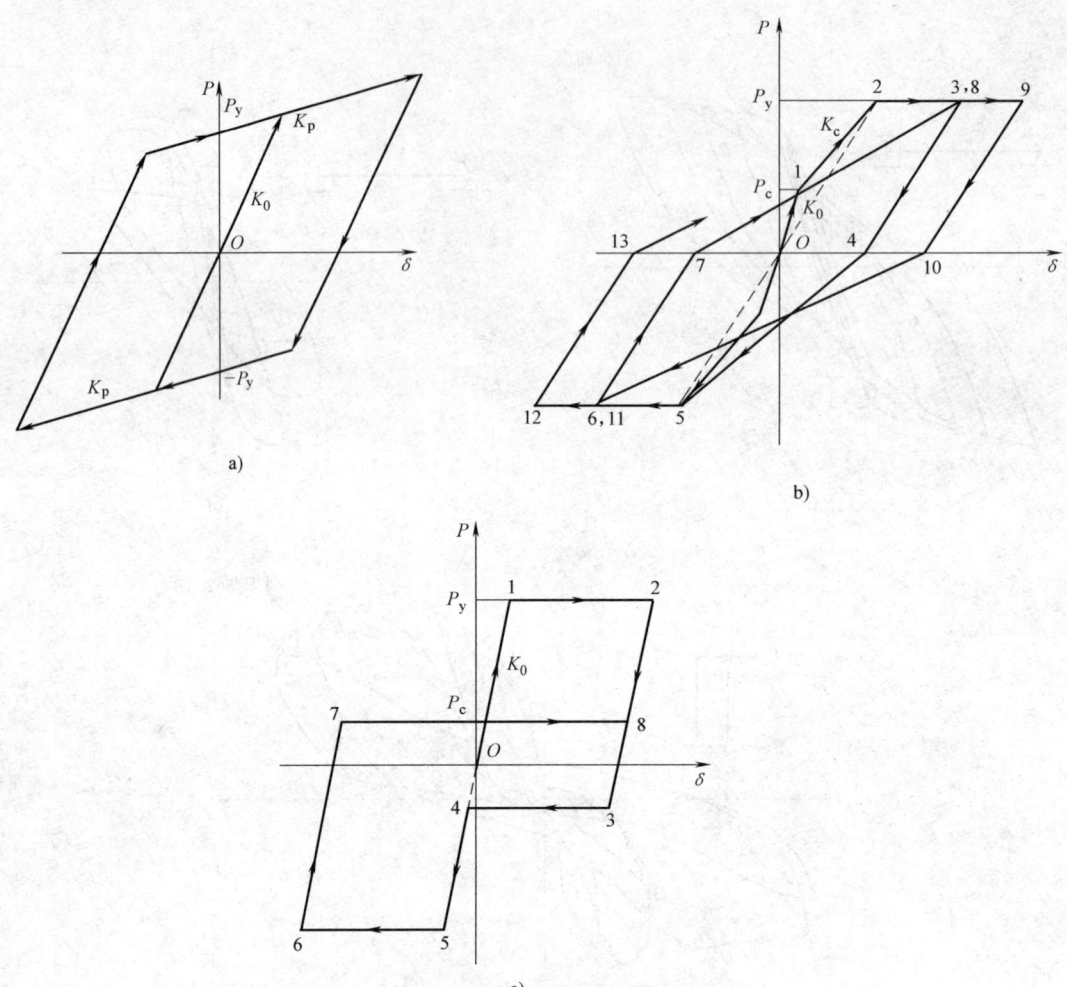

图 4-29 恢复力模型
a）双折线型模型　b）退化双折线型模型　c）剪切滑移型模型

$$[M]\{\Delta\ddot{x}\}+[C]\{\Delta\dot{x}\}+[K(t)]\{\Delta x\}=-[M]\{I\}\Delta\ddot{x}_g \tag{4-101}$$

上述方程的数值计算方法可以采用线性加速度法、Newmark-β 方法、Wilson-θ 方法等。现以线性加速度法为例说明时程分析法的分析过程。

假定结构质点加速度在 Δt 内按线性规律变化，相应速度、位移的变化如下

$$\dddot{x}_i=\frac{\Delta\ddot{x}}{\Delta t}=\text{常量} \tag{4-102a}$$

$$\Delta\dot{x}=\ddot{x}_i\Delta t+\frac{\dddot{x}}{2}\Delta t^2 \tag{4-102b}$$

$$\Delta x=\frac{\dot{x}_i}{1!}\Delta t+\frac{\ddot{x}_i}{2!}\Delta t^2+\frac{\Delta\dddot{x}_i}{3!}\Delta t^3 \tag{4-102c}$$

将式（4-102a）代入式（4-102c）得

第 4 章 结构地震反应和结构抗震验算

$$\Delta x = \frac{\dot{x}_i}{1!}\Delta t + \frac{\ddot{x}_i}{2!}\Delta t^2 + \frac{\Delta \ddot{x}}{6}\Delta t^2 \tag{4-103}$$

将式（4-102a）代入式（4-102b）得

$$\Delta \dot{x} = \ddot{x}_i \Delta t + \frac{\Delta \ddot{x}}{2}\Delta t \tag{4-104}$$

由式（4-103）可得

$$\Delta \ddot{x} = \frac{6\Delta x}{\Delta t^2} - \frac{6}{\Delta t}\dot{x}_i - 3\ddot{x}_i \tag{4-105}$$

将式（4-105）代入式（4-104）得

$$\Delta \dot{x} = \frac{3\Delta x}{\Delta t} - 3\dot{x}_i - \frac{1}{2}\ddot{x}_i \Delta t \tag{4-106}$$

将式（4-105）和式（4-106）代入增量运动方程（4-101），得拟恢复力方程为

$$[K_i^*]\{\Delta x\} = \{\Delta F_i^*\} \tag{4-107a}$$

$$[K_i^*] = [K_i] + \frac{6[M]}{\Delta t^2} + \frac{3[C]}{\Delta t} \tag{4-107b}$$

$$\{\Delta F_i^*\} = -[M]\left(\Delta \ddot{x}_g - \frac{6\dot{x}_i}{\Delta t} - 3\ddot{x}_i\right) + [C]\left(3\dot{x}_i + \frac{\ddot{x}_i}{2}\Delta t\right) \tag{4-107c}$$

由式（4-107a）求出 Δx 后，代入式（4-105）和式（4-106）求出加速度和速度增量，将其与第 i 时刻结构地震反应进行累加，便可得到第 $i+1$ 时刻的位移、速度和加速度等结构动力反应。然后以此作为下一时间步的初始值，根据情况调整下一加载步内的阻尼和刚度参数，继续按照上述方法进行计算。如此反复，便可以计算出结构在地震输入下的地震反应历程。结构的动力时程分析计算工作量大，一般采用电算。图 4-30 给出用线性加速度法计算

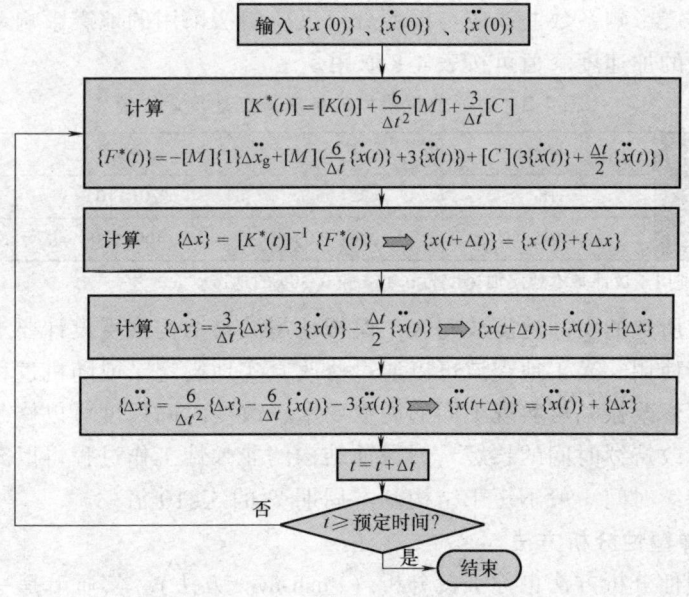

图 4-30 结构非弹性地震反应计算流程

结构非弹性地震反应的流程。图 4-31 是结构总刚度的计算流程。

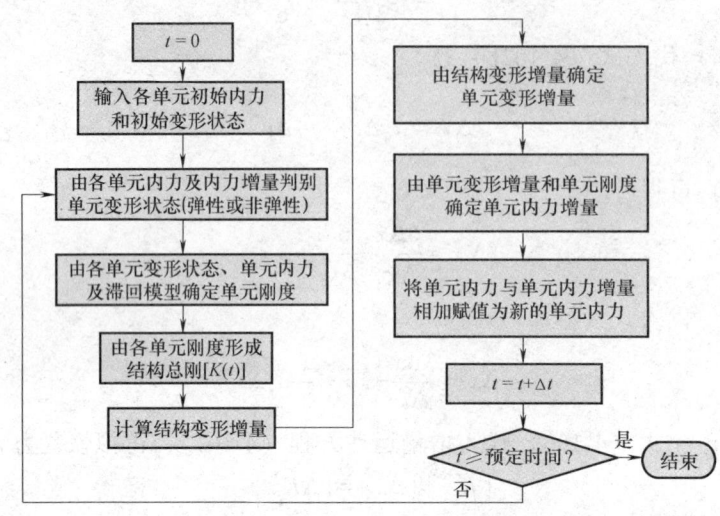

图 4-31 结构总刚度计算流程

（4）弹塑性时程分析应注意的问题　时程分析法是将地震波作为外荷载输入的。选取地震波是进行结构弹塑性地震反应时程分析的重要内容，目的是找出适合于拟建工程场地、抗震设防烈度的地震波，使结构弹塑性地震反应时程分析具有较强的针对性和准确性，为改进结构的抗震设计提供依据。地震波最好选用本地区历史上的强震记录，如果没有这样的记录，也可以选用震中距和场地条件相近的其他地区的强震记录或选用主要周期接近场地卓越周期或反应谱接近当地设计反应谱的人工地震波。

《抗震规范》规定，采用时程分析法时，应按建筑场地类别和设计地震分组选用实际强震记录和人工模拟的加速度时程曲线，其中实际强震记录的数量不应少于总数的 2/3，多组时程曲线的平均地震影响系数曲线应与振型分解反应谱法采用的地震影响系数曲线在统计意义上相符。地震波的加速度峰值可按表 4-8 取用。

表 4-8　时程分析所用的地震波加速度最大值　　　　（单位：cm/s²）

地震影响	6	7	8	9
多遇地震	18	35(55)	70(110)	140
罕遇地震	125	220(310)	400(510)	620

注：括号内数值分别用于设计基本地震加速度为 0.15g 和 0.30g 的地区

时程分析法中所选的实际地震波和人工模拟地震波与结构抗震设计要求的地震波一般存在差异，不能直接使用。人工地震波可以通过修改真实地震记录或随机过程产生。修改真实地震波的方法是：修改振幅可实现不同的震级要求，改变时间尺度可以修改频率范围，截断或重复记录可以修改持续时间的长短。为保证结构的非弹性工作过程得以充分展开，要求输入地震加速度的持续时间一般不短于结构基本周期 T_1 的 5~10 倍。

2. 结构静力弹塑性分析方法

结构静力弹塑性分析方法也称推覆分析（Push-over 方法），实质上是一种静力弹塑性结构分析方法。它按照一定的水平加载方式，对结构施加单调递增荷载直到将结构推至一个给定的目标位移或结构呈现不稳定状态为止，来分析结构的非线性反应，从而判断结构及其构件是否满足设计要求。这种方法是目前较为实用的简化弹塑性分析技术，比动力非线性分析节省计算工作量。与以往的抗震静力计算方法不同之处主要是它将地震反应谱引入计算过程，符合基于位移的抗震设计，用于检验现有结构或设计方案是否满足不同烈度地震作用下的抗震能力。应用范围主要集中于对现有结构或设计方案进行抗侧力能力的计算，从而估计其抗震能力。

在国内，关于Push-over分析方法的研究起步较晚，但是随着它的引进已逐渐引起人们的关注并不断被推广和应用。由于在Push-over中水平力加载方式的确定对计算结果的精度影响很大，因此关于理想水平荷载加载方式的探索也在不断深入。

(1) 基本假定　静力弹塑性分析法没有特别严密的理论基础，其基本假定为：

1) 结构（实际工程中一般为多自由度体系）的响应与该结构的等效单自由度体系相关，这就意味着结构响应仅由结构的第一基本振型控制。

2) 用形状矢量表示结构沿高度的变形，在整个地震作用过程中，不管结构的变形大小，形状矢量保持不变。

严格来讲，这两个假定在理论上是不完全准确的，比如，当结构屈服时，在这些假设下只能近似地预测结构的地震反应。但是研究分析也表明，对刚度和质量沿高度分布较均匀、地震反应由第一振型控制的结构，静力弹塑性分析法能较好地预测结构的地震反应，为合理的评估提供依据。

(2) 基本原理　在Push-over分析时，在结构上施加水平侧向力，直到某些构件达到弹性极限或屈服点。已屈服或达到塑性弯矩的构件出现塑性铰，构件的受力不再增加。当继续增加侧向力时，荷载会重新分配到其余的弹性构件上，直到其他构件也达到弹性极限或屈服点。这个过程重复进行，直到在抗侧力体系上不能再增加荷载，或者已达到了相应于某个阶段的目标位移值。当结构达到屈服条件时，形成塑性结构，将发生大位移，从而引起竖向不稳定，构件退化或发生脆性破坏，这种极限状态下结构上不能再继续增加荷载，称为承载力极限状态；另一种情况是结构达到目标位移，通常是指结构质量中心的屋顶位移达到目标位移，用以评估结构在地震作用下的反应。

完整的Push-over分析和抗震评估过程主要由两部分组成：计算结构在侧向静力荷载下的荷载—位移曲线；根据结构的荷载—位移曲线和抗震设计要求评估结构的抗震能力。

(3) 建立荷载—位移曲线　建立荷载—位移曲线的目的是确认结构在预定荷载作用下表现出的抵抗能力。将这种抵抗能力以承载力—位移曲线的形式体现出来，以便进行抗震能力的比较与评估。主要步骤如下：

1) 建立结构和构件的计算模型，这部分内容同结构静力计算模型。

2) 确定侧向荷载分布形式。可以采用均匀分布形式，或三角分布，也可以采用振型分布形式，如以基本振型为主的形式或某些振型组合的形式。

3) 逐步增加侧向荷载，当某些构件达到开裂或屈服时，修正相应的构件刚度和计算模型，计算出每次加载阶段的构件内力、弹性和塑性变形。

4) 继续加载或在修正加载模式后继续加载，重复上述步骤，直到结构性能达到预定指标或达到不可接受的水平。

5) 做出控制点荷载—位移关系曲线。可以进一步将其简化为双折线型、三折线型，作为推覆分析荷载—位移曲线代表图。简化的方法可用等能量方法。

（4）结构抗震能力评估　对结构进行抗震能力的评估，需将上述荷载—位移曲线与地震反应谱放在同等条件下比较。为此，需要做三方面的工作：

1）将推覆分析荷载—位移曲线代表图转换为承载力谱，也称为供给谱（Seismic Demand Spectrum）。

2）将《抗震规范》给出的加速度反应谱转换为地震需求谱（Seismic Capacity Spectrum），也称 ADRS 谱（以加速度—位移表示的谱）。

3）将承载力谱和需求谱绘制在同一个 ADRS 谱图内，两图的交点为性能点，如果性能点存在并满足预定指标要求，则结构满足抗震能力；如果该点不存在或该点不满足预定标准，则应修改结构设计及计算模型参数。继续上述工作，直至满足抗震设计要求。

4.9 结构抗震验算

4.9.1 结构抗震计算原则

各类建筑结构的抗震计算应遵循下列原则：

1）一般情况下，可在建筑结构的两个主轴方向分别考虑水平地震作用并进行抗震验算，各个方向的水平地震作用应由该方向抗侧力构件承担。

2）有斜交抗侧力构件的结构，当相交角度大于 15°时，应分别计算各抗侧力构件方向的水平地震作用。

3）质量和刚度分布明显不对称的结构，应考虑双向水平地震作用下的扭转影响，其他情况，可采用调整地震作用效应的方法考虑扭转影响。

4）8 度和 9 度时的大跨度和长悬臂结构及 9 度时的高层建筑，应计算竖向地震作用。

4.9.2 结构抗震计算方法的选用

1）高度不超过 40m，以剪切变形为主且质量和刚度沿高度分布比较均匀的结构，以及近似于单质点体系的结构，可采用底部剪力法等简化方法。

2）对不符合 1）中条件的建筑结构，宜采用振型分解反应谱法。

3）特别不规则的建筑、甲类建筑和表 4-9 中所列高度范围的高层建筑，应采用时程分析法进行多遇地震作用下的补充计算；当取三组加速度时程曲线输入时，计算结果宜取时程法的包络值和振型分解反应谱法的较大值；当取七组及七组以上的时程曲线时，计算结果可取时程法的平均值和振型分解反应谱法的较大值。

表 4-9 采用时程分析法的房屋高度范围

烈度、场地类别	房屋高度范围/m
8 度 I、II 类场地和 7 度	>100
8 度 III、IV 类场地	>80
9 度	>60

4）计算罕遇地震下结构的变形，应采用简化的弹塑性分析方法或弹塑性时程分析法。

5）平面投影尺度很大的空间结构，应根据结构形式和支承条件，分别按单点一致、多点、多向单点或多向多点输入进行抗震计算。

4.9.3 最小水平地震剪力的控制

由地震影响系数曲线可以看出，地震影响系数在长周期段下降较快，对于基本周期大于 3.5s 的结构，由此计算所得的水平地震作用下的结构效应可能太小。对于长周期结构，地震地面运动速度和位移可能对结构的破坏具有更大影响。但《抗震规范》采用的振型分解反应谱法尚无法对此做出估计。出于结构安全的考虑，对楼层水平地震剪力提出最小值的控制要求，即抗震验算时，结构任一楼层的水平地震剪力应符合下式要求

$$V_{Eki} > \lambda \sum_{j=i}^{n} G_j \tag{4-108}$$

式中 V_{Eki}——第 i 层对应于水平地震作用标准值的楼层剪力；

λ——剪力系数，不应小于表 4-10 规定的楼层最小地震剪力系数值，对竖向不规则的薄弱层，尚应乘以 1.15 的增大系数；

G_j——第 j 层的重力荷载代表值。

表 4-10 楼层最小地震剪力系数值

类　　别	6 度	7 度	8 度	9 度
扭转效应明显或基本周期小于 3.5s 的结构	0.008	0.016(0.024)	0.032(0.048)	0.064
基本周期大于 5.0s 的结构	0.006	0.012(0.018)	0.024(0.036)	0.048

注：1. 基本周期介于 3.5~5s 的结构，按插入法取值。
　　2. 括号内数值分别用于设计基本地震加速度为 $0.15g$ 和 $0.30g$ 的地区。

4.9.4 地基与结构相互作用对楼层地震剪力的影响

在 4.1~4.3 节中对结构进行地震反应分析时，一般假定地基是刚性的，没有考虑地基与结构相互作用的影响。实际上，一般地基并不是刚性的，当上部结构的地震作用通过基础传给地基时，地基将产生一定的局部变形，引起结构产生位移或晃动。这种现象称为地基与结构的相互作用。由于地基和结构动力相互作用的影响，按刚性地基分析得到的水平地震作用在一定范围内有明显的折减。但考虑到我国地震作用的取值与国外相比较小，故仅在必要时才利用这一折减。

对于 8 度和 9 度时建造在 Ⅲ、Ⅳ 类场地，采用箱基、刚性较好的筏基和桩箱联合基础的钢筋混凝土高层建筑，当结构基本自振周期处于特征周期的 1.2~5 倍范围内时，若计入地基与结构动力相互作用的影响，对刚性地基假定计算的水平地震剪力可按下列规定折减，其层间变形可按折减后的楼层剪力计算。

1) 高宽比小于 3 的结构，各楼层水平地震剪力的折减系数可按下式计算

$$\psi = \left(\frac{T_1}{T_1 + \Delta T}\right)^{0.9} \tag{4-109}$$

式中 ψ——计入地基与结构动力相互作用后的地震剪力折减系数；

T_1——按刚性地基假定确定的结构基本自振周期 (s)；

ΔT——计入地基与结构动力相互作用的附加周期 (s)，可按表 4-11 采用。

表 4-11 附加周期　　　　　　　　　　　　（单位：s）

烈度	场地类别	
	III类	IV类
8	0.08	0.20
9	0.10	0.25

2）高宽比不小于 3 的结构，底部的地震剪力按 1）项中的规定折减，顶部不折减，中间各层按线性插入值折减。

3）折减后各楼层的水平地震剪力，应符合楼层最小地震剪力的要求。

4.9.5 结构抗震验算内容

为了贯彻实现"小震不坏，中震可修，大震不倒"的三水准设防目标，《抗震规范》规定进行下列内容的抗震验算：

1）对各类钢筋混凝土结构和钢结构进行多遇地震作用下的弹性变形验算。

2）对绝大多数结构进行多遇地震下强度验算，以防止结构构件破坏。

3）对甲类建筑、位于高烈度区和场地条件较差的建筑、超过一定高度的高层建筑、特别不规则建筑、采用隔震消能减震设计的结构等进行罕遇地震作用下的弹塑性变形验算。

1. 多遇地震下结构弹性变形验算

在多遇地震作用下，满足抗震承载力要求的结构一般处于弹性工作阶段，不损坏，但如果弹性变形过大，非结构构件将出现破坏。因此，《抗震规范》对除砌体结构、厂房外的各类钢筋混凝土结构和钢结构要求进行多遇地震作用下的弹性变形验算，要求其楼层内最大弹性层间位移符合下式要求

$$\Delta u_e \leq [\theta_e] h \tag{4-110}$$

式中　Δu_e——多遇地震作用标准值产生的楼层内最大的弹性层间位移（计算时，除以弯曲变形为主的高层建筑外，可不扣除结构整体弯曲变形；应计入扭转变形；钢筋混凝土结构构件的截面刚度可采用弹性刚度）；

　　　h——计算楼层层高；

　　　$[\theta_e]$——弹性层间位移角限值，按表 4-12 采用。

表 4-12 弹性层间位移角限值

结构类型	$[\theta_e]$
钢筋混凝土框架	1/550
钢筋混凝土框架—抗震墙、板柱—抗震墙、框架—核心筒	1/800
钢筋混凝土抗震墙、筒中筒	1/1000
钢筋混凝土框支层	1/1000
多、高层钢结构	1/250

2. 多遇地震下结构强度验算

除部分符合条件的单厂建筑、6 度区的建筑（建造于IV类场地上较高的高层建筑除外）以及生土房屋和木结构房屋外，其他建筑结构都要进行结构构件承载力的抗震验算，验算公式为

第 4 章 结构地震反应和结构抗震验算

$$S \leqslant R/\gamma_{RE} \tag{4-111}$$

式中　S——结构构件内力组合的设计值,包括组合的弯矩、轴向力和剪力设计值等;
　　　R——结构构件承载力设计值;
　　　γ_{RE}——承载力抗震调整系数,除另有规定外,按表 4-13 采用。

表 4-13　承载力抗震调整系数

材料	结构构件	受力状态	γ_{RE}
钢	柱、梁、支撑、节点板件、螺栓、焊缝	强度	0.75
	柱、支撑	稳定	0.80
砌体	两端均有构造柱、芯柱的抗震墙	受剪	0.9
	其他抗震墙	受剪	1.0
混凝土	梁	受弯	0.75
	轴压比小于 0.15 的柱	偏压	0.75
	轴压比不小于 0.15 的柱	偏压	0.80
	抗震墙	偏压	0.85
	各类构件	受剪、偏拉	0.85

结构构件的地震作用效应和其他荷载效应的基本组合,应按下式计算

$$S = \gamma_G S_{GE} + \gamma_{Eh} S_{Ehk} + \gamma_{Ev} S_{Evk} + \psi_w \gamma_w S_{wk} \tag{4-112}$$

式中　γ_G——重力荷载分项系数,一般情况取 1.2,当重力荷载效应对构件承载能力有利时,不应大于 1.0;
　　γ_{Eh}、γ_{Ev}——水平、竖向地震作用分项系数,应按表 4-14 采用;
　　　γ_w——风荷载分项系数,采用 1.4;
　　　S_{GE}——重力荷载代表值的效应,有起重机时,尚应包括悬吊物重力标准值的效应;
　　　S_{Ehk}——水平地震作用标准值的效应,尚应乘以相应的增大系数或调整系数;
　　　S_{Evk}——竖向地震作用标准值的效应,尚应乘以相应的增大系数或调整系数;
　　　S_{wk}——风荷载标准值的效应;
　　　ψ_w——风荷载组合值系数,一般结构可不考虑,风荷载起控制作用的建筑应采用 0.2。

表 4-14　地震作用分项系数

地震作用	γ_{Eh}	γ_{Ev}
仅计算水平地震作用	1.3	0.0
仅计算竖向地震作用	0.0	1.3
同时计算水平与竖向地震作用(水平地震为主)	1.3	0.5
同时计算水平与竖向地震作用(竖向地震为主)	0.5	1.3

3. 罕遇地震下结构弹塑性变形验算

在罕遇地震作用下,地面运动加速度峰值是多遇地震的 4~6 倍。因此,多遇地震下处于弹性阶段的结构,在罕遇地震烈度下将进入弹塑性阶段,结构构件接近或达到屈服,此时,结构已没有足够的强度储备。为抵抗地震的持续作用,要求结构有较好的延性,通过发

展塑性变形来消耗地震能量。如果结构变形能力不足，势必发生倒塌。因此，对某些处于特殊条件下的结构，还需要验算其在罕遇地震作用下的弹塑性变形。

（1）验算范围 根据震害实况和设计经验，《抗震规范》规定了进行弹塑性变形验算的范围。

1) 下列结构应进行弹塑性变形验算：

① 8度Ⅲ、Ⅳ类场地和9度时，高大的单层钢筋混凝土柱厂房的横向排架。

② 7~9度时楼层屈服强度系数小于0.5的钢筋混凝土框架结构和框排架结构。

③ 高度大于150m的结构。

④ 甲类建筑和9度时乙类建筑中的钢筋混凝土结构和钢结构。

⑤ 采用隔震和消能减震设计的结构。

2) 下列结构宜进行弹塑性变形验算：

① 表4-9所列高度范围且属于第2章中规定的竖向不规则类型的高层建筑结构。

② 7度Ⅲ、Ⅳ类场地和8度时乙类建筑中的钢筋混凝土结构和钢结构。

③ 板柱—抗震墙结构和底部框架砌体房屋。

④ 高度不大于150m的其他高层钢结构。

⑤ 不规则的地下建筑结构及地下空间综合体。

（2）验算方法 结构在罕遇地震作用下薄弱层或部位的弹塑性变形计算，可采用下列方法：

1) 不超过12层且层刚度无突变的钢筋混凝土框架和框排架结构、单层钢筋混凝土柱厂房可采用本节后面所述的简化计算方法。

2) 除1)项中以外的建筑结构，可采用静力弹塑性分析方法或弹塑性时程分析法等。

3) 规则结构可采用弯剪层模型或平面杆系模型，属于第2章中规定的不规则结构应采用空间结构模型。

（3）结构薄弱层（部位）弹塑性层间位移验算的简化计算方法 结构薄弱层是指在强烈地震作用下，结构首先发生屈服并产生较大弹塑性位移的楼层。统计分析表明，结构的某一楼层屈服强度系数越小（楼层屈服强度系数为按钢筋混凝土构件实际配筋和材料强度标准值计算的楼层受剪承载力和按罕遇地震作用标准值计算的楼层弹性地震剪力的比值），层间弹塑性位移越大。当各楼层的屈服强度系数均大于0.5时，该结构就不存在塑性变形明显集中而导致倒塌的薄弱层。因此，可根据楼层屈服强度系数来确定结构薄弱层并进行验算。下面介绍这种简化方法的步骤。

1) 楼层屈服强度系数的计算。楼层屈服强度系数大小及其沿建筑高度分布情况可判断结构薄弱层部位。

对于多层和高层建筑结构，楼层屈服强度系数按下式计算

$$\xi_y = \frac{V_y}{V_e} \tag{4-113}$$

式中 ξ_y——楼层屈服强度系数；

V_y——按构件实际配筋面积和材料强度标准值计算的楼层受剪承载力；

V_e——按罕遇地震作用标准值计算的楼层弹性地震剪力。

对于排架柱，楼层屈服强度系数按下式计算

$$\xi_y = \frac{M_y}{M_e} \tag{4-114}$$

式中 M_y——按实际配筋面积、材料强度标准值和轴向力计算的正截面受弯承载力;

M_e——按罕遇地震作用标准值计算的弹性地震弯矩。

当结构某一层(部位)的楼层屈服强度系数不小于相邻层(部位)该系数平均值的 0.8 倍,即符合下列条件时

$$\xi_y(i) > 0.8\left[\frac{\xi_y(i+1)+\xi_y(i-1)}{2}\right](标准层)$$

$$\xi_y(n) > 0.8\xi_y(n-1)(顶层)$$

$$\xi_y(1) > 0.8\xi_y(2)(首层)$$

则认为该结构楼层屈服强度系数沿建筑高度分布均匀,否则认为不均匀。

2)确定结构薄弱层(部位)。结构薄弱层(部位)的位置可按下列情况确定:

① 楼层屈服强度系数沿高度分布均匀的结构,可取底层。

② 楼层屈服强度系数沿高度分布不均匀的结构,可取该系数最小的楼层和相对较小的楼层,一般不超过 2~3 处。

③ 单层工业厂房,可取上柱。

3)弹塑性层间位移的计算。薄弱层(部位)的弹塑性层间位移可按下式计算

$$\Delta u_p = \eta_p \Delta u_e \tag{4-115}$$

或

$$\Delta u_p = \mu \Delta u_y = \frac{\eta_p}{\xi_y} \Delta u_y \tag{4-116}$$

式中 Δu_p——弹塑性层间位移;

Δu_y——层间屈服位移;

μ——楼层延性系数;

Δu_e——罕遇地震作用下按弹性分析的层间位移;

η_p——弹塑性层间位移增大系数[当薄弱层(部位)的屈服强度系数不小于相邻层(部位)该系数平均值的 0.8 倍时,按表 4-15 采用;当不大于该平均值的 0.5 倍时,可按表内相应数值的 1.5 倍采用;其他情况可采用内插法取值];

ξ_y——楼层屈服强度系数。

表 4-15 弹塑性层间位移增大系数

结构类型	总层数 n 或部位	ξ_y		
		0.5	0.4	0.3
多层均匀框架结构	2~4	1.30	1.40	1.60
	5~7	1.50	1.65	1.80
	8~12	1.80	2.00	2.20
单层厂房	上柱	1.30	1.60	2.00

由表 4-15 可以看出,弹塑性层间位移增大系数 η_p 随框架层数和楼层屈服强度系数 ξ_y 而变化,ξ_y 减小时 η_p 增大较多,因此设计中应尽量避免出现 ξ_y 过低的薄弱层。

4)结构薄弱层(部位)的弹塑性层间位移验算。结构薄弱层(部位)的弹塑性层间位

移不超过允许变形能力，即

$$\Delta u_p \leqslant [\theta_p] h \tag{4-117}$$

式中　$[\theta_p]$——弹塑性层间位移角限值，按表4-16采用（对钢筋混凝土框架结构，当轴压比小于0.4时，可提高10%；当柱子全高的箍筋构造比《抗震规范》规定的体积配箍率大30%时，可提高20%，但累计不超过25%）；

　　　　h——薄弱层楼层高度或单层厂房上柱高度。

表 4-16　弹塑性层间位移角限值

结构类型	$[\theta_p]$
单层钢筋混凝土柱排架	1/30
钢筋混凝土框架	1/50
底部框架砌体房屋中的框架—抗震墙	1/100
钢筋混凝土框架—抗震墙、板柱—抗震墙、框架—核心筒	1/100
钢筋混凝土抗震墙、筒中筒	1/120
多、高层钢结构	1/50

思考题与习题

1. 什么是地震作用？如何确定结构的地震作用？
2. 如何确定结构的重力荷载代表值？
3. 什么是地震影响系数？地震影响系数与地震系数、动力系数的关系是什么？
4. 结构抗震验算的内容是什么？如何验算？
5. 底部剪力法的适用范围是什么？
6. 哪些结构需要考虑竖向地震作用计算？
7. 怎样确定结构薄弱层？
8. 如何近似计算结构的自振周期？
9. 某4层钢筋混凝土框架结构，各层重力荷载代表值分别为：$G_1 = 1500\text{kN}$、$G_2 = G_3 = 1200\text{kN}$、$G_4 = 1000\text{kN}$，各层的层间侧移刚度分别为 $K_1 = 4.0\times10^4\text{kN/m}$、$K_2 = K_3 = 5.0\times10^4\text{kN/m}$、$K_4 = 3.2\times10^4\text{kN/m}$。试用顶点位移法计算其基本自振周期。

10. 第9题中的钢筋混凝土框架结构，每层层高均为5m，阻尼比为0.05，抗震设防烈度为8度，设计基本地震加速度为0.2g，设计地震分组为第一组，丙类建筑，场地类别为Ⅱ类。计算：

1）多遇地震作用下，作用在该框架结构上的水平地震作用。

2）计算层间地震剪力和弹性位移并验算。

11. 三层框架结构如图4-32所示，横梁刚度为无穷大，设防烈度为8度，设计基本地震加速度0.2g，阻尼比0.05，Ⅱ类场地，该地区地震分组为一组。结构各层的层间侧移刚度分别为 $k_1 = 7.5\times10^5\text{kN/m}$、$k_2 = 9.1\times10^5\text{kN/m}$、$k_3 = 8.5\times10^5\text{kN/m}$，各质点的质量分别为 $m_1 = 2\times10^6\text{kg}$、$m_2 = 2\times10^6\text{kg}$、$m_3 = 1.5\times10^6\text{kg}$，结构的自振频率分别为 $\omega_1 = 9.62\text{rad/s}$、$\omega_2 = 26.88\text{rad/s}$、$\omega_3 = 39.70\text{rad/s}$，各振型分别为

$$\begin{pmatrix} X_{13} \\ X_{12} \\ X_{11} \end{pmatrix} = \begin{pmatrix} 1.000 \\ 0.840 \\ 0.519 \end{pmatrix}, \begin{pmatrix} X_{23} \\ X_{22} \\ X_{21} \end{pmatrix} = \begin{pmatrix} -1.000 \\ 0.306 \\ 0.980 \end{pmatrix}, \begin{pmatrix} X_{33} \\ X_{32} \\ X_{31} \end{pmatrix} = \begin{pmatrix} 1.000 \\ -1.780 \\ 1.470 \end{pmatrix}。$$

1）用振型分解反应谱法计算结构在多遇地震作用时各层的层间地震剪力。

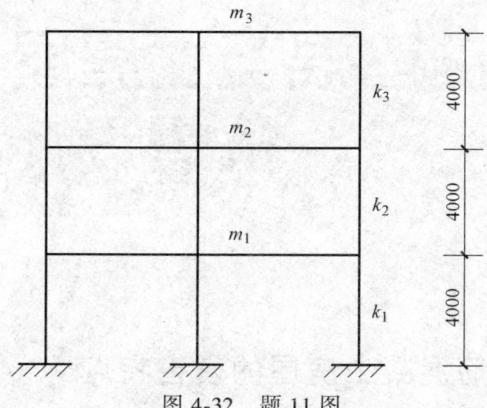

图 4-32 题 11 图

2) 用底部剪力法计算结构在多遇地震作用时各层的层间地震剪力。

3) 对比两种方法的计算结果，可以得出什么结论？

12. 某三层框架各层的层间侧移刚度 $k_1 = 5.2 \times 10^5 \text{kN/m}$、$k_2 = 3.8 \times 10^5 \text{kN/m}$、$k_3 = 2.8 \times 10^5 \text{kN/m}$；各层层高 $h_1 = 4\text{m}$、$h_2 = 3.8\text{m}$、$h_3 = 3.6\text{m}$；各层的抗剪承载力 $V_y(1) = 2500\text{kN}$、$V_y(2) = 1800\text{kN}$、$V_y(3) = 900\text{kN}$；罕遇地震作用下各层的弹性地震剪力 $V_e(1) = 4200\text{kN}$，$V_e(2) = 3800\text{kN}$，$V_e(3) = 2000\text{kN}$，其他抗震设防参数同题 11。试计算罕遇地震时该框架结构的薄弱层位置，并验算其层间弹塑性位移。

第5章 多层和高层钢筋混凝土房屋抗震设计

5.1 多层和高层钢筋混凝土房屋的震害特点

多层和高层钢筋混凝土房屋是我国工业与民用建筑中最常用的结构形式，根据建筑功能要求的不同，常用的结构体系有框架结构、抗震墙结构、框架—抗震墙结构和筒体结构等。与砌体结构相比，钢筋混凝土结构一般具有较好的抗震性能。但如果设计不合理或施工质量不良，在地震中也会表现出不同形式和不同程度的震害特点。

5.1.1 框架结构的震害

框架结构是我国工业与民用建筑中常用的结构形式，层数一般在 10 层以下。在我国的历次大地震中，这类房屋的震害比多层砌体房屋要轻得多。但是，未经抗震设防的框架结构也存在不少薄弱环节，在 8 度和 8 度以上的地震区有一定数量的房屋产生中等或严重破坏，极少出现倒塌。总结震害经验教训，有助于提高这类房屋的抗震能力。

（1）柱端与节点的破坏较为突出　框架结构的构件震害一般是梁轻柱重，柱顶重于柱底，尤其是角柱和边柱更易发生破坏。除剪跨比小的短柱（如楼梯间平台柱等）易发生柱剪切破坏外，一般发生的是柱端的弯曲破坏，轻者发生水平或斜向断裂，重者混凝土压酥，主筋外露、压屈和箍筋崩脱。当节点核心区无箍筋约束时，节点与柱端破坏加重。当柱侧有强度高的砌体填充墙紧密嵌砌时，柱顶剪切破坏加重，破坏部位还可能转移到窗（门）洞上下处，甚至出现短柱的剪切破坏。图 5-1 为柱与节点的破坏。

（2）框架梁的破坏　框架梁的震害一般发生在梁端。在竖向荷载与地震作用下，梁端出现垂直裂缝、交叉斜裂缝。当抗剪钢筋配置不足时发生剪切破坏，当抗弯钢筋不足时发生弯曲破坏。当梁主筋在节点内锚固不足时发生锚固失效破坏。

（3）砌体填充墙的破坏较为普遍　砌体填充墙刚度大而承载力低，首先承受地震作用而遭受破坏，在 8 度和 8 度以上地震区，填充墙的裂缝明显加重，甚至出现部分倒塌，如图 5-2 所示。震害规律一般是上轻下重，空心砌体墙重于实心砌体墙，砌块墙重于砖墙。

（4）防震缝的震害也很普遍　以往抗震设计时多主张将复杂、不规则的钢筋混凝土结构房屋用防震缝划分成较规则的单元。由于防震缝的宽度受到建筑装饰等要求限制，往往难以满足强烈地震时缝两侧结构单元的实际侧移量，从而造成相邻单元间碰撞而产生震害。1976 年唐山地震，天津友谊宾馆主楼东西段间设有 150mm 宽度的防震缝，完全满足 TJ 11—1974《工业与民用建筑抗震设计规范》规定，仍发生了相互碰撞，出现较重的震害。甚至在较低的地震烈度区，防震缝处饰面材料破坏也很普遍，唐山地震中 6 度区的北京市区内

图 5-1 柱与节点的破坏

a）柱身剪切破坏　b）半高填充墙引起柱剪切破坏　c）柱顶压曲破坏
d）箍筋失效造成的柱子破坏　e）框架节点内箍筋过少引起的破坏

高层建筑，如民航大楼、长途电话楼、北京饭店西楼等都因防震缝或伸缩缝、沉降缝装饰墙面损坏，增加了修复费用。

5.1.2 抗震墙结构和框架—抗震墙结构房屋的震害

历次地震灾害表明，高层钢筋混凝土抗震墙和框架—抗震墙结构房屋具有较好的抗震性能，其震害一般较轻。唐

图 5-2 填充墙破坏

山地震中，位于8度区的天津友谊宾馆主楼按7度抗震设防，东段为8层框架结构，高度小、变形大，实心砖填充墙破坏严重，个别梁柱损坏；西段为11层框架—抗震墙结构，同类的填充墙破坏较轻。日本的关东地震中，发现含墙率大于$25cm^2/m^2$或墙的平均剪应力小于$1.3MPa$的建筑，震害较轻。1968年发生在日本的7.9级十胜冲地震，通过实际震害分析也发现，含墙率低于$30cm^2/m^2$和墙的平均剪应力大于$1.2MPa$的建筑很容易发生震害。由此，人们普遍认识到设置抗震墙的钢筋混凝土结构，其抗震效果远比柔性框架好，所以对建筑装修要求较高的房屋和高层建筑应优先选用框架—抗震墙结构或抗震墙结构，并且合理分配抗侧力构件之间的抗震能力。抗震墙结构和框架—抗震墙结构的震害主要体现在以下几个方面：

（1）连梁的破坏 开洞抗震墙中，由于洞口应力集中，连梁端部极为敏感，在约束弯矩作用下，很容易在连梁端部形成垂直方向的弯曲裂缝。当连梁跨高比较大时，梁以受弯为主，可能出现弯曲破坏。多数情况下，抗震墙结构中往往多是剪跨比较小的深梁。除了端部很容易出现垂直的弯曲裂缝外，还很容易出现斜向的剪切裂缝。当抗剪箍筋不足或剪应力过大时，可能很早就出现剪切破坏，如图5-3所示，使墙肢间丧失联系，抗震墙承载能力降低。

（2）墙肢底部的破坏 开口抗震墙的底层墙肢内力最大，容易在墙肢底部出现裂缝及破坏（图5-4）。在水平荷载下受拉的墙肢往往轴压力较小，有时甚至出现拉力，墙肢底部很容易出现水平裂缝。对于层高小而宽度较大的墙肢，也容易出现斜裂缝。

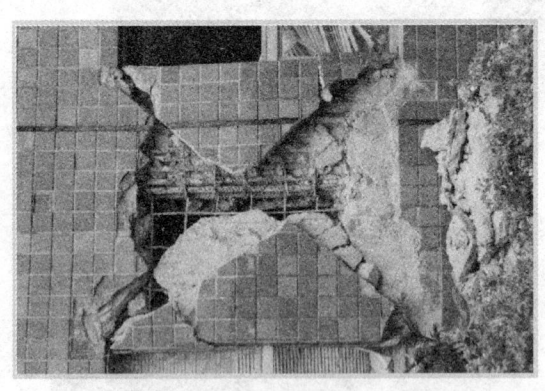

图5-3 连梁破坏

图5-4 底部墙肢破坏

墙肢的破坏有以下几种情况：当抗震墙的总高度与总宽度的比值较小，而使总剪跨比较小时，墙肢中的斜向裂缝可能贯通成大的斜向裂缝而出现剪切破坏；如果某个抗震墙局部墙肢的剪跨比较小，也可能出现局部墙肢的破坏。例如，一片抗震墙的总高度较大，但由于在底层楼板处作用有一个较大的集中力，使底层墙肢剪跨比较小，从而在底层墙肢中出现了剪切破坏。这种破坏情况可能出现在抗震墙和框支抗震墙协同工作的结构中，由于框支抗震墙在底层卸载，通过楼板将水平荷载传到另一些落地抗震墙上，这些落地抗震墙的底层剪力加大，剪跨比减小，出现剪切破坏。

当剪跨比较大,并采取措施加强墙肢的抗剪能力时,则出现墙肢弯曲破坏。

5.1.3 结构布置不合理造成的震害

1. 结构平面形状或刚度不对称造成的震害

结构平面不对称有两种情况,一是结构平面形状的不对称,如L形平面、Z形平面等;二是结构的平面形状虽对称但结构的刚度分布不对称,这往往是楼梯间或抗震墙布置不对称造成的。结构平面不对称会使结构的质量中心与刚度中心不重合,导致结构在水平地震作用下产生扭转和局部应力集中(尤其在凹角处),若不采取相应的加强措施,则会造成严重的震害。例如,天津市一栋6层现浇钢筋混凝土框架结构,平面呈L形,如图5-5所示,由于设计时没有充分考虑到扭转的影响,唐山地震时该建筑处于8度区,震后调查发现,二三层角柱严重破坏,边柱在窗台处有水平裂缝,外墙和内填充墙出现不少裂缝。又如,天津市754厂11号厂房,平面为矩形(图5-6),中间为5层现浇钢筋混凝土框架,两端

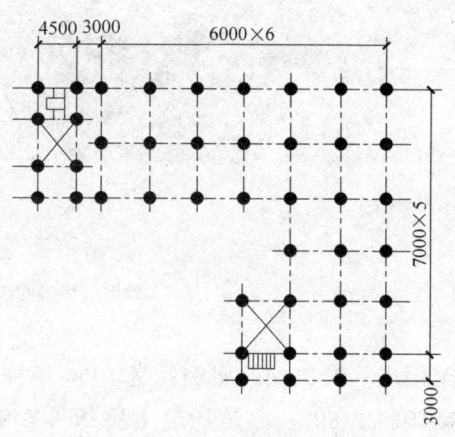

图 5-5 天津人民印刷厂平面图

均与刚度很大的砖砌楼电梯间连接,总平面布置对称,但由于房屋长度达110m,在中央处设了一道伸缩缝,把整个厂房分成两个独立单元,每个单元结构刚度分布不均匀、不对称,唐山地震时该厂房产生了显著的扭转,致使框架柱严重扭裂,楼梯间墙体严重开裂和错位。

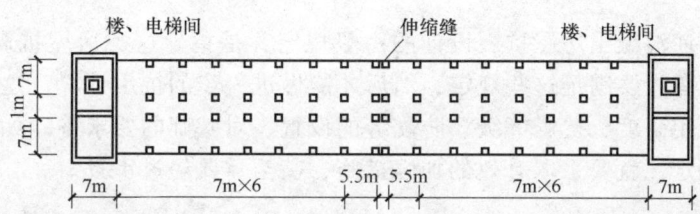

图 5-6 754厂11号厂房平面图

2. 竖向刚度突变造成的震害

结构刚度沿竖向分布突然变化时,在刚度突变处形成地震中的薄弱部位,产生较大的应力集中或塑性变形集中。如果不对可能出现的薄弱部位采取相应的措施,地震中就会发生严重的震害。图5-7a是台湾921集集大地震中由于柔性底层造成破坏的一栋房屋,底层柱破坏导致房屋底层被压垮;图5-7b是1995年日本阪神地震中由于中间层高度突变造成破坏的一栋房屋。

5.1.4 场地影响产生的震害

场地、地基对上部结构造成的震害主要有两个方面:一是地基失效导致房屋不均匀沉降

图 5-7 竖向刚度突变造成的破坏
a) 柔性底层房屋的破坏 b) 中间层高度突变房屋的破坏

甚至倒塌。最典型的实例就是1964年日本新潟地震，砂土液化造成一幢4层公寓大楼连同基础倾斜了80°。二是场地土质条件影响地震波的传播特性，使建筑物产生不同的地震反应，当房屋的自振周期与场地地基土的卓越周期相近时，有可能发生类共振而加重房屋的震害，有时即使烈度不高，但结构物的破坏比预计的严重很多。如1985年墨西哥城地震中，由于该地区表土冲积层很厚，地震波的主要周期为2s，与10~15层建筑物的自振周期相近，因而导致此类建筑物较大程度的破坏。

5.2 多层和高层钢筋混凝土房屋抗震设计的一般规定

多层和高层钢筋混凝土房屋抗震设计的一般规定，是指导这类房屋抗震设计的大原则，在进行抗震设计时首先要满足这些规定，然后才能做进一步的抗震计算。这些规定包括各种结构体系的最大适用高度、抗震等级、防震缝的设置、对基础的要求等。如果由于种种原因而不能满足这些规定，就要采取有效的加强措施，甚至需要经过审批。

5.2.1 房屋的最大适用高度

不同结构体系的抗震性能不同，技术经济指标随着房屋的高度而变化。在水平荷载作用下，房屋的内力是房屋高度平方的函数，房屋的水平位移是房屋高度4次方的函数。例如，框架结构用于底层和多层房屋是经济合理的，但用于高层房屋就会不经济，因为框架结构水平刚度较小，在强震作用下顶点位移和层间位移较大，如果要满足侧移限值的要求，框架柱的截面尺寸就要设计得很大。因此，《抗震规范》根据各种结构体系的特点，从安全性和经济性等多方面综合考虑，规定了现浇钢筋混凝土房屋的最大适用高度，见表5-1。

对平面和竖向均不规则的结构，适用的最大高度宜适当降低，一般降低10%左右。当钢筋混凝土结构的房屋高度超过最大适用高度时，应通过专门研究，采取有效的加强措施，如采用型钢混凝土构件、钢管混凝土构件等，并按有关规定进行专项审查。

第5章 多层和高层钢筋混凝土房屋抗震设计

表 5-1 现浇钢筋混凝土房屋的最大适用高度　　　　　　　（单位：m）

结构类型		烈度			
		6	7	8(0.2g)	8(0.3g)	9
框架		60	50	40	35	24
框架—抗震墙		130	120	100	80	50
抗震墙		140	120	100	80	60
部分框支抗震墙		120	100	80	50	不应采用
筒体	框架—核心筒	150	130	100	90	70
	筒中筒	180	150	120	100	80
板柱—抗震墙		80	70	55	40	不应采用

注：1. 房屋高度指室外地面到主要屋面板板顶的高度（不包括局部突出屋顶部分）。
　　2. 框架—核心筒结构指周边稀柱框架与核心筒组成的结构。
　　3. 部分框支抗震墙结构指首层或底部两层为框支层的结构，不包括仅个别框支墙的情况。
　　4. 表中框架，不包括异形柱框架。
　　5. 板柱—抗震墙结构指板柱、框架和抗震墙组成抗侧力体系的结构。
　　6. 乙类建筑可按本地区抗震设防烈度确定其适用的最大高度。

5.2.2 房屋的抗震等级

抗震等级主要用于确定房屋的抗震措施。钢筋混凝土房屋的抗震措施包括内力调整和抗震构造措施。地震烈度不同，房屋的重要性不同，抗震要求就不同；同样烈度下不同体系，不同高度，抗震要求也不同；在同一结构体系中，次要抗侧力构件的抗震要求可低于主要抗侧力构件的抗震要求。为了体现不同情况下抗震设计要求的差异，达到经济合理的目的，《抗震规范》把抗震等级分为四个等级，一级代表最高的抗震设计要求。在对丙类建筑进行抗震强度验算和确定抗震构造措施前，应根据烈度、结构类型以及房屋高度，按表 5-2 确定结构的抗震等级。对甲、乙、丁类建筑，应对各自设防烈度调整后，再按表 5-2 确定抗震等级。

表 5-2 现浇钢筋混凝土房屋的抗震等级

结构类型		设防烈度								
		6		7			8			9
	高度/m	≤24	>24	≤24	>24		≤24	>24		≤24
框架结构	框架	四	三	三	二		二	一		一
	大跨度框架	三		二			一			一
框架—抗震墙结构	高度/m	≤60	>60	≤24	25~60	>60	≤24	25~60	>60	≤24	25~50
	框架	四	三	四	三	二	三	二	一	二	一
	抗震墙	三		三	二		二	一		一
抗震墙结构	高度/m	≤80	>80	≤24	25~80	>80	≤24	25~80	>80	≤24	25~60
	抗震墙	四	三	四	三	二	三	二	一	二	一

(续)

结构类型			设防烈度						
			6		7			8	9
部分框支抗震墙结构	抗震墙	高度/m	≤80	>80	≤24	25~80	>80	≤24	25~80	
		一般部位	四	三	四	三	二	三	二	
		加强部位	三	二	三	二	一	二	一	
	框支层框架		二		二		一		一	
框架—核心筒结构	框架		三		二			一		一
	核心筒		二		二			一		一
筒中筒结构	外筒		三		二			一		一
	内筒		三		二			一		一
板柱—抗震墙结构	高度/m		≤35	>35	≤35	>35		≤35	>35	
	框架、板柱的柱		三	二	二	二		一	一	
	抗震墙		二	二	二	一		一	一	

注：1. 建筑场地为Ⅰ类时，除6度外应允许按表内降低一度所对应的抗震等级采取抗震构造措施，但相应的计算要求不应降低。
2. 接近或等于高度分界时，应允许结合房屋不规则程度及场地、地基条件确定抗震等级。
3. 大跨度框架指跨度不小于18m的框架。
4. 高度不超过60m的框架—核心筒结构按框架—抗震墙的要求设计时，应按表中框架—抗震墙结构的规定确定其抗震等级。

钢筋混凝土房屋抗震等级的确定，还应符合下列要求：

1）设置少量抗震墙的框架结构，在规定的水平力作用下，底层（指计算嵌固端所在的层）框架部分承担的地震倾覆力矩大于结构总地震倾覆力矩的50%时，其框架的抗震等级应按框架结构确定，抗震墙的抗震等级可与框架的抗震等级相同。

2）裙房与主楼相连，相关范围不应低于主楼的抗震等级，相关范围一般可从主楼周边外延3跨且不小于20m。相关范围以外的区域可按裙房自身的结构类型确定抗震等级；主楼结构在裙房顶板对应的相邻上下各一层应适当加强抗震构造措施。裙房与主楼分离时，应按裙房本身结构确定抗震等级。

3）当地下室顶板作为上部结构的嵌固部位时，地下一层的抗震等级应与上部结构相同，地下一层以下抗震构造措施的抗震等级可逐层降低一级，但不应低于四级。地下室中无上部结构的部分，抗震构造措施的抗震等级可根据具体情况采用三级或四级。

4）当甲乙类建筑按规定提高一度确定其抗震等级而房屋的高度超过表5-1相应规定的上界时，应采取比一级更有效的抗震构造措施。

5.2.3 防震缝的设置

高层钢筋混凝土房屋宜避免采用不规则建筑结构方案，宜采用合理的结构方案而不设防震缝，同时采用合适的计算方法和有效的措施，以消除不设防震缝带来的影响。

当需要设防震缝时，可以结合沉降缝要求贯通到地基，当无沉降问题时也可从基础或地下室以上贯通。当有多层地下室形成大底盘、上部结构为带裙房的单塔或多塔结构时，可将裙房用防震缝自地下室以上分隔，地下室顶板应有良好的整体性和刚度，能将上部结构地震作用传递到地下室结构。防震缝的缝宽应符合下列规定：

1) 框架结构（包括设置少量抗震墙的框架结构）房屋的防震缝宽度，当高度不超过15m时不应小于100mm；当高度超过15m时，6度、7度、8度和9度分别每增加高度5m、4m、3m和2m，宜加宽20mm。

2) 框架—抗震墙结构房屋的防震缝宽度不应小于1) 项规定数值的70%，抗震墙结构房屋的防震缝宽度不应小于1) 项规定数值的50%，且均不宜小于100mm。

3) 防震缝两侧结构类型不同时，宜按需要较宽防震缝的结构类型和较低房屋高度确定缝宽。

震害表明，《抗震规范》虽规定了防震缝最小宽度，在强烈地震下相邻结构仍可能局部碰撞而损坏，但宽度过大会给立面处理带来困难。因此，8度、9度下框架结构房屋防震缝两侧结构层高相差较大时，防震缝两侧框架柱的箍筋应沿房屋全高加密，并可根据需要在缝两侧沿房屋全高各设置不少于两道垂直于防震缝的抗撞墙。抗撞墙的布置宜避免加大扭转效应，其长度可不大于1/2层高，抗震等级可同框架结构；框架构件的内力应按设置和不设置抗撞墙两种计算模型的不利情况取值。抗撞墙的布置如图5-8所示。

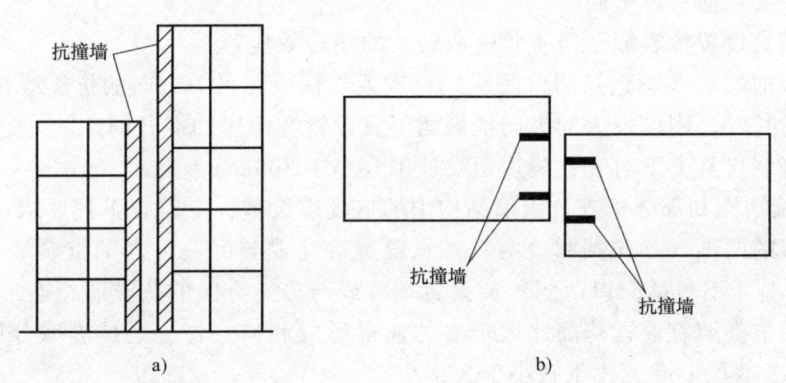

图 5-8 抗撞墙示意图
a) 层高不一致 b) 平面位置不一致

5.2.4 结构布置要求

多层和高层钢筋混凝土房屋结构布置时，应使传力途径尽量简单而直接，力求结构的平面布置和竖向布置使质量和刚度均匀、对称，刚度中心与质量中心接近，减少扭转和应力集中，避免竖向产生过大的刚度突变，避免形成薄弱层。结构布置除了要满足上述的原则外，还应遵守下列规定：

1）框架结构和框架—抗震墙结构中，框架和抗震墙均应双向设置，柱中线与抗震墙中线、梁中线与柱中线之间偏心距不宜大于柱宽的 1/4。因为柱中线与抗震墙中线、梁中线与柱中线之间有较大偏心距时，在地震作用下可能导致核心区受剪面积不足，给柱带来不利的扭转效应。当偏心距超过 1/4 柱宽时，应考虑偏心影响并采取有效措施，如采用水平加腋梁及加强柱箍筋等。

甲、乙类建筑及高度大于 24m 的丙类建筑，不应采用单跨框架结构；高度不大于 24m 的丙类建筑不宜采用单跨框架结构。

2）框架—抗震墙、板柱—抗震墙结构及框支层中，抗震墙之间无大洞口的楼、屋盖的长宽比，不宜超过表 5-3 的规定；超过时，需考虑楼、屋盖平面内变形对楼层水平地震剪力分配的影响，而不能再采用楼、屋盖在其自身平面内刚度无限大的假定。

表 5-3 抗震墙之间楼、屋盖的长宽比

楼、屋盖类型		设防烈度			
		6	7	8	9
框架—抗震墙结构	现浇或叠合楼、屋盖	4	4	3	2
	装配整体式楼、屋盖	3	3	2	不宜采用
板柱—抗震墙结构的现浇楼、屋盖		3	3	2	—
框支层的现浇楼、屋盖		2.5	2.5	2	—

3）采用装配整体式楼、屋盖时，应采取措施保证楼、屋盖的整体性及其与抗震墙的可靠连接。装配整体式楼、屋盖采用配筋现浇面层加强时，其厚度不应小于 50mm。

4）框架—抗震墙结构和板柱—抗震墙结构中的抗震墙设置，宜符合下列要求：
① 抗震墙宜贯通房屋全高。
② 楼梯间宜设置抗震墙，但不宜造成较大的扭转效应。
③ 抗震墙的两端（不包括洞口两侧）宜设置端柱或与另一方向的抗震墙相连。
④ 房屋较长时，刚度较大的纵向抗震墙不宜设置在房屋的端开间。
⑤ 抗震墙洞口宜上下对齐；洞边距端柱不宜小于 300mm。

5）抗震墙结构和部分框支抗震墙结构中的抗震墙设置，应符合下列要求：
① 抗震墙的两端（不包括洞口两侧）宜设置端柱或与另一方向的抗震墙相连；框支部分落地墙的两端（不包括洞口两侧）应设置端柱或与另一方向的抗震墙相连。
② 较长的抗震墙宜设置跨高比大于 6 的连梁形成洞口，将一道抗震墙分成长度较均匀的若干墙段，各墙段的高宽比不宜小于 3。
③ 墙肢的长度沿结构全高不宜有突变；抗震墙有较大洞口时，以及一、二级抗震墙的底部加强部位，洞口宜上下对齐。
④ 矩形平面的部分框支抗震墙结构，其框支层的楼层侧向刚度不应小于相邻非框支层楼层侧向刚度的 50%；框支层落地抗震墙间距不宜大于 24m，框支层的平面布置宜对称，且宜设抗震筒体；底层框架部分承担的地震倾覆力矩，不应大于结构总地震倾覆力矩的 50%。

5.2.5 抗震墙的加强部位

由于在水平荷载作用下抗震墙的弯矩和剪力均在底部最大，故需要加强抗震墙的底部。

抗震墙底部加强部位的范围，按下列要求选取：

1）底部加强部位的高度，应从地下室顶板算起。

2）部分框支抗震墙结构的抗震墙，其底部加强部位的高度可取框支层加框支层以上两层的高度和落地抗震墙总高度的 1/10 二者的较大值。其他结构的抗震墙，房屋高度大于 24m 时，底部加强部位的高度可取底部两层和墙体总高度的 1/10 二者的较大值；房屋高度不大于 24m 时，底部加强部位可取底部一层。

3）当结构计算嵌固端位于地下一层的底板或以下时，底部加强部位宜向下延伸到计算嵌固端。

5.2.6 对基础和地下室的要求

框架单独柱基有下列情况之一时，宜沿两个主轴方向设置基础系梁。

1）一级框架和Ⅳ类场地的二级框架。

2）各柱基础底面在重力荷载代表值作用下的压应力差别较大。

3）基础埋置较深，或各基础埋置深度差别较大。

4）地基主要受力层范围内存在软弱黏性土层、液化土层或严重不均匀土层。

5）桩基承台之间。

框架—抗震墙结构、板柱—抗震墙结构中的抗震墙基础和部分框支抗震墙结构的落地抗震墙基础，应有良好的整体性和抗转动的能力。

主楼与裙房相连且采用天然地基，除应满足地基承载力要求外，在多遇地震作用下主楼基础底面不宜出现零应力区。

地下室顶板作为上部结构的嵌固部位时，应符合下列要求：

1）地下室顶板应避免开设大洞口；地下室在地上结构相关范围的顶板应采用现浇梁板结构，相关范围可从地上结构（主楼、有裙房时含裙房）周边外延不大于 20m。相关范围以外的地下室顶板宜采用现浇梁板结构；其楼板厚度不宜小于 180mm，混凝土强度等级不宜小于 C30，应采用双层双向配筋，且每层每个方向的配筋率不宜小于 0.25%。

2）结构地上一层的侧向刚度，不宜大于相关范围地下一层侧向刚度的 0.5 倍；地下室周边宜有与其顶板相连的抗震墙。

3）地下室顶板对应于地上框架柱的梁柱节点除应满足抗震计算要求外，尚应符合下列规定之一：

① 地下一层柱截面每侧纵向钢筋不应小于地上一层柱对应纵向钢筋的 1.1 倍，且地下一层柱上端和节点左右梁端实配的抗震受弯承载力之和应大于地上一层柱下端实配的抗震受弯承载力的 1.3 倍。

② 地下一层梁刚度较大时，柱截面每侧的纵向钢筋面积应大于地上一层对应柱每侧纵向钢筋面积的 1.1 倍；同时梁端顶面和底面的纵向钢筋面积均应比计算增大 10% 以上。

4）地下一层抗震墙墙肢端部边缘构件纵向钢筋的截面面积，不应少于地上一层对应墙肢端部边缘构件纵向钢筋的截面面积。

5.2.7 对楼梯间的要求

楼梯宜采用现浇钢筋混凝土楼梯。

对于框架结构，楼梯间的布置不应导致结构平面特别不规则；楼梯构件与主体结构整浇时，应考虑楼梯构件对地震作用及其效应的影响，进行楼梯构件的抗震承载力验算，宜采取构造措施减少楼梯构件对主体结构刚度的影响。

楼梯间两侧填充墙与柱之间应加强拉结。

5.3 框架结构的抗震计算与抗震构造措施

在框架结构中，框架柱既是主要的竖向承重构件，又是主要的抗侧力构件。由于框架柱的截面尺寸比较小，使框架结构的抗侧刚度比较小，在水平荷载作用下结构的侧移较大，并且以剪切变形为主。因此，要使框架结构具有较好的抗震性能，必须把框架结构设计成延性较好的结构。

结构的延性越好耗散地震能量的能力就越强。延性一般指极限变形与屈服变形的比值，延性有截面、构件和结构三个层次。对钢筋混凝土结构来说，截面的延性取决于破坏形式（是剪切破坏还是弯曲破坏），弯曲破坏时截面的延性取决于受压区高度，受压区高度越小，截面的转动就越大，截面延性越好；结构的延性取决于构件的延性及各构件之间的强度比。框架结构的主要承重构件是梁和柱，由于框架柱要承受较大的轴向压力，柱截面的受压区高度较大，所以框架柱的延性总比框架梁的延性差，框架结构应主要通过框架梁的弯曲塑性变形来消耗地震能量。

5.3.1 框架结构的抗震计算内容

框架结构的抗震设计内容及步骤如下：

（1）结构动力特性分析　主要是结构自振周期计算和振型计算。

（2）地震作用计算　一般应在建筑结构的两个主轴方向分别考虑水平地震作用，各方向的水平地震作用全部由该方向抗侧力框架结构承担。除质量和刚度分布明显不对称的结构应考虑双向水平地震作用下的扭转影响外，其他情况可采用调整地震作用效应的方法考虑扭转的影响。框架结构的水平地震作用，可根据结构的规则程度、房屋高度、变形特征等选用底部剪力法、振型分解反应谱法或时程分析法等方法计算。

（3）地震作用效应计算　地震作用效应计算即框架结构在地震作用下产生的内力和位移的计算。用手算方法计算框架内力时，框架结构的水平地震作用一般简化为作用在框架节点处的水平力，且假定同一楼层各柱柱端的侧移相等，即忽略框架梁的变形。目前工程中一般采用反弯点法和D值法来计算水平地震作用下框架结构的内力。反弯点法和D值法计算框架内力可参见《混凝土结构》教材的相应内容。

（4）竖向荷载作用下框架内力计算　竖向荷载作用下框架内力的近似计算方法有分层法和弯矩分配法。具体内容可参见《混凝土结构》，此处不再赘述。

（5）地震作用效应与其他荷载效应的组合　通过前面不同荷载作用下框架内力的分析，可得到不同荷载作用下框架结构构件的荷载作用效应。对结构构件进行截面设计时，需根据可能出现的最不利情况进行荷载组合，以获得构件控制截面上的最不利内力作为设计依据。地震作用效应与其他荷载效应的组合可按式（4-112）进行计算。

（6）根据抗震设计的要求进行结构内力调整　对于钢筋混凝土框架结构，为了在不同程度上体现"强柱弱梁""强剪弱弯""强连接弱构件"等概念设计,实现框架结构在地震作用下的"梁铰型"破坏机制,需对结构构件按抗震等级的不同,对某些构件截面组合的设计内力做各种调整。这是本章节的重点内容。

(7) 结构构件抗震承载力验算 为达到三水准设防、二阶段设计的要求,按照第 4 章内容,对框架结构构件进行多遇地震作用下强度验算和结构弹性侧移验算,必要时,还要进行罕遇地震作用下结构薄弱层弹塑性侧移验算。

5.3.2 框架结构的内力调整

框架结构的震害经验和试验研究结果表明,框架结构抗震设计必须遵守"强柱弱梁""强剪弱弯""强节点弱构件"三条原则。这里所谓的"强"和"弱"是相对而言的,是指前后两者的强度对比。这三条原则就是框架结构内力调整的依据,内力调整是在框架结构内力组合之后、构件截面强度验算之前进行的。

1. 按强柱弱梁原则调整柱端弯矩设计值

试验和分析结果表明,框架结构的变形能力与框架的破坏机制密切相关。如果把框架设计成"强柱弱梁"型,使梁先于柱屈服,柱子除底层柱根部可能屈服外,均基本处于弹性状态,如图 5-9a 所示,这样,整个框架将成为总体机制,有较大的内力重分布和耗能能力,极限层间位移增大,抗震性能好。反之,如果把框架设计成"强梁弱柱"型,则柱子先出现塑性铰,而梁处于弹性状态,形成楼层机制,如图 5-9b 所示,随着地面运动的不同,塑性变形集中可能在不同的楼层出现,楼层机制耗能少、延性差。因此,框架结构必须按强柱弱梁原则设计,即要使梁端的塑性铰先出、多出,尽量减少或推迟柱端塑性铰的出现,特别是要避免在同一层各柱的两端都出现塑性铰而形成薄弱层。

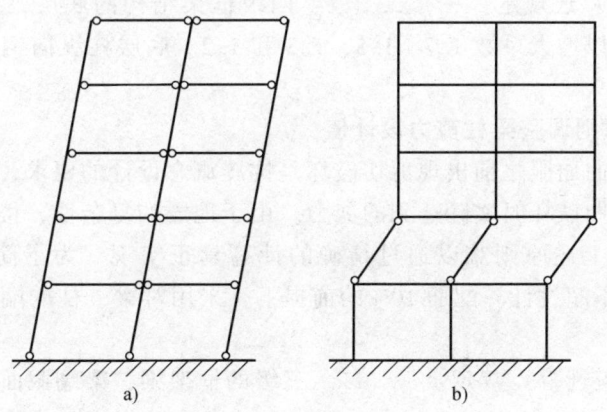

图 5-9 框架的两类破坏机制
a) 总机体制 b) 楼层机制

由于地震的复杂性、楼板内钢筋的影响和钢筋屈服强度的超强等因素,很难通过精确的计算来实现"强柱弱梁"。《抗震规范》采用增大柱端弯矩设计值的方法。《抗震规范》规定,一、二、三、四级框架的梁柱节点处,除框架顶层和柱轴压比小于 0.15 及框支梁与框支柱的节点外,柱端组合的弯矩设计值应符合下式要求

$$\sum M_c = \eta_c \sum M_b \tag{5-1}$$

一级框架结构和9度的一级框架可不符合上式要求，但应符合下式要求

$$\sum M_c = 1.2 \sum M_{bua} \tag{5-2}$$

式中 $\sum M_c$——节点上、下柱端截面顺时针或反时针方向组合的弯矩设计值之和，上、下柱端的弯矩设计值可按弹性分析分配；

$\sum M_b$——节点左、右梁端截面反时针或顺时针方向组合的弯矩设计值之和，一级框架节点左、右梁端均为负弯矩时，绝对值较小的弯矩应取零；

$\sum M_{bua}$——节点左、右梁端截面反时针或顺时针方向实配的正截面抗震受弯承载力对应的弯矩值之和，根据实配钢筋面积（计入梁受压筋和相关楼板钢筋）和材料强度标准值确定；

η_c——框架柱端弯矩增大系数（对框架结构，一、二、三、四级可分别取1.7、1.5、1.3、1.2；其他结构类型中的框架，一级可取1.4，二级可取1.2，三、四级可取1.1）。

当反弯点不在柱的层高范围内时，说明该层的框架梁相对较弱，为避免在竖向荷载和地震共同作用下变形集中，压屈失稳，柱端截面组合的弯矩设计值可乘以上述柱端弯矩增大系数。

由于地震是往复作用，两个方向的弯矩设计值均要满足要求。当柱子考虑顺时针方向之和时，梁考虑反时针方向之和；反之亦然。

即使对于强柱弱梁的总体机制，在底层柱底截面也会出现塑性铰。如果该部位过早出现塑性铰，将影响整个框架强柱弱梁塑性铰机制的发展。此外，底层柱的反弯点位置具有较大的不确定性。因此，增大底层柱配筋，可以推迟塑性铰出现的时间，有利于提高框架的变形内力，故《抗震规范》还规定：一、二、三、四级框架结构的底层，柱下端截面组合的弯矩设计值，应分别乘以增大系数1.7、1.5、1.3和1.2。底层柱纵向钢筋应按上、下端的不利情况配置。

2. 按强剪弱弯原则调整梁柱剪力设计值

防止梁、柱在弯曲屈服之前出现剪切破坏是抗震概念设计的要求，它意味着构件的受剪承载力要大于构件弯曲破坏时实际达到的剪力。由于地震的复杂性、楼板的影响和钢筋屈服强度的超强等因素，上述原则难以通过精确的计算真正实现。为了简化计算与设计方便，《抗震规范》在配筋不超过计算配筋10%的前提下，采用对梁、柱的端部截面组合的剪力进行调整的简化方法。

对框架梁，《抗震规范》规定：一、二、三级的框架梁，梁端截面组合的剪力设计值应按下式调整

$$V = \eta_{vb}(M_b^l + M_b^r)/l_n + V_{Gb} \tag{5-3}$$

一级框架结构和9度的一级框架梁，可不按上式调整，但应符合下式要求

$$V = 1.1(M_{bua}^l + M_{bua}^r)/l_n + V_{Gb} \tag{5-4}$$

式中 V——梁端截面组合的剪力设计值；

l_n——梁的净跨；

V_{Gb}——梁在重力荷载代表值（9度时高层建筑还应包括竖向地震作用标准值）作用下，按简支梁分析的梁端截面剪力设计值；

M_b^l、M_b^r——梁左、右端反时针或顺时针方向组合的弯矩设计值,一级框架两端弯矩均为负弯矩时,绝对值较小的弯矩应取零;

M_{bua}^l、M_{bua}^r——梁左、右端反时针或顺时针方向实配的正截面抗震受弯承载力对应的弯矩值,根据实配钢筋面积(计入受压筋和相关楼板钢筋)和材料强度标准值确定;

η_{vb}——梁端剪力增大系数,一级可取 1.3,二级可取 1.2,三级可取 1.1。

对框架柱,《抗震规范》规定,一、二、三、四级的框架柱组合的剪力设计值应按下式调整

$$V = \eta_{vc}(M_c^b + M_c^t)/H_n \tag{5-5}$$

一级框架结构和 9 度的一级框架可不按上式调整,但应符合下式要求

$$V = 1.2(M_{cua}^b + M_{cua}^t)/H_n \tag{5-6}$$

式中 V——柱端截面组合的剪力设计值;

H_n——柱的净高;

M_c^b、M_c^t——柱的上、下端顺时针或反时针方向截面组合的弯矩设计值,应取已作强柱弱梁调整后的柱端弯矩值;

M_{cua}^b、M_{cua}^t——偏心受压柱的上、下端顺时针或反时针方向实配的正截面抗震受弯承载力对应的弯矩值,根据实配钢筋面积、材料强度标准值和轴压力等确定;

η_{vc}——柱剪力增大系数(对框架结构,一、二、三、四级可分别取 1.5、1.3、1.2、1.1;对其他结构类型的框架,一级可取 1.4,二级可取 1.2,三、四级可取 1.1)。

因为框架结构的角柱受力比较复杂,并对抵抗结构扭转起重要作用,所以《抗震规范》还规定:一、二、三、四级框架的角柱,经"强柱弱梁""强剪弱弯"调整后的组合弯矩设计值、剪力设计值尚应乘以不小于 1.10 的增大系数。

3. 按强节点弱构件原则调整节点剪力设计值

节点核心区是保证框架承载力和延性的关键部位,《抗震规范》要求对一、二、三级框架的节点核心区应进行抗震验算。四级框架节点核心区,可不进行抗震验算,但应符合抗震构造措施的要求。节点核心区受力如图 5-10 所示。

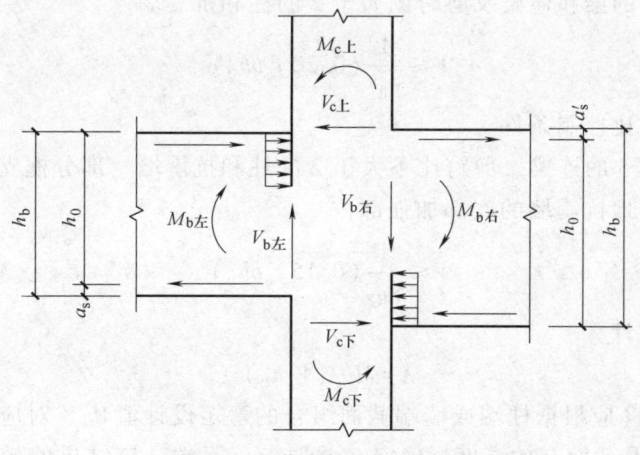

图 5-10 节点核心区受力图

强节点弱构件的具体措施是增大节点核心区的组合剪力设计值。一、二、三级框架梁柱节点核心区组合的剪力设计值，应按下式确定

$$V_j = \frac{\eta_{jb} \sum M_b}{h_{b0} - a'_s}\left(1 - \frac{h_{b0} - a'_s}{H_c - h_b}\right) \tag{5-7}$$

一级框架结构和9度的一级框架可不按上式确定，但应符合下式要求

$$V_j = \frac{1.15 \sum M_{bua}}{h_{b0} - a'_s}\left(1 - \frac{h_{b0} - a'_s}{H_c - h_b}\right) \tag{5-8}$$

式中　V_j——梁柱节点核心区组合的剪力设计值；

　　　　h_{b0}——梁截面的有效高度，节点两侧梁截面高度不等时可采用平均值；

　　　　a'_s——梁受压钢筋合力点至受压边缘的距离；

　　　　H_c——柱的计算高度，可采用节点上、下柱反弯点之间的距离；

　　　　h_b——梁的截面高度，节点两侧梁截面高度不等时可采用平均值；

　　　　η_{jb}——强节点系数（对于框架结构，一级宜取1.5，二级取1.35，三级宜取1.2；对于其他结构中的框架，一级宜取1.35，二级宜取1.2，三级宜取1.1）；

　　　　$\sum M_b$——节点左、右梁端反时针或顺时针方向组合弯矩设计值之和，一级框架节点左、右梁端均为负弯矩，绝对值较小的弯矩应取零；

　　　　$\sum M_{bua}$——节点左、右梁端反时针或顺时针方向实配的正截面抗震受弯承载力对应的弯矩值之和，根据实配钢筋面积（计入纵向受压筋）和材料强度标准值确定。

5.3.3　截面抗震验算

框架结构按上述三原则调整地震作用效应后，在地震作用的不利组合下，可按《抗震规范》和 GB 50010—2010《混凝土结构设计规范》的有关要求进行构件截面抗震验算。

1. 按抗剪要求复核框架梁、柱及节点的截面尺寸

为了防止构件截面的剪压比过大，在箍筋屈服前混凝土过早地发生剪切破坏，必须限制构件的剪压比，即限制构件的最小截面尺寸。《抗震规范》规定，钢筋混凝土结构的梁、柱、抗震墙和连梁，其截面组合的剪力设计值应符合下列要求：

跨高比大于2.5的梁和连梁及剪跨比大于2的柱和抗震墙

$$V \leqslant \frac{1}{\gamma_{RE}}(0.20 f_c b h_0) \tag{5-9}$$

上式又称为剪压比控制条件。

跨高比不大于2.5的连梁、剪跨比不大于2的柱和抗震墙、部分框支抗震墙结构的框支柱和框支梁，以及落地抗震墙的底部加强部位

$$V \leqslant \frac{1}{\gamma_{RE}}(0.15 f_c b h_0) \tag{5-10}$$

剪跨比应按下式计算

$$\lambda = M_c / (V_c h_0) \tag{5-11}$$

式中　λ——剪跨比（应根据柱端或墙端截面组合的弯矩设计值M_c、对应的截面组合剪力设计值V_c及截面有效高度h_0确定，并取上、下端计算结果的较大值；反弯点位于柱高中部的框架柱可按柱净高与2倍柱截面有效高度的比值计算）；

V——按上述原则调整后的柱端或墙端截面组合的剪力设计值;

f_c——混凝土轴心抗压强度设计值;

b——梁、柱截面宽度或抗震墙墙肢截面宽度,圆形截面可按面积相等的方形截面柱计算;

h_0——截面有效高度,抗震墙可取墙肢长度;

γ_{RE}——承载力抗震调整系数,按表 4-13 采用。

节点核心区组合的剪力设计值应符合下式要求

$$V_j \leq \frac{1}{\gamma_{RE}}(0.3\eta_j\beta_c f_c b_j h_j) \tag{5-12}$$

式中 η_j——正交梁对节点的约束影响系数(当楼板为现浇,梁柱中线重合,四侧各梁截面宽度不小于该侧柱截面宽度的 1/2,且正交方向梁高不小于框架梁高的 3/4 时,可采用 1.5,9 度设防烈度宜采用 1.25;其他情况均采用 1.0);

h_j——节点核心区的截面高度,可采用验算方向的柱截面高度;

γ_{RE}——承载力抗震调整系数,可采用 0.85;

b_j——节点核心区的截面有效验算宽度,其取值满足下列要求:

1) 当验算方向的梁截面宽度 b_b 不小于该侧柱截面宽度 b_c 的 1/2 时,可采用该侧柱截面宽度,当 b_b 小于柱截面宽度 b_c 的 1/2 时可采用下列计算结果的较小值

$$b_j = b_b + 0.5 h_c \tag{5-13}$$

$$b_j = b_c \tag{5-14}$$

式中 h_c——验算方向的柱截面高度。

2) 当梁、柱的中线不重合且偏心距不大于柱宽的 1/4 时,核心区的截面有效验算宽度可采用式(5-13)和式(5-14)计算结果和下式计算结果中的较小值

$$b_j = 0.5(b_b + b_c) + 0.25 h_c - e_0 \tag{5-15}$$

式中 e_0——梁与柱中线偏心距。

2. 框架梁、柱截面抗震承载力验算

框架结构梁与柱的截面抗震承载力验算与非抗震设计时承载力验算基本相同,差别只是在抗震验算的公式中要考虑承载力抗震调整系数。梁和柱截面抗震验算按式(4-111)计算,即

$$S \leq R/\gamma_{RE}$$

式中 S——按上述三原则调整后的内力设计值;

R——构件承载力设计值;

γ_{RE}——承载力抗震调整系数。

钢筋混凝土框架梁按受弯构件进行截面承载力验算,框架柱按偏心受压或偏心受拉构件进行截面承载力验算,框架梁、柱均须按照 GB 50010—2010《混凝土结构设计规范》的要求进行设计。此外,抗震设计时还必须遵守《抗震规范》的规定。此处,仅简单介绍框架梁柱斜截面的抗震承载力验算及节点验算。

(1) 框架梁斜截面受剪承载力验算 考虑地震作用组合的矩形、T 形和 I 形截面框架梁,其斜截面受剪承载力按式(5-16)验算,且满足式(5-9)的要求。

$$V_{\text{b}} \leqslant \frac{1}{\gamma_{\text{RE}}} \left(0.6 \alpha_{\text{cv}} f_{\text{t}} b h_0 + f_{\text{yv}} \frac{A_{\text{sv}}}{s} h_0 \right) \tag{5-16}$$

式中 α_{cv}——截面混凝土受剪承载力系数。

对于一般受弯构件，α_{cv} 取 0.7。对集中荷载作用下（包括有多种荷载，且集中荷载对节点边缘产生的剪力值占总剪力值的 75% 以上的情况）的独立梁取 $\frac{1.75}{\lambda+1}$，λ 为计算截面的剪跨比，可取 λ 等于 $\frac{a}{h_0}$，当 λ 小于 1.5 时取 1.5，当 λ 大于 3 时取 3，a 取集中荷载作用点至支座截面或节点边缘的距离。

（2）框架柱斜截面受剪承载力验算　考虑地震作用组合的矩形截面框架柱和框支柱，其斜截面受剪承载力按式（5-17）验算，且满足式（5-9）和式（5-10）的要求。

$$V_{\text{c}} \leqslant \frac{1}{\gamma_{\text{RE}}} \left(\frac{1.05}{\lambda+1} f_{\text{t}} b h_0 + f_{\text{yv}} \frac{A_{\text{sv}}}{s} h_0 + 0.056 N \right) \tag{5-17}$$

式中 N——考虑地震作用组合的框架柱、框支柱轴压力设计值，当 $N > 0.3 f_{\text{c}} b h$ 时，取 $N = 0.3 f_{\text{c}} b h$；

λ——框架柱、框支柱的计算剪跨比，$\lambda = H_{\text{n}} / 2 h_0$，当 $\lambda < 1$ 时取 $\lambda = 1$，当 $\lambda > 3$ 时取 $\lambda = 3$。

考虑地震作用组合的矩形截面框架柱和框支柱，当出现拉力时，其斜截面抗震受剪承载力应符合下式要求

$$V_{\text{c}} \leqslant \frac{1}{\gamma_{\text{RE}}} \left(\frac{1.05}{\lambda+1} f_{\text{t}} b h_0 + f_{\text{yv}} \frac{A_{\text{sv}}}{s} h_0 - 0.2 N \right) \tag{5-18}$$

式中 N——考虑地震作用组合的框架柱轴向拉力设计值。

当式（5-18）右边括号内的计算值小于 $f_{\text{yv}} \frac{A_{\text{sv}}}{s} h_0$ 时，取等于 $f_{\text{yv}} \frac{A_{\text{sv}}}{s} h_0$，且 $f_{\text{yv}} \frac{A_{\text{sv}}}{s} h_0$ 值不应小于 $0.36 f_{\text{t}} b h_0$。

（3）框架节点核心区抗震验算　一、二、三级抗震等级的框架应进行节点核心区抗震受剪承载力验算；四级抗震等级的框架节点可不进行计算，但应符合抗震构造措施的要求。一、二、三级抗震等级的框架节点核心区截面应按下式进行抗震验算

$$V_{\text{j}} \leqslant \frac{1}{\gamma_{\text{RE}}} \left(1.1 \eta_{\text{j}} f_{\text{t}} b_{\text{j}} h_{\text{j}} + f_{\text{yv}} A_{\text{svj}} \frac{h_{\text{b0}} - a'_{\text{s}}}{s} + 0.05 \eta_{\text{j}} N \frac{b_{\text{j}}}{b_{\text{c}}} \right) \tag{5-19}$$

9 度的一级框架节点

$$V \leqslant \frac{1}{\gamma_{\text{RE}}} \left(0.9 \eta_{\text{j}} f_{\text{t}} b_{\text{j}} h_{\text{j}} + f_{\text{yv}} A_{\text{svj}} \frac{h_{\text{b0}} - a'_{\text{s}}}{s} \right) \tag{5-20}$$

式中 N——对应于考虑组合剪力设计值的上柱底部的轴向力设计值，当 N 为压力时，取轴向压力设计值的较小值，且其值不应大于 $0.5 f_{\text{c}} b_{\text{c}} h_{\text{c}}$，当 N 为拉力时，取 $N = 0$；

A_{svj}——核心区有效验算宽度 b_{j} 范围内同一截面验算方向各肢箍筋的总截面面积；

h_{b0}——框架梁截面有效高度，节点两侧梁截面高度不等时取平均值；

s——箍筋间距。

5.3.4 框架结构的抗震构造措施

1. 框架梁

(1) 梁的截面尺寸

1) 梁的截面宽度不宜小于 200mm。强震作用下梁端塑性铰区混凝土保护层容易剥落,若梁截面宽度过小,截面损失比例会比较大。

2) 梁的截面高宽比不宜大于 4,以防在梁刚度降低后引起侧向失稳。

3) 梁的净跨与截面高度之比不宜小于 4。若跨高比小于 4,则属于短梁,在反复弯剪作用下,斜裂缝将沿全长发展,从而使梁的延性及承载力急剧降低。

采用梁宽大于柱宽的扁梁时,为了避免或减小扭转的不利影响,应采用整体现浇楼盖,梁中线宜与柱中线重合;为了使宽扁梁端部在柱外的纵向钢筋有足够的锚固,应在两个主轴方向都设置宽扁梁。宽扁梁不宜用于一级框架结构。宽扁梁的截面尺寸应符合下列要求,并应满足现行规范对挠度和裂缝宽度的规定

$$b_b \leqslant 2b_c, \quad b_b \leqslant b_c + h_b, \quad h_b \leqslant 16d$$

式中 b_c——柱截面宽度,圆形截面取柱直径的 0.8 倍;

b_b、h_b——梁截面宽度和高度;

d——柱纵筋直径。

(2) 梁的钢筋配置

1) 梁端计入受压钢筋的混凝土受压区高度和有效高度之比,一级不应大于 0.25,二、三级不应大于 0.35。

2) 梁端截面的底面和顶面纵向钢筋配筋量的比值,除按计算确定外,一级不应小于 0.5,二、三级不应小于 0.3。

3) 在梁端预期塑性铰区加密箍筋,可以起到约束混凝土,提高混凝土变形能力的作用,从而可提高梁截面转动能力,增加延性。梁端箍筋加密区的长度、箍筋最大间距和最小直径应按表 5-4 采用,当梁端纵向受拉钢筋配筋率大于 2%时,表中箍筋最小直径数值应增大 2mm。

表 5-4 梁端箍筋加密区的长度、箍筋的最大间距和最小直径

抗震等级	加密区长度(采用较大值)/mm	箍筋最大间距(采用最小值)/mm	箍筋最小直径/mm
一	$2h_b$,500	$h_b/4, 6d, 100$	10
二	$1.5h_b$,500	$h_b/4, 8d, 100$	8
三	$1.5h_b$,500	$h_b/4, 8d, 150$	8
四	$1.5h_b$,500	$h_b/4, 8d, 150$	6

注:1. d 为纵向钢筋直径,h_b 为梁截面高度;

2. 箍筋直径大于 12mm、数量不少于 4 肢且肢距不大于 150mm 时,一、二级的最大间距允许适当放宽,但不得大于 150mm。

4) 梁端纵向受拉钢筋的配筋率不宜大于 2.5%。沿梁全长顶面、底面的配筋,一、二级不应少于 $2\phi14$,且分别不应少于梁顶面、底面两端纵向配筋中较大截面面积的 1/4;三、四级不应少于 $2\phi12$。

5) 一、二、三级框架梁内贯通中柱的每根纵向钢筋直径,对框架结构不应大于矩形截面柱在该方向截面尺寸的 1/20,或纵向钢筋所在位置圆形截面柱弦长的 1/20;对其他结构类型的框架,不宜大于矩形截面柱在该方向截面尺寸的 1/20,或纵向钢筋所在位置圆形截面柱弦长的 1/20。

6) 梁端加密区的箍筋肢距,一级不宜大于 200mm 和 20 倍箍筋直径的较大值,二、三级不宜大于 250mm 和 20 倍箍筋直径的较大值,四级不宜大于 300mm。

2. 框架柱

(1) 柱的截面尺寸

1) 截面的宽度和高度,四级或不超过 2 层时不宜小于 300mm,一、二、三级且超过 2 层时不宜小于 400mm;圆柱的直径,四级或不超过 2 层时不宜小于 350mm,一、二、三级且超过 2 层时不宜小于 450mm。

2) 剪跨比宜大于 2。

3) 截面长边与短边的边长比不宜大于 3。

(2) 柱的轴压比 柱的轴压比指柱的组合轴压力设计值与柱的全截面面积和混凝土轴心抗压强度设计值乘积的比值,即

$$\mu_N = \frac{N}{f_c A} \tag{5-21}$$

柱轴压比是影响柱破坏形态和延性的主要因素之一。轴压比较小时,柱为大偏心受压破坏,延性较好。轴压比较大时,柱为小偏心受压破坏,呈脆性破坏特征。这表明,柱的延性随轴压比增大而急剧下降,尤其在高轴压比情况下,箍筋对柱变形能力的影响不明显。为了保证地震时柱的延性,《抗震规范》要求柱轴压比不宜超过表 5-5 的规定。建造于 Ⅳ 类场地且较高的高层建筑,柱轴压比限值应适当减小。

表 5-5 柱轴压比限值

结构类型	抗震等级			
	一	二	三	四
框架结构	0.65	0.75	0.85	0.90
框架—抗震墙、板柱—抗震墙、框架—核心筒,筒中筒	0.75	0.85	0.90	0.95
部分框支抗震墙	0.6	0.70	—	—

注:1. 轴压比指柱组合的轴压力设计值与柱的全截面面积和混凝土轴心抗压强度设计值乘积的比值;对《抗震规范》规定不进行地震作用计算的结构,可取无地震作用组合的轴力设计值计算。

2. 表内限值适用于剪跨比大于 2、混凝土强度等级不高于 C60 的柱;剪跨比不大于 2 的柱,轴压比限值应降低 0.05;剪跨比小于 1.5 的柱,轴压比限值应专门研究并采取特殊构造措施。

3. 沿柱全高采用井字复合箍且箍筋肢距不大于 200mm、间距不大于 100mm、直径不小于 12mm,或沿柱全高采用复合螺旋箍、螺旋间距不大于 100mm、箍筋肢距不大于 200mm、直径不小于 12mm,或沿柱全高采用连续复合矩形螺旋箍、螺旋净距不大于 80mm、箍筋肢距不大于 200mm、直径不小于 10mm,轴压比限值均可增加 0.10;上述三种箍筋的最小配箍特征值均应按增大的轴压比由表 5-8 确定。

4. 在柱的截面中部附加芯柱,其中另加的纵向钢筋的总面积不少于柱截面面积的 0.8%,轴压比限值可增加 0.05;此项措施与注 3 的措施共同采用时,轴压比限值可增加 0.15,但箍筋的体积配箍率仍可按轴压比增加 0.10 的要求确定。

5. 柱轴压比不应大于 1.05。

(3) 柱的纵向钢筋配置

1) 柱的纵向钢筋宜对称配置。
2) 截面边长大于 400mm 的柱,纵向钢筋间距不宜大于 200mm。
3) 柱总配筋率不应大于 5%;剪跨比不大于 2 的一级框架柱,每侧纵向钢筋配筋率不宜大于 1.2%。柱纵向受力钢筋的最小总配筋率应按表 5-6 采用,同时每侧配筋率不应小于 0.2%;对建造于Ⅳ类场地且较高的高层建筑,最小总配筋率应增加 0.1%。

表 5-6　柱截面纵向钢筋的最小总配筋率　　　　　　　　　　(单位:%)

类　　别	抗震等级			
	一	二	三	四
中柱和边柱	0.9(1.0)	0.7(0.8)	0.6(0.7)	0.5(0.6)
角柱、框支柱	1.1	0.9	0.8	0.7

注:1. 表中括号内数值用于框架结构的柱。
　　2. 钢筋强度标准值小于 400MPa 时,表中数值应增加 0.1,钢筋强度标准值为 400MPa 时,表中数值应增加 0.05。
　　3. 混凝土强度等级高于 C60 时,上述数值应相应增加 0.1。

4) 边柱、角柱及抗震墙端柱在小偏心受拉时,柱内纵筋总截面面积应比计算值增加 25%。
5) 柱纵向钢筋的绑扎接头应避开柱端的箍筋加密区。

(4) 柱的箍筋配置

柱的箍筋配置要满足抗剪承载力要求。除此之外,在地震中柱的破坏主要集中在柱上、下端,为提高其延性和转动变形能力,柱上、下端一定范围内的箍筋要加密,以增强其抗震能力。

1) 柱的箍筋加密区范围。
① 柱端,取截面高度(圆柱直径)、柱净高的 1/6 和 500mm 三者的最大值。
② 底层柱的下端不小于柱净高的 1/3。
③ 刚性地面上、下各 500mm。
④ 剪跨比不大于 2 的柱、因设置填充墙等形成的柱净高与柱截面高度之比不大于 4 的柱、框支柱、一级和二级框架的角柱,取全高。

2) 柱箍筋加密区内的箍筋间距和直径要求。
① 一般情况下,箍筋的最大间距和最小直径应按表 5-7 采用。

表 5-7　柱箍筋加密区的箍筋最大间距和最小直径

抗震等级	箍筋最大间距(采用较小值)/mm	箍筋最小直径/mm
一	6d,100	10
二	8d,100	8
三	8d,150(柱根 100)	8
四	8d,150(柱根 100)	6(柱根 8)

注:1. d 为柱纵筋最小直径。
　　2. 柱根指底层柱下端箍筋加密区。

② 一级框架柱的箍筋直径大于 12mm 且箍筋肢距不大于 150mm,以及二级框架柱的箍筋直径不小于 10mm 且箍筋肢距不大于 200mm 时,除底层柱下端外,最大间距应允许采用

150mm,三级框架柱的截面尺寸不大于400mm时,箍筋最小直径应允许采用6mm;四级框架柱剪跨比不大于2时,箍筋直径不应小于8mm。

③ 框支柱和剪跨比不大于2的框架柱,箍筋间距不应大于100mm。

3) 柱箍筋加密区的箍筋肢距。一级不宜大于200mm,二、三级不宜大于250mm,四级不宜大于300mm。至少每隔一根纵向钢筋宜在两个方向有箍筋或拉筋约束;采用拉筋复合箍时,拉筋宜紧靠纵向钢筋并钩住箍筋。

4) 柱箍筋加密区的体积配箍率。

① 柱箍筋加密区的体积配箍率应符合下式要求

$$\rho_v \geqslant \frac{\lambda_v f_c}{f_{yv}} \tag{5-22}$$

式中 ρ_v ——柱箍筋加密区的体积配箍率(一级不应小于0.8%,二级不应小于0.6%,三、四级不应小于0.4%;计算复合螺旋箍的体积配箍率时,非螺旋箍的箍筋体积应乘以折减系数0.80);

f_c ——混凝土轴心抗压强度设计值,强度等级低于C35时应按C35计算;

f_{yv} ——箍筋或拉筋抗拉强度设计值;

λ_v ——最小配箍特征值,宜按表5-8采用。

表5-8 柱箍筋加密区的箍筋最小配箍特征值

抗震等级	箍筋形式	柱轴压比								
		≤0.3	0.4	0.5	0.6	0.7	0.8	0.9	1.0	1.05
一	普通箍、复合箍	0.10	0.11	0.13	0.15	0.17	0.20	0.23	—	—
	螺旋箍、复合或连续复合矩形螺旋箍	0.08	0.09	0.11	0.13	0.15	0.18	0.21	—	—
二	普通箍、复合箍	0.08	0.09	0.11	0.13	0.15	0.17	0.19	0.22	0.24
	螺旋箍、复合或连续复合矩形螺旋箍	0.06	0.07	0.09	0.11	0.13	0.15	0.17	0.20	0.22
三、四	普通箍、复合箍	0.06	0.07	0.09	0.11	0.13	0.15	0.17	0.20	0.22
	螺旋箍、复合或连续复合矩形螺旋箍	0.05	0.06	0.07	0.09	0.11	0.13	0.15	0.18	0.20

注:普通箍指单个矩形箍和单个圆形箍,复合箍指由矩形、多边形、圆形箍或拉筋组成的箍筋;复合螺旋箍指由螺旋箍与矩形、多边形、圆形箍或拉筋组成的箍筋;连续复合矩形螺旋箍指用一根通长钢筋加工而成的箍筋。

② 框支柱宜采用复合螺旋箍或井字复合箍,其最小配箍特征值应比表5-8内数值增加0.02,且体积配箍率不应小于1.5%。

③ 剪跨比不大于2的柱宜采用复合螺旋箍或井字复合箍,其体积配箍率不应小于1.2%,9度一级时不应小于1.5%。

5) 柱箍筋非加密区的箍筋配置。

① 柱箍筋非加密区的体积配箍率不宜小于加密区的50%。

② 箍筋间距,一、二级框架柱不应大于10倍纵向钢筋直径,三、四级框架柱不应大于15倍纵向钢筋直径。

3. 节点区

1) 节点区箍筋要求 框架节点核心区箍筋的最大间距和最小直径宜按柱箍筋加密的要求采用，一、二、三级框架节点核心区配箍特征值分别不宜小于 0.12、0.10 和 0.08，且体积配箍率分别不宜小于 0.6%、0.5% 和 0.4%。柱剪跨比不大于 2 的框架节点核心区体积配箍率不宜小于核心区上、下柱端的较大体积配箍率。

2) 梁、柱纵筋在节点区的锚固 在反复荷载作用下，钢筋与混凝土的粘结强度将发生退化，引起纵筋的锚固破坏。梁筋锚固破坏是脆性破坏，将大大降低梁截面后期抗弯承载力及节点刚度。因此，必须保证梁柱纵筋的可靠锚固。纵筋的锚固方式一般有两种：直线锚固和弯折锚固。梁纵筋在中节点常用直线锚固，在边节点采用弯折锚固。无论是哪种锚固方式，都必须满足锚固长度的要求。考虑抗震设计要求的纵向钢筋的基本锚固长度 l_{abE} 按下式计算

$$l_{abE} = \zeta_{aE} l_{ab} \tag{5-23}$$

受拉钢筋抗震锚固长度 l_{aE} 应按下式计算

$$l_{aE} = \zeta_{aE} l_a \tag{5-24}$$

式中 ζ_{aE}——纵向受拉钢筋抗震锚固长度修正系数，一、二级抗震等级取 1.15，三级抗震等级取 1.05，四级抗震等级取 1.00；

l_{ab}——纵向受拉钢筋的基本锚固长度，按 GB 50010—2010《混凝土结构设计规范》规定采用；

l_a——受拉钢筋的锚固长度，按 GB 50010—2010《混凝土结构设计规范》规定采用。

当采用搭接连接时，纵向受拉钢筋的抗震搭接长度 l_{lE} 应按下列公式计算

$$l_{lE} = \zeta_l l_{aE} \tag{5-25}$$

式中 ζ_l——纵向受拉钢筋的搭接长度修正系数，按 GB 50010—2010《混凝土结构设计规范》规定采用。

3) 框架中间层中间节点处，框架梁的上部纵向钢筋应贯穿中间节点。贯穿中柱的每根梁纵向钢筋直径，对于 9 度的各类框架和一级抗震等级的框架结构，当柱为矩形截面时，不宜大于柱在该方向截面尺寸的 1/25，当柱为圆形截面时，不宜大于纵向钢筋所在位置柱截面弦长的 1/25；对一、二、三级抗震等级，当柱为矩形截面时，不宜大于柱在该方向截面尺寸的 1/20，对圆柱截面，不宜大于纵向钢筋所在位置柱截面弦长的 1/20。

4) 对于框架中间层中间节点、中间层端节点、顶层中间节点及顶层端节点，梁、柱纵向钢筋在节点部位的锚固和搭接应符合图 5-11 的构造规定。

5) 框架柱纵筋的锚固在中间层，柱纵筋应贯穿中节点，不宜在节点区内切断。

4. 砌体填充墙

钢筋混凝土结构中的砌体填充墙，宜与柱脱开或采用柔性连接，并应符合下列要求：

1) 填充墙的平面和竖向的布置宜均匀对称，避免形成薄弱层或短柱。

2) 砌体的砂浆强度等级不应低于 M5，实心块体的强度等级不宜低于 MU2.5，空心块体的强度等级不宜低于 MU3.5；墙顶应与框架梁密切结合。

3) 填充墙应沿框架柱全高每隔 500~600mm 设 2φ6 拉筋，拉筋伸入墙内的长度，6、7 度时宜沿墙全长贯通，8、9 度时应沿全长贯通。

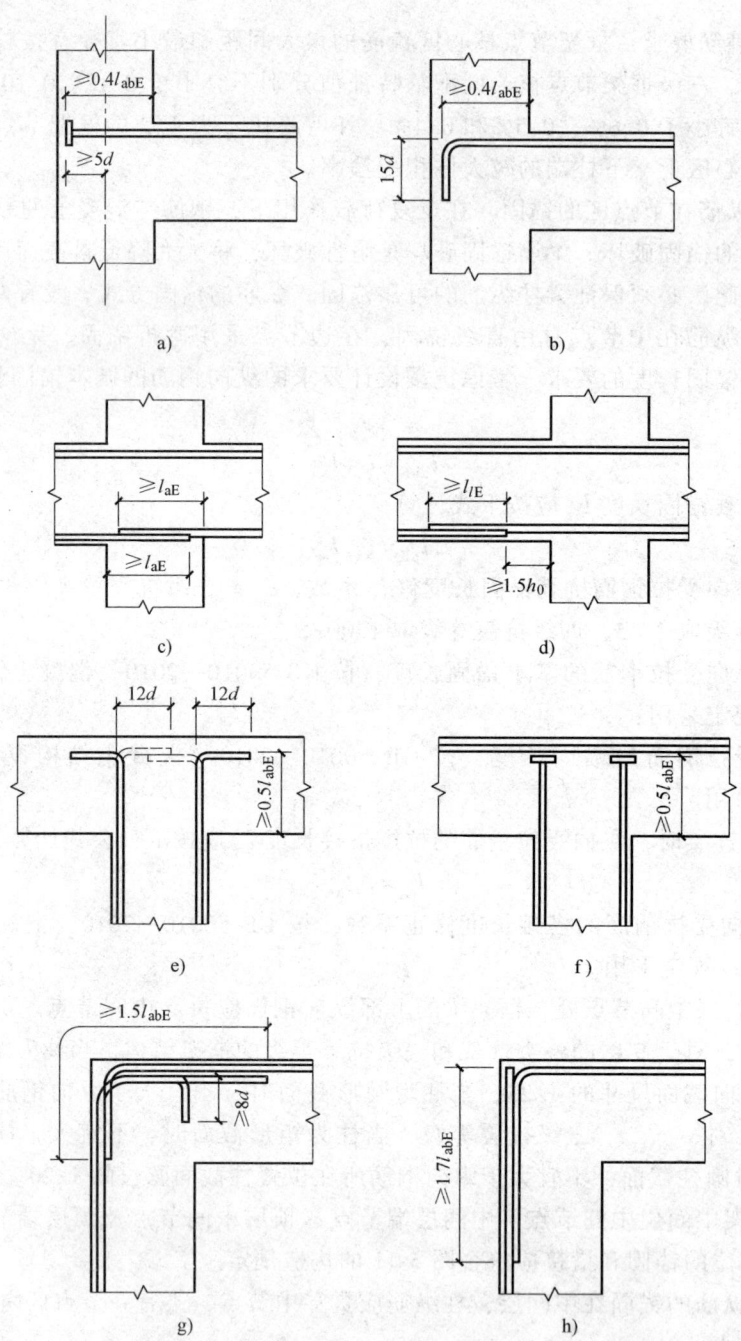

图 5-11 梁、柱纵向受力钢筋在节点区的锚固和搭接

a) 中间层端节点梁筋加锚头（锚板）锚固 b) 中间层端节点梁筋 90°弯折锚固
c) 中间层中间节点梁筋在节点内直锚固 d) 中间层中间节点梁筋在节点外搭接
e) 顶层中间节点柱筋 90°弯折锚固 f) 顶层中间节点柱筋加锚头（锚板）锚固
g) 钢筋在顶层端节点外侧和梁端顶部弯折搭接
h) 钢筋在顶层端节点外侧直线搭接

4）墙长大于 5m 时，墙顶与梁宜有拉结；墙长超过 8m 或层高 2 倍时，宜设置钢筋混凝土构造柱；墙高超过 4m 时，墙体半高宜设置与柱连接且沿墙全长贯通的钢筋混凝土水平系梁。

5.3.5 框架结构抗震计算实例

1. 工程概况

本例为一幢教学实验楼，设防烈度为 9 度，场地特征周期为 0.3s，现浇钢筋混凝土框架，楼、屋盖为装配整体式，外墙采用砖与加气混凝土复合墙，内墙为加气混凝土砌块墙，梁、柱的混凝土等级强度均为 C35，主筋和箍筋均采用 HRB400 级变形钢筋。

建筑结构平、立面布置和构件尺寸如图 5-12 所示，各楼层重力荷载代表值如图 5-13 所示。

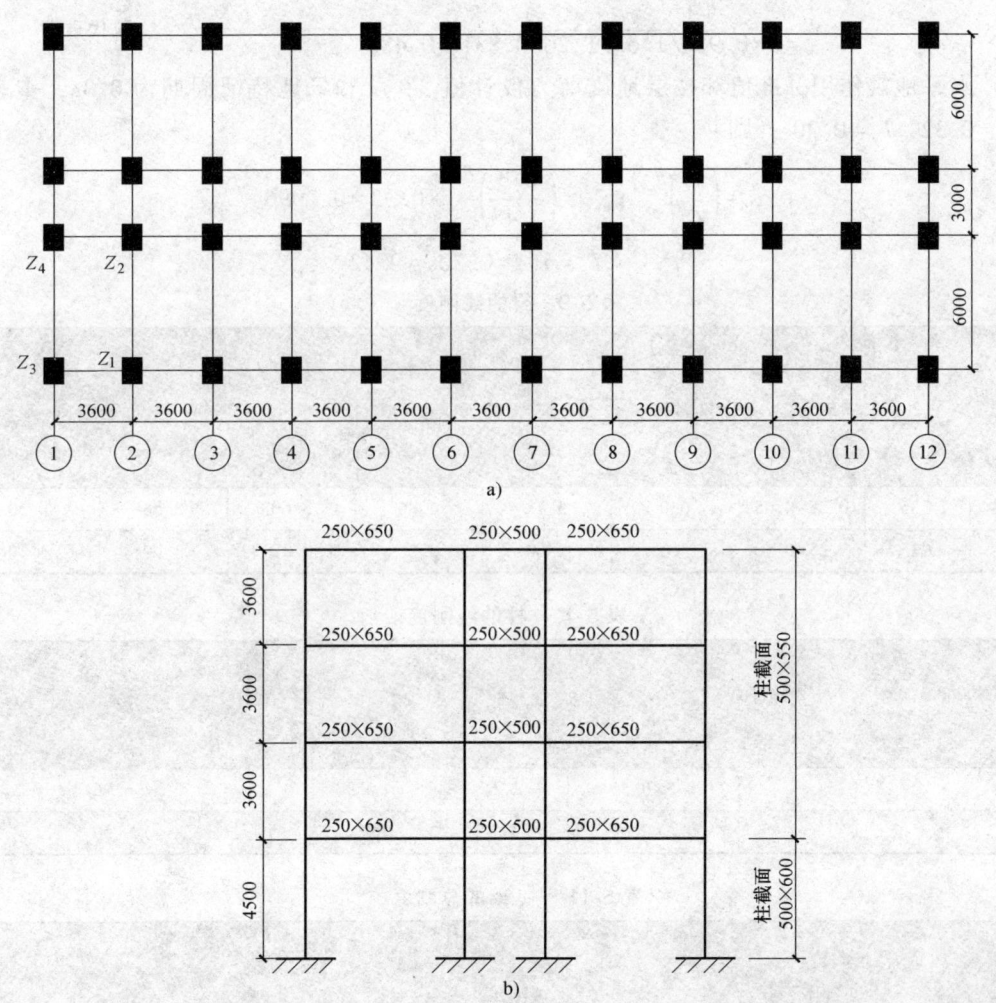

图 5-12 房屋平、剖面图
a）平面图　b）剖面图

2. 地震作用、地震内力计算和构件的承载力验算

（1）框架刚度计算 采用 D 值法计算框架刚度，采用装配整体式楼、屋盖时梁的惯性矩，中间框架取 $I=1.5I_0$，边框架取 $I=1.2I_0$；混凝土弹性模量为 $E_c=31.5\text{kN/mm}^2$。计算结果列于表 5-9～表 5-11 中。

（2）多遇地震作用标准值计算 该建筑物总高度为 15.3m，且质量和刚度沿高度分布比较均匀，可采用底部剪力法计算结构的地震作用。

1）基本自振周期。结构基本周期的计算采用能量法，由于房屋外墙采用砖和加气混凝土复合墙，内墙为加气混凝土砌块墙，其周期折减系数 ψ_T 取为 0.9，具体计算列于表 5-12。

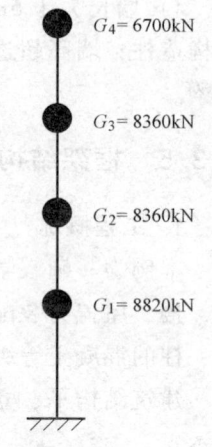

图 5-13 各楼层重力荷载代表值

$$T_1 = 2\psi_T \sqrt{\sum_{i=1}^{n} G_i u_i^2 / \sum_{i=1}^{n} G_i u_i}$$
$$= 2\times 0.9 \times \sqrt{146.31/2080.83}\,\text{s} = 0.48\text{s}$$

2）水平地震作用标准值和楼层地震剪力设计值。9 度和场地特征周期为 0.3s，查表可得 $\alpha_{max}=0.32$，$T_g=0.30\text{s}$，则

$$\alpha_1 = \left(\frac{T_g}{T_1}\right)^{0.9} \alpha_{max} = \left(\frac{0.3}{0.48}\right)^{0.9} \times 0.32 = 0.2096$$

$$T_1 > 1.4\,T_g = 1.4\times 0.30\text{s} = 0.42\text{s}$$

表 5-9 梁的线刚度

类别	混凝土强度等级	截面 $b\times h/\text{m}^2$	跨度 l/m	矩形截面惯性矩 $I_0/10^{-3}\text{m}^4$	边框架 $I/10^{-3}\text{m}^4$	边框架 $k_b=\dfrac{E_c I}{l}/10^4\text{kN}\cdot\text{m}$	中框架 $I/10^{-3}\text{m}^4$	中框架 $k_b=\dfrac{E_c I}{l}/10^4\text{kN}\cdot\text{m}$
边跨梁	C35	0.25×0.65	6.0	5.72	6.86	3.60	8.58	4.50
中跨梁	C35	0.25×0.50	3.0	2.60	3.12	3.28	3.90	4.10

表 5-10 柱的线刚度

层号	混凝土强度等级	截面 $b\times h/\text{m}^2$	层高 H/m	惯性矩 $I/10^{-3}\text{m}^4$	线刚度 $k_c=\dfrac{E_c I}{l}/10^4\text{kN}\cdot\text{m}$
2～4	C35	0.5×0.55	3.6	6.93	6.06
1	C35	0.5×0.60	4.5	9.00	6.30

表 5-11 框架的总刚度

层号	$D/(\text{kN/m})$ Z_1	Z_2	Z_3	Z_4	$\sum D/(10^5\text{kN/m})$
2～4	15192.5×20 =303850.0	23289.4×20 =465788.0	12849.9×4 =51399.6	20318.1×4 =81272.4	9.023
1	16701.8×20 =334036.0	20691.0×20 =413836.0	15555.6×4 =62222.4	19222.5×4 =76890.0	8.870

应考虑顶部附加水平地震作用

$$F_{Ek} = \alpha_1 G_{eq} = 0.2096 \times 0.85 \times 32240.0 \text{kN} = 5743.9 \text{kN}$$

$$\delta_n = 0.08 T_1 + 0.07 = 0.08 \times 0.48 + 0.07 = 0.1084$$

$$\Delta F_n = \delta_n F_{Ek} = 0.1084 \times 5743.9 \text{kN} = 622.6 \text{kN}$$

$$F_i = \frac{G_i H_i}{\sum_{j=1}^{n} G_j H_j} F_{Ek}(1 - \delta_n)$$

楼层地震剪力标准值计算结果列于表 5-13。

表 5-12 能量法计算结构的基本周期

层号	G_i/kN	$\sum D/(10^5 \text{kN/m})$	$\Delta u_i = \dfrac{\sum_{j=i}^{n} G_j}{D_i}$/m	$u_i = \sum_{i=1}^{n} \Delta u_i$/m	$G_i u_i$	$G_i u_i^2$
4	6700.0	9.023	0.007425	0.086419	579.007	50.037
3	8360.0	9.023	0.016691	0.078994	660.3898	52.1668
2	8360.0	9.023	0.025956	0.062303	520.853	32.451
1	8820.0	8.87	0.036347	0.036347	320.581	11.652
Σ	32240.0			0.086419	2080.83	146.31

表 5-13 楼层地震剪力标准值

层号	G_i/kN	H_i/m	$G_i H_i$/kN·m	F_i/kN	ΔF_i/kN	$V_{Ei} = \sum_{j=1}^{n} F_j + \Delta F_n$/kN
4	6700.0	14.3	102510.0	1706.0		2328.6
3	8360.0	11.7	97812.0	1627.8		3956.4
2	8360.0	8.1	67716.0	1126.9	622.6	5083.3
1	8820.0	4.5	39690.0	660.6		5743.9
Σ	32240.0		307728.0	5121.3		

3) 框架水平地震作用效应。将框架横向的楼层地震剪力设计值按各平面框架的侧移刚度分配,得到边框架和中框架承担的楼层地震剪力设计值。将一榀框架的楼层地震剪力,按各柱的 D 值分配求得各柱的地震剪力设计值 $V_{cE} = V_{Ei} D / \sum D$,确定各柱的反弯点,计算柱端地震弯矩设计值 $M_{cE}^b = V_{cE} y_j h_j$ 和 $M_{cE}^t = V_{cE}(1-y_j) h_j$;再按节点处两侧梁的线刚度 k_b 分配求得梁端地震弯矩设计值 $M_{bE} = \sum M_{cE} k_b / \sum k_b$;再计算梁端地震剪力设计值 $V_{bE} = (M_{bE}^l + M_{bE}^r)/l_n$,并由节点两侧梁端剪力设计值之差求得柱的地震轴力设计值 $N_E = \sum (V_{bE}^l - V_{bE}^r)$,中框架内力设计值计算列于表 5-14 和表 5-15。

4) 框架重力荷载效应。在重力荷载代表值作用下的框架内力分析,手算时可采用弯矩分配法。其中,重力荷载分项系数 $\gamma_G = 1.2$,梁端弯矩调幅系数为 0.8,与地震作用效应组合时,屋面活荷载不考虑,按等效均布荷载考虑楼面活荷载组合值系数取为 0.5,中框架重力荷载作用的内力设计值计算结果列于表 5-16。

表 5-14　柱端地震弯矩设计值

层号	边柱					中柱				
	$D/\sum D$	V_{cE}/kN	y_i	M_{cE}^t /kN·m	M_{cE}^b /kN·m	$D/\sum D$	V_{cE}/kN	y_i	M_{cE}^t /kN·m	M_{cE}^b /kN·m
4	0.0168	50.9	0.35	119.1	64.1	0.0258	78.1	0.40	168.7	112.5
3	0.0168	86.4	0.45	171.1	140.0	0.0258	132.7	0.45	262.8	215.0
2	0.0168	111.0	0.50	199.8	199.8	0.0258	170.2	0.50	306.9	306.9
1	0.0188	140.4	0.70	189.5	442.3	0.0233	174.0	0.65	274.0	508.9

表 5-15　梁端地震弯矩和柱的地震轴向力设计值

层数	边柱处		中柱处				V_{bE}/kN		N_E/kN	
	$\sum M_{cE}$ /kN·m	M_{bE}^l /kN·m	$\sum M_{cE}$ /kN·m	$K_b^l/\sum K_b$	M_{bE}^l /kN·m	M_{bE}^r /kN·m	边跨梁	中跨梁	边柱	中柱
4	119.1	-119.1	168.7	0.523	-88.2	-80.5	-34.6	-53.6	-34.6	-19.1
3	235.2	-235.2	375.2	0.523	-196.2	-179.0	-71.9	-119.3	-106.5	-66.6
2	339.8	-339.8	521.9	0.523	-272.9	-248.9	-102.2	-166.0	-208.6	-130.4
1	389.3	-389.3	580.9	0.523	-303.8	-277.1	-115.5	-184.7	-324.1	-199.6

表 5-16　重力荷载作用下的中框架内力设计值

层号	左边跨梁		中跨梁		边柱			中柱		
	M_{bG}^l /kN·m	M_{bG}^r /kN·m	M_{bG}^l /kN·m	M_{bG}^r /kN·m	N_G/kN	M_{cG}^t /kN·m	M_{cG}^b /kN·m	N_G/kN	M_{cG}^t /kN·m	M_{cG}^b /kN·m
4	-53.8	74.9	-30.4	30.4	-159.6 (-133.0)	67.2	53.9	-207.9 (-170.8)	-43.8	-47.1
3	-80.2	91.4	-22.2	22.2	-448.9 (-374.1)	26.2	48.0	-453.4 (-377.8)	-39.5	-40.6
2	-78.8	90.7	-23.2	23.2	-738.0 (-605.0)	590.5	53.6	-752.0 (-626.7)	-43.8	-45.9
1	-76.6	88.8	-24.9	24.9	-1035.2 (-862.7)	42.2	21.6	-1057.2 (-881.0)	-34.0	-17.0

注：1. 弯矩以顺时针方向为正，反时针方向为负。
　　2. 轴向力以拉力为正，压力为负，括号内数字为 $\gamma_G=1.0$ 时的 N_G 值。
　　3. 表中所示轴向力设计值的部位为柱底截面。

5) 框架组合内力设计值和构件截面承载力验算。本例题只考虑重力荷载内力与水平地震作用内力的组合，按《抗震规范》规定，9度区的钢筋混凝土框架房屋的抗震等级属于一级，在内力组合中，应考虑地震作用内力的调整，内力的调整原则和方法可按照本章第5.3节内容进行。

6) 梁的内力组合和截面抗震验算。

① 梁端弯矩的组合设计值，以首层为例，列于表 5-17。

表 5-17　首层梁端弯矩设计值

组合	左边跨梁		中跨梁	
	M_b^l/kN·m	M_b^r/kN·m	M_b^l/kN·m	M_b^r/kN·m
G+E	-465.9	-188.3	-328.7	-278.9
G-E	312.7	365.9	278.9	328.7

注：G 表示重力荷载下的内力设计值，E 表示地震作用下的内力设计值。

a. 左边跨梁。以梁左端截面为例 $M_{b1}^l = 465.9\text{kN}\cdot\text{m}$，$M_{b2}^l = 312.7\text{kN}\cdot\text{m}$。选用纵向筋数量为

4Φ25（上部）　　　　　　$A_s = 1964\text{mm}^2$，$\rho = 1.2\% > \rho_{\min}$

4Φ22（下部）　　　　　　$A_s' = 1520\text{mm}^2$，$\rho = 0.94\% > \rho_{\min}$

　　　　　　　　　　　　$A_s'/A_s = 1520/1964 = 0.77 > 0.5$

截面上部

$A_s' = 1520\text{mm}^2 \geqslant 0.5 A_s$，计算 x 时，取 $A_s' = 0.5 A_s$，则

$$x = f_y(A_s - A_s')/f_c b$$
$$= [360 \times 0.5 \times 1964/(16.7 \times 250)]\text{mm} = 84.67\text{mm} > 2a_s' = 70\text{mm}$$

$$\frac{1}{\gamma_{RE}}\left[f_c bx\left(h_0 - \frac{x}{2}\right) + f_y A_s'(h_0 - a_s')\right]$$
$$= \frac{1}{0.75} \times [16.7 \times 250 \times 84.67 \times (615 - 0.5 \times 84.67) + 360 \times 1520 \times 580] \times 10^{-6}\text{kN}\cdot\text{m}$$
$$= 693.1\text{kN}\cdot\text{m} > M_b^l = 465.9\text{kN}\cdot\text{m}$$

截面下部

$A_s' = 1964\text{mm}^2 > 0.5 A_s$，计算 x 时，取 $A_s' = 0.5 A_s$，则

$$x = f_y(A_s - A_s')/f_c b$$
$$= [360 \times 0.5 \times 1520/(16.7 \times 250)]\text{mm} = 65.53\text{mm} < 2a_s' = 70\text{mm}$$

$$\frac{1}{\gamma_{RE}}[f_y A_s(h_0 - a_s)] = \frac{1}{0.75} \times 360 \times 1520 \times 580 \times 10^{-6}\text{kN}\cdot\text{m} = 423.17\text{kN}\cdot\text{m} > M_b^l = 312.7\text{kN}\cdot\text{m}$$

b. 中跨梁。以梁左端截面为例，$M_{b1}^l = 328.7\text{kN}\cdot\text{m}$，$M_{b2}^l = 278.9\text{kN}\cdot\text{m}$。选用纵向筋数量为

4Φ25（上部）　　　　　　$A_s = 1964\text{mm}^2$，$\rho = 1.57\% > \rho_{\min}$

4Φ22（下部）　　　　　　$A_s' = 1520\text{mm}^2$，$\rho = 1.22\% > \rho_{\min}$

截面上部

$A_s' = 1520\text{mm}^2 > 0.5 A_s$，计算 x 时，取 $A_s' = 0.5 A_s$，即

$$x = f_y(A_s - A_s')/f_c b$$
$$= [360 \times 0.5 \times 1964/(16.7 \times 250)]\text{mm} = 84.67\text{mm} > 2a_s' = 70\text{mm}$$

$$\frac{1}{\gamma_{RE}}\left[f_c bx\left(h_0 - \frac{x}{2}\right) + f_y A_s'(h_0 - a_s')\right]$$
$$= \frac{1}{0.75} \times [16.7 \times 250 \times 84.67 \times (465 - 0.5 \times 84.67) + 360 \times 1520 \times 430] \times 10^{-6}\text{kN}\cdot\text{m}$$
$$= 434.51\text{kN}\cdot\text{m} > M_{b1}^l = 328.7\text{kN}\cdot\text{m}$$

截面下部

$A'_s = 1964\text{mm}^2 > 0.5A_s$,计算 x 时,取 $A'_s = 0.5A_s$,则

$$x = f_y(A_s - A'_s)/f_c b$$
$$= [360 \times 0.5 \times 1520/(16.7 \times 250)]\text{mm} = 65.53\text{mm} < 2a'_s = 70\text{mm}$$

$$\frac{1}{\gamma_{RE}}[f_y A_s(h_0 - a'_s)] = \frac{1}{0.75} \times 360 \times 1520 \times 430 \times 10^{-6}\text{kN}\cdot\text{m} = 313.73\text{kN}\cdot\text{m} > M_b^l = 278.9\text{kN}\cdot\text{m}$$

一、二、三级的框架梁,其梁端截面组合的剪力设计值应按 $V = \eta_{vb}(M_b^l + M_b^r)/l_n + V_{Gb}$ 调整。一级的框架结构和 9 度的一级框架梁可不按上式调整,但应符合 $V = 1.1(M_{bua}^l + M_{bua}^r)/l_n + V_{Gb}$ 的要求。

对于左边跨梁的 $(M_b^l + M_b^r)$ 为 $G-E$ 组合起控制作用,可运用下式算出底层梁的梁端组合剪力设计值,结果列于表 5-18

$$V_b = 1.3(M_b^l + M_b^r)/l_n + 0.5 \times 1.2 q_k l_n$$

其中,左(右)边跨梁 $q_k = 33.5\text{kN/m}$, $l_n = 5.4\text{m}$;中跨梁 $q_k = 29.0\text{kN/m}$, $l_n = 2.4\text{m}$。

表 5-18 底层梁的梁端组合剪力设计值

类　别	左(右)边跨梁	中跨梁
梁端剪力组合值/kN	271.9	370.9

注:梁端剪力计算时,M_b^l 和 M_b^r 应取节点边缘处的弯矩设计值,为简化计,该例均取轴线处的弯矩设计值(这样取值偏于安全)。

② 梁的斜截面受剪承载力验算。

a. 左(右)边跨梁的箍筋数量为 $\Phi 10@100$,$A_{sv} = 157\text{mm}^2$。则

$$\frac{1}{\gamma_{RE}}\left(0.6\alpha_{cw}f_t b h_0 + f_{yv}\frac{A_{sv}}{s}h_0\right)$$
$$= \frac{1}{0.85} \times (0.6 \times 0.7 \times 1.57 \times 250 \times 615 + 360 \times \frac{157}{100} \times 615) \times 10^{-3}\text{kN}$$
$$= 528.2\text{kN} > V_{b\max} = 271.9\text{kN}$$

且 $\dfrac{1}{\gamma_{RE}}(0.2\beta_c f_c b h_0) = \dfrac{1}{0.85} \times (0.2 \times 16.7 \times 250 \times 615) \times 10^{-3}\text{kN} = 604.15\text{kN} > 271.9\text{kN}$

b. 中跨梁的箍筋数量为 $\Phi 10@100$,$A_{sv} = 157\text{mm}^2$。则

$$\frac{1}{\gamma_{RE}}\left(0.6\alpha f_t b h_0 + f_{yv}\frac{A_{sv}}{s}h_0\right)$$
$$= \frac{1}{0.85} \times \left(0.6 \times 0.7 \times 1.57 \times 250 \times 465 + 360 \times \frac{157}{100} \times 465\right) \times 10^{-3}\text{kN}$$
$$= 399.4\text{kN} > V_{b\max} = 370.9\text{kN}$$

且 $\dfrac{1}{\gamma_{RE}}(0.2\beta_c f_c b h_0) = \dfrac{1}{0.85} \times (0.2 \times 16.7 \times 250 \times 465) \times 10^{-3}\text{kN} = 456.79\text{kN} > 370.9\text{kN}$

7)柱的内力组合和截面抗震验算。

底层柱轴向力的组合内力见表 5-19。底层柱底调整后弯矩 $M_C = 1.7(M_{CG} \pm M_{CE})$,列于表 5-20。

底层柱顶弯矩和轴向力组合值见表 5-21。

表 5-19 底层柱底轴向力的组合值　　　　　　　　　　　　　　　　（单位：kN）

组　合	边　柱	中　柱
$G+E$	-1359.3（-1186.8）	-1256.8（-1080.6）
$G-E$	-711.1（-538.6）	-857.6（-681.4）

注：括号内数字为 $\gamma_G=1.0$ 的 N 值。

表 5-20 底层柱底组合弯矩值

组　合	边　柱	中　柱
$1.7(M_{CG}+M_{CE})$	788.63	836.23
$1.7(M_{CG}-M_{CE})$	-715.19	-894.03

表 5-21 底层柱顶弯矩和轴向力组合值

组　合	边柱		中柱	
	M_c^t/kN·m	N_c^t/kN	M_c^t/kN·m	N_c^t/kN
$G+E$	231.7	-1359.3（-1186.8）	240	-1256.8（-1080.6）
$G-E$	-147.3	-711.1（-538.6）	-308	-857.6（-681.4）

一、二、三、四级框架的梁柱节点处，除框架顶层和柱轴压比小于 0.15，及框支梁与框支柱的节点外，柱端组合的弯矩设计值应符合 $\sum M_C = \eta_c \sum M_b$ 的要求，一级的框架和 9 度的一级框架结构可不符合上式要求，但应符合 $\sum M_C = 1.2 \sum M_{bua}$。

① 柱轴压比验算。

边柱　　　　　$\mu_N = \dfrac{N}{f_c bh} = \dfrac{1359.3 \times 10^3}{16.7 \times 500 \times 600} = 0.27 < [\mu_N] = 0.65$

中柱　　　　　$\mu_N = \dfrac{N}{f_c bh} = \dfrac{1256.8 \times 10^3}{16.7 \times 500 \times 600} = 0.25 < [\mu_N] = 0.65$

② 柱截面承载力验算。

边柱柱底截面配筋为 12Φ28，$A_s = 2460 \text{mm}^2$。

对于 $G+E$ 组合的柱底弯矩

$$x = \gamma_{RE} N / f_c b$$
$$= [0.8 \times 1359.3 \times 10^3 / (16.7 \times 500)] \text{mm} = 130.23 \text{mm} > 2a'_s$$

$$\dfrac{1}{\gamma_{RE}} \left[f_c bx \left(h_0 - \dfrac{x}{2} \right) + f'_y A'_s (h_0 - a'_s) \right] - 0.5 N(h_0 - a'_s)$$

$= \dfrac{1}{0.8} \times (16.7 \times 500 \times 130.23 \times 494.89 + 360 \times 2460 \times 520) \times 10^{-6} \text{kN·m} - 0.5 \times 1359300 \times 520 \times 10^{-6} \text{kN·m}$

$= 894.91 \text{kN·m} > M_c^b = 788.63 \text{kN·m}$

对于 $G-E$ 组合的柱底弯矩

$$\mu_N = \dfrac{N}{f_c bh} = \dfrac{538.6 \times 10^3}{16.7 \times 500 \times 600} = 0.11 < 0.15,\ \gamma_{RE} = 0.75$$

$$x = \gamma_{RE} N / f_c b$$
$$= [0.75 \times 538.6 \times 10^3 / (16.7 \times 500)] \text{mm} = 48.38 \text{mm} < 2a'_s$$

$$\frac{1}{\gamma_{RE}}f_y A_s(h_0-a_s')+0.5N(h_0-a_s')$$

$$=\frac{1}{0.75}\times 360\times 2460\times 520\times 10^{-6} \text{kN}\cdot\text{m}+0.5\times 538600\times 520\times 10^{-6}\text{kN}\cdot\text{m}$$

$$=754.02\text{kN}\cdot\text{m}>M_c^b=715.19\text{kN}\cdot\text{m}$$

中柱柱底截面配筋为 16Φ28，$A_s=3079\text{mm}^2$。

对于 $G+E$ 组合的柱底弯矩

$$x=\gamma_{RE}N/f_c b$$

$$=[0.8\times 1256.8\times 10^3/(16.7\times 500)]\text{mm}=120.41\text{mm}>2a_s'$$

$$\frac{1}{\gamma_{RE}}\left[f_c bx\left(h_0-\frac{x}{2}\right)+f_y'A_s'(h_0-a_s')\right]-0.5N(h_0-a_s')$$

$$=\frac{1}{0.8}\times(16.7\times 500\times 120.4\times 499.8+360\times 3079\times 520)\times 10^{-6}\text{kN}\cdot\text{m}-0.5\times 1256800\times 520\times 10^{-6}\text{kN}\cdot\text{m}$$

$$=1021.86\text{kN}\cdot\text{m}>M_c^b=836.23\text{kN}\cdot\text{m}$$

对于 $G-E$ 组合的柱底弯矩

$$\mu_N=\frac{N}{f_c bh}=\frac{681.4\times 10^3}{16.7\times 500\times 600}=0.14<0.15,\ \gamma_{RE}=0.75$$

$$x=\gamma_{RE}N/f_c b$$

$$=[0.75\times 681.4\times 10^3/(16.7\times 500)]\text{mm}=61.2\text{mm}<2a_s'$$

$$\frac{1}{\gamma_{RE}}f_y A_s(h_0-a_s')+0.5N(h_0-a_s')$$

$$=\frac{1}{0.75}\times 360\times 3079\times 520\times 10^{-6}\text{kN}\cdot\text{m}+0.5\times 681400\times 520\times 10^{-6}\text{kN}\cdot\text{m}$$

$$=945.68\text{kN}\cdot\text{m}>M_c^b=894.03\text{kN}\cdot\text{m}$$

底层柱顶截面配筋，边柱和中柱均为 12Φ25，$A_s=1964\text{mm}^2$。

边柱的 $G+E$ 组合的柱顶弯矩

$$x=\gamma_{RE}N/f_c b$$

$$=[0.8\times 1359.3\times 10^3/(16.7\times 500)]\text{mm}=130.23\text{mm}>2a_s'$$

$$\frac{1}{\gamma_{RE}}\left[f_c bx\left(h_0-\frac{x}{2}\right)+f_y'A_s'(h_0-a_s')\right]-0.5N(h_0-a_s')$$

$$=\frac{1}{0.8}\times(16.7\times 500\times 130.23\times 494.89+360\times 1964\times 520)\times 10^{-6}\text{kN}\cdot\text{m}-0.5\times 1359300\times 520\times 10^{-6}\text{kN}\cdot\text{m}$$

$$=778.85\text{kN}\cdot\text{m}>M_c^t=231.7\text{kN}\cdot\text{m}$$

边柱的 $G-E$ 组合的柱顶弯矩

$$\mu_N=\frac{538600}{16.7\times 500\times 600}=0.11<0.15,\ \gamma_{RE}=0.75$$

$$x=\gamma_{RE}N/f_c b$$

$$=[0.75\times 538.6\times 10^3/(16.7\times 500)]\text{mm}=48.38\text{mm}<2a_s'$$

$$\frac{1}{\gamma_{RE}}f_y A_s(h_0-a_s')+0.5N(h_0-a_s')$$

第5章 多层和高层钢筋混凝土房屋抗震设计

$$= \frac{1}{0.75} \times 360 \times 1964 \times 520 \times 10^{-6} \text{kN} \cdot \text{m} + 0.5 \times 538600 \times 520 \times 10^{-6} \text{kN} \cdot \text{m}$$

$$= 630.25 \text{kN} \cdot \text{m} > M_c^t = 147.3 \text{kN} \cdot \text{m}$$

中柱的 $G+E$ 组合的柱顶弯矩

$$x = \gamma_{RE} N / f_c b$$

$$= [0.8 \times 1256.8 \times 10^3 / (16.7 \times 500)] \text{mm} = 120.4 \text{mm} > 2a_s'$$

$$\frac{1}{\gamma_{RE}} \left[f_c b x \left(h_0 - \frac{x}{2} \right) + f_y' A_s' (h_0 - a_s') \right] - 0.5 N (h_0 - a_s')$$

$$= \frac{1}{0.8} \times (16.7 \times 500 \times 120.4 \times 499.8 + 360 \times 1964 \times 520) \times 10^{-6} \text{kN} \cdot \text{m} - 0.5 \times 1256800 \times 520 \times 10^{-6} \text{kN} \cdot \text{m}$$

$$= 760.95 \text{kN} \cdot \text{m} > M_c^t = 240 \text{kN} \cdot \text{m}$$

中柱的 $G-E$ 组合的柱顶弯矩

$$\mu_N = \frac{681400}{16.7 \times 500 \times 600} = 0.14 < 0.15, \quad \gamma_{RE} = 0.75$$

$$x = \gamma_{RE} N / f_c b$$

$$= [0.75 \times 681.4 \times 10^3 / (16.7 \times 500)] \text{mm} = 61.2 \text{mm} < 2a_s'$$

$$\frac{1}{\gamma_{RE}} f_y A_s (h_0 - a_s') + 0.5 N (h_0 - a_s')$$

$$= \frac{1}{0.75} \times 360 \times 1964 \times 520 \times 10^{-6} \text{kN} \cdot \text{m} + 0.5 \times 681400 \times 520 \times 10^{-6} \text{kN} \cdot \text{m}$$

$$= 667.38 \text{kN} \cdot \text{m} > M_c^t = 308 \text{kN} \cdot \text{m}$$

一、二、三、四级的框架柱和框支柱组合的剪力设计值应按 $V = \eta_{vc}(M_c^t + M_c^b)/H_n$ 调整，一级的框架结构和9度的一级框架可不按上式调整，但应符合 $V = 1.2(M_{cua}^t + M_{cua}^b)/H_n$。本例按前一个公式进行调整。式中，$M_c^t$、$M_c^b$ 应取柱上、下节点边缘处的弯矩设计值，为简化计算，本章各例题均取梁轴线处的弯矩设计值，取值偏于安全，η_{vc} 为柱剪力增大系数，对框架结构，一级取1.5。

对于首层柱，柱净高 $H_c = 4.2\text{m}$。边柱上、下端截面计算配筋分别为 319.0mm² 和 2430.3mm²，中柱上、下端截面计算配筋分别为 1606.0 mm² 和 3035.2 mm²。

边柱和中柱剪力设计值为

$$V_{\text{边}} = \eta_{vc\text{边}}(M_c^t + M_c^b)/H_n = [1.5 \times (788.63 + 231.7)/4.2] \text{kN} = 364.4 \text{kN}$$

$$V_{\text{中}} = [1.5 \times (894.03 + 308)/4.2] \text{kN} = 429.3 \text{kN}$$

边柱斜截面抗震受剪承载力验算，柱加密区箍筋为 2Φ10@100，$A_{sv} = 314\text{mm}^2$，则

$$\frac{1}{\gamma_{RE}} \left[\frac{1.05}{\lambda+1} f_t b h_0 + f_{yv} \frac{A_{sv}}{s} h_0 + 0.056 N_c \right]$$

$$= \frac{1}{0.85} \times \left(\frac{1.05}{3+1} \times 1.57 \times 500 \times 560 + 360 \times \frac{314}{100} \times 560 + 0.056 \times 538600 \right) \times 10^{-3} \text{kN}$$

$$= 916.0 \text{kN} > V_{\text{边}} = 364.4 \text{kN}$$

且 $\quad 0.2 \beta_c f_c b h_0 / \gamma_{RE} = (0.2 \times 16.7 \times 500 \times 560 / 0.85) \times 10^{-3} \text{kN} = 1100.26 \text{kN} > 364.4 \text{kN}$

中柱斜截面抗震受剪承载力验算，柱加密区箍筋为 2Φ10@100，$A_{sv} = 314\text{mm}^2$

$$\frac{1}{\gamma_{RE}}\left[\frac{1.05}{\lambda+1}f_t bh_0 + f_{yv}\frac{A_{sv}}{s}h_0 + 0.056N_c\right]$$

$$= \frac{1}{0.85}\times\left(\frac{1.05}{3+1}\times 1.57\times 500\times 560 + 360\times\frac{314}{100}\times 560 + 0.056\times 681400\right)\times 10^{-3}\text{kN}$$

$$= 925.4\text{kN} > V_{边} = 429.3\text{kN}$$

且 $0.2\beta_c f_c bh_0/\gamma_{RE} = (0.2\times 16.7\times 500\times 560/0.85)\times 10^{-3}\text{kN} = 1100.26\text{kN} > 429.3\text{kN}$

③ 节点承载力验算。

底层边柱节点和中柱节点的剪力设计值为

$$V_j = \frac{\eta_j\sum M_b}{h_{b0}-a'_s}\left(1-\frac{h_{b0}-a'_s}{H_c-h_b}\right)$$

$$V_{j边} = \frac{1.5\times 465.9}{0.58}\left(1-\frac{0.58}{3.15-0.65}\right)\text{kN} = 925.5\text{kN}$$

$$V_{j中} = \frac{1.5\times 392.6}{0.535}\left(1-\frac{0.535}{3.375-0.575}\right)\text{kN} = 890.4\text{kN}$$

边节点 $\dfrac{1}{\gamma_{RE}}\left(0.9\eta_j f_t b_j h_j + f_{yv}A_{svj}\dfrac{h_{b0}-a'_s}{s}\right)$

$$= \frac{1}{0.85}\times\left(0.9\times 1.25\times 1.57\times 500\times 600 + 360\times 314\times\frac{0.58}{0.1}\right)\times 10^{-3}\text{kN}$$

$$= 1394.7\text{kN} > V_{j边} = 925.5\text{kN}$$

且 $\dfrac{1}{\gamma_{RE}}(0.3\eta_j\beta_c f_c b_j h_j) = \dfrac{1}{0.85}\times 0.3\times 1.25\times 1\times 16.7\times 500\times 600\times 10^{-3}\text{kN} = 2210.29\text{kN} > V_{j边} = 925.5\text{kN}$

中节点 $\dfrac{1}{\gamma_{RE}}\left(0.9\eta_j f_t b_j h_j + f_{yr}A_{svj}\dfrac{h_{b0}-a'_s}{s}\right)$

$$= \frac{1}{0.85}\times\left(0.9\times 1.25\times 1.57\times 500\times 600 + 360\times 314\times\frac{0.535}{0.1}\right)\times 10^{-3}\text{kN}$$

$$= 1334.9\text{kN} > V_{j边} = 890.4\text{kN}$$

且 $\dfrac{1}{0.85}\times 0.3\times 1.25\times 1\times 16.7\times 500\times 600\times 10^{-3}\text{kN} = 2210.29\text{kN} > 890.4\text{kN}$

3. 框架变形验算

（1）框架层间弹性变形验算　在多遇水平地震作用下，框架的弹性变形验算结果列于表 5-22 中，其中 $\gamma_{Eh} = 1.0$。

表 5-22　层间弹性位移

层号	V_{ei}/kN	D_i/(kN/m)	Δu_{ei}/mm	$\Delta u_{ei}/H_i$	$[\theta_e]$
4	2328.6	9.023×10^5	2.58	1/1395	
3	3956.4	9.023×10^5	4.38	1/822	1/550
2	5083.3	9.023×10^5	5.63	1/639	
1	5743.9	8.87×10^5	6.48	1/694	

从表 5-22 所列验算结果可以看出，多遇水平地震作用的变形验算满足要求。

（2）框架弹塑性变形验算

1）罕遇地震作用下的层间弹性地震剪力，可运用多遇水平地震作用的计算结果乘以 9 度区罕遇与多遇水平地震作用影响系数的比值（1.4/0.32 = 4.375）给出，具体结果见表 5-23。

表 5-23　罕遇地震作用下层间弹性地震剪力

层号	1	2	3	4
$V_e(i)$/kN	25129.6	22239.4	17309.3	10187.6

2）结构层间屈服剪力。框架梁柱配筋图如图 5-14 所示。框架梁端和柱端正截面受弯承载力计算公式分别为

$$M_{by} = f_{yk} A_s (h_0 - a'_s)$$

$$M_{cy} = f_{yk} A_s (h_0 - a'_s) + 0.5 N_G h \left(1 - \frac{N_G}{f_{ck} bh}\right)$$

中框架柱底轴压力见表 5-19。梁柱端正截面受弯承载力计算结果如图 5-15 所示。

运用节点失效法，可得到各柱的受剪承载力，对于顶层柱节点，一种情况为弱梁型，另一种情况为弱柱型，两中柱各为一种情况，需取两种形式的计算结果，中框架各层的受剪承

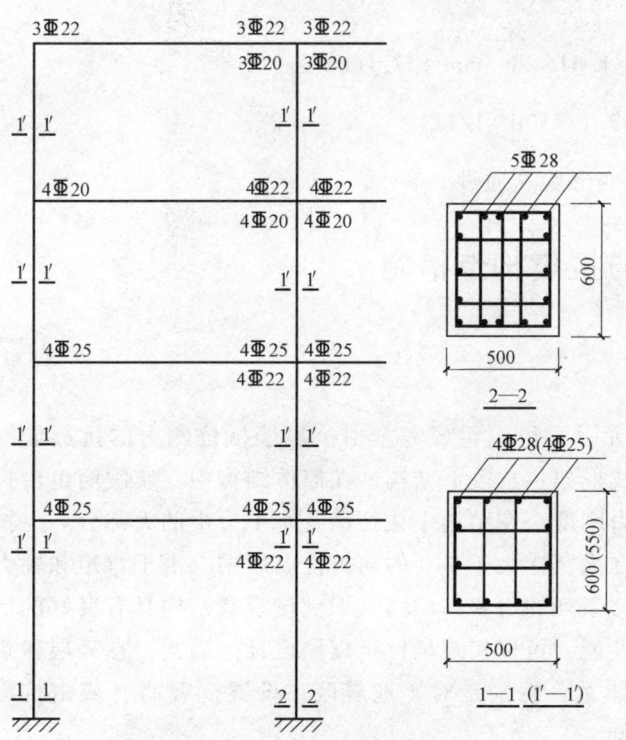

图 5-14　中框架梁柱配筋图

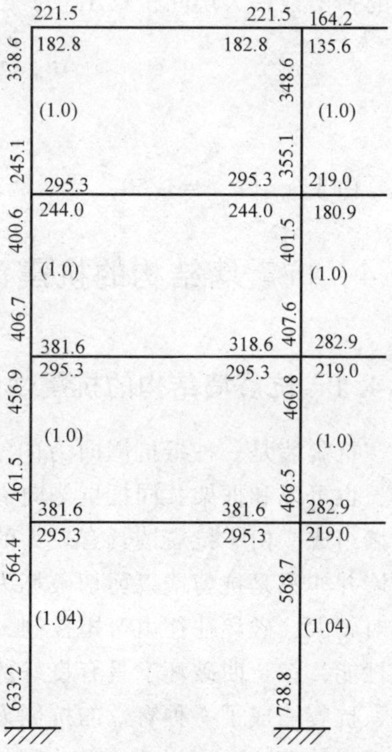

图 5-15　中框架梁柱端的屈服弯矩（kN·m）

注：括号内数值为柱的相对线刚度

载力计算结果列于表 5-24 中。

表 5-24 中框架各楼层层间受剪承载力计算结果

层 号	1	2	3	4
$V_{边柱}$/kN	247.3×2	241.2×2	208.8×2	157.4+146.6
$V_{中柱}$/kN	272.0×2	242.8×2	211.8×2	195.4+195.0
V_f/kN	1038.6	968.0	841.2	694.4

为了简化罕遇地震作用下的弹塑性变形验算，以中框架的验算为代表进行，这需要按刚度分配得到中框架罕遇地震作用下的层间弹性地震剪力和相应的弹性位移。中框架罕遇地震变形验算的相关计算参数列于表 5-25。

表 5-25 罕遇地震变形验算的有关计算参数

层 号	1	2	3	4
$V_y(i)$/kN	1038.6	968.0	841.2	694.4
$V_e(i)$/kN	2094.1	1853.0	1476.4	869.0
ξ_y	0.49	0.51	0.57	0.80
$\Delta u_e(i)$/mm	28.3	24.6	19.2	11.3

该结构最薄弱楼层为底层，$\xi_1/\xi_2 = 0.96$，为均匀结构，其他各层 $\xi_y(i)$ 均大于 0.5。底层的弹塑性最大层间位移 Δu_p 为

$$\Delta u_p = \eta_p \Delta u_e = 1.31 \times 28.3 \text{mm} = 37.1 \text{mm}$$

$$\theta_p = 37.1/4500 = 1/121$$

由于 $\theta_p < [\theta_p] = 1/50$，罕遇地震下的变形验算通过。

5.4 抗震墙结构的抗震计算与抗震构造措施

5.4.1 抗震墙结构的抗震性能

抗震墙是一种抵抗侧向力的结构单元。它可以组成完全由抗震墙抵抗侧向力的抗震墙结构，也可以和框架共同抵抗侧向力而形成框架—抗震墙结构。在筒体结构中，实腹筒也由抗震墙组成。由于抗震墙具有较大的抗侧力刚度，在结构中往往承受水平力中的大部分。但抗震墙并非只是抗剪或以剪切破坏为主，在高宽比大于 2.0 的高等抗震墙中，由于弯矩和轴力相对较大，破坏往往由弯矩控制，通过一系列的研究人们已认识到抗震墙结构具有良好的抗弯性能，在弯曲破坏下具有良好的变形性能，可以实现延性抗震墙设计。因此，在高层建筑中，抗震墙成了一种有效的抗侧力结构体系，特别是对于地震区，设置抗震墙（或由抗震墙组成的筒体）可以改善结构的抗震性能。

钢筋混凝土抗震墙根据不同的高宽比一般可分为三种类型：一是高宽比大于 2.0 的高等抗震墙，二是高宽比不大于 2.0 但大于 1.0 的中高抗震墙，三是高宽比小于 1.0 的低矮抗震墙。对于高等抗震墙，其破坏状态一般为弯曲破坏，具有良好的变形能力；

中高抗震墙的破坏状态为弯剪破坏，具有一定的变形能力；低矮抗震墙的破坏状态一般为剪切破坏，其变形能力比较差。抗震设计要求结构构件具有足够的变形能力，因此宜尽可能地采用高墙，避免脆性破坏。对较长的抗震墙宜开设洞口，使其成为联肢墙，以改善其抗震性能。

抗震墙按墙体有无洞口可分为实体墙和开洞墙。实体抗震墙没有洞口，可以看成是一个悬臂构件，承受压力、弯矩、剪力的共同作用。实体抗震墙符合钢筋混凝土压弯剪构件的基本规律。但是与柱相比，实体抗震墙往往高度大（一般抗震墙高度为建筑物总高），截面薄而长。因此沿截面边长要布置许多分布钢筋。同时截面抗剪问题较为突出，故抗震墙截面的配筋计算、构造和柱略有不同。

开洞抗震墙与悬臂抗震墙不同，洞口的布置会极大影响抗震墙的性能。规则开洞口可以将抗震墙分成墙肢及连系梁两类构件。在地震中，当连系梁端部钢筋屈服，可以形成数量众多的塑性铰时，具有较好的变形能力和耗能能力，这种情况是最理想的。其次，如果连系梁出现剪切破坏，按照抗震结构设计的"多道设防"的原则，只要保证墙肢安全，结构就不致严重破坏或倒塌。因此，经过合理设计的开洞抗震墙，与悬臂抗震墙相比，可以做到裂缝分散，由连系梁塑性铰吸收地震能量，从而保证墙肢的安全，是一种抗震性能很好的结构。

抗震墙设计应遵循"强墙弱梁""强剪弱弯"的原则。加强墙肢的承载力，避免连梁过强而使墙肢过早破坏；避免墙肢的剪切破坏，同时尽可能避免连系梁过早出现剪切破坏，对于提高开洞抗震墙的承载能力和变形能力是至关重要的。

5.4.2 抗震墙结构的内力与侧移计算

1. 竖向荷载作用下内力计算

竖向荷载作用下每片墙体作为一个竖向悬臂构件，按材料力学的方法计算其内力。此处不再赘述。

2. 水平荷载作用下内力计算

水平荷载包括风荷载和水平地震作用，这里主要介绍水平地震作用下抗震墙结构的内力计算。

水平地震作用下抗震墙结构的抗震计算思路和方法与框架结构相同。首先对结构进行动力分析，获得结构的基本周期和振型，然后视结构情况用底部剪力法、振型分解反应谱法、时程分析法计算水平地震作用。每一方向上的地震作用全部由该方向的抗震墙承担，各层总水平地震作用按该方向各片墙体的等效刚度进行分配，按力学方法计算每片墙体的内力，然后与竖向荷载作用下的内力进行组合并按《抗震规范》要求进行内力调整，最后进行截面抗震验算。在计算中要确定单片抗震墙的等效刚度，为此要对抗震墙进行分类。

（1）抗震墙的分类　对于洞口比较均匀的抗震墙结构中的抗震墙，可根据抗震墙的洞口大小、洞口位置及其对抗震墙的减弱情况区分为整体墙、整体小开口墙、小开口墙、壁式框架、双肢或联肢墙及大开口墙等。划分参数有：洞口面积比 ρ，即墙面的洞口面积与墙面面积的比值；墙肢惯性矩的比值 I_A/I；整体系数 α。各参数的计算公式如下

$$\rho = 墙面洞口面积/墙面毛面积 \tag{5-26}$$

墙肢惯性矩的比值 $\dfrac{I_A}{I}$

$$\frac{I_A}{I} = \frac{I - \sum_{j=1}^{m+1} I_j}{I} \tag{5-27}$$

抗震墙的整体系数 α

双肢墙

$$\alpha = H\sqrt{\frac{12 I_b a^2}{h(I_1+I_2)} \frac{I}{L^3 I_A}} \tag{5-28}$$

联肢墙

$$\alpha = H\sqrt{\frac{12 \sum_{j=1}^{m+1} \frac{I'_{bj} a_j^2}{L_j^3}}{\tau h \sum_{j=1}^{m+1} I_j}} \tag{5-29}$$

式中 I_1、I_2——墙肢1、2的截面惯性矩；
m——洞口列数；
h——层高；
H——抗震墙总高度；
a_j——第 j 列洞口两侧墙肢轴线距离；
L_j——第 j 列连梁计算跨度，取为洞口宽度加梁高的 1/2；
I_j——第 j 墙肢的惯性矩；
I——抗震墙对组合截面形心的惯性矩；
I'_{bj}——第 j 列连梁的折算惯性矩（考虑剪切变形），按下式计算

$$I'_{bj} = \frac{I_{bj0}}{1 + \frac{3\mu E_c I_{bj0}}{GA_{bj} L_j^2}} \tag{5-30}$$

式中 I_{bj0}——第 j 列连梁截面的惯性矩；
A_{bj}——第 j 列连梁的截面面积；
μ——梁截面形状系数，矩形截面 $\mu = 1.2$。

各类抗震墙可按上述参数分为以下几类：

1）整体墙。即无洞口墙或洞口面积比不超过 15%，且洞口间净距及洞口至墙边的净距大于洞口长边尺寸。这时可忽略洞口影响，墙体应力按平截面假定用材料力学公式计算，在地震作用下呈弯曲变形。

2）整体小开口墙。$\alpha \geqslant 10$，$\rho > 15\%$，且 $\frac{I_A}{I} \leqslant \xi$，$\xi$ 为系数，与 α 及层数有关，可查阅文献。此类墙体整体性很强，墙肢不出现反弯点，墙体应力可按平截面假定计算，但应考虑小开口对截面应力的局部影响，对所得应力加以修正，相应的变形基本上属于弯曲变形。

3）双肢墙（联肢墙）。$1 < \alpha < 10$，$\rho > 25\%$，$I_A/I \leqslant \xi$，此类墙体截面应力不能再按平截面假定计算，可借助列微分方程来求解，变形已从弯曲型逐渐向剪切型过渡。

4）壁式框架。$\alpha \geqslant 10$，且 $I_A/I > \xi$，此类墙体在水平荷载作用下多出现反弯点，其受力特

点与框架接近。

5）大开口墙。$\alpha \leq 1$，弱梁连接，可按独立墙肢考虑。

为了使抗震墙具有较高的延性，宜采用整体性系数 $\alpha = 2 \sim 3.5$。若要求较大的刚度及耗能能力，则可以采用 $\alpha = 3.5 \sim 10$ 的联肢墙。对于延性要求不高的抗震墙，可采用 $\alpha \geq 10$ 的小开口墙，当然也可以混合采用小开口墙作为第一道防线，而联肢墙作为第二道防线。

当抗震墙过长或墙肢过宽时，可采用弱连梁将墙分为若干墙段，使其高宽比 ≥ 3，以保证适当的延性。

（2）抗震墙等效刚度计算　抗震墙的等效刚度 $E_c I_{eq}$ 是按顶点位移相等的原则，考虑墙体变形及洞口影响，将抗震墙的刚度折算成只考虑弯曲变形的等效悬臂杆件的弹性抗弯刚度的形式表达。抗震墙的等效刚度不仅与墙体类型有关，还与荷载形式有关。水平地震作用在结构竖向上的分布形式有倒三角分布、顶部集中水平力及沿竖向的均布水平荷载三种形式。

1）整体墙的等效刚度按下式计算

$$E_c I_{eq} = \frac{E_c I_w}{1 + \frac{9\mu I_w}{A_w H^2}} \tag{5-31}$$

2）整体小开口墙的等效刚度

$$E_c I_{eq} = \frac{0.8 E_c I_w}{1 + \frac{9\mu I}{\sum A_i H^2}} \tag{5-32}$$

3）联肢墙、壁式框架在三种荷载形式下的等效刚度为

倒三角分布的水平荷载　　$$E_c I_{eq} = \frac{11 q_{max} H^4}{120 \mu_1} \tag{5-33}$$

均布水平荷载　　$$E_c I_{eq} = \frac{q H^4}{8 \mu_2} \tag{5-34}$$

顶部集中水平荷载　　$$E_c I_{eq} = \frac{P H^3}{3 \mu_3} \tag{5-35}$$

式中　　E_c——混凝土弹性模量；

H——抗震墙总高度；

I_w——抗震墙水平截面的平均惯性矩，取有洞口和无洞口截面的惯性矩按层高的加权平均值，即 $I_w = \sum I_i h_i / \sum h_i$，$I_i$ 和 h_i 为抗震墙沿高度方向各段的组合截面惯性矩和相应各段的高度；

A_w——抗震墙水平截面面积，对有小洞口的整体墙，考虑洞口削弱，取折算截面面积，即 $A_w = \gamma_0 A$，其中洞口削弱系数 $\gamma_0 = 1 - 1.25 \sqrt{\frac{A_{0p}}{A_f}}$，$A$ 为墙体水平截面面积，A_{0p} 为洞口总立面面积，A_f 为墙体总立面面积；

q、q_{max}——均布荷载值和倒三角分布荷载的最大值；

P——顶部集中水平荷载值；

μ_1、μ_2、μ_3——倒三角分布荷载、均布荷载和顶部集中水平荷载作用下产生的结构顶点水平位移；

$\sum A_i$——墙肢面积之和；

I——组合截面惯性矩。

(3) 水平地震作用及楼层地震内力在各墙体上的分配　根据结构实际情况，选择合适的计算水平地震作用的方法，求出抗震墙结构各层的地震作用F_i，地震内力V_i、M_i后，可按各片抗震墙刚度的比例分配到各片墙上。则第i层第j片墙分配到的地震作用F_{ij}和地震剪力V_{ij}、地震弯矩M_{ij}分别为

$$F_{ij} = \frac{(E_c I)_j}{\sum E_c I} F_i \tag{5-36}$$

$$V_{ij} = \frac{(E_c I)_j}{\sum E_c I} V_i \tag{5-37}$$

$$M_{ij} = \frac{(E_c I)_j}{\sum E_c I} M_i \tag{5-38}$$

式中　$(E_c I)_j$、$\sum E_c I$——第i层第j片墙的刚度和该层所有墙体的总刚度，当各片墙沿竖向刚度变化均匀时，可近似用等效刚度$(E_c I_{eq})$代替$(E_c I)$。

(4) 墙体的内力计算　确定各抗震墙体承担的水平地震作用、地震剪力和地震弯矩后，需计算墙体各部位的内力，墙体类型不同计算方法也不同。

1) 整体墙。对整体墙看作竖向悬臂构件按材料力学公式计算水平截面的应力和位移。

2) 整体小开口墙

第j片墙肢弯矩

$$M_j = 0.85 M \frac{I_j}{I} + 0.15 M \frac{I_j}{\sum I_j} \tag{5-39}$$

式中，右端第一项为整体弯矩在墙肢中产生的弯矩，占总弯矩的85%；第二项为墙肢局部弯矩，占总弯矩的15%。$\sum M_j$远小于荷载产生的总弯矩M，不足部分由墙肢轴力产生的力矩来平衡。

第j片墙肢轴力

$$N_j = 0.85 M \frac{A_j y_j}{I} \tag{5-40}$$

式中　A_j、I_j——第j墙肢的截面面积和惯性矩；

I——对组合截面形心的整体惯性矩；

y_j——第j墙肢截面形心至组合截面形心的距离。

第j片墙肢的剪力

$$V_j = V \frac{A_j}{\sum A_j} \text{（底层）} \tag{5-41a}$$

$$V_j = V \left(\frac{A_j}{2 \sum A_j} + \frac{I_j}{2 \sum I_j} \right) \text{（其他层）} \tag{5-41b}$$

式中　V——水平力产生的楼层总剪力。

当抗震墙符合小开口墙的条件而又夹有个别细小墙肢时，小墙肢会产生显著的局部弯曲，使墙肢弯矩增大。这时，小墙肢截面弯矩宜附加一个局部弯矩

$$M_j = M_{j0} + \Delta M_j \tag{5-42a}$$

$$\Delta M_j = V_j \frac{h_0}{2} \tag{5-42b}$$

式中　M_{j0}——按整体小开口墙计算的墙肢弯矩；

　　　ΔM_j——由于小墙肢局部弯曲增加的弯矩；

　　　V_j——第 j 墙肢剪力；

　　　h_0——洞口高度。

试验研究和有限元分析表明：由于洞口的削弱，小开口墙的位移比按材料力学公式计算的组合截面构件的位移增大 20%。所以小开口墙的顶点位移 μ 可按下式计算

$$\mu = 1.2 \frac{qH^4}{8EI}\left[1 + \frac{4\mu EI}{GAH^2}\right] \quad (均布荷载) \tag{5-43a}$$

$$\mu = 1.2 \frac{11 q_{max} H^4}{120 EI}\left[1 + \frac{3.67\mu EI}{GAH^2}\right] \quad (倒三角分布荷载) \tag{5-43b}$$

$$\mu = 1.2 \frac{PH^3}{3EI}\left[1 + \frac{3\mu EI}{GAH^2}\right] \quad (顶部集中荷载) \tag{5-43c}$$

式中　A——截面总面积，$A = \sum_{j=1}^{m+1} A_{j0}$。

3）联肢墙。当抗震墙的洞口成列布置，且整体系数 α 小于 10 时，抗震墙应按联肢墙计算。在联肢墙的内力与位移的计算中，假定：

① 沿竖向，墙肢连梁的刚度不变，层高不变。如有变化，取各层平均值。

② 每列连梁的反弯点都在跨中，连梁的作用可以由均匀分布的竖向弹性薄片来代替。

③ 各墙肢刚度相差不过分悬殊，因而它们的变形曲线相同，各层的位移 μ 和转角 θ' 也相同。

应用力法的原理，将每列连梁沿中点切开，形成 $m+1$ 个独立悬臂墙肢（m 为洞口列数），形成静定的基本体系。在切口两侧出现多余未知力——连续分布的剪力 $\tau(x)$。如图 5-16 所示。

分析在未知力 $\tau(x)$ 和外荷载作用下，墙肢和连梁变形后在切口两侧产生相对位移，使切口两侧产生相对位移的主要因素有：

① 在分布剪力 $\tau(x)$ 作用下，连梁产生弯曲变形与剪切变形

$$\delta_{1j}(x) = -2\tau(x)\left(\frac{a_{j0}^3 h}{3EI_{bj0}} + \frac{\mu a_0 h}{GA_{bj}}\right) = -\frac{2}{3}\frac{a_{j0}^3 h}{EI_{bj}}\tau(x) \tag{5-44}$$

式中　a_0——连梁计算跨度；

　　　I_{bj0}——第 j 列连梁惯性矩；

I_{bj}——第 j 列连梁考虑剪切变形的折算惯性矩,按下式计算

$$I_{bj} = \frac{I_{bj0}}{1 + \frac{7\mu\, I_{bj0}}{a_j^2 A_{bj}}}$$

② 外荷载作用使墙肢产生弯曲与剪切变形,墙肢产生转角后,连梁切口产生相对变形

$$\delta_{2j}(x) = 2c\theta_1 + 2 a_0 \theta_2 \tag{5-45}$$

式中 θ_1、θ_2——墙肢弯曲变形和剪切变形产生的墙肢转角。

③ 墙肢轴向变形使连梁产生竖向移动,切口两边产生相对位移

$$\delta_{3j}(x) = -\frac{1}{E}\left(\frac{1}{A_j} + \frac{1}{A_{j+1}}\right)\int_0^x\!\!\int_x^H \tau_j(x)\,\mathrm{d}x\mathrm{d}x + \int_0^x\!\!\int_x^H \tau_{j-1}(x)\,\mathrm{d}x\mathrm{d}x + \frac{1}{EA_{j+1}}\int_0^x\!\!\int_x^H \tau_{j+1}(x)\,\mathrm{d}x\mathrm{d}x \tag{5-46}$$

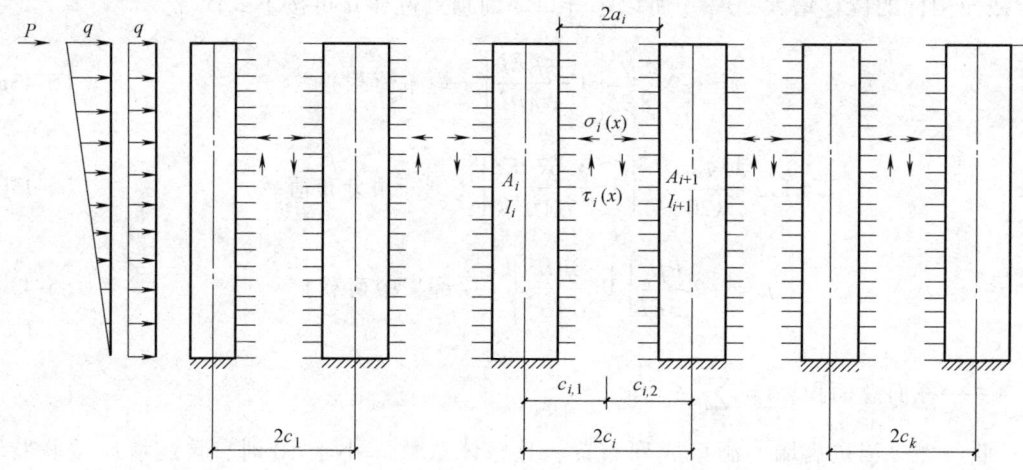

图 5-16 联肢墙基本体系

但是,连梁本来没有切口,这些位移应当满足切口的连续条件,即

$$\delta_{1j}(x) + \delta_{2j}(x) + \delta_{3j}(x) = 0 \tag{5-47}$$

将式(5-44)、式(5-45)、式(5-46)代入式(5-47),微分两次,可得第 j 列连梁的微分方程。利用微分方程求解内力。

4)壁式框架。壁式框架受力性能接近框架,可以当作带刚域框架计算。刚域的范围如图 5-17 所示。刚域的范围由下式确定

$$d_{b1} = a_1 - h_b/4 \tag{5-48a}$$

$$d_{b2} = a_2 - h_b/4 \tag{5-48b}$$

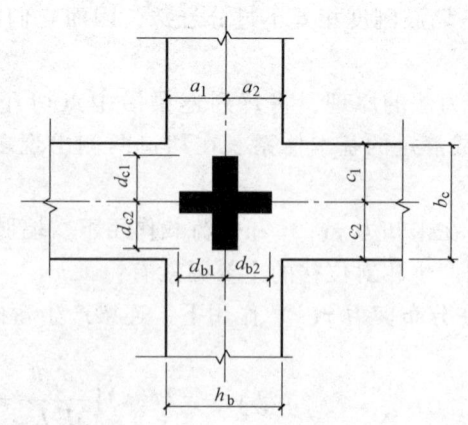

图 5-17 刚域范围

$$d_{c1} = c_1 - b_c/4 \qquad (5\text{-}48c)$$

$$d_{c2} = c_2 - b_c/4 \qquad (5\text{-}48d)$$

当计算的刚域长度小于零时，不考虑刚域影响。

带刚域构件的等效刚度可近似按下式计算

$$EI_{eq} = EI_0 \gamma_v (l/l_0)^3 \qquad (5\text{-}49)$$

式中　EI_0——中段杆截面刚度；

　　　γ_v——考虑剪切变形的刚度折减系数，采用表 5-26 给出的数值；

　　　h_b——中段杆截面高度；

　　　EI_{eq}——等效刚度；

　　　l——包括刚域的杆长；

　　　l_0——中段杆长度。

表 5-26　考虑剪切变形的刚度折减系数

h_b/l_0	0.0	0.1	0.2	0.3	0.4	0.5	0.6	0.7	0.8	0.9	1.0
γ_v	1.0	0.97	0.89	0.79	0.68	0.57	0.48	0.41	0.34	0.29	0.25

利用上式将带刚域杆件变为等效等截面杆件后，可用 D 值法进行简化计算，求顶点位移及内力。

3. 墙体内力组合与调整

地震作用下的内力计算完成后，就可以与其他荷载作用下的内力进行组合，以确定最不利内力，作为截面设计的依据。

为了提高墙体抗震能力，墙肢各截面组合后的内力设计值，还需要根据《抗震规范》要求进行适当调整。

1) 一级抗震墙的底部加强部位以上部位，墙肢的组合弯矩设计值应乘以增大系数，其值可采用 1.2，剪力相应调整，调整后墙肢弯矩如图 5-18 所示。

2) 双肢抗震墙中，墙肢不宜出现小偏心受拉，否则在地震作用下其抗震能力可能大大损失。因此当任一墙肢为偏心受拉时，另一墙肢的剪力设计值、弯矩设计值应乘以增大系数 1.25。

3) 一、二、三级的抗震墙底部加强部位，其截面组合的剪力设计值，应按下式调整

$$V = \eta_{vw} V_w \qquad (5\text{-}50)$$

9 度的一级可不按上式调整，但应符合下式要求

$$V = 1.1 \frac{M_{wua}}{M_w} V_w \qquad (5\text{-}51)$$

式中　V——抗震墙底部加强部位截面组合的剪力设计值；

　　　V_w——抗震墙底部加强部位截面的剪力设计值；

M_{wua}——抗震墙底部按实配钢筋面积、材料强度标准值和轴力计算的承载力对应的弯矩值有翼墙时考虑墙两侧各一倍翼墙厚度范围内的纵向钢筋配筋；

M_w——抗震墙底部截面组合的弯矩设计值；

η_{vw}——抗震墙剪力增大系数，一级为 1.6，二级为 1.4，三级为 1.2。

4）抗震墙中的连梁，其梁端截面组合的剪力设计值应按式（5-3）或式（5-4）进行调整。

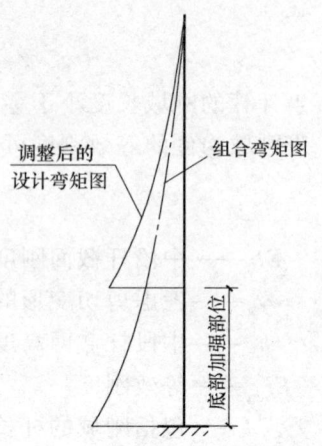

图 5-18 调整后墙肢弯矩图

5.4.3 墙体截面抗震验算

1. 剪压比限值

剪跨比大于 2.0 的抗震墙和跨高比大于 2.5 的连梁，其截面组合的剪力设计值应符合下式要求

$$V = \frac{1}{\gamma_{RE}}(0.2 f_c b_w h_{w0}) \tag{5-52}$$

当抗震墙的剪跨比不大于 2.0、部分框支抗震墙的框支柱和落地墙的加强部位及连梁的跨高比不大于 2.5 时宜满足下式

$$V \leqslant \frac{1}{\gamma_{RE}}(0.15 f_c b_w h_{w0}) \tag{5-53}$$

式中 V——抗震墙或连梁端部截面组合的剪力设计值、连梁端部截面组合的剪力设计值的计算见后文；

b_w——抗震墙厚度；

h_{w0}——截面有效高度，抗震墙可取墙肢长度；

γ_{RE}——抗震承载力调整系数，取 $\gamma_{RE}=0.85$。

2. 双肢抗震墙截面设计的内力取值

在竖向荷载与地震共同作用下，双肢抗震墙应避免小偏心受拉。当墙肢出现拉力时，该墙肢刚度开始退化，拉力愈大退化愈多，当截面为大偏心受拉，且平均拉应力不大于混凝土的抗拉强度设计值时，则另一墙肢的组合剪力设计值及组合弯矩设计值应乘以增大系数 1.25，计算时应考虑来自不同方向的地震作用。

截面承受的拉力应满足以下条件

$$N_i = N - \sum V \tag{5-54}$$

$$N_i \leqslant A f_t \tag{5-55}$$

式中 N——由重力代表值引起的墙肢轴压力；

N_i——截面承受的拉力；

$\sum V$——截面以上连梁由地震力引起的剪力之和；

A——墙肢截面面积；

f_t——墙肢混凝土抗拉强度设计值。

3. 抗震墙斜截面受剪承载力

反复和单调荷载作用下的抗震墙正截面承载力对比试验表明，在反复荷载作用下，大偏心受压抗震墙的正截面承载力与单调荷载作用下的正截面承载力比较接近，而反复加载时的受剪承载力比单调加载时降低约 15%～20%。偏心受压抗震墙斜截面受剪承载力应按下式验算

$$V_W \leqslant \frac{1}{\gamma_{RE}} \left[\frac{1}{\lambda - 0.5} \left(0.4 f_t b_w h_{w0} + 0.1 N \frac{A_W}{A} \right) + 0.8 f_{yv} \frac{A_{sh}}{s} h_{w0} \right] \tag{5-56}$$

式中 V_W——抗震墙承受的组合剪力设计值；

N——考虑地震组合的抗震墙轴向压力设计值中的较小值，当 N 大于 $0.2 f_c b_w h_w$ 时，取 $N = 0.2 f_c b_w h_w$；

A——抗震墙截面总面积；

A_W——抗震墙腹板面积，矩形截面取 $A_W = A$；

λ——计算截面处剪跨比，$\lambda = M_W / V_W h_{w0}$，$\lambda < 1.5$ 时取 1.5，$\lambda > 2.2$ 时取 2.2，其中 M_W 为与 V_W 相应的设计弯矩值，当计算截面与墙底间的距离小于 $h_{w0}/2$ 时，λ 应按 $h_{w0}/2$ 处的设计弯矩与剪力值计算。

偏心受拉时抗震墙斜截面受剪承载力按下式验算

$$V_W \leqslant \frac{1}{\gamma_{RE}} \left[\frac{1}{\lambda - 0.5} \left(0.4 f_t b_w h_{w0} - 0.1 N \frac{A_W}{A} \right) + 0.8 f_{yv} \frac{A_{sh}}{s} h_{w0} \right] \tag{5-57}$$

当上式右侧计算值小于 $0.8 f_{yv} \frac{A_{sh}}{s} h_{w0}$ 时，取

$$V_W = \frac{1}{\gamma_{RE}} \left(0.8 f_{yv} \frac{A_{sh}}{s} h_{w0} \right) \tag{5-58}$$

4. 抗震墙连梁斜截面受剪承载力计算

连梁端部截面组合的剪力设计值应符合式（5-3）、式（5-4）的要求。

对配置普通箍筋的连梁，其截面限制条件应满足式（5-52）、式（5-53）的要求。当连梁的跨高比大于 2.5 时，其斜截面受剪承载力可按式（5-59）计算。当连梁的跨高比小于或等于 2.5 时按式（5-60）计算。

$$V_{Wb} \leqslant \frac{1}{\gamma_{RE}} \left(0.42 f_t b_b h_{b0} + f_{yv} \frac{A_{sv}}{s} h_{b0} \right) \tag{5-59}$$

$$V_{Wb} \leqslant \frac{1}{\gamma_{RE}} \left(0.38 f_t b_b h_{b0} + 0.9 f_{yv} \frac{A_{sv}}{s} h_{b0} \right) \tag{5-60}$$

对于一、二抗震等级的连梁，当跨高比不大于 2.5 时，除配置普通箍筋外，宜另配置斜向交叉钢筋，此时，其截面限制条件及斜截面受剪承载力可按下列规定计算：

1) 当洞口连梁截面宽度不小于 250mm 时，可采用交叉斜筋配筋，如图 5-19 所示。其截面限制条件及斜截面受剪承载力按下式计算

$$V_{Wb} \leq \frac{0.25 f_c b_b h_{b0}}{\gamma_{RE}} \tag{5-61}$$

$$V_{Wb} \leq \frac{1}{\gamma_{RE}} [0.4 f_t b_b h_{b0} + (2.0\sin\alpha + 0.6\eta) f_{yd} A_{sd}] \tag{5-62}$$

$$\eta = \frac{f_{sv} A_{sv} h_0}{s f_{yd} A_{yd}}$$

式中　η——箍筋与对角斜筋的配筋强度比，当小于 0.6 时取 0.6，当大于 1.2 时取 1.2；
　　　α——对角斜筋与梁纵轴的夹角；
　　　f_{yd}——对角斜筋的抗拉强度设计值；
　　　A_{sd}——单向对角斜筋的截面面积；
　　　A_{sv}——同一截面内箍筋各肢的全部截面面积。

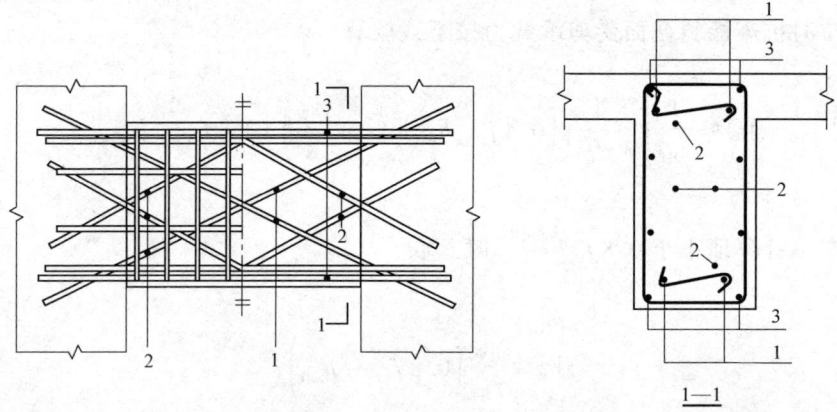

图 5-19　交叉斜筋配筋连梁
1—对角斜筋　2—折线筋　3—纵向钢筋

2) 当洞口连梁截面宽度不小于 400mm 时，可采用集中对角斜筋配筋或对角暗撑配筋，如图 5-20、图 5-21 所示，此时，截面限制条件仍按式（5-61）验算，斜截面受剪承载力按下式计算

$$V_{Wb} \leq \frac{2}{\gamma_{RE}} (f_{yd} A_{sd} \sin\alpha) \tag{5-63}$$

管道穿过连梁预留洞口宜位于连梁中部，洞口的加强设计同框架的要求，当不能满足要求时，连梁与抗震墙的连接应按铰接考虑。

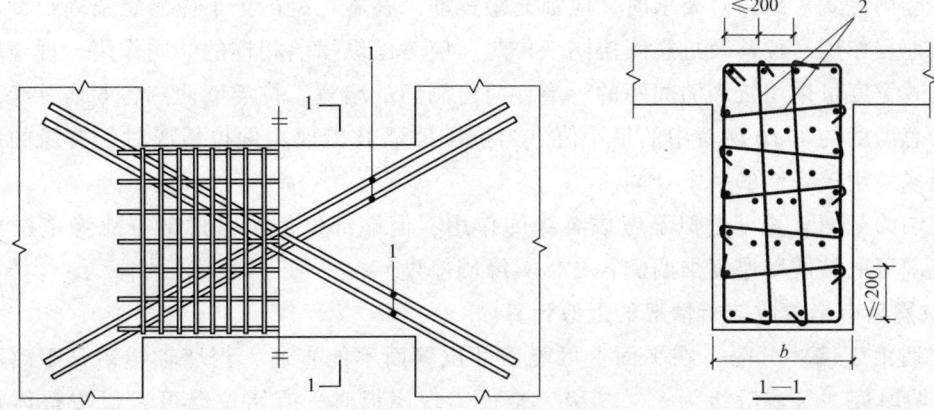

图 5-20　集中对角斜筋配筋连梁

1—对角斜筋　2—拉筋

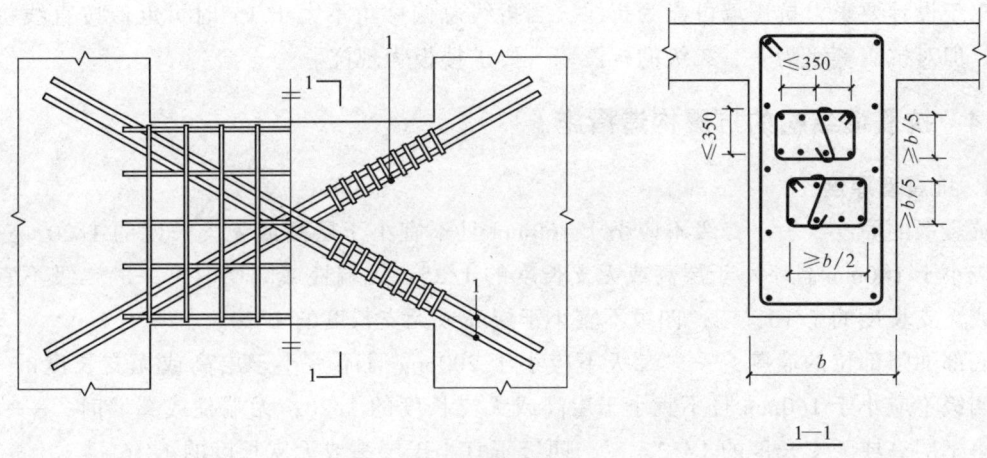

图 5-21　对角暗撑配筋连梁

1—对角暗撑

5. 抗震墙施工缝的受剪验算

抗震墙的水平施工缝是受剪的薄弱部位,特别是当剪应力较高、轴压力较小,甚至出现拉力时。一级抗震墙的施工缝截面应进行受剪承载力验算,此时只考虑钢筋及摩擦力的作用,施工缝受剪承载力按下式验算

$$V_\text{W} \leq \frac{1}{\gamma_\text{RE}}(0.6f_\text{y}A_\text{s} + 0.8N) \tag{5-64}$$

式中　V_W——考虑地震组合的水平施工缝处的剪力设计值;

f_y——竖向钢筋抗拉强度设计值;

A_s——施工缝处抗震墙墙板竖向分布钢筋和边缘构件(不包括两侧翼墙)的纵向钢筋的纵截面面积;

N——施工缝处不利组合的轴向力设计值，压力取正值，拉力取负值。

当不能满足式（5-64）要求时，应补充短钢筋，在施工缝的上下应满足锚固长度。

计算地震作用、位移及抗震墙协同工作时，应考虑纵横墙相连的共同作用。现浇抗震墙的翼缘有效宽度可采用抗震墙间距的一半、门窗洞间的墙宽、抗震墙两侧各6倍翼缘墙厚度和抗震墙总高度的1/10四者中的最小值。当抗震墙墙肢出现大偏拉情况时，翼缘的压力影响范围最多采用翼缘墙的一个开间。

抗震墙的截面计算可近似不考虑翼缘的作用，但端部配筋可考虑部分翼缘范围内的配筋，该范围可取抗震墙厚度加两侧各2倍翼缘墙厚度。

6. 抗震墙有错位或转折情况的近似计算

抗震墙由于墙体分隔，在平面上可能错开位置而不能直通，当墙轴线错开距离不大于3倍连接墙厚度，抗震等级为一、二级，楼板为现浇板时，有错位墙可近似按整体直线墙考虑。抗震等级为三级的抗震墙，当错开距离不大于6倍连接墙厚度且不大于2.0m时，也可近似按整体墙考虑，但计算所得的内力应乘以增大系数1.2，等效刚度应乘以折减系数0.8。

出于设计要求，抗震墙可能为折线，当折线总偏移角不大于15°时可近似按直线抗震墙考虑，但对抗震等级为一、二级的抗震墙，要求楼板为现浇。

5.4.4 抗震墙结构的抗震构造措施

1. 抗震墙厚度

抗震墙的厚度，一、二级不应小于160mm且不宜小于层高或无支长度的1/20，三、四级不应小于140mm且不小于层高或无支长度的1/25；无端柱或翼墙时，一、二级不宜小于层高或无支长度的1/16，三、四级不宜小于层高或无支长度的1/20。

底部加强部位的墙厚，一、二级不应小于200mm且不宜小于层高或无支长度的1/16，三、四级不应小于160mm且不宜小于层高或无支长度的1/20；无端柱或翼墙时，一、二级不宜小于层高或无支长度的1/12，三、四级不宜小于层高或无支长度的1/16。

2. 轴压比限值

轴压比是影响抗震墙延性的主要因素，为了保证抗震墙具有足够的延性，防止地震时发生脆性破坏，对抗震墙的轴压比要加以限制。但考虑到计算相对受压区的轴压比不易操作，因此《抗震规范》建议取重力荷载代表值作用下墙肢轴压比作为判断依据。

一、二、三级抗震墙在重力荷载代表值作用下墙肢的轴压比，一级时，9度不宜大于0.4，7度、8度不宜大于0.5；二、三级时不宜大于0.6。

3. 分布钢筋的构造要求

抗震墙作为结构体系的主要抗侧力构件，承受很大的剪力，同时温度及混凝土的收缩变形也将产生较大剪力，因此对墙体的竖向、横向分布钢筋的最小配筋率有最低要求。

1）一、二、三级抗震墙的竖向和横向分布钢筋最小配筋率均不应小于0.25%。四级抗震墙分布钢筋最小配筋率不应小于0.20%。高度小于24m且剪压比很小的四级抗震墙，其竖向分布筋的最小配筋率应允许按 0.15% 采用。

2) 部分框支抗震墙结构的落地抗震墙底部加强部位，竖向和横向分布钢筋配筋率均不应小于 0.3%。

抗震墙竖向和横向分布钢筋除满足最小配筋率要求外，还应符合间距和钢筋直径要求：

1) 抗震墙的竖向和横向分布钢筋的间距不宜大于 300mm，部分框支抗震墙结构的落地抗震墙底部加强部位，竖向和横向分布钢筋的间距不宜大于 200mm。

2) 抗震墙厚度大于 140mm 时，其竖向和横向分布钢筋应双排布置，双排分布钢筋间拉筋的间距不宜大于 600mm，直径不应小于 6mm。

3) 抗震墙竖向和横向分布钢筋的直径，均不宜大于墙厚的 1/10 且不应小于 8mm；竖向钢筋直径不宜小于 10mm。

4. 边缘构件的设置要求

抗震墙两端和洞口两侧应设置边缘构件，边缘构件包括暗柱、端柱和翼墙，还可以区分为构造边缘构件和约束边缘构件。

设置边缘构件主要是为了提高抗震墙的塑性变形能力和抗地震倒塌能力。研究表明，当墙体截面相对受压区高度或轴压比较小时，即使不设约束边缘构件，抗震墙仍具有较好的延性和耗能能力；当截面相对受压区高度或轴压比大到一定值时，就需要设置约束边缘构件，使墙肢端部成为箍筋约束混凝土，具有较大的受压变形能力；但当轴压比更大时，即使设置约束边缘构件，在强烈地震作用下，抗震墙仍有可能压溃，丧失承担竖向荷载的能力。因此抗震墙的延性更主要取决于轴压比。墙体中设置构造边缘构件还是约束边缘构件也与轴压比有关，《抗震规范》对构造边缘构件和约束边缘构件的具体要求如下：

1) 对于抗震墙结构，底层墙肢底截面的轴压比不大于表 5-27 规定的一、二、三级抗震墙及四级抗震墙，墙肢两端可设置构造边缘构件，构造边缘构件的范围可按图 5-22 采用，构造边缘构件的配筋除应满足受弯承载力要求外，还宜符合表 5-28 的要求。

表 5-27 抗震墙设置构造边缘构件的最大轴压比

抗震等级或烈度	一级(9度)	一级(7,8度)	二、三级
轴压比	0.1	0.2	0.3

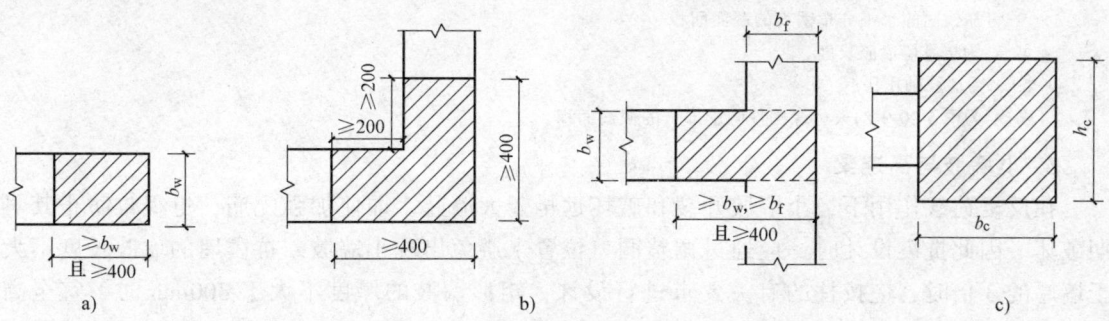

图 5-22 抗震墙的构造边缘构件范围
a) 暗柱 b) 翼柱 c) 端柱

表 5-28 抗震墙构造边缘构件的配筋要求

抗震等级	底部加强部位			其他部位		
	纵向钢筋最小量（取较大值）	箍筋		纵向钢筋最小量（取较大值）	拉筋	
		最小直径/mm	沿竖向最大间距/mm		最小直径/mm	沿竖向最大间距/mm
一	$0.010A_c$, $6\phi16$	8	100	$0.008A_c$, $6\phi14$	8	150
二	$0.008A_c$, $6\phi14$	8	150	$0.006A_c$, $6\phi12$	8	200
三	$0.006A_c$, $6\phi12$	6	150	$0.005A_c$, $4\phi12$	6	200
四	$0.005A_c$, $4\phi12$	6	200	$0.004A_c$, $4\phi12$	6	250

注：1. A_c 为边缘构件的截面面积；
  2. 其他部位的拉筋，水平间距不应大于纵筋间距的 2 倍，转角处宜采用箍筋；
  3. 当端柱承受集中荷载时，其纵向钢筋、箍筋直径和间距应满足柱的相应要求。

2）底层墙肢底截面的轴压比大于表 5-27 规定的一、二、三级抗震墙，以及部分框支抗震墙结构的抗震墙，应在底部加强部位及相邻的上一层设置约束边缘构件，在以上的其他部位可设置构造边缘构件。约束边缘构件沿墙肢的长度、配箍特征值、箍筋和纵向钢筋宜符合表 5-29 的要求。约束边缘构件的范围如图 5-23 所示。

表 5-29 抗震墙约束边缘构件的范围及配筋要求

项目	一级（9度）		一级（8度）		二、三级	
	$\lambda \leq 0.2$	$\lambda > 0.2$	$\lambda \leq 0.3$	$\lambda > 0.3$	$\lambda \leq 0.4$	$\lambda > 0.4$
l_c（暗柱）	$0.20h_w$	$0.25h_w$	$0.15h_w$	$0.20h_w$	$0.15h_w$	$0.20h_w$
l_c（翼墙或端柱）	$0.15h_w$	$0.20h_w$	$0.10h_w$	$0.15h_w$	$0.10h_w$	$0.15h_w$
λ_v	0.12	0.20	0.12	0.20	0.12	0.20
纵向钢筋（取较大值）	$0.012A_c$, $8\phi16$		$0.012A_c$, $8\phi16$		$0.010A_c$, $6\phi16$（三级 $6\phi14$）	
箍筋或拉筋沿竖向间距	100mm		100mm		150mm	

注：1. 抗震墙的翼墙长度小于 3 倍墙厚或端柱截面边长小于 2 倍墙厚时，按无翼墙、无端柱查表。
  2. l_c 为约束边缘构件沿墙肢长度，且不小于墙厚和 400mm；有翼墙或端柱时不应小于翼墙厚度或端柱沿墙肢方向截面高度加 300mm。
  3. λ_v 为约束边缘构件的配箍特征值，体积配箍率可按式（5-22）计算，并可适当计入满足构造要求且在墙端有可靠锚固的水平分布钢筋的截面面积。
  4. h_w 为抗震墙墙肢长度。
  5. λ 为墙肢轴压比。
  6. A_c 为图 5-20 中约束边缘构件阴影部分的截面面积。

5. 小墙肢与高连梁

在反复荷载作用下，小墙肢开裂和破坏远早于大墙肢，即使加强配筋，也很难防止其早期破坏。因此抗震设计时，应通过调整洞口位置来避免出现小墙肢。抗震墙的墙肢长度不大于墙厚的 3 倍时，应按柱的有关要求进行设计；矩形墙肢的厚度不大于 300mm 时，宜全高加密箍筋。

跨高比较小的高连梁，计算时刚度折减，意味着小震下连梁可能开裂，汶川地震中不少连梁出现这种震害。因此对高连梁可设水平缝形成双连梁、多连梁，改变其破坏形态或采取

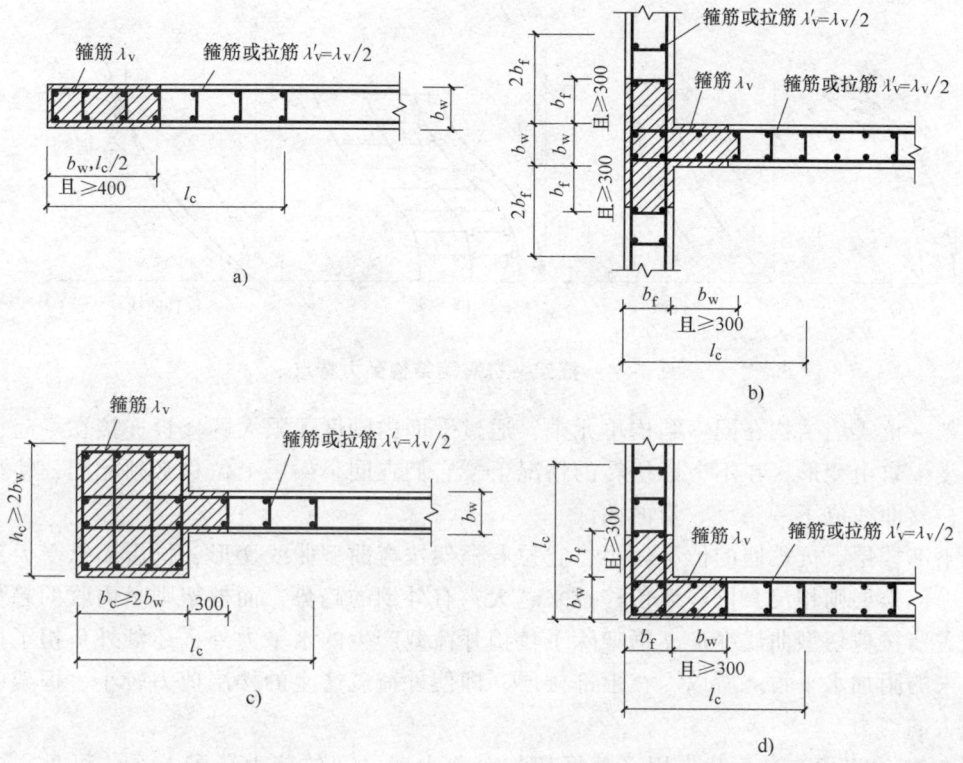

图 5-23 抗震墙的约束边缘构件
a) 暗柱 b) 有翼墙 c) 有端柱 d) 转角墙（L形墙）

其他加强受剪承载力的构造。顶层连梁的纵向钢筋伸入墙体的锚固长度范围内，应设置箍筋。

5.5 框架—抗震墙结构的抗震计算与抗震构造措施

框架—抗震墙结构具有多道防线的抗震性能。多遇的"小震"作用时，抗震墙作为第一道防线对抗震起主要作用。预估的基本烈度地震作用时，抗震墙会开裂，刚度有一定退化，地震作用由框架与抗震墙共同承担。罕遇地震作用时抗震墙刚度大幅度退化，但仍具有一定的耗能作用，结构刚度降低也会减小地震作用，此时框架承担的地震作用将增大，框架作为第二道防线将起到保持结构稳定及防止倒塌的作用。

5.5.1 框架—抗震墙结构的抗震计算

1. 框架—抗震墙结构的受力特点

钢筋混凝土框架—抗震墙结构由框架和抗震墙两种不同的抗侧力体系组成，这两种体系的受力特点和变形性质都不相同。如图 5-24 所示，抗震墙是竖向悬臂弯曲结构，其变形曲线是弯曲型，如同竖向悬臂梁，楼层越高水平位移增长越快。框架的工作特点类似于竖向悬臂剪切梁，其变形曲线为剪切型，随楼层增高水平位移增长减慢。

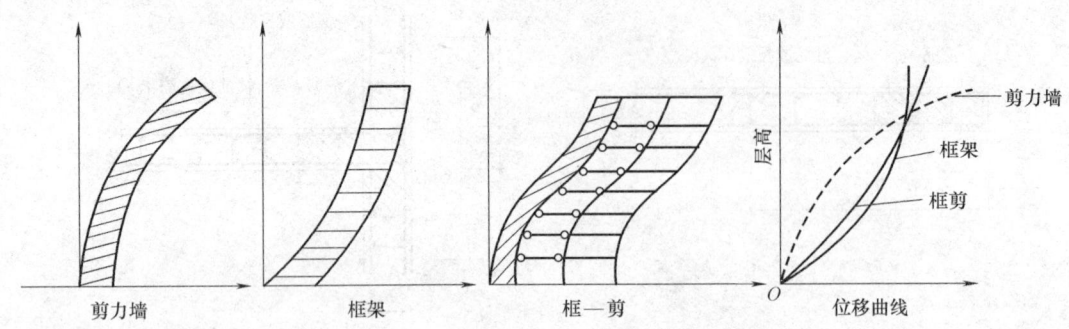

图 5-24 框架—抗震墙结构受力特点

框架—抗震墙结构在同一结构单元中，通过平面内刚度无限大的楼板连接在一起，使两者不能发生自由变形，在不考虑扭转的情况下，它们在同一楼层上位移必须相同，使得框剪结构的位移曲线成了一条反 S 形的曲线。

在下部楼层，抗震墙的位移较小，它拉着框架按弯曲型曲线变形，抗震墙承受大部分水平力。上部楼层则相反，抗震墙位移越来越大，有外倒的趋势，而框架则呈内收的趋势，框架拉抗震墙按剪切型曲线变形，框架除了负担外荷载产生的水平力外，还额外负担了把抗震墙拉回来的附加水平力。所以，在上部楼层，即使外荷载产生的楼层剪力较小，框架中也出现相当大的剪力。

图 5-25 给出了均布荷载作用下总框架与总剪力墙之间的剪力分配关系。可见，框架和剪力墙之间剪力分配在各层是不同的。剪力墙在下部承受大部分剪力，而框架底部剪力很小；在上部剪力墙出现负剪力，而框架却担负了较大的正剪力。在顶部框架和剪力墙的剪力都不是零，它们的和等于零。因此，水平力在框架和抗震墙之间，应按位移协调的原则进行计算。

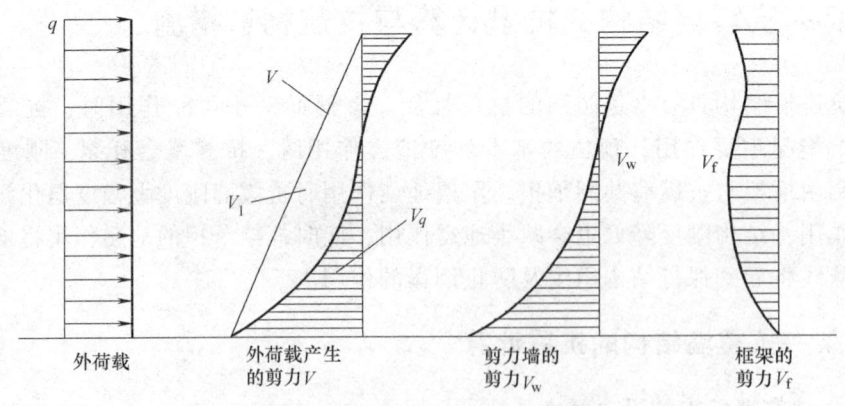

图 5-25 水平力在框架与抗震墙之间的分配

由上述分析可以看出，框架—抗震墙结构中的框架的受力情况不同于纯框架结构中的框架。纯框架结构中，每片框架的剪力分布都是下大上小；而在框剪结构中，框架所受的剪力却是下小中上部大。纯框架结构的剪力控制部位在下部楼层；而框剪结构中的框架，控制部位在中部甚至是顶部楼层，两者的内力分布规律完全不同。由此提醒我们，在纯框架结构设计完毕后，如果又增加了一些抗震墙，若设置的抗震墙数量较多，就必须按框架—抗震墙结构重新核算，否则不能保证框架部分的中部和上部楼层的安全；如果抗震墙数量较少，属于设置少量抗震墙的框架结构，其框架部分的地震剪力值，宜采用框架结构模型和框架—抗震墙结构模型二者计算结果的较大值。也就是说在结构中增设了抗震墙、电梯井等弯曲型构件，不能简单地按框架结构计算，不考虑这些构件的受力不一定就安全。

2. 抗震设计的基本要求

（1）适用的房屋最大高度　框架—抗震墙结构兼有框架结构空间布置灵活和抗震墙结构刚度大、抗震性能好的特点，也是高层旅馆和公共建筑较常用的一种结构类型。这类现浇结构适用的房屋最大高度见表5-1，对于不规则结构或Ⅳ类场地上的结构，适用的最大高度应适当降低。

（2）合理的抗震墙数量　通过对框架—抗震墙结构的分析发现，钢筋混凝土结构随抗震墙数量增加而震害减轻。日本曾分析过福井地震和十胜冲地震中钢筋混凝土多层建筑的震害，发现当每平方米平均抗震墙长度少于50mm时，震害严重；多于150mm时，破坏轻微，甚至无震害，从而得出含墙率不少于$50mm/m^2$的要求。当然，这个统计是粗略的，它没有反映墙厚、层数、重量等因素，但是表现在框架—抗震墙结构中，抗震墙越多，震害越轻。但如果抗震墙超过了合理数量，又会增加建筑物的造价。如果能合理确定抗震墙的数量，就能兼顾抗震性和经济性两方面的要求。基于国内的设计经验，表5-30列出了底层结构截面面积（即抗震墙截面面积A_w和柱截面面积A_c之和）与楼面面积A_f之比、抗震墙截面面积A_w与楼面面积A_f之比的合理范围。

表5-30　底层结构截面面积与楼面面积之比

设计条件	$\dfrac{A_w+A_c}{A_f}$	$\dfrac{A_w}{A_f}$
7度,Ⅱ类场地	3%~5%	2%~3%
8度,Ⅲ类场地	4%~6%	3%~4%

抗震墙纵横两个方向的墙体总量应在上表范围内，且两个方向的抗震墙数量宜相近。同时，抗震墙的数量还应满足对建筑物提出的刚度要求。

（3）结构布置

1）抗震墙布置的基本原则。抗震墙的一般布置原则是"均匀、分散、对称、周边"。均匀、分散要求抗震墙的片数多，每片的刚度不要太大；不要只设置一两片刚度很大、连续很长的抗震墙，因为片数太少，地震中个别抗震墙破坏后，剩下的一两片墙难以承受全部地震剪力；截面设计也困难（特别是连梁），尤其是基础承受过大的剪力和倾覆力矩，更难处理。所以，在方案阶段宜考虑布置多片抗震墙，在楼层平面上均匀布开，不要集中到某一局部区域。对称、周边布置是对高层建筑抵抗扭转的要求，抗震墙的刚度大，它的位置对楼层平面刚度分布起决定性作用。抗震墙对称布置，就能基本上保证建筑物的对称性，避免和减少建筑物受到的扭矩。另一方面，抗震墙沿建筑平面的周边布置可以最大限度地加大抗扭转的内力臂，提高整个结构的抗扭能力。当然，沿周边布置有困难时，往里面进来一两个间距也是可以的，但抗震墙的距离尽可能拉开。

2) 抗震墙布置位置的选择。一般情况下，抗震墙宜布置在竖向荷载较大处、平面形状变化处及楼梯间和电梯间等。在平面变化较大的角隅部位，容易产生大的应力集中，设置抗震墙予以加强是很有必要的。

① 楼（电）梯间、竖井。楼（电）梯间、竖井等竖向通道在楼面开洞，削弱了楼板的作用，特别是在端角和凹角处设置楼（电）梯间时，受力更为不利。因此，该类竖向通道不宜设在结构单元端部角区及凹角处，如必须设置时，应设抗震墙加强。同时，这种竖向通道不宜独立设在柱网以外的中间部位，至少有一边应与柱网重合。

② 纵横墙成组布置。纵横向抗震墙宜合并布置为 L 形、T 形和口字形，以使纵墙可以作为横墙的翼缘，横墙也可以作为纵墙的翼缘，从而提高承载力和刚度。两片抗震墙通过框架梁（连梁）组成联肢墙也可以大大提高其刚度。

③ 合理调整抗震墙的长度。为保证抗震墙具有足够的延性，不发生脆性的剪切破坏，每一道抗震墙（包括单片墙、小开口墙和联肢墙）不应过长，总高度与总长度之比（H/L）宜大于 3。连成一片的单个墙肢长度不宜大于 8m，以免因剪切而破坏。而且，墙肢过长，中间部分的分布钢筋还未达到屈服，端部钢筋早就因变形过大而断开。所以，较长的单片墙可以留出结构洞口，划分为联肢墙的两个墙肢，如果建筑上不需要这个洞口，可以在施工完毕后用砖墙或其他轻质材料封闭。每一道抗震墙在底部承受的弯矩和剪力均不宜大于整个结构底部剪力和倾覆力矩的 40%。

④ 抗震墙的最大间距。抗震墙比框架的刚度大得多，成为楼板在水平面内的支座，因此，它们的间距不应过大，防止楼板在自身平面内变形过大。抗震墙的间距应满足表 5-3 的要求。当抗震墙之间的楼面有较大的开洞时，抗震墙的间距还应适当降低。

3) 抗震墙的边框梁、柱。设抗震墙之后，框架柱作为抗震墙的端部翼缘，抗震墙的端部钢筋配置在柱截面内。端柱增强了抗震墙的承载力和稳定性。结构试验表明，取消框架柱后，抗震墙的极限承载力将下降 30%。位于楼层上的框架梁也应保留，虽然在内力分析时不考虑抗震墙上的边框梁受力，但梁作为抗震墙的横向加劲肋，可提高抗震墙的极限承载力。同样，对比试验表明，边框梁取消后，抗震墙极限承载力下降 10%。如果建筑功能上确实无法设置明梁，也应设置暗梁，暗梁的高度、纵向钢筋和箍筋与明梁相同，设置在墙身内。抗震墙宜设在框架梁柱轴线平面内，保持轴线对中。如果抗震墙设在柱边，应加强柱的箍筋以抵抗扭转的影响。

(4) 框架—抗震墙结构的抗震等级

框架—抗震墙结构的震害和这类结构的受力特点都表明，为了发挥框架—抗震墙结构的性能，必须保证有足够数量的抗震墙。这主要是从抗震墙承担的地震倾覆力矩来衡量，即抗震墙承担的地震倾覆力矩不小于结构总地震倾覆力矩的 50%，这个数值大约对应于框架—抗震墙结构刚度特征值 λ 约为 2.4，λ 可按下式计算

$$\lambda = H\sqrt{\frac{C_f}{EI_w}} \tag{5-65}$$

式中　H——房屋高度；

　　　EI_w——抗震墙总平均等效刚度；

C_f——框架的剪切刚度。

当抗震墙承担的地震倾覆力矩不小于结构总地震倾覆力矩的50%时,其框架和抗震墙的抗震等级按表5-2中的框架—抗震墙结构进行划分。

对设置少量抗震墙的框架结构,在考虑振型组合后的水平力作用下,底层框架部分承担的地震倾覆力矩大于结构总地震倾覆力矩的50%时,其框架的抗震等级应按表5-2中的框架结构确定,抗震墙的抗震等级可与框架的抗震等级相同。框架部分按刚度分配的地震倾覆力矩的计算公式如下

$$M_c = \sum_{i=1}^{n} \sum_{j=1}^{m} V_{ij} h_i \tag{5-66}$$

式中 M_c——框架—抗震墙结构在规定的侧向力作用下框架部分分配的地震倾覆力矩;
   n——结构层数;
   m——框架第 i 层的柱根数;
   V_{ij}——第 i 层第 j 根框架柱的计算地震剪力;
   h_i——第 i 层层高。

3. 框架—抗震墙结构内力调整

(1) 框架—抗震墙结构中框架楼层剪力的调整　在框架、抗震墙结构中,由于抗震墙的抗侧刚度远大于框架的抗侧刚度,抗震墙承担了大部分水平荷载,在强震作用下,当抗震墙开裂而刚度退化时,一部分地震作用就向框架转移,框架受到的地震作用就会显著增加;另一方面,框架—抗震墙结构的计算一般都采用了楼板在自身平面内刚度无限大的假定,但作为主要侧向支承的抗震墙间距比较大,实际上楼板是有变形的,并且在框架处的水平位移大于在抗震墙处的水平位移,因此,框架实际承受的水平力大于采用刚性楼板假定的计算结果。

由于框架—抗震墙结构中的框架的受力特点,它的下部楼层计算剪力很小,其底部接近于零。显然,直接按照计算的剪力进行配筋是不安全的,必须予以适当的调整,使框架有足够的抗震能力和安全储备,成为框架—抗震墙结构的第二道防线。

抗震设计时,框架—抗震墙结构计算所得的框架楼层剪力 V_f(即各框架柱剪力之和)应按下列方法调整:

1) 规则建筑中的楼层剪力。

① $V_f \geq 0.2V_0$ 的楼层不必调整,V_f 可按计算值采用。

② $V_f \leq 0.2V_0$ 的楼层,设计时 V_f 应不小于下列两者的较小值

$$V_f = \min\{1.5V_{fmax}, 0.2V_0\}$$

式中 V_0——地震作用产生的结构底部总剪力;
   V_{fmax}——框架—抗震墙结构的框架部分各层承受地震剪力中的最大值。

此项规定不适用于部分框架柱不到顶,使上部框架柱数量较少的楼层。

2) 当采用振型分解反应谱法时,可在内力振型组合后进行一次总的调整。这时,V_f 取各振型的组合,V_0 也采用底部各振型剪力的组合。

(2) 抗震墙和框架梁柱内力调整　要使框架—抗震墙结构具有较好的抗震性能,必须把其中的抗震墙和框架都按延性要求进行设计。抗震墙的内力调整包括剪力、弯矩调整和连梁剪力调整。相应抗震等级的抗震墙的剪力和弯矩调整与5.4节中抗震墙的内力调整方法一

致。连梁的剪力按式（5-3）或式（5-4）进行。框架部分的内力调整与纯框架结构相同，即在框架部分的抗震等级确定后，进行"强柱弱梁""强剪弱弯""强节点弱构件"的调整，并增大底层柱和角柱的设计内力，详细要求见第5.3节内容。

4. 框架—抗震墙结构的截面设计

框架—抗震墙结构的框架部分的截面计算同框架结构，抗震墙的截面计算同抗震墙结构。

周边有梁柱的抗震墙，当抗震墙与梁柱有可靠连接时，柱可作为抗震墙的翼缘，截面设计按抗震墙墙肢进行设计。主要的竖向受力钢筋应配置在柱截面内。抗震墙上的框架梁不必进行专门的截面设计，钢筋可按构造配置。

5.5.2 框架—抗震墙结构的抗震构造措施

框架—抗震墙结构的抗震构造措施除采用框架结构和抗震墙结构的有关构造措施外，还应满足下列要求：

1. 抗震墙厚度和边框设置

1）抗震墙的厚度不应小于160mm且不宜小于层高或无支长度的1/20，底部加强部位的抗震墙厚度不应小于200mm且不宜小于层高或无支长度的1/16。

2）有端柱时，墙体在楼盖处宜设置暗梁，暗梁的截面高度不宜小于墙厚和400mm的较大值；端柱截面宜与同层框架柱相同，并应满足本章第6.3节对框架柱的要求；抗震墙底部加强部位的端柱和紧靠抗震墙洞口的端柱宜按柱箍筋加密区的要求沿全高加密箍筋。

2. 抗震墙的分布钢筋

抗震墙的竖向和横向分布钢筋，配筋率均不应小于0.25%，钢筋直径不宜小于10mm，间距不宜大于300mm，并应双排布置，双排分布钢筋间应设置拉筋。

3. 梁与墙体连接

楼面梁与抗震墙平面外连接时，不宜支承在洞口连梁上；沿梁轴线方向宜设置与梁连接的抗震墙，梁的纵筋应锚固在墙内；也可在支承梁的位置设置扶壁柱或暗柱，并应按计算确定其截面尺寸和配筋。

思 考 题

1. 简述多层和高层钢筋混凝土房屋的震害特点。
2. 框架结构抗震设计包括哪些内容？
3. 框架结构布置有些什么要求？
4. 框架结构抗震计算时遵循的原则是什么？
5. 简述钢筋混凝土抗震墙构件的抗震性能。
6. 抗震墙结构的抗震构造措施有哪些？
7. 框架—抗震墙结构的抗震构造措施有哪些？

第6章 多层砌体和底部框架砌体房屋抗震设计

6.1 多层砌体和底部框架砌体房屋的震害特点

多层砌体结构房屋和底部框架砌体房屋,是我国居住、办公、学校等建筑中普遍使用的一种主要结构形式。砌体是一种脆性材料,其抗拉、抗剪、抗弯强度均较低,因此砌体房屋的抗震性能相对较差。在国内外历次强烈地震中,该类结构的破坏率相当高。

6.1.1 多层砌体房屋的震害特点

在砌体结构房屋中,墙体是主要的承重构件,它不仅承受竖直方向的荷载,也承受水平和竖直方向的地震作用,受力复杂,加上砌体本身的脆性性质,地震时墙体很容易产生裂缝,在反复地震作用下,裂缝将不断地发展、增多、加宽,最后导致墙体崩塌、楼盖塌落、房屋破坏。

1. 房屋倒塌

当房屋墙体特别是底层墙体整体抗震强度不足时,房屋易发生整体倒塌;当房屋局部,或上层墙体抗震强度不足时,易发生局部倒塌;当个别部位构件间连接强度不足时,易发生局部倒塌,如图6-1所示。

a)　　　　　　　　　　　　　　　　　　b)

图6-1　房屋局部倒塌

2. 墙体开裂

墙体裂缝主要有水平裂缝、斜裂缝、交叉裂缝和竖向裂缝。墙体出现斜裂缝的主要原因是抗剪强度不足。高宽比较小的墙片易出现斜裂缝，高宽比较大的窗间墙易出现水平偏斜裂缝。当墙片平面外受弯时，易出现水平裂缝；当纵横墙交接处连接不好时，易出现竖向裂缝。墙体裂缝如图 6-2 所示。

3. 墙角破坏

墙角为纵横墙的交汇点，地震作用下其应力状态复杂，因此破坏形态多种多样，有受剪斜裂缝、受压竖向裂缝、块材被压碎或墙角脱落。

a) b)

图 6-2 墙体裂缝

4. 纵横墙连接破坏

一般是因为施工时纵横墙没有很好地咬槎，连接差，加上地震时两个方向的地震作用使连接处受力复杂，应力集中。这种破坏将导致整片纵墙外闪甚至倒塌，如图 6-3 所示。

图 6-3 纵墙外闪破坏

5. 楼梯间破坏

主要是楼梯间墙体破坏，有的连同楼梯梯段也被折断。这是因为楼梯在水平方向刚度大，承担的地震作用也大，但楼梯间墙体在高度方向缺乏楼盖的侧向支承，空间刚度差，且高厚比较大，稳定性差，容易发生破坏。

6. 楼盖与屋盖破坏

主要是由于楼板支承长度不足或楼、屋面板与墙体的连接不好，出现局部倒塌，或是下部的支承墙体破坏倒塌，引起楼、屋盖倒塌。

7. 附属构件的破坏

主要是由于这些构件与建筑物本身连接较差等，在地震时发生大量破坏。如突出屋面的小烟囱、女儿墙、门脸或附墙烟囱的倒塌，隔墙等非结构构件、室内外装饰等开裂、倒塌。

8. 其他破坏

建筑物设伸缩缝或沉降缝，由于缝宽不够，地震时缝两侧墙体发生碰撞而造成的破坏。

6.1.2 底部框架—抗震墙砌体房屋的震害特点

底部框架—抗震墙砌体房屋是我国结构体系中的一种特殊形式。房屋底层或底部由于开设商店、车库等大房间而采用框架结构，房屋上部大多是住宅一类的砌体结构房屋。上部砌体纵横墙较密，抗侧刚度也大，而底层承重结构为框架—抗震墙，其抗侧刚度比上部小，形成了上刚下柔的结构体系。底层或底部成为抗震薄弱楼层，地震中破坏严重。该类结构的震害规律是底层墙体的破坏比框架柱严重，而框架柱震害比框架梁严重，房屋上部砌体的破坏状况与多层砌体房屋相似，但破坏的程度比房屋的底层要轻。

以上为多层砌体和底部框架砌体房屋在地震中的破坏情况，但是通过震害调查也发现，在7度、8度区，甚至在9度区，砌体结构房屋震害较轻，或者基本完好的也很多。实践证明，只要经过认真的抗震设计，通过合理的抗震设防、恰当的构造措施、良好的施工质量保证，即使在中、高烈度区，砌体结构房屋也能够抵御地震的破坏。

6.2 多层砌体房屋抗震设计的一般规定

6.2.1 多层砌体房屋的建筑和结构布置

实践证明，多层砌体结构建筑布置的具体做法及结构构件的选择对建筑抗震性能及是否会出现大的震害影响大，因此，在进行建筑平面、立面具体布置及结构抗震体系选择方面，还必须遵守以下一些规定：

1）多层砌体房屋的建筑布置和结构体系应优先采用横墙承重或纵横墙共同承重的结构体系，不应采用砌体墙和混凝土墙混合承重的结构体系。

2）纵横向砌体抗震墙的布置

① 宜均匀对称，沿平面宜对齐，沿竖向应上下连续；且纵横向墙体的数量不宜相差过大。

② 平面轮廓凹凸尺寸，不应超过典型尺寸的50%；当超过典型尺寸的25%时，房屋转角处应采取加强措施。

③ 楼板局部大洞口的尺寸不宜超过楼板宽度的 30%，且不应在墙体两侧同时开洞。

④ 房屋错层的楼板高差超过 500mm 时，应按两层计算；错层部位的墙体应采取加强措施。

⑤ 同一轴线上的窗间墙宽度宜均匀；墙面洞口的面积，6 度、7 度时不宜大于墙面总面积的 55%，8 度、9 度时不宜大于 50%。

⑥ 在房屋宽度方向的中部应设置内纵墙，其累计长度不宜小于房屋总长度的 60%（高宽比大于 4 的墙段不计入）。

3）房屋有下列情况之一时宜设置防震缝，缝两侧均应设置墙体，缝宽应根据烈度和房屋高度确定，可采用 70~100mm：

① 房屋立面高差在 6m 以上。

② 房屋有错层，且楼板高差大于层高的 1/4。

③ 各部分结构刚度、质量截然不同。

4）楼梯间不宜设置在房屋的尽端或转角处。

5）不应在房屋转角处设置转角窗。

6）横墙较少、跨度较大的房屋，宜采用现浇钢筋混凝土楼、屋盖。

6.2.2 多层砌体房屋的总高度和层数限值

砌体结构的房屋的层数和高度与震害成正比，国内外的地震经验都得出过这样的结论。因此，在多层砌体房屋抗震设计中，控制房屋的层数和高度是十分必要的。一般情况下，房屋的总高度和层数不应超过表 6-1 的规定。

表 6-1 房屋的层数和总高度限值

房屋类型		最小抗震墙厚度/mm	烈度和设计基本地震加速度									
			6 度		7 度				8 度			9 度	
			0.05g		0.10g		0.15g		0.20g		0.30g		0.40g	
			高度/m	层数	高度/m	层数	高度/m	层数	高度/m	层数	高度/m	层数	高度/m	层数
多层砌体房屋	普通砖	240	21	7	21	7	21	7	18	6	15	5	12	4
	多孔砖	240	21	7	21	7	18	6	18	6	15	5	9	3
		190	21	7	18	6	15	5	15	5	12	4	—	—
	小砌块	190	21	7	21	7	18	6	18	6	15	5	9	3
底部框架—抗震墙砌体房屋	普通砖 多孔砖	240	22	7	22	7	19	6	16	5	—	—	—	—
	多孔砖	190	22	7	19	6	16	5	13	4	—	—	—	—
	小砌块	190	22	7	22	7	19	6	16	5	—	—	—	—

注：1. 房屋的总高度指室外地面到主要屋面板板顶或檐口的高度，半地下室从地下室室内地面算起，全地下室和嵌固条件好的半地下室应允许从室外地面算起；对带阁楼的坡屋面应算到山尖墙的 1/2 高度处。
2. 室内外高差大于 0.6m 时，房屋总高度应允许比表中的数据适当增加，但增加量应少于 1.0m。
3. 乙类的多层砌体房屋仍按本地区设防烈度查表，其层数应减少一层且总高度应降低 3m；不应采用底部框架—抗震墙砌体房屋。
4. 本表小砌块砌体房屋不包括配筋混凝土小型空心砌块砌体房屋。

1）横墙较少的多层砌体房屋，总高度应比表6-1的规定降低3m，层数相应减少一层；各层横墙很少的多层砌体房屋，还应再减少一层。横墙较少是指同一楼层内开间大于4.2m的房间占该层总面积的40%以上；其中，开间不大于4.2m的房间占该层总面积不到20%，且开间大于4.8m的房间占该层总面积的50%以上为横墙很少。

2）设防烈度为6度、7度时，横墙较少的丙类多层砌体房屋，当按规定采取加强措施并满足抗震承载力要求时，其高度和层数应允许按表6-1的规定采用。

3）采用蒸压灰砂砖和蒸压粉煤灰砖的砌体房屋，当砌体的抗剪强度仅达到普通黏土砖砌体的70%时，房屋的层数应比普通砖房屋减少一层，总高度应减少3m；当砌体的抗剪强度达到普通黏土砖砌体的取值时，房屋层数和总高度的要求同普通砖房屋。

4）多层砌体承重房屋的层高，不应超过3.6m。底部框架—抗震墙砌体房屋的底部，层高不应超过4.5m；当底层采用约束砌体抗震墙时，底层的层高不应超过4.2m，当使用功能确有需要时，采用约束砌体等加强措施的普通砖房屋，层高不应超过3.9m。

6.2.3 多层砌体房屋高宽比限值

当砌体房屋的高宽比较大时，地震时易发生整体弯曲破坏。《抗震规范》对多层砌体房屋不要求进行弯曲强度验算，但多层房屋的整体弯曲破坏震害是存在的。为了保证房屋的整体稳定性和抗弯能力，房屋的总高度与总宽度的最大比值宜符合表6-2的要求。

表6-2 房屋的最大高宽比

烈度	6度	7度	8度	9度
最大高宽比	2.5	2.5	2.0	1.5

注：单面走廊房屋的总宽度不包括走廊宽度；建筑平面接近方形时，其高宽比宜适当减小。

6.2.4 房屋抗震横墙的间距

房屋空间刚度对房屋抗震性能影响很大。抗震横墙间距小，结构的空间刚度大，抗震性能就好；横墙间距大，空间刚度小，不能满足楼盖传递水平地震作用到相邻墙体所需的水平刚度要求，所以结构抗震性能也差。因此，《抗震规范》规定多层砌体房屋的抗震横墙间距不应超过表6-3的要求。

表6-3 房屋抗震横墙最大间距　　　　　　　　　　　（单位：m）

房屋类别		烈度			
		6度	7度	8度	9度
多层砌体房屋	现浇或装配整体式钢筋混凝土楼、屋盖	15	15	11	7
	装配式钢筋混凝土楼、屋盖	11	11	9	4
	木屋盖	9	9	4	—
底部框架—抗震墙砌体房屋	上部各层	同多层砌体房屋			—
	底层或底部两层	18	15	11	—

注：多层砌体房屋的顶层，除木屋盖外的最大横墙间距应允许适当放宽，但应采取相应加强措施；多孔砖抗震墙厚度为190mm时，最大横墙间距应比表中的数值减少3m。

6.2.5 砌体墙段的局部尺寸限值

砌体房屋局部尺寸的限值,在于防止这些部位失效导致整栋结构的破坏甚至倒塌。《抗震规范》根据地震区的宏观调查资料提出了房屋局部尺寸限值,见表6-4。

表6-4 房屋的局部尺寸限值　　　　　　　　　　　　　　　（单位：m）

部 位	烈 度			
	6度	7度	8度	9度
承重窗间墙最小宽度	1.0	1.0	1.2	1.5
承重外墙尽端至门窗洞边的最小距离	1.0	1.0	1.2	1.5
非承重外墙尽端至门窗洞边的最小距离	1.0	1.0	1.0	1.0
内墙阳角至门窗洞边的最小距离	1.0	1.0	1.5	2.0
无锚固女儿墙(非出入口处)的最大高度	0.5	0.5	0.5	0.0

注：1. 局部尺寸不足时,应采取局部加强措施弥补,且最小宽度不宜小于1/4层高和表列数据的80%。
　　2. 出入口处的女儿墙应有锚固。

6.3 多层砌体房屋的抗震验算

地震时,在水平及竖直方向都有地震作用,某些情况下还有地震扭转作用。一般来讲,对地震的竖向作用,仅在长悬臂和其他大跨度结构及烟囱等高耸结构、高层建筑中才加以考虑,多层砌体房屋不要求进行这方面的计算。对地震的扭转作用,多层砌体房屋中也可不计算,仅在进行建筑平面、立面布置及结构布置时尽量做到质量、刚度均匀,一方面减少扭转的影响,另一方面增强抗扭能力。因此,对多层砌体房屋抗震计算,一般只需验算房屋在横向和纵向水平地震作用下,横墙和纵墙在其自身平面内的剪切强度。同时《抗震规范》规定,进行多层砌体房屋抗震强度验算时,可只选择从属面积较大或竖向应力较小的墙段进行截面抗震承载力验算。

6.3.1 计算简图

在确定多层砌体结构房屋的计算简图时,主要有以下考虑：
1) 在建筑物两个主轴方向分别计算水平地震作用并进行抗震验算。
2) 地震作用下结构的变形为剪切型。这是因为多层砌体结构房屋的高度、高宽比及横墙间距都有一定的规定和限制,且房屋高度较低,可以认为砌体房屋在水平地震作用下的变形以层间剪切变形为主。

在计算多层砌体房屋地震作用时,应以防震缝划分的结构单元作为计算单元,在计算单元中各楼层的集中质点设在楼、屋盖标高处,各楼层质点重力荷载代表值按第4章的要求取值。计算简图中结构底部固定端标高的取法：对于多层砌体结构房屋,当基础埋置较浅时,取为基础顶面；当基础埋置较深时,可取为室外地坪下0.5m处；当设有整体刚度很大的全地下室时,则取为地下室顶板顶部；当地下室整体刚度较小或为半地下室时,则应取为地下室室内地坪处。图6-4为多层砌体房屋的计算简图。

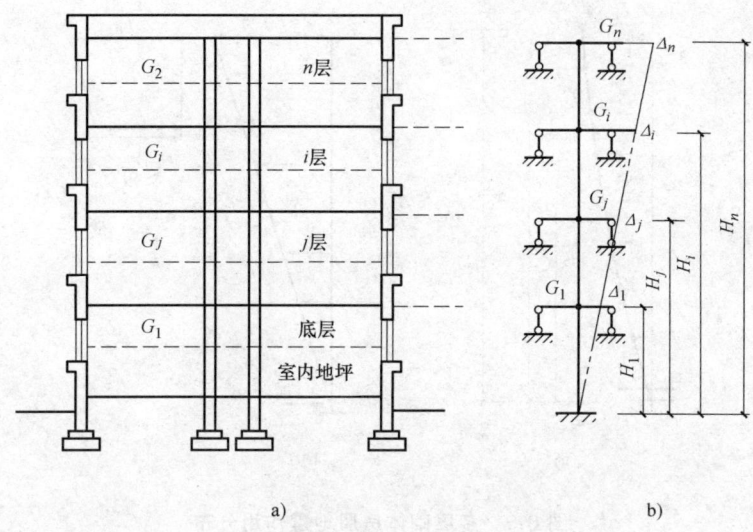

图 6-4 多层砌体房屋的计算
a) 多层砌体房屋 b) 计算简图

6.3.2 水平地震作用和地震剪力的计算

因为多层砌体结构房屋的质量和刚度沿高度分布均匀,且以剪切变形为主。因此,多层砌体房屋的抗震计算,可采用底部剪力法来确定其地震作用。结构底部总水平地震作用的标准值 F_{Ek} 为

$$F_{Ek} = \alpha_1 G_{eq} \tag{6-1}$$

考虑到多层砌体房屋中纵向或横向承重墙体的数量较多,房屋的侧移刚度很大,因而其纵向和横向基本周期较短,一般均不超过 0.25s。所以《抗震规范》规定:对于多层砌体房屋确定水平地震作用时,采用 $\alpha_1 = \alpha_{max}$,α_{max} 为水平地震影响系数最大值,这是偏于安全的。

计算质点 i 的水平地震作用标准值 F_i 时,因多层砌体房屋的自振周期短,地震作用采用倒三角形分布,其顶部误差不大,故取 $\delta_n = 0$,则 F_i 的计算公式为

$$F_i = \frac{G_i H_i}{\sum_{j=1}^{n} G_j H_j} F_{Ek} \tag{6-2}$$

如图 6-5 所示,作用在第 i 层的地震剪力 V_i 为 i 以上各层地震作用之和,即

$$V_i = \sum_{j=i}^{n} F_j \tag{6-3}$$

采用底部剪力法时,突出屋面的屋顶间、女儿墙、烟囱等部位的地震作用效应宜乘以增大系数 3,以考虑鞭梢效应。此增大部分的地震作用效应不往下层传递。

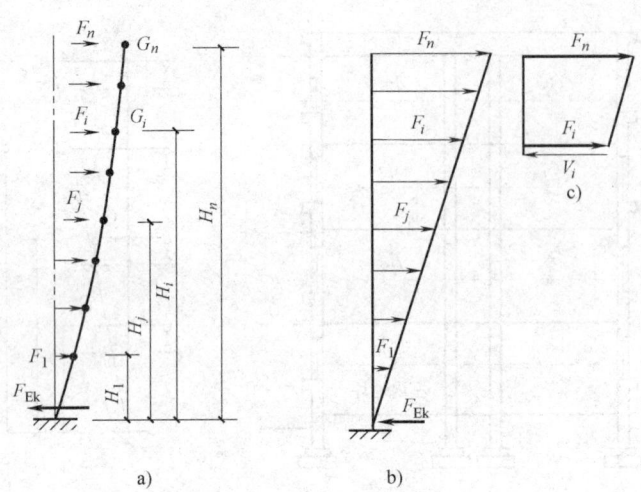

图 6-5 多层砌体房屋地震作用分布

a) 地震作用分布图 b) 地震作用图 c) 层地震剪力

6.3.3 楼层地震剪力在墙体中的分配

楼层地震剪力 V_i 是作用在整个房屋某一楼层上的剪力。首先要把它分配到同一楼层的各道墙体上去，进而再把每道墙上的地震剪力分配到同一道墙的某一墙段上。这样，当某一道墙或某一墙段的地震剪力已知后，才可能按砌体结构的方法对墙体的抗震承载力进行验算。

楼层地震剪力 V_i 在同一层各墙体间的分配主要取决于楼盖的水平刚度及各墙体的侧移刚度。

1. 墙体侧移刚度

在多层砌体房屋的抗震分析中，如果各层楼盖仅发生平移而不发生转动，确定墙体的层间抗侧力等效刚度时，视其为上、下端固定的构件，即一般假定各层墙体或开洞墙中的窗间墙，门间墙上、下端均不发生转动，如图 6-6 所示。这类构件在单位水平力作用下的变形有弯曲变形和剪切变形两部分，如图 6-7 所示，分别为

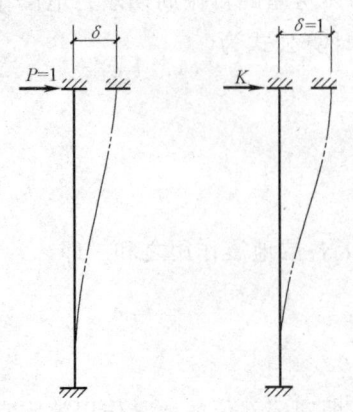

图 6-6 构件侧移柔度、侧移刚度

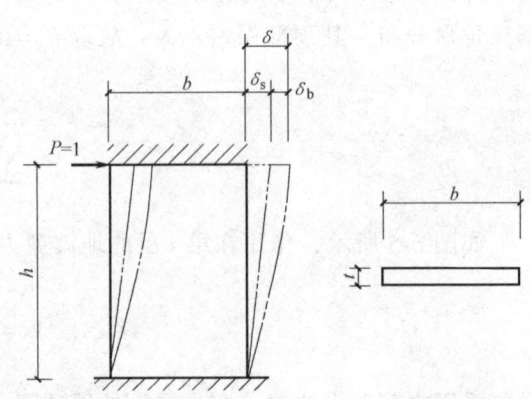

图 6-7 单位力作用下构件弯曲、剪切变形

弯曲变形 $$\delta_b = \frac{h^3}{12EI} = \frac{1}{Et}\frac{h}{b}\left(\frac{h}{b}\right)^2 = \frac{h^3}{Etb^3} \tag{6-4}$$

剪切变形 $$\delta_s = \frac{\xi h}{AG} = 3\frac{1}{Et}\frac{h}{b} = \frac{3h}{Etb} \tag{6-5}$$

式中 h——墙体、门间墙或窗间墙高度；

A——墙体、门间墙或窗间墙的水平截面面积，$A = bt$；

I——墙体、门间墙或窗间墙的水平截面惯性矩；

t——墙体、墙段的宽度和厚度；

ξ——截面剪应力分布不均匀系数，对矩形截面取 $\xi = 1.2$；

E——砌体弹性模量；

G——砌体剪切模量，一般取 $G = 0.4E$。

总变形为
$$\delta = \delta_b + \delta_s \tag{6-6}$$

将式（6-4）和式（6-5）代入式（6-6），得到构件在单位水平力作用下的总变形为
$$\delta = \frac{1}{Et}\frac{h}{b}\left(\frac{h}{b}\right)^2 + 3\frac{1}{Et}\frac{h}{b} \tag{6-7}$$

图 6-8 给出不同高宽比墙段的剪切变形和弯曲变形的数量关系及在总变形中所占的比例。从图中可以看出：当 $h/b<1$ 时，弯曲变形占总变形的比例很小；当 $h/b>4$ 时，剪切变形在总变形中所占的比例很小，其侧移柔度值很大；当 $1 \leq h/b \leq 4$ 时，剪切变形和弯曲变形在总变形中均占有相当的比例。为此，《抗震规范》规定：

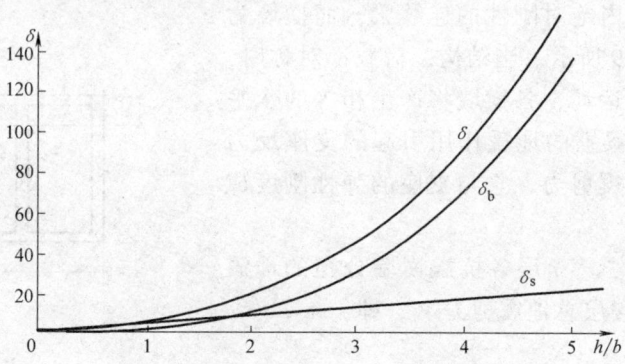

图 6-8 剪切变形与弯曲变形在总变形中的比例关系

1) 当 $h/b<1$ 时，可只考虑剪切变形，有
$$K_s = \frac{1}{\delta_s} = \frac{Etb}{3h} \tag{6-8}$$

2) 当 $1 \leq h/b \leq 4$ 时，应同时考虑弯曲和剪切变形，即
$$K_{bs} = \frac{1}{\delta} = \frac{Et}{(h/b)[3+(h/b)^2]} \tag{6-9}$$

3) 当 $h/b>4$ 时，由于侧移柔度值很大，可不考虑其刚度，即取 $K = 0$。

小开口墙段为避免计算的复杂性，按毛墙面计算的刚度然后乘以洞口影响系数。洞口影响系数根据开洞率确定，见表6-5，开洞率为洞口面积与墙段毛面积之比；窗洞高度大于层高50%时，按门洞对待。

表6-5 墙段洞口影响系数

开洞率	0.10	0.20	0.30
影响系数	0.98	0.94	0.88

注：1. 相邻洞口之间净宽小于500mm的墙段视为洞口。
2. 洞口中线偏离墙段中线大于墙段长度的1/4时，表中影响系数值折减0.9；门洞的洞顶高度大于层高80%时，表中数据不适用。

2. 楼层地震剪力 V_i 的分配原则

当地震作用沿房屋横向作用时，由于横墙在其平面内的刚度很大，纵墙在其平面内的刚度很小，所以地震作用的绝大部分由横墙承担。反之，当地震作用沿房屋纵向作用时，则地震作用的绝大部分由纵墙承担。因此，在抗震设计中，当抗震横墙间距不超过规定的限值时，假定 V_i 由各层与 V_i 方向一致的抗震墙体共同承担，即横向地震作用全部由横墙承担，而不考虑纵墙的作用；同样，纵向地震作用全部由纵墙承担，而不考虑横墙的作用。

3. 横向楼层地震剪力 V_i 的分配

横向楼层地震剪力在横向各抗侧力墙体之间的分配，不仅取决于每片墙体的层间抗侧刚度，还取决于楼盖的整体水平刚度。楼盖的水平刚度与楼盖的结构类型和楼盖长宽比有关。横向计算若近似认为楼盖的长宽比保持不变，则楼盖的水平刚度仅与楼盖的结构类型有关。

（1）刚性楼盖房屋 刚性楼盖房屋指抗震横墙间距符合表6-3要求的现浇及装配整体式钢筋混凝土楼盖房屋。当受到横向水平地震作用时，可以认为楼盖在其水平面内无变形，即将楼盖视为在其平面内绝对刚性的连续梁，而横墙为其弹性支座，如图6-9所示。当结构、荷载都对称时，楼盖仅发生整体平移运动，各横墙将产生相等的水平位移 Δ，作用于刚性梁上的地震作用引起的支座反力即抗震横墙承受的地震剪力，它与支座的弹性刚度成正比。

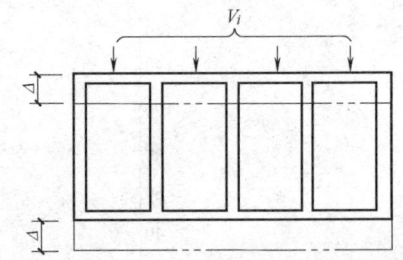

由上述分析可知，第 i 层各抗震横墙分担的地震剪力 V_{im} 之和即为该楼层总地震剪力 V_i，即

$$\sum_{m=1}^{s} V_{im} = V_i \quad (i=1,2,\cdots,n) \quad (6\text{-}10)$$

式中 V_{im}——第 i 层中第 m 道墙分担的地震剪力。

V_{im} 为该墙的侧移值 Δ 与抗侧移刚度 K_{im} 的乘积

$$V_{im} = \Delta K_{im} \quad (6\text{-}11)$$

所以

$$\sum_{m=1}^{s} \Delta K_{im} = V_i \quad (6\text{-}12)$$

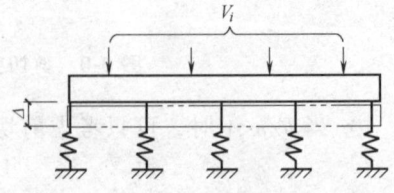

图6-9 刚性楼盖计算

则有

$$\Delta = \frac{V_i}{\sum\limits_{m=1}^{s} K_{im}} \quad (6\text{-}13)$$

将式 (6-13) 代入式 (6-11) 得

$$V_{im} = \frac{K_{im}}{\sum_{m=1}^{s} K_{im}} V_i \tag{6-14}$$

上式表明,各墙所承受的地震剪力按各墙的侧移刚度比例进行分配。

当计算墙体在其平面内的侧移刚度 K_{im} 时,因其弯曲变形小,一般可只考虑剪切变形的影响,即

$$K_{im} = \frac{A_{im} G_{im}}{\xi h_{im}} \tag{6-15}$$

式中 G_{im}——第 i 层第 m 道砌体墙的剪切模量;
A_{im}——第 i 层第 m 道墙的净横截面面积;
h_{im}——第 i 层第 m 道墙的高度。

若各墙的高度 h_{im} 相同,材料相同,从而 G_{im} 相同,则

$$V_{im} = \frac{A_{im}}{\sum_{m=1}^{s} A_{im}} V_i \tag{6-16}$$

式 (6-16) 表明,对于刚性楼盖,当各抗震墙的高度、材料相同时,其楼层水平地震剪力可按各抗震墙的横截面面积比例进行分配。

(2) 柔性楼盖房屋 柔性楼盖房屋指以木结构等柔性材料为楼盖的房屋。由于楼盖在其自身平面内的水平刚度很小,因此,当受到横向水平地震作用时,楼盖变形除平移外还有弯曲变形,在各横墙处的变形不相同,变形曲线不连续,因而可近似地视整个楼盖为分段简支于各片横墙上的多跨简支梁,如图 6-10 所示,各片横墙可独立变形。各横墙承担的地震作用为该墙从属面积范围内的重力荷载代表值产生的地震作用,从属面积即该墙与两侧横墙之间各一半的楼(屋)盖面积之和。因此,各横墙承担的地震剪力可按各墙承担的上述重力荷载代表值的比例进行分配,即

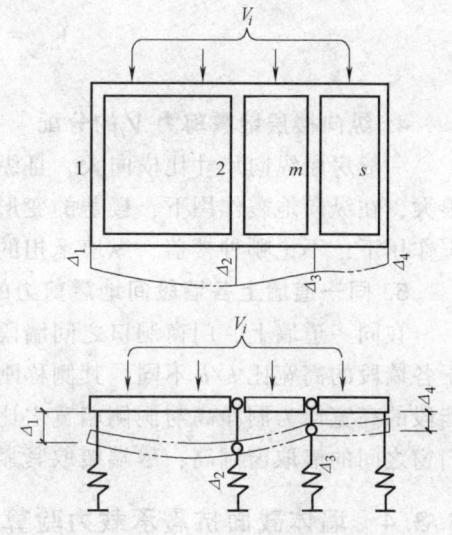

图 6-10 柔性楼盖计算

$$V_{im} = \frac{G_{im}}{G_i} V_i \tag{6-17}$$

式中 G_i——第 i 层楼(屋)盖上承担的总重力荷载代表值;
G_{im}——第 i 层楼(屋)盖上第 m 道墙从属面积范围内的重力荷载代表值。

当楼(屋)盖上重力荷载均匀分布时,各横墙承担的地震剪力可换算为按该墙的从属面积与楼(屋)盖面积比例进行分配,即

$$V_{im} = \frac{F_{im}}{F_i} V_i \tag{6-18}$$

式中　F_{im}——第 i 层楼盖上第 m 道墙的从属面积；

　　　F_i——第 i 层楼盖的总面积。

（3）中等刚性楼盖房屋　装配式钢筋混凝土楼盖属于中等刚性楼盖，其楼（屋）盖的刚度介于刚性与柔性楼（屋）盖之间，既不能把它假定为绝对刚性水平连续梁，也不能假定为多跨简支梁。在横向水平地震作用下，中等刚性楼盖在各片横墙间将产生一定的相对水平变形，各片横墙产生的水平侧移并不相等，因此，各片横墙承担的地震剪力不仅与横墙抗侧力等效刚度有关，还与楼盖的水平变形有关。对这种情况，可以合理地选择楼盖的刚度参数按精确计算模型进行空间分析，从而得到各片横墙承担的地震剪力。在一般多层砌体的设计中，对于中等刚性楼盖房屋，第 i 层第 m 片横墙承担的地震剪力可取刚性楼盖和柔性楼盖房屋两种计算结果的平均值，即

$$V_{im} = \frac{1}{2}\left[\frac{K_{im}}{\sum\limits_{m=1}^{s} K_{im}} + \frac{G_{im}}{G_i}\right] V_i \tag{6-19}$$

对于一般房屋，当墙高 h_{im} 相同，所用材料相同，楼（屋）盖上重力荷载分布均匀时，V_{im} 也可按下式计算

$$V_{im} = \frac{1}{2}\left[\frac{A_{im}}{\sum\limits_{m=1}^{s} A_{im}} + \frac{F_{im}}{F_i}\right] V_i \tag{6-20}$$

4. 纵向楼层地震剪力 V_i 的分配

一般房屋纵向尺寸比横向大，且纵墙的间距小。无论何种类型楼盖，其纵向水平刚度都很大，在纵向地震作用下，楼盖的变形小，可认为在其自身平面内无变形。因此，在纵向地震作用下，不论哪种楼盖，纵墙承担的地震剪力均可按纵墙的刚度比例进行分配。

5. 同一道墙上各墙段间地震剪力的分配

在同一道墙上，门窗洞口之间墙段所承担的地震剪力可按墙段的侧移刚度进行分配。由于各墙段的高宽比 h/b 不同，其侧移刚度也不同，可按上文墙体的侧移刚度确定原则计算。墙段的高宽比为洞净高与洞侧墙宽之比。洞高的取法为窗间墙取窗洞高，门间墙取门洞高；门窗之间的墙取窗洞高；尽端墙取紧靠尽端的门洞或窗洞高。

6.3.4　墙体截面抗震承载力验算

1. 砌体抗震抗剪强度设计值 f_{vE}

地震时砌体结构墙体墙段承受竖向压力和水平地震剪力的共同作用，当强度不足时一般发生剪切破坏。《抗震规范》经过试验和统计归纳，规定各类砌体沿阶梯形截面破坏的抗剪强度设计值按下式计算

$$f_{vE} = \zeta_n f_v \tag{6-21}$$

式中　f_{vE}——砌体沿阶梯形截面破坏的抗震抗剪强度设计值；

　　　f_v——非抗震设计的砌体抗剪强度设计值；

　　　ζ_n——砌体抗震抗剪强度的正应力影响系数，可按表 6-6 采用。

第6章 多层砌体和底部框架砌体房屋抗震设计

表6-6 砌体强度的正应力影响系数

砌体类别	σ_0/f_v							
	0.0	1.0	3.0	5.0	7.0	10.0	12.0	≥16.0
普通砖,多孔砖	0.80	0.99	1.25	1.47	1.65	1.90	2.05	—
小砌块	—	1.23	1.69	2.15	2.57	3.02	3.32	3.92

注:σ_0为对应于重力荷载代表值的砌体截面平均压应力。

2. 砌体截面抗震承载力验算

当墙体或墙段分配的地震剪力确定后,可选择从属面积较大的或竖向应力较小的墙段进行截面抗震承载力验算。

(1) 普通砖、多孔砖墙体 其截面抗震受剪承载力应按下列规定验算:
1) 一般情况下,按下式验算

$$V \leqslant f_{vE} A / \gamma_{RE} \tag{6-22}$$

式中 V——墙体剪力设计值;
f_{vE}——砖砌体沿阶梯形截面破坏的抗震抗剪强度设计值;
A——墙体横截面面积,多孔砖取毛截面面积;
γ_{RE}——承载力抗震调整系数,承重墙按表4-13采用,自承重墙按0.75采用。

2) 采用水平配筋的墙体,应按下式计算

$$V \leqslant \frac{1}{\gamma_{RE}}(f_{vE} A + \zeta_s f_{yh} A_{sh}) \tag{6-23}$$

式中 f_{yh}——水平钢筋抗拉强度设计值;
A_{sh}——层间墙体竖向截面的总水平钢筋面积,其配筋率应不小于0.07%且不大于0.17%;
ζ_s——钢筋参与工作系数,可按表6-7采用。

表6-7 钢筋参与工作系数

墙体高宽比	0.4	0.6	0.8	1.0	1.2
ζ_s	0.10	0.12	0.14	0.15	0.12

当按式(6-22)、式(6-23)验算不满足要求时,可计入基本均匀设置于墙段中部、截面不小于240mm×240mm(墙厚190mm时为240mm×190mm)且间距不大于4m的构造柱对受剪承载力的提高作用,按下列简化方法验算

$$V \leqslant \frac{1}{\gamma_{RE}}[\eta_c f_{vE}(A - A_c) + \zeta_c f_t A_c + 0.08 f_{yc} A_{sc} + \zeta_s f_{yh} A_{sh}] \tag{6-24}$$

式中 A_c——中部构造柱的横截面总面积(对横墙和内纵墙,$A_c > 0.15A$时取$0.15A$;对外纵墙,$A_c > 0.25A$时取$0.25A$);
f_t——中部构造柱的混凝土轴心抗拉强度设计值;
A_{sc}——中部构造柱的纵向钢筋截面总面积(配筋率不小于0.6%,大于1.4%时取1.4%);
f_{yh}、f_{yc}——墙体水平钢筋、构造柱钢筋抗拉强度设计值;
ζ_c——中部构造柱参与工作系数,居中设一根时取0.5,多于一根时取0.4。

η_c——墙体约束修正系数，一般情况取1.0，构造柱间距不大于3.0m时取1.1；

A_{sh}——层间墙体竖向截面的总水平钢筋面积，无水平钢筋时取0.0。

（2）混凝土小砌块墙体 其截面抗震受剪承载力应按下式验算

$$V \leq \frac{1}{\gamma_{RE}}[f_{vE}A+(0.3f_tA_c+0.05f_yA_s)\zeta_c] \quad (6-25)$$

式中 f_t——芯柱混凝土轴心抗拉强度设计值；

A_c——芯柱截面总面积；

A_s——芯柱钢筋截面总面积；

f_y——芯柱钢筋抗拉强度设计值；

ζ_c——芯柱参与工作系数，可按表6-8采用。

表6-8 芯柱参与工作系数

填孔率 ρ	$\rho<0.15$	$0.15\leq\rho<0.25$	$0.25\leq\rho<0.5$	$\rho\geq0.5$
ζ_c	0.0	1.0	1.10	1.15

注：填孔率指芯柱根数（含构造柱和填实孔洞数量）与孔洞总数之比。

当同时设置芯柱和构造柱时，构造柱截面可作为芯柱截面，构造柱钢筋可作为芯柱钢筋。

6.3.5 设计实例

某4层砌体结构办公楼，其平面、剖面尺寸如图6-11所示。楼盖和屋盖采用预制钢筋

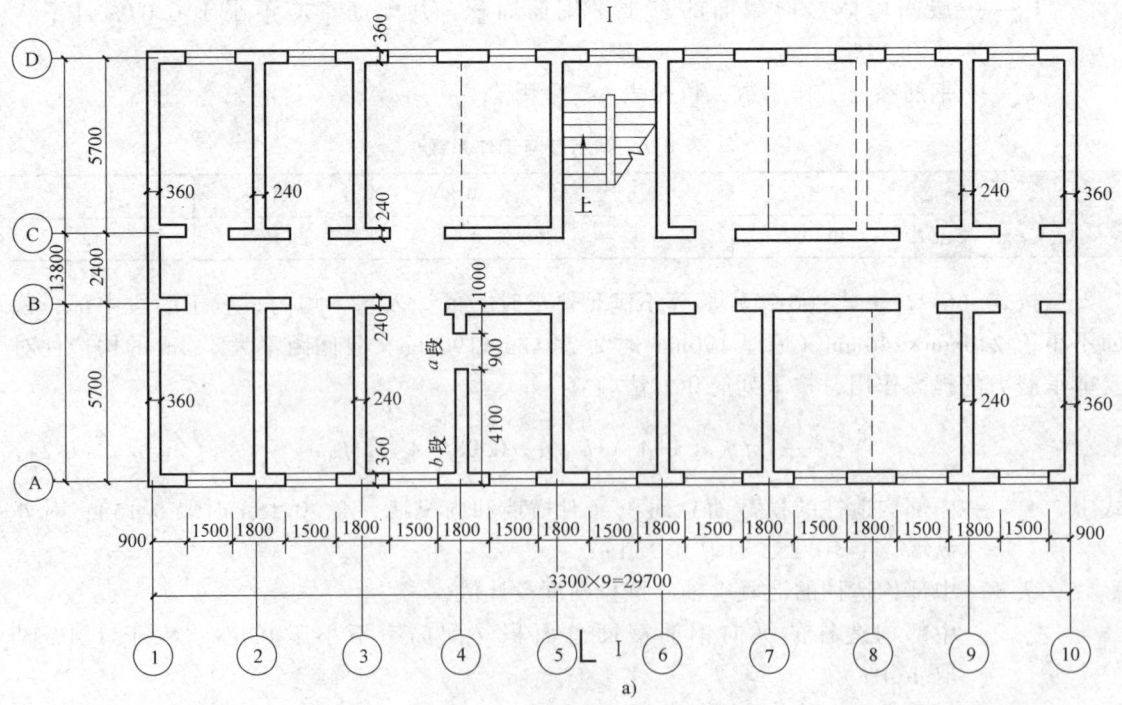

图6-11 办公楼平面、剖面

a) 底层平面图

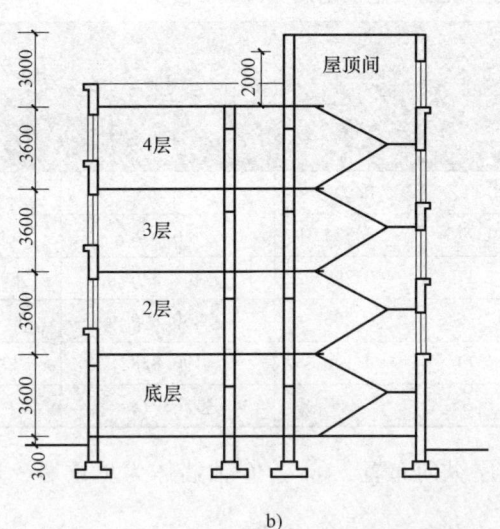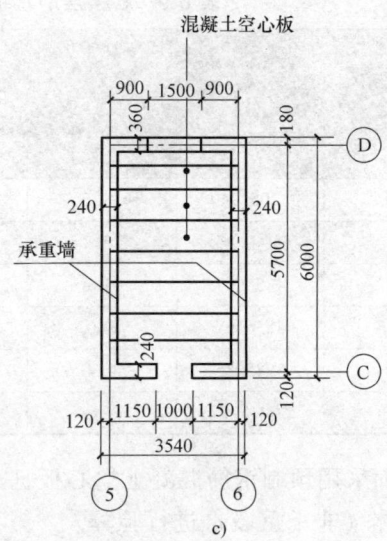

图 6-11 办公楼平面、剖面（续）

b) Ⅰ—Ⅰ剖面图 c) 出屋顶楼梯间平面图

混凝土空心板。横墙承重，楼梯间突出屋顶。砖的强度等级为 MU10，砂浆的强度等级底层、二层为 M5，其余层为 M2.5。窗口尺寸除个别注明外，一般为 1500mm×2100mm，内门尺寸为 1000mm×2500mm。设防烈度为 7 度，设计基本地震加速度值为 $0.10g$，建筑场地为Ⅱ类，设计地震分组为一组。试验算该楼房墙体的抗震承载力。

1. 建筑总重力荷载代表值的计算

集中在各楼层标高处的各质点重力荷载代表值包括：楼面（或屋面）自重的标准值、50%楼（屋）面承受的活荷载（雪荷载）、上下各半墙重的标准值之和，即

屋顶间顶盖处质点 $G_5 = 205.94\text{kN}$

4 层屋盖处质点 $G_4 = 4140.84\text{kN}$

3 层楼盖处质点 $G_3 = 4856.67\text{kN}$

2 层楼盖处质点 $G_2 = 4856.67\text{kN}$

底层楼盖处质点 $G_1 = 5985.85\text{kN}$

建筑总重力荷载代表值 $G_E = \sum_{i=1}^{5} G_i = 20045.97\text{kN}$

2. 水平地震作用计算

房屋底部总水平地震作用标准值 F_{Ek} 为

$$F_{Ek} = \alpha_1 G_{eq} = \alpha_{max} \times 0.85 G_E = 0.08 \times 0.85 \times 20045.97\text{kN} = 1363.13\text{kN}$$

各楼层的水平地震作用标准值及地震剪力标准值计算过程见表 6-9。剪力分布如图 6-12 所示。

3. 抗震承载力验算

（1）屋顶间墙体强度验算 考虑鞭梢效应影响，屋顶间的地震剪力取计算值的 3 倍

$$V_5 = 3 \times 27.263\text{kN} = 81.79\text{kN}$$

表 6-9　各楼层的水平地震作用标准值及地震剪力标准值

序号	G_i/kN	H_i/m	G_iH_i/kN·m	$\dfrac{G_iH_i}{\sum_{j=1}^{5}G_jH_j}$	$F_i=\dfrac{G_iH_i}{\sum_{j=1}^{5}G_jH_j}F_{Ek}$/kN	$V_i=\sum_{j=i}^{5}F_j$/kN
屋顶层	205.94	18.2	3748.11	0.020	27.263	27.263
4	4140.84	15.2	62940.77	0.335	456.648	483.911
3	4856.67	11.6	56337.37	0.299	407.576	891.487
2	4856.67	8.0	38853.36	0.206	280.805	1172.292
1	5985.85	4.4	26337.74	0.140	190.838	1363.13
Σ	20045.97		188217.35		1363.13	

屋面采用预制钢筋混凝土空心板且沿房屋纵向布置，⑤、⑥轴墙体为承重墙，选取Ⓒ、Ⓓ轴墙体（非承重墙）进行验算。

屋顶层（图 6-13）Ⓒ轴墙净横截面面积为

$$A_{C顶}=(3.54-1.0)\times 0.24\text{m}^2=0.61\text{m}^2$$

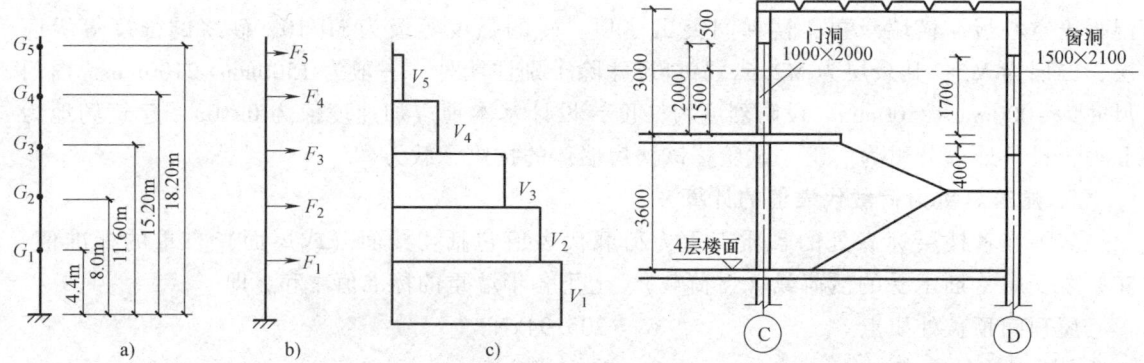

图 6-12　地震作用及地震剪力分布　　　　图 6-13　屋顶间剖面尺寸
a) 计算简图　b) 地震作用简图　c) 地震剪力图

屋顶层Ⓓ轴墙净横截面面积为：

$$A_{D顶}=(3.54-1.5)\times 0.36\text{m}^2=0.73\text{m}^2$$

因屋顶层沿房屋纵向尺寸很小，故水平地震作用产生的剪力分配按中性楼盖进行，即

$$V_{C顶}=\dfrac{1}{2}\times\left(\dfrac{0.61}{0.61+0.73}+\dfrac{1}{2}\right)\times 81.79\text{kN}=39.05\text{kN}$$

$$V_{D顶}=\dfrac{1}{2}\times\left(\dfrac{0.73}{0.61+0.73}+\dfrac{1}{2}\right)\times 81.79\text{kN}=42.74\text{kN}$$

在层高半高处 σ_0 对应于重力荷载代表值在砌体截面产生的平均压应力为（砖砌体重度按 19kN/m³ 计）

Ⓒ轴墙　　$$\sigma_0=\dfrac{(1.5\times 3.54-0.5\times 1.0)\times 0.24\times 19}{0.24\times(3.54-1.0)}\text{kN/m}^2=35.98\text{kN/m}^2$$

Ⓓ轴墙 $$\sigma_0 = \frac{(1.5\times3.54-0.2\times1.50)\times0.36\times19}{0.36\times(3.54-1.50)}\text{kN/m}^2 = 46.66\text{kN/m}^2$$

由 GB 50003—2011《砌体结构设计规范》查得砂浆强度等级为 M2.5 时的砖砌体 $f_v = 0.08\text{N/mm}^2$,σ_0/f_v 值为

Ⓒ轴墙 $\sigma_0/f_v = 3.598\times 10^{-2}/0.08 = 0.45$

Ⓓ轴墙 $\sigma_0/f_v = 4.666\times 10^{-2}/0.08 = 0.58$

砌体强度的正应力影响系数 ζ_n 查表 6-6 并取内插值为

Ⓒ轴墙 $\zeta_n = 0.89$

Ⓓ轴墙 $\zeta_n = 0.92$

所以,砌体沿阶梯形截面破坏的抗震抗剪强度设计值为

Ⓒ轴墙 $f_{vE} = \zeta_n f_v = 0.89\times 0.08\text{N/mm}^2 = 0.071\text{N/mm}^2$

Ⓓ轴墙 $f_{vE} = \zeta_n f_v = 0.92\times 0.08\text{N/mm}^2 = 0.073\text{N/mm}^2$

因墙体不承重,其承载力抗震调整系数采用 0.75,则

Ⓒ轴墙 $f_{vE}A/\gamma_{RE} = 0.071\times 610000/0.75\text{kN} = 57.75\text{kN}$

Ⓒ轴墙承受的设计地震剪力 $= \gamma_{Eh}V_{C顶} = 1.3\times39.05\text{kN} = 50.76\text{kN} < 57.75\text{kN}$(满足要求)

Ⓓ轴墙 $f_{vE}A/\gamma_{RE} = 0.073\times 730000/0.75\text{kN} = 71.05\text{kN} > \gamma_{Eh}V_{D顶} = 1.3\times42.74\text{kN} = 55.56\text{kN}$(满足要求)

(2)横向地震作用下,横墙的抗剪承载力验算(取底层④、⑨轴墙体)

1)④轴墙体验算。

④轴墙体横截面面积 $A_{14} = (6.0-0.9)\times0.24\text{m}^2 = 1.224\text{m}^2$

底层横墙总截面面积 $A_1 = 27.26\text{m}^2$

④轴墙从属面积 $F_{14} = 3.3\times(5.70+0.18+1.2)\text{m}^2 = 23.36\text{m}^2$

底层建筑面积 $F_1 = 14.16\times30.06\text{m}^2 = 425.65\text{m}^2$

④轴墙体由地震作用产生的剪力按中性楼盖分配计算

$$V_{14} = \frac{1}{2}\times\left(\frac{A_{14}}{A_1}+\frac{F_{14}}{F_1}\right)V_1 = \frac{1}{2}\times\left(\frac{1.224}{27.26}+\frac{23.36}{425.65}\right)\times1363.13\text{kN} = 68.01\text{kN}$$

④轴墙有门洞 0.9m×2.1m。将墙分为 a、b 两段,计算墙段高宽比 h/b 时,墙段 a、b 的 h 取为 2.1m,则

a 墙段 $1 < h/b = 2.10/1.0 = 2.1 < 4$

b 墙段 $h/b = 2.10/4.1 = 0.51 < 1$

求墙段侧移刚度时,a 墙段考虑剪切和弯曲变形的影响,b 墙段仅考虑剪切变形的影响,则

$$K_a = \frac{Et}{(h/b)[(h/b)^2+3]} = \frac{Et}{2.1\times(2.1^2+3)} = 0.064Et$$

$$K_b = \frac{Et}{3\times h/b} = \frac{Et}{3\times0.51} = 0.654Et$$

所以 $\sum K = K_a + K_b = (0.064+0.654)Et = 0.718Et$

各墙段分配的地震剪力为:

a 墙段
$$V_a = \frac{K_a}{\sum K}V_{14} = \frac{0.064Et}{0.718Et} \times 68.01 = 6.062\text{kN}$$

b 墙段
$$V_b = \frac{K_b}{\sum K}V_{14} = \frac{0.654Et}{0.718Et} \times 68.01 = 61.948\text{kN}$$

各墙段在半层高处重力荷载代表值的平均压应力为（计算过程略）：a 墙段 $\sigma_0 = 0.6033\text{N/mm}^2$；$b$ 墙段 $\sigma_0 = 0.4621\text{N/mm}^2$。

各墙段抗剪承载力验算结果列于表 6-10，砂浆强度等级为 M5 时，$f_v = 0.11\text{N/mm}^2$。由表 6-10 的计算可看出，各墙段抗剪承载力均满足要求。

表 6-10 各墙段抗剪承载力验算

墙段	A /mm²	σ_0 /(N/mm²)	σ_0/f_v	ζ'_n	$f_{vE} = \zeta'_n f_v$ /(N/mm²)	V /kN	$\gamma_{Eh}V$ /kN	$f_{vE}A/\gamma_{RE}$ /kN
a	240000	60.33×10⁻²	5.48	1.51	0.17	6.062	7.881	40.8
b	984000	46.21×10⁻²	4.20	1.39	0.15	61.948	80.532	147.6

2) ⑨轴墙体验算。

⑨轴墙体横截面面积　　　$A_{19} = 6.0 \times 0.24 \times 2\text{m}^2 = 2.88\text{m}^2$

底层横墙总截面面积　　　$A_1 = 27.26\text{m}^2$

⑨轴墙承担地震作用的面积
$$F_{19} = (3.3 + 1.65) \times 7.08\text{m}^2 + (4.95 + 1.65) \times 7.08\text{m}^2 = 81.77\text{m}^2$$

底层建筑面积　　　$F_1 = 14.16 \times 30.06\text{m}^2 = 425.65\text{m}^2$

⑨轴墙体由地震作用产生的剪力按中性楼盖计算得
$$V_{19} = \frac{1}{2}\left(\frac{A_{19}}{A_1} + \frac{F_{19}}{F_1}\right)V_1 = \frac{1}{2} \times \left(\frac{2.88}{27.26} + \frac{81.77}{425.65}\right) \times 1363.13\text{kN} = 202.94\text{kN}$$

各墙段在半层高处的平均压应力 $\sigma_0 = 41.60 \times 10^{-2}\text{N/mm}^2$。

砂浆强度等级为 M5，抗剪强度 $f_v = 0.11\text{N/mm}^2$，则
$$\sigma_0/f_v = 41.60 \times 10^{-2}/0.11 = 3.78$$

查表 6-6 得，$\zeta_n = 1.34$，则
$$f_{vE} = \zeta_n f_v = 1.34 \times 0.11\text{N/mm}^2 = 0.15\text{N/mm}^2$$
$$f_{vE}A/\gamma_{RE} = 0.15 \times 2880000/1\text{kN} = 432\text{kN}$$

承受的设计地震剪力 $= \gamma_{Eh}V_{19} = 1.3 \times 202.94\text{kN} = 264\text{kN} < 432\text{kN}$（满足要求）

（3）纵向地震作用下，外纵墙的抗剪承载力验算（取底层Ⓐ轴墙体）

1) 作用在Ⓐ轴窗间墙的地震剪力。作用在Ⓐ轴纵墙上的地震剪力应按式（6-14）计算，由于Ⓐ轴各窗间墙的宽度相等，故作用在窗间墙上的地震剪力 V_c 可按横截面面积的比例进行分配，即
$$V_c = \frac{A_{1A}}{A_1}V_1 \times \frac{a_c}{A_{1A}} = \frac{a_c}{A_1}V_1$$

式中　A_1——底层纵墙总横截面面积，$A_1 = 22\text{m}^2$；

A_{1A}——底层 A 轴纵墙横截面净面积；

a_c——窗间墙的横截面面积，$a_c = 1.8 \times 0.36 \text{m}^2 = 0.648 \text{m}^2$。

$$V_c = (0.648/22) \times 1363.13 \text{kN} = 40.15 \text{kN}$$

2）窗间墙抗剪承载力。Ⓐ轴墙体在半层高处的平均压应力为 $\sigma_0 = 35.06 \times 10^{-2} \text{N/mm}^2$，$f_v = 0.11 \text{N/mm}^2$ 则

$$\sigma_0/f_v = 35.06 \times 10^{-2}/0.11 = 3.18$$

查表 6-6 得，$\zeta_n = 1.299$，则

$$f_{vE} = \zeta_n f_v = 1.299 \times 0.11 \text{N/mm}^2 = 0.156 \text{N/mm}^2$$

以上验算的是纵向非承重窗间墙，但从总体上看，有大梁作用于纵墙上，故仍属承重砖墙，其承载力抗震调整系数仍采用 1，故

$$f_{vE} A / \gamma_{RE} = 0.156 \times 1800 \times 3600 / 1 \text{kN} = 101.98 \text{kN}$$

承受的设计地震剪力 $= \gamma_{Eh} V_c = 1.3 \times 40.15 \text{kN} = 52.20 \text{kN} < 101.98 \text{kN}$（满足要求）

其他各层墙体验算方法同上，从略。

6.4 多层砌体房屋的抗震构造措施

在多层砌体结构房屋的震害中，有相当大部分是因为构造不合理或不符合抗震要求而造成的，震害表明，未经合理抗震设计的多层砌体结构房屋，抗震性能较差，在历次地震中破坏率都较高，6 度区已有震害，随烈度的增加，破坏也越严重，特别是在强烈地震下极易倒塌，因此，防倒塌是多层砌体结构房屋抗震设计的重要问题。多层砌体结构房屋的抗倒塌，主要通过抗震构造措施以提高房屋的变形能力来保证。

6.4.1 多层砖砌体构造措施

1. 构造柱

设置现浇钢筋混凝土构造柱（以下简称构造柱），可以明显改善多层砌体结构房屋的抗震性能，可以使砌体的抗剪强度提高 10%～30%，提高幅度与墙体高宽比、竖向压力和开洞情况有关；由于构造柱对砌体的约束作用，从而可提高其变形能力。设置在震害较重、连接构造比较薄弱和易于应力集中部位的构造柱可起到减轻震害的作用。

（1）构造柱的设置

1）构造柱设置部位，一般情况下应符合表 6-11 的要求。

表 6-11 多层砖砌体房屋构造柱设置要求

房屋层数				设置部位	
6 度	7 度	8 度	9 度		
四、五	三、四	二、三		楼、电梯间四角、楼梯斜梯段上下端对应的墙体处；外墙四角和对应转角；错层部位横墙与外纵墙交接处；大房间内外墙交接处；较大洞口两侧	隔 12m 或单元横墙与外纵墙交接处；楼梯间对应的另一侧内横墙与外纵墙交接处
六	五	四	二		隔开间横墙（轴线）与外纵墙交接处；山墙与内纵墙交接处
七	≥六	≥五	≥三		内墙（轴线）与外墙交接处；内墙的局部较小墙垛处；内纵墙与横墙（轴线）交接处

注：较大洞口，内墙指不小于 2.1m 的洞口；外墙在内外墙交接处已设置构造柱时应允许适当放宽，但洞侧墙体应加强。

2）外廊式和单面走廊式的多层房屋，应根据房屋增加一层的层数，按表6-11的要求设置构造柱，且单面走廊两侧的纵墙均应按外墙处理。

3）横墙较少的房屋，应根据房屋增加一层的层数，按表6-11的要求设置构造柱。当横墙较少的房屋为外廊式或单面走廊式时，应按2）项中的要求设置构造柱；但6度不超过四层、7度不超过三层和8度不超过二层时，应按增加二层的层数对待。

4）各层横墙很少的房屋，应按增加二层的层数设置构造柱。

5）采用蒸压灰砂砖和蒸压粉煤灰砖的砌体房屋，当砌体的抗剪强度仅达到普通黏土砖砌体的70%时，应根据增加一层的层数按1）~4）项的要求设置构造柱；但6度不超过四层、7度不超过三层和8度不超过二层时，应按增加二层的层数对待。

（2）构造柱的构造

1）构造柱最小截面可采用180mm×240mm（墙厚190mm时为180mm×190mm），纵向钢筋宜采用4ϕ12，箍筋间距不宜大于250mm，且在柱上下端应适当加密；6度和7度时超过六层、8度时超过五层和9度时，构造柱纵向钢筋宜采用4ϕ14，箍筋间距不应大于200mm；房屋四角的构造柱应适当加大截面及配筋。

2）构造柱与墙连接处应砌成马牙槎，沿墙高每隔500mm设2ϕ6水平钢筋和ϕ4分布短筋平面内点焊组成的拉结网片或ϕ4点焊钢筋网片，每边伸入墙内不宜小于1m。6、7度时底部1/3楼层，8度时底部1/2楼层，9度时全部楼层，上述拉结钢筋网片应沿墙体水平通长设置。

3）构造柱与圈梁连接处，构造柱的纵筋应在圈梁纵筋内侧穿过，保证构造柱纵筋上下贯通。构造柱可不单独设置基础，但应伸入室外地面下500mm，或与埋深小于500mm的基础圈梁相连。

4）房屋高度和层数接近表6-1的限值时，纵、横墙内构造柱间距尚应符合下列要求：

① 横墙内的构造柱间距不宜大于层高的两倍；下部1/3楼层的构造柱间距适当减小。

② 当外纵墙开间大于3.9m时，应另设加强措施。内纵墙的构造柱间距不宜大于4.2m。

2. 圈梁

（1）圈梁的作用 圈梁对房屋抗震有重要作用，且是多层砌体结构房屋的一种经济有效的抗震措施，其主要功能为：

1）加强房屋的整体性。由于圈梁的约束作用，减小了预制板散开以及墙体出平面倒塌的危险性，使纵、横墙能保持为一个整体的箱形结构，充分发挥各片墙体的平面内抗剪强度，有效抵御来自任何方向的水平地震作用。

2）圈梁作为楼盖的边缘构件，提高了楼盖的水平刚度，同时箍住楼（屋）盖，增强楼盖的整体性；可以限制墙体斜裂缝的开展和延伸，使墙体裂缝仅在两道圈梁之间的墙段之间发生，墙体的抗剪强度可以充分发挥，同时提高了墙体的稳定性；圈梁还可以减轻地震时地基不均匀沉陷对房屋的影响，减轻和防止地震时的地表裂隙将房屋撕裂。

（2）圈梁的设置 多层黏土砖、多孔砖房的现浇混凝土圈梁设置应符合下列要求：

1）装配式钢筋混凝土楼、屋盖或木屋盖的砖房，应按表6-12的要求设置圈梁；纵墙承重时，抗震横墙上的圈梁间距应比表内要求适当加密。

第6章 多层砌体和底部框架砌体房屋抗震设计

表 6-12 多层砖砌体房屋现浇钢筋混凝土圈梁设置要求

墙类	烈 度		
	6度、7度	8度	9度
外墙和内纵墙	屋盖处及每层楼盖处	屋盖处及每层楼盖处	屋盖处及每层楼盖处
内横墙	同上；屋盖处间距不应大于4.5m；楼盖处间距不应大于7.2m；构造柱对应部位	同上；各层所有横墙，且间距不应大于4.5m，构造柱对应部位	同上；各层所有横墙

2）现浇或装配整体式钢筋混凝土楼、屋盖与墙体有可靠连接的房屋，应允许不另设圈梁，但楼板沿抗震墙体周边均应加强配筋并与相应的构造柱钢筋可靠连接。

（3）圈梁构造　圈梁应闭合，遇有洞口圈梁应上下搭接。圈梁宜与预制板设在同一标高处或紧靠板底；圈梁在表 6-12 要求的间距内无横墙时，应利用梁或板缝中配筋替代圈梁；圈梁的截面高度不应小于120mm，配筋应符合表 6-13 的要求。当地基为软弱黏性土、液化土、新近填土或严重不均匀土时，考虑地震时地基不均匀沉降和其他不利影响而增设的基础圈梁，截面高度不应小于180mm，配筋不应少于4ϕ12。

表 6-13 多层砖砌体房屋圈梁配筋要求

配筋	烈 度		
	6度、7度	8度	9度
最小纵筋	4ϕ10	4ϕ12	4ϕ14
箍筋最大间距/mm	250	200	150

3. 楼、屋盖及接近限高砌体房屋的构造要求

1）现浇钢筋混凝土楼板或屋面板伸进纵、横墙内的长度，均不应小于120mm。

2）装配式钢筋混凝土楼板或屋面板，当圈梁未设在板的同一标高时，板端伸进外墙的长度不应小于120mm，伸进内墙的长度不应小于100mm或采用硬架支模连接，在梁上不应小于80mm或采用硬架支模连接。

3）当板的跨度大于4.8m并与外墙平行时，靠外墙的预制板侧边应与墙或圈梁拉结。

4）房屋端部大房间的楼盖，6度时房屋的屋盖和7~9度时房屋的楼、屋盖，当圈梁设在板底时，钢筋混凝土预制板应相互拉结，并应与梁、墙或圈梁拉结。

丙类的多层砖砌体房屋，当横墙较少且总高度和层数接近或达到表 6-1 规定限值时，应采取下列加强措施：

1）房屋的最大开间尺寸不宜大于6.6m。

2）同一结构单元内横墙错位数量不宜超过横墙总数的1/3，且连续错位不宜多于两道；错位的墙体交接处均应增设构造柱，且楼、屋面板应采用现浇钢筋混凝土板。

3）横墙和内纵墙上洞口的宽度不宜大于1.5m；外纵墙上洞口的宽度不宜大于2.1m或开间尺寸的一半；且内外墙上洞口位置不应影响内外纵墙与横墙的整体连接。

4）所有纵横墙均应在楼、屋盖标高处设置加强的现浇钢筋混凝土圈梁；圈梁的截面高度不宜小于150mm，上下纵筋各不应少于3ϕ10，箍筋不小于ϕ6，间距不大于300mm。

5）所有纵横墙交接处及横墙的中部，均应增设满足下列要求的构造柱：在纵、横墙内的柱距不宜大于 3.0m，最小截面尺寸不宜小于 240mm×240mm（墙厚 190mm 时为 240mm×190mm），配筋宜符合表 6-14 的要求。

表 6-14　增设构造柱的纵筋和箍筋设置要求

位置	纵向钢筋			箍筋		
	最大配筋率(%)	最小配筋率(%)	最小直径/mm	加密区范围/mm	加密区间距/mm	最小直径/mm
角柱	1.8	0.8	14	全高	100	6
边柱			14	上端700		
中柱	1.4	0.6	12	下端500		

6）同一结构单元的楼、屋面板应设置在同一标高处。

7）房屋底层和顶层的窗台标高处，宜设置沿纵横墙通长的水平现浇钢筋混凝土带；其截面高度不小于 60mm，宽度不小于墙厚，纵向钢筋不少于 2ϕ10，横向分布筋的直径不小于 ϕ6 且其间距不大于 200mm。

对于其他的一些情况，《抗震规范》也做了相关规定。坡屋顶房屋的屋架应与顶层圈梁可靠连接，檩条或屋面板应与墙、屋架可靠连接，房屋出入口处的檐口瓦应与屋面构件锚固。采用硬山搁檩时，顶层内纵墙顶宜增砌支承山墙的踏步式墙垛，并设置构造柱。门窗洞处不应采用砖过梁；过梁支承长度，6~8 度时不应小于 240mm，9 度时不应小于 360mm。预制阳台，6、7 度时应与圈梁和楼板的现浇板带可靠连接，8、9 度时不应采用预制阳台。后砌的非承重砌体隔墙、烟道、风道、垃圾道等应符合非结构构件的有关规定。同一结构单元的基础（或桩承台），宜采用同一类型的基础，底面宜埋置在同一标高上，否则应增设基础圈梁并应按 1：2 的台阶逐步放坡。

4. 对楼梯间的要求

楼梯间是发生地震时的疏散通道，同时，历次地震震害表明，楼梯间比较空旷常常破坏严重，在 9 度及 9 度以上地区曾多次发生楼梯间的局部倒塌，当楼梯间设置在房屋尽端时破坏尤为严重。因此，《抗震规范》规定：

1）顶层楼梯间墙体应沿墙高每隔 500mm 设 2ϕ6 通长钢筋和 ϕ4 分布短钢筋平面内点焊组成的拉结网片或 ϕ4 点焊钢筋网片；7~9 度时其他各层楼梯间墙体应在休息平台或楼层半高处设置 60mm 厚、纵向钢筋不少于 2ϕ10 的钢筋混凝土带或配筋砖带，配筋砖带不少于 3 皮，每皮的配筋不少于 2ϕ6，砂浆强度等级不应低于 M7.5 且不低于同层墙体的砂浆强度等级。

2）楼梯间及门厅内墙阳角处的大梁支承长度不应小于 500mm，并应与圈梁连接。

3）装配式楼梯段应与平台板的梁可靠连接，8 度、9 度时不应采用装配式楼梯段；不应采用墙中悬挑式踏步或踏步竖肋插入墙体的楼梯，不应采用无筋砖砌栏板。

4）突出屋顶的楼、电梯间，构造柱应伸到顶部，并与顶部圈梁连接，所有墙体应沿墙高每隔 500mm 设 2ϕ6 通长钢筋和 ϕ4 分布短筋平面内点焊组成的拉结网片或 ϕ4 点焊网片。

6.4.2 多层砌块房屋抗震构造措施

1. 芯柱设置

混凝土小型空心砌块房屋，应按表6-15的要求设置钢筋混凝土芯柱，对外廊式和单面走廊式的多层房屋、横墙较少的房屋、各层横墙很少的房屋，应根据房屋增加层数的对应要求，按表6-15的要求设置芯柱。

表 6-15 多层小砌块房屋芯柱设置要求

房屋层数				设置部位	设置数量
6度	7度	8度	9度		
四、五	三、四	二、三		外墙转角，楼、电梯间四角，楼梯斜梯段上下端对应的墙体处；大房间内外墙交接处；错层部位横墙与外纵墙交接处；隔12m或单元横墙与外纵墙交接处	外墙转角，灌实3个孔；内外墙交接处，灌实4个孔；楼梯斜梯段上下端对应的墙体处，灌实2个孔
六	五	四		同上；隔开间横墙（轴线）与外纵墙交接处	
七	六	五	二	同上；各内墙（轴线）与外纵墙交接处；内纵墙与横墙（轴线）交接处和洞口两侧	外墙转角，灌实5个孔；内外墙交接处，灌实4个孔；内墙交接处，灌实4~5个孔；洞口两侧各灌实1个孔
	七	≥六	≥三	同上；横墙内芯柱间距不大于2m	外墙转角，灌实7个孔；内外墙交接处，灌实5个孔；内墙交接处，灌实4~5个孔；洞口两侧各灌实1个孔

注：外墙转角、内外墙交接处、楼电梯四角等部位，应允许采用钢筋混凝土构造柱替代部分芯柱。

小砌块房屋的芯柱截面不宜小于120mm×120mm；芯柱混凝土强度等级不应低于Cb20；芯柱竖向插筋应贯通墙身且与圈梁连接，插筋不应小于1φ12，6度和7度时超过五层、8度时超过四层和9度时，插筋不应小于1φ14；芯柱应伸入室外地面下500mm或与埋深小于500mm的基础圈梁相连；为提高墙体抗震承载力而设置的芯柱，宜在墙体内均匀布置，最大净距不宜大于2.0m。多层小砌块房屋墙体交接处或芯柱与墙体连接处应设置拉结钢筋网片，网片可采用直径4mm的钢筋点焊而成，沿墙高间距不大于600mm，并应沿墙体水平通长设置。6度、7度时底部1/3楼层，8度时底部1/2楼层，9度时全部楼层，上述拉结钢筋网片沿墙高间距不大于400mm。

2. 圈梁设置

多层小砌块房屋现浇钢筋混凝土圈梁的设置位置与多层砖砌体房屋圈梁的要求相同，见表6-12，圈梁宽度不应小于190mm，配筋不应少于4φ12，箍筋间距不应大于200mm。

多层小砌块房屋的层数，6度时超过五层、7度时超过四层、8度时超过三层和9度时，在底层和顶层的窗台标高处，沿纵横墙应设置通长的水平现浇钢筋混凝土带，其截面高度不小于60mm，纵筋不少于2φ10，并应有分布拉结钢筋；其混凝土强度等级不应低于C20。

水平现浇混凝土带可采用槽形砌块替代模板，其纵筋和拉结钢筋不变。

6.5 底部框架—抗震墙砌体房屋抗震设计的一般规定

6.5.1 结构方案

底部框架—抗震墙砌体房屋主要是指底部采用钢筋混凝土框架抗震墙、上部为多层砌体结构的房屋。由于房屋上部各层纵横墙较密，重量大，抗侧刚度也大，而底层承重结构为框架—抗震墙，其抗侧移刚度比上部小，形成了"上刚下柔"的结构体系。刚度变化急剧，房屋的侧移将集中发生于相对薄弱的底层，而上部其他各层的侧移很小。地震时结构变形的大小是破坏程度的主要标志。底部框架—抗震墙砌体房屋的地震位移反应相对集中于底部，引起底部的严重破坏，危及整个房屋的安全。

为了防止底部因过多的变形集中而发生严重震害，应对该类房屋的结构布置进行严格的限制。乙类建筑，以及丙类8度0.30g和9度设防时不应采用此类结构形式。

6.5.2 结构布置

底部框架—抗震墙砌体房屋的结构布置与多层砌体房屋大体相同。为避免变形集中于底部，结构布置时应符合下列要求：

1）上部的砌体墙体与底部的框架梁或抗震墙，除楼梯间附近的个别墙段外均应对齐。

2）房屋的底部，应沿纵横两方向设置一定数量的抗震墙，并应均匀对称布置。6度且总层数不超过四层的底层框架—抗震墙砌体房屋，应允许采用嵌砌于框架之间的约束普通砖砌体或小砌块砌体的砌体抗震墙，但应计入砌体墙对框架的附加轴力和附加剪力并进行底层的抗震验算，且同一方向不应同时采用钢筋混凝土抗震墙和约束砌体抗震墙；其余情况，8度时应采用钢筋混凝土抗震墙，6度、7度时应采用钢筋混凝土抗震墙或配筋小砌块砌体抗震墙。

3）底层框架—抗震墙砌体房屋的纵横两个方向，第二层计入构造柱影响的侧向刚度与底层侧向刚度的比值，6度、7度时不应大于2.5，8度时不应大于2.0，且均不应小于1.0。

4）底部两层框架—抗震墙砌体房屋纵横两个方向，底层与底部第二层侧向刚度应接近，第三层计入构造柱影响的侧向刚度与底部第二层侧向刚度的比值，6度、7度时不应大于2.0，8度时不应大于1.5，且均不应小于1.0。

5）底部框架—抗震墙砌体房屋的抗震墙应设置条形基础、筏形基础等整体性好的基础。

6.5.3 底部框架及抗震墙抗震等级的确定

底部框架—抗震墙砌体房屋的钢筋混凝土结构部分，应符合钢筋混凝土结构的有关抗震规定；此时，底部混凝土框架的抗震等级，6、7、8度应分别按三、二、一级采用，混凝土墙体的抗震等级，6、7、8度应分别按三、三、二级采用。

6.5.4 地震作用效应

底部框架—抗震墙房屋的抗震计算可采用底部剪力法。底部剪力、质点地震作用及层间剪力的计算方法与一般多层砌体结构房屋相同，上部砖砌体房屋水平地震剪力的分配同多层砖砌体房屋，底部框架和抗震墙的剪力分配需要考虑两道设防的思想来分配，同时考虑到变形集中对结构的不利影响，需对底层的地震作用效应做适当调整：

1) 对底层框架—抗震墙房屋，底层的纵向和横向地震剪力设计值均应乘以增大系数，其值可根据第二层与底层侧移刚度比值的大小在 1.2~1.5 内选用。

2) 对底部两层框架—抗震墙房屋，底层与第二层的纵向和横向地震剪力设计值，均应乘以增大系数，其值可根据侧移刚度比在 1.2~1.5 内选用。

底层或底部两层的纵、横向地震剪力设计值应全部由该方向的抗震墙承担，并可按各抗震墙侧向刚度比例分配。

底部框架的地震作用效应，可按下列方法确定：

1) 框架柱承担的地震剪力设计值，可按各抗侧力构件有效侧向刚度比例分配确定；有效侧向刚度的取值，框架不折减，混凝土墙或配筋混凝土小砌块砌体墙可乘以折减系数 0.30，约束普通砖砌体或小砌块砌体抗震墙可乘以折减系数 0.20。

$$V_c = \frac{K_c}{\sum K_c + \sum K_w} V \qquad (6\text{-}26)$$

混凝土墙或配筋砌块墙

$$K_w = 0.3 \times \frac{1}{\frac{1.2h}{GA} + \frac{h^3}{3EI}} \qquad (6\text{-}27)$$

砖砌体或小砌块砌体墙

$$K_w = 0.2 \times \frac{1}{\frac{1.2h}{GA} + \frac{h^3}{3EI}} \qquad (6\text{-}28)$$

式中 K_c——单根钢筋混凝土柱的侧移刚度，$K_c = \alpha \frac{12EI_c}{h^3}$，即柱的 D 值；

K_w——单片墙开裂后的抗侧移刚度；

G——材料的剪切模量，钢筋混凝土取 $G = 0.43E$，砖砌体取 $G = 0.4E$；

V——层间剪力。

2) 框架柱的轴力应计入地震倾覆力矩引起的附加轴力，上部砖房可视为刚体，如图 6-14 所示，底部各轴线承受的地震倾覆力矩，可近似按底部抗震墙和框架的有效侧向刚度的比例分配确定。

作用于整个房屋的地震倾覆力矩为 $\qquad M_1 = \sum_{i=2}^{n} F_i (H_i - H_1) \qquad (6\text{-}29)$

单片抗震墙承担的倾覆力矩为 $\qquad M_w = \frac{K'_w}{\overline{K}} M_1 \qquad (6\text{-}30)$

单榀框架承担的倾覆力矩为 $\qquad M_f = \frac{K'_f}{\overline{K}} M_1 \qquad (6\text{-}31)$

其中 $\qquad \overline{K} = \sum K'_w + \sum K'_f \qquad (6\text{-}32)$

$$K'_w = \frac{1}{\frac{h}{EI} + \frac{1}{C_\varphi I_\varphi}} \qquad (6\text{-}33)$$

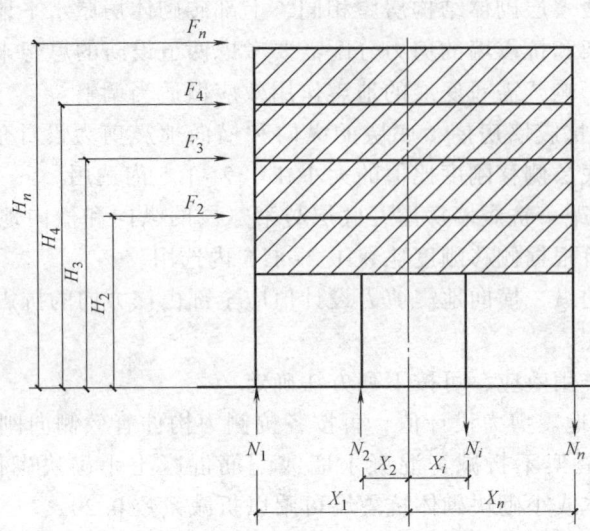

图 6-14 底部框架承受的地震倾覆力矩计算

$$K'_f = \cfrac{1}{\cfrac{h}{E\sum(A_i x_i^2)} + \cfrac{1}{C_z \sum(F'_i x_i^2)}} \quad (6-34)$$

式中 M_1——作用于底层框架顶面的地震倾覆力矩；
F_i、H_i——第 i 层的地震作用及离地面高度（图 6-14）；
K'_w——底层单片抗震墙的平面内转动刚度；
K'_f——单榀框架沿自身平面内的转动刚度；
I、I_φ——抗震墙水平截面和基础底面积对形心轴的惯性矩；
C_z、C_φ——地基抗压和抗弯刚度系数；
A_i、F'_i——单榀框架中第 i 根柱子水平截面面积和基础底面积；
x_i——第 i 根柱子到所在框架中和轴的距离。

当单榀框架分担的倾覆力矩求出后，柱的附加轴力可以近似按式（6-35）计算，即假定附加轴力全部由最外边的两边柱承担。

$$N' = \pm M_f / B \quad (6-35)$$

式中 B——两边柱之间的距离。

考虑各柱均参加抗倾覆时，可按下式计算附加轴力

$$N' = \pm \cfrac{M_f A_i x_i}{\sum_{i=1}^{n}(A_i x_i^2)} \quad (6-36)$$

式中 n——单榀框架柱子的总数。

3）底部框架—抗震墙房屋的钢筋混凝土托墙梁计算地震组合内力时，应采用合适的计算简图。若考虑上部墙体与托墙梁的组合作用，应计入地震时墙体开裂对组合作用的不利影响，可调整弯矩系数、轴力系数等计算参数。简化计算为了偏于安全，当托墙梁上部各层墙体不开洞和跨中 1/3 范围内开一个洞口的情况时，也可采用折减荷载的方法：计算托墙梁弯

矩时，由重力荷载代表值产生的弯矩，4层以下全部计入组合，4层以上可有所折减，取不小于4层的数值计入组合；对托墙梁剪力计算时，由重力荷载产生的剪力不折减。

4）底层框架—抗震墙房屋中嵌砌于框架之间的普通砖或小砌块的砌体墙，当符合相应构造要求时，可按下列规定验算：

① 底层框架柱的轴向力和剪力，应计入砖墙或小砌块墙引起的附加轴向力和附加剪力，其值按下式确定

$$N_f = \frac{V_w H_f}{l} \tag{6-37}$$

$$V_f = V_w \tag{6-38}$$

式中 V_w——墙体承担的剪力设计值，柱两侧有墙时可取两者的较大值；

N_f——框架柱的附加轴向力设计值；

V_f——框架柱的附加剪力设计值；

H_f、l——框架的层高和跨度。

② 嵌砌于框架之间的普通砖墙或小砌块墙及两端框架柱，其截面抗震承载力应按下式验算

$$V \leqslant \frac{1}{\gamma_{REc}} \sum (M_{yc}^u + M_{yc}^l)/H_0 + \frac{1}{\gamma_{REw}} \sum f_{vE} A_{w0} \tag{6-39}$$

式中 V——嵌砌普通砖墙或小砌块墙及两端框架柱剪力设计值；

A_{w0}——砖墙或小砌块墙水平截面的计算面积，无洞口时取实际截面的1.25倍，有洞口时取截面的净面积，但不计入宽度小于洞口高度1/4的墙肢截面面积；

M_{yc}^u、M_{yc}^l——底层框架柱上、下端的正截面受弯承载力设计值，可按《混凝土结构设计规范》中非抗震设计的有关公式取等号计算；

H_0——底层框架柱的计算高度，两侧均有砌体墙时取柱净高的2/3，其余情况取柱净高；

γ_{REc}——底层框架柱承载力抗震调整系数，可采用0.8；

γ_{REw}——嵌砌普通砖墙或小砌块墙承载力抗震调整系数，可采用0.9。

6.6 底部框架—抗震墙砌体房屋的抗震构造措施

底部框架—抗震墙砌体房屋的抗震构造措施依据其结构特点比多层砌体房屋有所加强。

6.6.1 上部砌体中构造柱或芯柱的设置要求

底部框架—抗震墙砌体房屋的上部砌体部分，应根据房屋的层数及地区设防烈度设置钢筋混凝土构造柱或芯柱，构造柱或芯柱的设置部位及构造要求与多层砌体房屋相同。构造柱的截面尺寸，砖砌体墙中不宜小于240mm×240mm（墙厚190mm时为240mm×190mm）。构造柱的纵向钢筋不宜少于4φ14，箍筋间距不宜大于200mm；芯柱每孔插筋不应小于1φ14，芯柱之间沿墙高应每隔400mm设φ4焊接钢筋网片。

构造柱、芯柱应与每层圈梁连接，或与现浇楼板可靠拉接。

6.6.2 过渡层墙体的构造要求

过渡层指与底部的钢筋混凝土结构相邻的上一砌体楼层。其在地震时破坏严重,因此,对过渡层的构造要求应予以重视和加强。

过渡层墙体的中心线宜与底部的框架梁、抗震墙的中心线相重合。应在底部框架柱、混凝土墙或约束砌体墙的构造柱对应处设置构造柱或芯柱。墙体内的构造柱间距不宜大于层高,芯柱的最大间距不宜大于1m。

过渡层构造柱的纵向钢筋,6度、7度时不宜少于4ϕ16,8度时不宜少于4ϕ18。过渡层芯柱的纵向钢筋,6度、7度时不宜少于每孔1ϕ16,8度时不宜少于每孔1ϕ18。一般情况下,纵向钢筋应锚入下部的框架柱或混凝土墙内;当纵向钢筋锚固在托墙梁内时,托墙梁的相应位置应加强。

过渡层的砌体墙在窗台标高处,应设置沿纵横墙通长的水平现浇钢筋混凝土带。其截面高度不小于60mm,宽度不小于墙厚,纵向钢筋不少于2ϕ10,横向分布筋的直径不小于6mm且其间距不大于200mm。此外,砖砌体墙在相邻构造柱间的墙体,应沿墙高每隔360mm设置2ϕ6通长水平钢筋和ϕ4分布短筋平面内点焊组成的拉结网片或ϕ4点焊钢筋网片,并锚入构造柱内;小砌块砌体墙芯柱之间沿墙高应每隔400mm设置ϕ4通长水平点焊钢筋网片。

过渡层的砌体墙,凡宽度不小于1.2m的门洞和2.1m的窗洞,洞口两侧宜增设截面不小于120mm×240mm(墙厚190mm时为120mm×190mm)的构造柱或单孔芯柱。

当过渡层的砌体抗震墙与底部框架梁、墙体不对齐时,应在底部框架内设置托墙转换梁,并且过渡层砖墙或砌块墙应采取更高的加强措施。

6.6.3 底部框架—抗震墙部分的构造要求

1. 抗震墙的构造要求

(1)钢筋混凝土墙 底部框架—抗震墙砌体房屋的底部采用钢筋混凝土墙时,墙体周边应设置梁(或暗梁)和边框柱(或框架柱)组成的边框;边框梁的截面宽度不宜小于墙板厚度的1.5倍,截面高度不宜小于墙板厚度的2.5倍;边框柱的截面高度不宜小于墙板厚度的2倍。墙板的厚度不宜小于160mm,且不应小于墙板净高的1/20;墙体宜开设洞口形成若干墙段,各墙段的高宽比不宜小于2。墙体的竖向和横向分布钢筋配筋率均不应小于0.30%,并应采用双排布置;双排分布钢筋间拉筋的间距不应大于600mm,直径不应小于6mm。墙体的边缘构件可按第5章一般部位的规定设置。

(2)约束砖砌体墙 当6度设防时,底层采用约束砖砌体墙,砖墙厚不应小于240mm,砌筑砂浆强度等级不应低于M10,应先砌墙后浇框架。沿框架柱每隔300mm配置2ϕ8水平钢筋和ϕ4分布短筋平面内点焊组成的拉结网片,并沿砖墙水平通长设置;在墙体半高处尚应设置与框架柱相连的钢筋混凝土水平系梁。当墙长大于4m时和洞口两侧,应在墙内增设钢筋混凝土构造柱。

(3)约束小砌块墙 当6度设防的底层框架部分采用约束小砌块砌体墙时,墙厚不应小于190mm,砌筑砂浆强度等级不应低于Mb10,同样应先砌墙后浇框架。沿框架柱每隔400mm配置2ϕ8水平钢筋和ϕ4分布短筋平面内点焊组成的拉结网片,并沿砌块墙水平通长设置;在墙体半高处同样设置与框架柱相连的钢筋混凝土水平系梁,系梁截面不应小于190mm×190mm,纵筋不应小于4φ12,箍筋直径不应小于φ6,间距不应大于200mm。墙体在门、窗洞口两侧应设置芯柱,当墙长大于4m时,应在墙内增设芯柱。其余位置,宜采用钢筋混凝土构造柱替代芯柱。

2. **框架柱的构造要求**

底部的框架柱截面不应小于400mm×400mm,圆柱直径不应小于450mm。柱的纵向钢筋最小总配筋率,当钢筋的强度标准值低于400MPa时,中柱在6度、7度时不应小于0.9%,8度时不应小于1.1%;边柱、角柱和混凝土抗震墙端柱在6度、7度时不应小于1.0%,8度时不应小于1.2%。柱的箍筋直径,6度、7度时不应小于8mm,8度时不应小于10mm,并应全高加密箍筋,间距不大于100mm。

为保证柱的延性,地震时形成梁铰破坏机制,同样应限制柱的轴压比,并对柱端弯矩进行调整。柱的轴压比,6度时不宜大于0.85,7度时不宜大于0.75,8度时不宜大于0.65。柱的最上端和最下端组合的弯矩设计值在一、二、三级时的增大系数应分别按1.5、1.25和1.15采用。

3. **钢筋混凝土托墙梁的要求**

底部的钢筋混凝土托墙梁,梁的截面宽度不应小于300mm,梁的截面高度不应小于跨度的1/10。箍筋的直径不应小于8mm,间距不应大于200mm;梁端在1.5倍梁高且不小于1/5梁净跨范围内,以及上部墙体的洞口处和洞口两侧各500mm且不小于梁高的范围内,箍筋间距不应大于100mm。沿梁高应设腰筋,数量不应少于2φ14,间距不应大于200mm。梁的纵向受力钢筋和腰筋应按受拉钢筋的要求锚固在柱内,且支座上部的纵向钢筋在柱内的锚固长度应符合钢筋混凝土框支梁的有关要求。

6.6.4 楼盖设置要求

底部框架砌体的过渡层底板是该类房屋的重要部位,它连接着上部砌体和下部框架。由于底部的框架和抗震墙的侧移刚度和整体弯曲刚度有较大差别,故过渡层底板应有较大的水平刚度以传递楼层水平地震剪力,并使水平地震剪力在抗震墙和框架之间合理分配。所以,过渡层的底板应采用现浇钢筋混凝土板,板厚不应小于120mm;并应少开洞、开小洞,当洞口尺寸大于800mm时,洞口周边应设置边梁。其他楼层,采用装配式钢筋混凝土楼板时均应设现浇圈梁;采用现浇钢筋混凝土楼板时可以不另设圈梁,但楼板沿抗震墙体周边均应加强配筋并应与相应的构造柱可靠连接。

6.6.5 材料强度等级的要求

底部框架—抗震墙砌体房屋的材料强度等级,应符合下列要求:
1)框架柱、混凝土墙和托墙梁的混凝土强度等级,不应低于C30。
2)过渡层砌体块材的强度等级不应低于MU10,砖砌体砌筑砂浆强度的等级不应低于M10,砌块砌体砌筑砂浆强度的等级不应低于Mb10。

思 考 题

1. 多层砌体结构的类型有哪几种?

2. 多层砌体结构抗震设计中,除进行抗震能力的验算外,为何更要注意概念设计及抗震构造措施的处理?

3. 砌体结构房屋的常见震害有哪些?一般会在什么情况下发生?设计时应如何避免破坏的发生?

4. 砌体结构房屋的概念设计包括哪些方面?

5. 多层砌体结构房屋的计算简图如何选取?地震作用如何确定?层间地震剪力在墙体间如何分配?

6. 墙体间抗震承载力如何验算?

7. 多层砌体结构房屋的抗震构造措施包括哪些方面?

第7章 多层和高层钢结构房屋抗震设计

7.1 多层和高层钢结构的震害特点

由于钢材材质均匀,强度易保证,因此建造成的钢结构房屋的可靠性高。轻质高强的特点,使钢结构房屋的自重轻,结构所受的地震作用减小;良好的延性性能,使钢结构具有很大的变形能力,即使在很大的变形下仍不致倒塌,从而保证结构的抗震安全性。一般来说,钢结构房屋的抗震性能优于用其他传统建筑材料建造的房屋。这一点,在过去发生的多次大地震中都已得到证明。但是,如果钢结构房屋在结构设计、材料选用、施工制作和维护上出现问题,在地震作用下,可能发生构件的失稳、材料的脆性破坏及连接破坏,使其优良的材性得不到充分的发挥,结构未必具有较高的承载力和延性。

一般来说,在强震作用下,钢结构房屋强度方面是足够的,但其侧向刚度一般不足。钢结构在地震作用下,虽然很少整体倒塌,但常发生局部破坏和材料的脆性破坏。1976年唐山大地震中,唐山钢铁厂的震害调查(表7-1)表明,钢结构较少出现倒塌破坏情况,主要震害表现有构件整体或者局部失稳、节点破坏、基础连接破坏、构件破坏等。

表 7-1 唐山钢铁厂震害调查资料

结构形式	总建筑面积/万 m²	倒塌和严重破坏比例	中等破坏比例
钢结构	3.67	0	9.3%
钢筋混凝土结构	4.06	23.2%	47.9%
砌体结构	3.09	41.2%	20.9%

1985年9月19日,墨西哥城发生8.1级大地震,震后发现,1957年以前采用的钢结构体系(如交叉支撑结构)发生严重破坏,而以后普遍采用的抗弯框架体系和抗弯框架—支撑体系则破坏较轻,其中抗弯框架体系的破坏主要发生在梁柱连接处,以及框架梁的受压斜杆屈曲。抗弯框架—支撑体系除了 Pino Suarez 综合楼发生倒塌外,只有两栋结构有损伤。

1994年美国诺斯里奇(Northrige)发生6.7级地震,震后未发现钢结构建筑倒塌,钢结构的破坏形式主要为框架节点区的梁柱焊接连接破坏,竖向支撑的整体失稳和局部失稳,柱脚焊缝破坏及锚栓失效。

1995年1月17日日本阪神发生的7.2级大地震中,钢结构建筑中震害严重和数量较多的主要是年久失修的简易型低层钢结构,但也有建于20世纪70年代后期的钢结构建筑遭受破坏,而在1981年新的抗震规范颁布后按新规范设计的建筑很少破坏。其主要破坏形式为钢柱脆断,支撑及其连接板的破坏,梁柱节点的破坏。该次地震中,由于钢结构具有良好的延性，相对于钢筋混凝土结构的破坏程度要小。同时发现，考虑抗震设计的钢结构建筑很少破坏。而有些钢结构建筑的倒塌和钢柱的脆性断裂，以及支撑屈曲和数量较多的梁柱节点破坏现象，已引起了工程界的重视，并进行了相应的研究。

图 7-1 所示为钢结构节点破坏和支撑屈曲破坏等钢结构主要震害示意图。

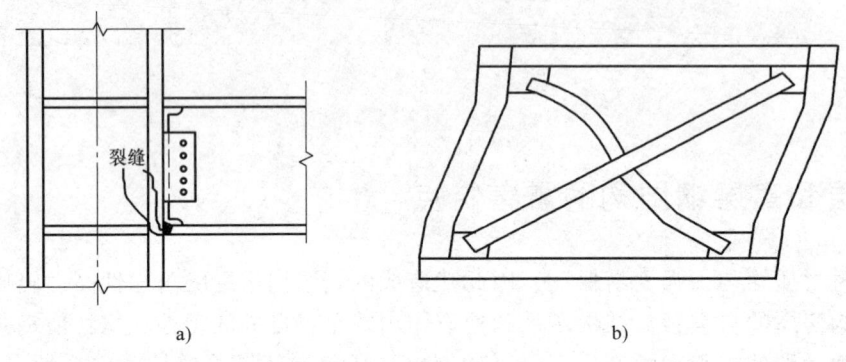

图 7-1 钢结构破坏
a) 节点破坏 b) 支撑屈曲破坏

7.2 多层和高层钢结构房屋体系

钢结构具有优越的强度和韧性，抗震能力较强，广泛应用于多高层钢结构中。多层钢结构体系主要有框架体系、框架—支撑体系、框架—抗震墙板体系、筒体体系、巨型框架体系等。

7.2.1 框架体系

框架体系是由沿纵横向的多榀框架构成及承担水平荷载的抗侧力结构，它也是承担竖向荷载的结构。这类结构的抗侧力能力主要由梁柱构件和节点的强度与延性决定，故节点常采用刚性连接。

7.2.2 框架—支撑体系

框架—支撑体系是在框架体系中沿结构的纵、横两个方向均匀布置一定数量的支撑所形成的结构体系。在框架—支撑体系中，框架是剪切型结构，底部层间位移大；支撑为弯曲型结构，底部层间位移小，两者并联，可以明显减少建筑物下部的层间位移，因此在相同侧移限值标准下，框架—支撑体系可以用于比框架体系更高的房屋。

支撑体系的布置由建筑要求与结构功能来确定，一般布置在端框架中、电梯井周围。支撑类型的选择与是否抗震有关，也与建筑的层高、柱距及建筑使用要求有关，因此需要根据不同的设计条件选择适宜的类型。常用的支撑体系有中心支撑和偏心支撑。

1. 中心支撑

中心支撑是指斜杆与横梁及柱汇交于一点，或两根斜杆与横杆汇交于一点，也可与柱子汇交于一点，但汇交时均无偏心距。根据斜杆的不同布置形式，可形成 X 形支撑、单斜支撑、人字形支撑、K 形支撑及 V 形支撑等类型，如图 7-2 所示。

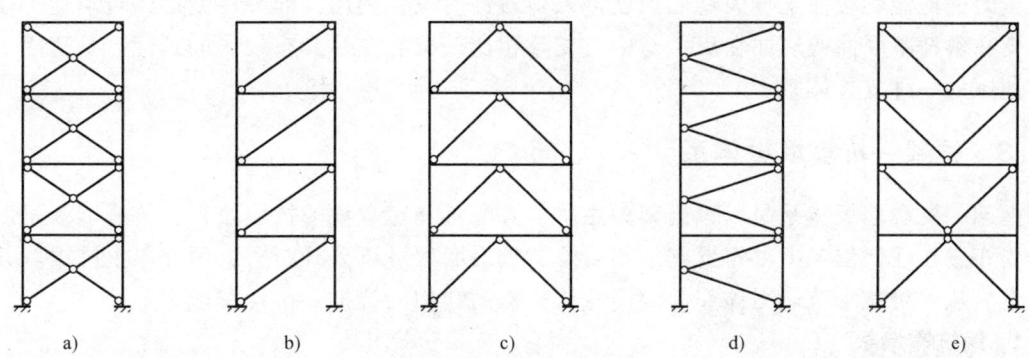

图 7-2 中心支撑
a) X 形支撑 b) 单斜支撑 c) 人字形支撑 d) K 形支撑 e) V 形支撑

中心支撑是常用的支撑类型之一，因具有较大的侧向刚度，对减小结构的水平位移和改善结构的内力分布是有效的，但在往复水平地震作用下，会产生下列后果：

1) 支撑斜杆重复压曲后，其抗压承载力急剧降低。

2) 支撑的两侧柱子产生压缩变形和拉伸变形时，由于支撑的端节点实际构造做法并非铰接，支撑中产生很大的内力和应力。

3) 斜杆从受压的压曲状态变为受拉伸状态，将对结构产生冲击作用，使支撑及其节点和相邻的结构产生很大的附加应力。

4) 同一层支撑框架内的斜杆轮流压曲又不能恢复（拉直），楼层的受剪承载力迅速降低。

因为 K 形支撑的斜杆受压屈曲或受拉屈服时，将使柱子发生屈曲甚至严重破坏，故地震区建筑不得采用 K 形中心支撑。

2. 偏心支撑

偏心支撑是指支撑斜杆的两端，至少有一端与梁相交（不在柱节点处），另一端可在梁与柱交点处连接，或偏离另一根支撑斜杆一段长度与梁连接，并在支撑斜杆杆端与柱子之间构成一消能梁段，或在两根支撑斜杆之间构成一消能梁段的支撑，如图 7-3 所示。

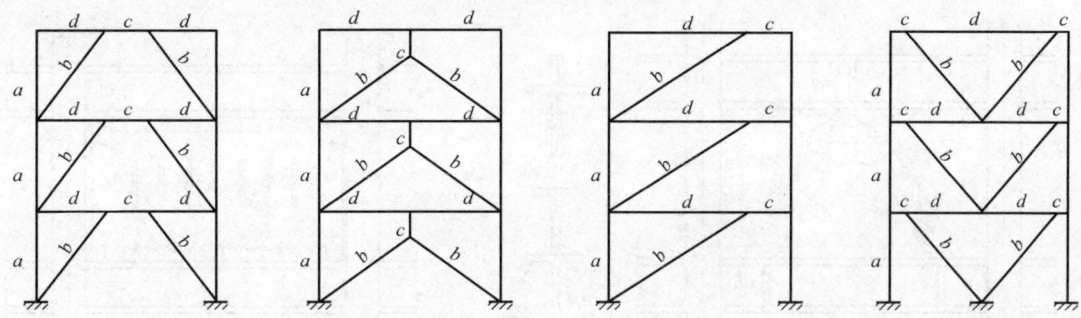

图 7-3 偏心支撑
a—柱 b—支撑 c—消能梁段 d—其他梁段

采用偏心支撑的主要目的是改变支撑斜杆与梁（消能梁段）的先后屈服顺序，即在罕遇地震时，消能梁段在支撑失稳之前就进入弹塑性阶段，利用其非弹性变形进行消能，从而保护支撑斜杆不屈曲或屈曲在后。与中心支撑相比，偏心支撑具有较大的延性，是适用于高烈度地区的一种支撑体系。

7.2.3 框架—抗震墙板体系

框架—抗震墙板体系是以钢框架为主体，并配置一定数量的抗震墙板。抗震墙板可以根据需要布置在任何位置上，布置灵活。另外，抗震墙板可以分开布置，两片以上抗震墙并联体较宽，从而可减小抗侧力体系等效高宽比，提高结构的抗推和抗倾覆能力。

1. 钢抗震墙板

钢抗震墙板是将设置加劲肋或不设加劲肋的钢板作为抗侧力墙，通过拉力场提供承载力。一般需采用厚钢板，其上下两边缘和左右两边缘可分别与框架梁和框架柱连接，一般采用高强度螺栓连接。钢板抗震墙板承担沿框架梁、柱周边的地震作用，不承担框架梁上的竖向荷载。

2. 内藏钢板支撑抗震墙板

内藏钢板支撑抗震墙是以钢板条为支撑，外包钢筋混凝土墙板作为约束构件的屈曲约束支撑墙板。内藏钢板支撑可做成中心支撑也可做成偏心支撑，但在高烈度地区，宜采用偏心支撑。预制墙板仅在钢板支撑斜杆的上下端节点处与钢框架梁相连，除该节点部位外与钢框架的梁或柱均不相连，留有间隙，因此，内藏钢板支撑抗震墙仍是一种受力明确的钢支撑。由于钢支撑有外包混凝土，故可不考虑平面内和平面外的屈曲。墙板对提高框架结构的承载能力和刚度，以及在强震时吸收地震能量方面均有重要作用，如图 7-4 所示。

3. 带竖缝混凝土抗震墙板

普通整块钢筋混凝土墙板由于初期刚度过高，地震时首先斜向开裂，发生脆性破坏而退出工作，造成框架超载而破坏，为此提出了一种带竖缝的抗震墙板。它在墙板中设有若干条竖缝，将墙分割成一系列延性较好的壁柱，通过竖缝墙段的抗弯屈服提供承载能力。多遇地震时，墙板处于弹性阶段，侧向刚度大，墙板如同由壁柱组成的框架板承担水平抗震。罕遇地震时，墙板处于弹塑性阶段而在柱壁上产生裂缝，壁柱屈服后刚度降低，变形增大，起到耗能减震的作用，如图 7-5 所示。

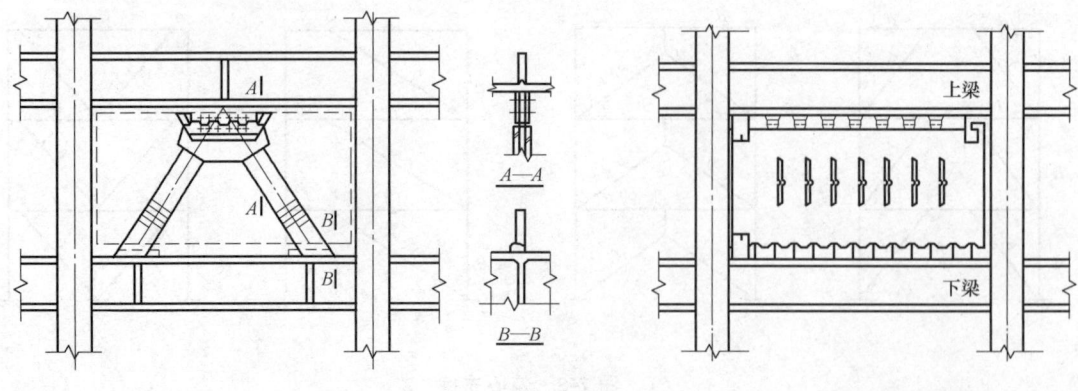

图 7-4　内藏钢板抗震墙板　　　　　图 7-5　带竖缝抗震墙板

7.2.4 筒体体系

筒体结构体系因其具有较大刚度、较强的抗侧力,能形成较大的使用空间,对于超高层建筑是一种经济有效的结构形式。根据筒体的布置、组成、数量的不同,筒体结构体系可分为框架筒、桁架筒、筒中筒及束筒等体系。

1. 框架筒体系

框架筒体系是由密柱深梁刚性连接构成外筒结构来承担水平荷载,结构内部的梁柱铰接,柱子只承受竖向荷载而不承担水平荷载,柱网布置如图 7-6a 所示。

框架筒作为悬臂筒体结构,在水平荷载作用下结构如能整体工作,其截面上的应力分布如图 7-6a 中的虚线所示,但由于框架横梁的变形,截面上应力的分布将呈非线性分布,引起剪力滞后现象,如图 7-6a 中的实线所示,这样,房屋的角柱要承受比中柱更大的轴力,并且结构的侧向挠度将呈明显的剪切型变形。

2. 桁架筒体系

在框筒体系中沿外框筒的四个面设置大型桁架(支撑)构成桁架筒体系,如图 7-5b 所示。由于设置了大型桁架(支撑),一方面大大提高了结构的空间刚度和整体性;另一方面因剪力主要由桁架(支撑)斜杆承担,避免横梁受剪切变形,基本上消除了剪力滞后现象。

3. 筒中筒体系

筒中筒体系是由内外设置的几个筒体,通过楼盖系统连接组成的能共同工作的结构体系,如图 7-6c 所示。它具有很大的侧向刚度和抗侧力的能力。

4. 束筒体系

几个筒体并列组合在一起形成的结构整体称为束筒结构体系,如图 7-6d 所示。它是以

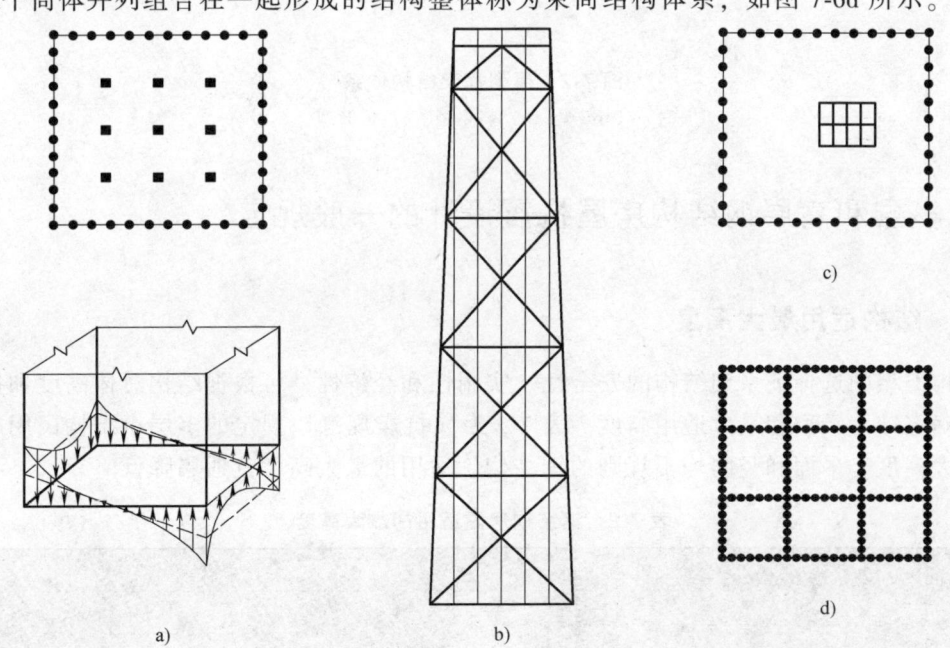

图 7-6 筒体结构
a) 框架筒体系 b) 桁架筒体系 c) 筒中筒体系 d) 束筒体系

外框筒为基础,在其内部沿纵横向设置多榀腹板框架所构成,因此具有更好的整体性和更大的整体侧向刚度,同时由于设置了多榀腹板框架,减小了筒体的边长,从而大大减小了剪力滞后效应。

5. 巨型框架体系

巨型框架体系是由柱距较大的立体桁架柱及立体桁架梁构成。立体桁架梁应沿纵横向布置,并形成一个空间桁架层,在两层空间桁架层之间设置次框架结构,以承担空间桁架层之间的各种楼面荷载,并将其通过次框架结构的柱子传递给立体桁架梁及立体桁架柱,如图7-7所示。这种体系能在建筑中提供特大空间,具有很大的刚度和强度。

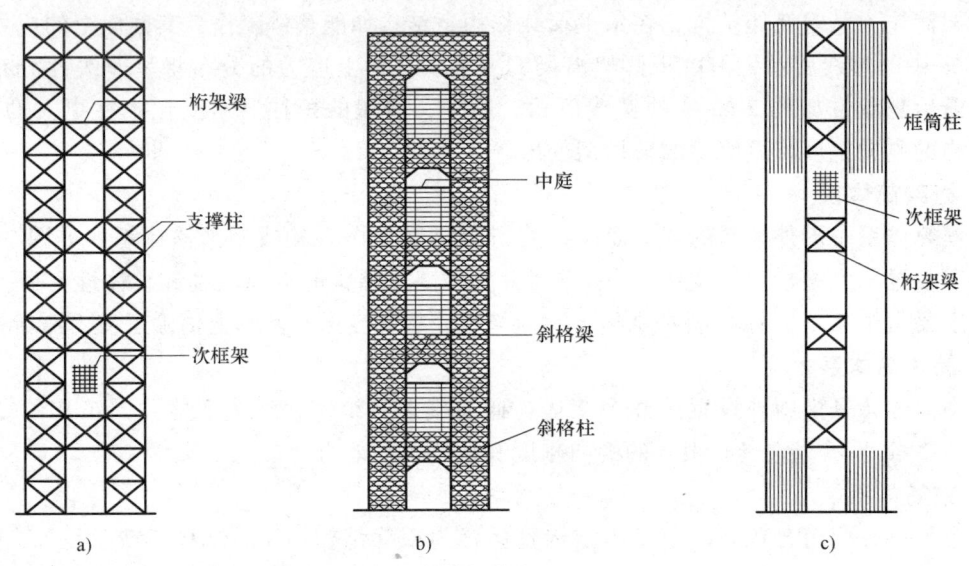

图 7-7 巨型框架结构体系
a)桁架型 b)斜格型 c)框筒型

7.3 多层和高层钢结构房屋抗震设计的一般规定

7.3.1 结构适用最大高度

结构类型的选择关系到结构的安全性、实用性和经济性,可根据结构总体高度和抗震设防烈度确定结构类型和最大适用高度。表7-2为《抗震规范》规定的多层钢结构民用房屋适用的最大高度。平面和竖向均不规则的钢结构,适用的最大高度宜适当降低。

表 7-2 钢结构房屋适用的最大高度 (单位:m)

结构类型	地震烈度				
	6、7度 (0.10g)	7度 (0.15g)	8度 (0.20g)	8度 (0.30g)	9度 (0.40g)
框架	110	90	90	70	50
框架—中心支撑	220	200	180	150	120

(续)

结构类型	地震烈度				
	6、7度 (0.10g)	7度 (0.15g)	8度		9度 (0.40g)
			(0.20g)	(0.30g)	
框架—偏心支撑(延性墙板)	240	220	200	180	160
筒体(框筒、筒中筒、桁架筒、束筒)和巨型框架	300	280	260	240	180

注: 1. 房屋高度指室外地面到主要屋面板板顶的高度（不包括局部突出屋顶部分）。
2. 超过表内高度的房屋，应进行专门研究和论证，采取有效的加强措施。
3. 表内的筒体不包括混凝土筒。
4. 框架柱包括全钢柱和钢管混凝土柱。
5. 甲类建筑，6度、7度、8度时宜按本地区抗震设防烈度提高1度后符合本表要求，9度时应专门研究。

7.3.2 结构适用最大高宽比

《抗震规范》规定，钢结构民用房屋的最大高宽比不宜超过表7-3的限定。结构设计对结构尺度参数的选择要同时满足表7-2和表7-3的要求。

表7-3 钢结构民用房屋适用的最大高宽比

烈 度	6、7	8	9
最大高宽比	6.5	6.0	5.5

注: 1. 计算高宽比的高度从室外地面算起。
2. 当塔形建筑的底部有大底盘时，高宽比可从大底盘以上算起。

7.3.3 钢结构房屋的抗震等级

钢结构房屋应根据设防分类、烈度和房屋高度采用不同的抗震等级，并应符合相应的计算和构造措施要求。丙类建筑的抗震等级应按表7-4确定。对甲、乙类设防的钢结构，按GB 50223—2008《建筑工程抗震设防分类标准》的规定，应提高一度查表7-4确定抗震等级，并符合相关要求。

表7-4 钢结构房屋的抗震等级

房屋高度	烈度			
	6	7	8	9
≤50m	—	四	三	二
>50m	四	三	二	一

注: 1. 高度接近或等于高度分界时，应允许结合房屋不规则程度和场地、地基条件确定抗震等级。
2. 一般情况，构件的抗震等级应与结构相同；当某个部位各构件的承载力均满足2倍地震作用组合下的内力要求时，7~9度的构件抗震等级应允许按降低一度确定。

7.3.4 结构设计思想

根据抗震概念设计的思想，多层钢结构要根据安全性和经济性的原则按多道防线设计。在上述结构类型中，框架结构一般设计成梁铰机制，有利于消耗地震能量、防止倒塌，梁是这种结构的第一道抗震防线；框架—支撑（抗震墙板）体系以支撑或者抗震墙板作为第一道抗震防线；偏心支撑体系是以梁的耗能段作为第一道防线。在选择结构类型时，除考虑结构总高度和高宽比之外，还要根据各结构类型抗震性能的差异及设计需求加以选择。

一、二级的钢结构房屋宜采用偏心支撑、带竖缝钢筋混凝土抗震墙板、内藏钢支撑钢筋混凝土墙板或屈曲约束支撑等消能支撑或筒体结构。采用框架结构时，甲、乙类建筑和高层的丙类建筑不应采用单跨框架，多层的丙类建筑不宜采用单跨框架。

钢结构房屋的结构体系与结构平面、竖向布置应符合《抗震规范》规定的抗震设计基本要求。钢结构房屋应尽量采用规则的建筑方案，设计中如出现平面不规则或者竖向不规则的情况，应按《抗震规范》要求进行水平地震作用计算和内力调整，并对薄弱部位采取有效的抗震构造措施，不应采用严重不规则的设计方案。由于钢结构可耐受的结构变形比混凝土结构大，一般不宜设防震缝。需要设置防震缝时，缝的宽度应不小于相应钢筋混凝土结构房屋的1.5倍。

7.3.5 支撑的设计要求

在框架—支撑体系中，可使用中心支撑或偏心支撑。不论是哪一种支撑，均可提供较大的抗侧移刚度。因此，其结构平面布局应遵循抗侧移刚度中心与结构质量中心尽可能接近的原则，以减少结构可能出现的扭转。支撑框架之间楼盖的长宽比不宜大于3，以防止楼盖平面内变形影响对支撑抗侧刚度的准确估计。另外，还可以使用支撑构件改进结构刚度中心与质量中心偏差较大的情况。

三、四级且高度不超过50m的钢结构宜采用中心支撑，必要时也可采用偏心支撑、屈曲约束支撑等消能支撑。

中心支撑构造简单，设计、施工方便，在大震作用下支撑可能失稳，产生的非线性变形可消耗一定的地震能量，但由于其力—位移曲线并不饱满，所以耗能并不理想。中心支撑框架宜采用交叉支撑，也可采用人字支撑或单斜杆支撑，不宜采用K形支撑；支撑的轴线宜交汇于梁柱构件轴线的交点，若偏离交点，其偏心距不应超过支撑杆件宽度，并应计入由此产生的附加弯矩。当采用单斜杆支撑且按受拉设计时，应同时设置不同倾斜方向的两组单斜杆，且每组中不同方向单斜杆的截面面积在水平方向的投影面积之差不应大于10%。

偏心支撑体系在小震及正常使用条件下具有与中心支撑体系相当的抗侧刚度，在大震条件下靠梁的受弯段耗能，具有与强柱弱梁型框架相当的耗能能力，但构造相对复杂。偏心支撑框架的每根支撑应至少有一端与框架梁连接，并在支撑与梁交点和柱之间或同一跨内另一支撑与梁交点之间形成消能梁段。大量研究表明，偏心支撑具有弹性阶段刚度接近中心支撑框架、弹塑性阶段的延性和消能能力接近于延性框架的特点，是一种良好的抗震结构。

偏心支撑框架的设计原则是强柱、强支撑和弱消能梁段，即在大震时消能梁段屈服形成塑性铰，且具有稳定的滞回性能，即使消能梁段进入应变硬化阶段，支撑斜杆、柱和其余梁段仍保持弹性。因此，每根斜杆只能在一端与消能梁段连接，若两端均与消能梁段相连，则可能一端的消能梁段屈服，另一端消能梁段不屈服，使偏心支撑的承载力和消能能力降低。

屈曲约束支撑是由芯材、约束芯材屈曲的套管和位于芯材和套管间的无粘结材料及填充材料组成的一种支撑构件。这是一种受拉时同普通支撑而受压时承载力与受拉时相当且具有某种消能机制的支撑。采用屈曲约束支撑时，宜采用人字支撑、成对布置的单斜杆支撑等形式，不应采用K形或X形，支撑与柱的夹角宜在35°~55°。

屈曲约束支撑在多遇地震下不发生屈曲，可按中心支撑设计；与V形、人字形支撑相连的框架梁可不考虑支撑屈曲引起的竖向不平衡力。作为消能构件时，屈曲约束支撑的设计参数、性能检验、计算方法的具体要求需按专门的规定执行。

7.3.6 楼盖的设置要求

钢结构房屋的楼板主要有压型钢板现浇钢筋混凝土组合楼板，如图7-8所示，和非组合楼板、装配整体式或装配式钢筋混凝土楼板等。一般宜采用压型钢板现浇钢筋混凝土组合楼板或钢筋混凝土楼板，对6度、7度时不超过50m的钢结构尚可采用装配整体式钢筋混凝土楼板，也可采用装配式楼板或者其他轻型楼盖。

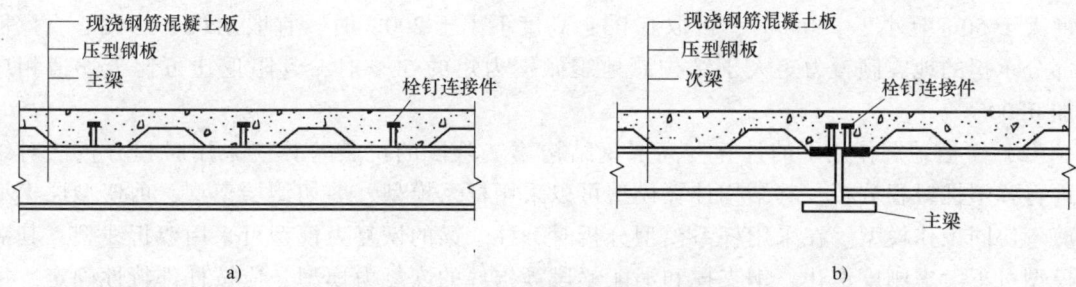

图7-8 压型钢板组合楼板
a) 板肋垂直于主梁　b) 板肋平行于主梁

采用压型钢板钢筋混凝土组合楼板和现浇钢筋混凝土楼板时，应与钢梁有可靠连接。采用装配式、装配整体式或轻型楼板时，应将楼板预埋件与钢梁焊接，或采取其他保证楼盖整体性的措施。

对转换层楼盖或楼板有大洞口等情况，必要时可设置水平支撑。

7.3.7 地下室的设置要求

钢结构房屋的地下室设置，应符合下列要求：

1) 设置地下室时，框架—支撑（抗震墙板）结构中竖向连续布置的支撑（抗震墙板）应延伸至基础；钢框架柱应至少延伸至地下一层，其竖向荷载应直接传至基础。

2) 超过50m的钢结构房屋应设置地下室。其基础埋置深度，当采用天然地基时，不宜小于房屋总高度的1/15；当采用桩基时，桩承台埋深不宜小于房屋总高度的1/20。

7.4 多层和高层钢结构房屋抗震计算

7.4.1 地震作用下钢结构的内力与位移计算

1. 地震作用下内力与位移计算

多层建筑钢结构的抗震设计采用两阶段设计方法，即第一阶段设计应按多遇地震计算地震作用，第二阶段设计应按罕遇地震计算地震作用。

（1）多遇地震作用下的计算　结构在第一阶段多遇地震作用下的抗震设计中，其地震作用效应采用弹性方法计算。可根据不同情况，采用底部剪力法、振型分解反应谱法及时程分析法。

对于框筒结构，可将其按位移相等原则转化为连续的竖向悬臂筒体，采用有限元法对其进行计算。

在预估杆截面时，内力和位移分析可采用近似方法。在水平荷载作用下，框架结构可采用 D 值法进行简化计算；框架—支撑（抗震墙）可简化为平面抗侧力体系，分析时将所有框架合并为总框架，所有竖向支撑（抗震墙）合并为总支撑（抗震墙），然后进行协同工作分析。此时，可将总支撑（抗震墙）当作一悬臂梁。

钢结构在多遇地震计算时，阻尼比宜按下列规定采用：高度不大于50m时，可取0.04；高度大于50m且小于200m时，可取0.03；高度不小于200m时，宜取0.02；当偏心支撑框架部分承担的地震倾覆力矩大于结构总地震倾覆力矩的50%时，其阻尼比可比上述值相应增加0.005。

（2）罕遇地震作用下的计算　高层钢结构第二阶段的抗震验算应采用时程分析法对结构进行弹塑性时程分析，其结构计算模型可以采用杆系模型、剪切型层模型、剪弯型层模型或剪弯协同工作模型。在采用杆系模型分析时，柱、梁的恢复力模型可采用双折线型，其滞回模型可不考虑刚度退化。钢支撑和消能梁段等构件的恢复力模型，应按杆件特性确定。采用层模型分析时，应采用计入有关构件弯曲、轴向力、剪切变形影响的等效层剪切刚度，层恢复力模型的骨架曲线可采用静力弹塑性方法进行计算，并可简化为双折线或三折线，并尽量与计算所得骨架曲线接近。在对结构进行静力弹塑性计算时，应同时考虑水平地震作用与重力荷载。构件所用材料的屈服强度和极限强度应采用标准值。对新型、特殊的杆件和结构，其恢复力模型宜通过实验确定。弹塑性分析时结构的阻尼比可取0.05，并应考虑二阶段效应对侧移的影响。

2. 构件内力调整

钢结构内力分析可采用一阶弹性分析、二阶弹性分析或直接分析，应按 GB 50017—2017《钢结构设计标准》的有关规定，选用合适的结构分析方法。二阶 P-Δ 弹性分析应考虑初始几何缺陷的影响，直接分析应考虑初始几何缺陷和残余应力的影响。结构整体初始几何缺陷模式可按最低阶整体屈曲模态采用，框架及支撑结构通过施加初始几何缺陷代表值或在每层柱顶施加假想水平力，假想水平力施加方向应考虑荷载的最不利组合。

对于框架梁，可不按柱轴线处的内力而按梁端内力设计。对工字形截面柱，宜计入梁柱节点域剪切变形对结构侧移的影响；对箱形柱框架、中心支撑框架和不超过50m的钢结构，其层间位移计算可不计入梁柱节点域剪切变形的影响，近似按框架轴线进行分析。

钢框架—支撑结构中，斜杆可按端部铰接杆计算；框架部分按刚度分配计算得到的地震层剪力应乘以调整系数，达到不小于结构底部总地震剪力的25%和框架部分计算最大层剪力1.8倍两者的较小值。

对于中心支撑框架结构，当斜杆轴线偏离梁柱轴线交点不超过支撑杆件的宽度时，仍可按中心支撑框架分析，但应计入由此产生的附加弯矩。

对于偏心支撑框架结构，为了确保消能梁段能进入弹塑性工作，消耗地震能量，支撑斜杆的轴力设计值应取与支撑斜杆相连接的消能梁段达到受剪承载力时支撑斜杆轴力与增大系数的乘积；其增大系数，一级不应小于 1.4，二级不应小于 1.3，三级不应小于 1.2。位于消能梁段同一跨的框架梁内力设计值，应取消能梁段达到受剪承载力时框架梁内力与增大系数的乘积；其增大系数，一级不应小于 1.3，二级不应小于 1.2，三级不应小于 1.1。框架柱的内力设计值，应取消能梁段达到受剪承载力时柱内力与增大系数的乘积；其增大系数，一级不应小于 1.3，二级不应小于 1.2，三级不应小于 1.1。

对于内藏钢支撑钢筋混凝土墙板和带竖缝钢筋混凝土墙板，应按有关规定计算，带竖缝钢筋混凝土墙板可仅承受水平荷载产生的剪力，不承受竖向荷载产生的压力。

对于钢结构转换构件下的钢框架柱，其地震内力应乘以 1.5 的增大系数。

3. 结构侧移控制

在小震下（弹性阶段），过大的层间变形会造成非结构构件的破坏，而在大震下（弹塑性阶段），过大的变形会造成结构的破坏或倒塌，因此，应限制结构的侧移，使其不超过一定的数值。

在多遇地震下，钢结构的层间位移角限值应不超过 1/250。在罕遇地震下，钢结构的层间位移角限值不应超过 1/50。

4. 结构的整体稳定

高层钢结构的稳定分为倾覆稳定和压屈稳定两种类型。倾覆稳定可通过限制高宽比来满足，压屈稳定又分为整体稳定和局部稳定。当钢框架梁的上翼缘采用抗剪连接件与组合楼板连接时，可不验算地震作用下的整体稳定。当采用直接分析设计法时，不需要按计算长度法进行构件受压稳定承载力验算。

7.4.2 钢结构构件及其连接的抗震承载力验算

钢框架的承载能力和稳定性与梁柱构件、支撑构件、连接件、梁柱节点域都有直接的关系。结构设计要体现"强柱弱梁"的原则，保证节点可靠性，实现合理的耗能机制。为此，需要进行构件、节点承载力和稳定性验算。验算的主要内容有：框架梁柱承载力和稳定验算、节点承载力与稳定性验算、支撑构件的承载力验算、偏心支撑框架构件的抗震承载力验算、构件及其连接的极限承载力验算。

1. 钢框架节点处的抗震承载力验算

（1）强柱弱梁验算　强柱弱梁是抗震设计的基本要求，在地震作用下，塑性效应在梁端形成而不应在柱端形成，此时框架具有较大的内力重分布和耗能能力，为此柱端应比梁端有更大的承载能力储备。

除下列情况之外，节点左右梁端和上下柱端的全塑性承载力应符合式（7-1）或式（7-2）的要求：

1）柱所在楼层的受剪承载力比相邻上一层的受剪承载力高出 25%。

2）柱轴压比不超过 0.4，或柱轴力符合 $N_2 \leq \varphi A_c f$（N_2 为 2 倍地震作用下的组合轴力设计值）。

3）与支撑斜杆相连的节点。

等截面梁与柱连接时

$$\sum W_{pc}\left(f_{yc} - \frac{N}{A_c}\right) \geq \eta \sum W_{pb} f_{yb} \tag{7-1}$$

梁端翼缘变截面的梁与柱连接时

$$\sum W_{pc}\left(f_{yc}-\frac{N}{A_c}\right) \geqslant \sum (\eta W_{pb1}f_{yb}+V_{pb}s) \tag{7-2}$$

式中 W_{pc}、W_{pb}——计算平面内交汇于节点的柱和梁的塑性截面模量；

W_{pb1}——梁塑性铰所在截面的梁塑性截面模量；

f_{yc}、f_{yb}——柱和梁钢材的屈服强度；

N——按设计地震作用组合得出的柱轴力；

A_c——框架柱的截面积；

η——强柱系数，一级取 1.15，二级取 1.10，三级取 1.05；

V_{pb}——梁塑性铰剪力；

s——塑性铰至柱面的距离，塑性铰可取梁端部变截面翼缘的最小处。

（2）节点域验算 为了保证在大震作用下，柱和梁连接的节点域腹板不致局部失稳，以利于吸收和耗散地震能量，在柱与梁连接处，柱应设置与梁上下翼缘位置对应的加劲肋，与柱翼缘包围处形成梁柱节点域。节点域柱腹板的厚度，一方面要满足腹板局部稳定要求，另一方面还应满足节点域的抗剪要求。

研究表明，节点域既不能太厚，也不能太薄，太厚使节点域不能发挥耗能作用，太薄将使框架的侧向位移太大，《抗震规范》采用折减系数来设计。

节点域的屈服承载力应满足下式的要求

$$\frac{\psi(M_{pb1}+M_{pb2})}{V_p} \leqslant \frac{4}{3}f_{yv} \tag{7-3}$$

工字形截面柱 $\quad V_p = h_{b1}h_{c1}t_w \tag{7-4}$

箱形截面柱 $\quad V_p = 1.8h_{b1}h_{c1}t_w \tag{7-5}$

圆管截面柱 $\quad V_p = (\pi/2)h_{b1}h_{c1}t_w \tag{7-6}$

式中 M_{pb1}、M_{pb2}——节点域两侧梁的全塑性受弯承载力；

V_p——节点域的体积；

f_{yv}——钢材的屈服抗剪强度，取钢材屈服强度的 0.58 倍；

ψ——折减系数，三、四级取 0.6，一、二级取 0.7；

h_{b1}、h_{c1}——梁翼缘厚度中点间的距离和柱翼缘（或钢管直径线上管壁）厚度中点间的距离；

t_w——柱在节点域的腹板厚度；

为保证工字形截面柱和箱形截面柱的节点域的稳定，节点域腹板的厚度 t_w 应满足下式的要求

$$t_w \geqslant \frac{(h_{b1}+h_{c1})}{90} \tag{7-7}$$

其节点域的受剪承载力应满足下式的要求

$$\frac{M_{b1}+M_{b2}}{V_p} \leqslant \frac{\frac{4}{3}f_v}{\gamma_{RE}} \tag{7-8}$$

式中 M_{b1}、M_{b2}——节点域两侧梁的弯矩设计值；

γ_{RE}——节点域承载力抗震调整系数，取 0.75。

2. 中心支撑框架构件的抗震承载力验算

在反复荷载作用下,支撑斜杆反复受压、受拉,且受压屈曲后的变形增大较大,故受拉时不能完全拉直,造成受压承载力再次降低,即出现弹塑性屈曲后承载力退化现象。支撑杆件屈曲后,最大承载力的降低是明显的,长细比越大,退化程度越严重。在计算支撑杆件时应考虑这种情况。

在多遇地震作用效应组合下,支撑杆受压承载力按下式进行

$$\frac{N}{(\varphi A_{\mathrm{br}})} \leqslant \frac{\psi f}{\gamma_{\mathrm{RE}}} \tag{7-9}$$

$$\psi = 1/(1+0.35\lambda_{\mathrm{n}}) \tag{7-10}$$

$$\lambda_{\mathrm{n}} = \frac{\lambda}{\pi\sqrt{\frac{f_{\mathrm{ay}}}{E}}} \tag{7-11}$$

式中 N——支撑斜杆的轴向力设计值;

A_{br}——支撑斜杆截面面积;

φ——轴心受压构件的稳定系数;

ψ——受循环荷载时的强度降低系数;

λ、λ_{n}——支撑斜杆的长细比和正则化(归一化)长细比;

E——支撑斜杆钢材的弹性模量;

f、f_{ay}——钢材强度设计值和屈服强度;

γ_{RE}——支撑稳定破坏承载力抗震调整系数。

对人字形支撑,当支撑腹杆在大震下受压屈曲后,其承载力将下降,导致横梁在支撑连接处出现向下的不平衡集中力,可能引起横梁破坏和楼板下陷,并在横梁两端出现塑性铰;V形支撑的情况类似,当仅斜杆失稳时楼板不是下陷而是向上隆起,不平衡力方向相反。因此,设计时要求人字形支撑和V形支撑的横梁在支撑连接处应保持连续。在验算横梁时,除应承受支撑斜杆传来的内力外,还应满足在不考虑支撑的支点作用将横梁视为简支梁时在重力荷载和受压支撑屈曲后产生的不平衡力作用下的承载力要求。不平衡力应取受拉支撑的最小屈服承载力和受压支撑最大屈曲承载力的30%。必要时,可将人字形和V形支撑沿竖向交替设置或采用拉链柱,以减小支撑横梁的截面,如图7-9所示。

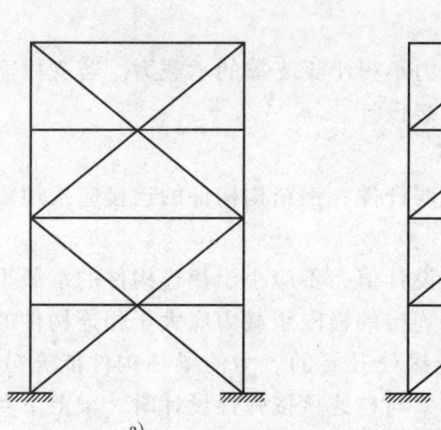

图 7-9 人字形支撑的布置

a) 人字形和V形支撑交替布置 b) "拉链柱"

3. 偏心支撑框架构件的抗震承载力验算

偏心支撑框架的设计原则是强柱、强支撑和弱消能梁段，即在大震时消能梁段屈服形成塑性铰，且具有稳定的滞回性能，即使消能梁段进入应变硬化阶段，支撑斜杆、柱和其余梁段仍保持弹性。设计良好的偏心支撑框架，除柱脚有可能出现塑性铰外，其他塑性铰均出现在梁段上。偏心支撑框架的每根支撑应至少一端与梁连接，并在支撑与梁交点和柱之间或同一跨内另一支撑与梁交点之间形成消能梁段。

消能梁段的受剪承载力应按下列规定验算。

当 $N \leqslant 0.15Af$ 时

$$V \leqslant \frac{\phi V_l}{\gamma_{RE}} \tag{7-12}$$

$V_l = 0.58 A_w f_{ay}$ 或 $V_l = 2M_{lp}/a$，取较小值，其中 $A_w = (h-2t_f)t_w$，$M_{lp} = fW_p$。

当 $N > 0.15Af$ 时

$$V \leqslant \frac{\phi V_{lc}}{\gamma_{RE}} \tag{7-13}$$

$V_{lc} = 0.58 A_w f_{ay} \sqrt{1-\left[\frac{N}{(Af)}\right]^2}$ 或 $V_{lc} = 2.4 M_{lp}\left[1-\frac{N}{(Af)}\right]/a$，取较小值。

式中 N、V——消能梁段的轴力设计值和剪力设计值；

V_l、V_{lc}——消能梁段受剪承载力和计入轴力影响的受剪承载力；

M_{lp}——消能梁段的全塑性受弯承载力；

A、A_w——消能梁段的截面面积和腹板截面面积；

W_p——消能梁段的塑性截面模量；

a、h——消能梁段的净长和截面高度；

t_w、t_f——消能梁段的腹板厚度和翼缘厚度；

f、f_{ay}——消能梁段钢材的抗压强度设计值和屈服强度；

ϕ——系数，可取 0.9；

γ_{RE}——消能梁段承载力抗震调整系数，取 0.75。

消能梁段的屈服强度越高，屈服后的延性越差，消能能力越小，因此消能梁段的钢材屈服强度不应大于 345 MPa。

支撑斜杆与消能梁段连接的承载力不得小于支撑的承载力。若支撑需抵抗弯矩，支撑与梁的连接应采用刚接，并按抗压弯连接设计。

4. 钢结构抗侧力构件的连接验算

钢结构连接的设计原则是强连接弱杆件，钢结构构件的连接应按地震组合内力进行弹性设计，并应进行极限承载力验算。

钢结构抗侧力构件连接的承载力设计值，不应小于相连构件的承载力设计值；高强度螺栓连接不得滑移。钢结构抗侧力构件连接的极限承载力应大于相连构件的屈服承载力。

框架结构的塑性发展是从梁柱连接处开始的。为使梁柱构件能充分发展塑性形成塑性铰，构件的连接应有充分的承载力。梁与柱连接按弹性设计时，梁上下翼缘的端截面应满足连接的弹性设计要求，梁腹板应计入剪力和弯矩。

1) 梁与柱刚性连接的极限承载力，应按下列公式验算

$$M_u^j \geq \eta_j M_p \tag{7-14}$$

$$V_u^j \geq \frac{1.2\sum M_p}{l_n} + V_{Gb} \tag{7-15}$$

2) 支撑与框架连接和梁、柱、支撑的拼接极限承载力，应按下列公式验算

支撑连接和拼接 $\qquad N_{ubr}^j \geq \eta_j A_{br} f_y \tag{7-16}$

梁的拼接 $\qquad M_{ub,sp}^j \geq \eta_j M_p \tag{7-17}$

柱的拼接 $\qquad M_{uc,sp}^j \geq \eta_j M_{pc} \tag{7-18}$

3) 柱脚与基础的连接极限承载力，应按下式验算

$$M_{u,base}^j \geq \eta_j M_{pc} \tag{7-19}$$

式中　　M_p、M_{pc}——梁的塑性受弯承载力和考虑轴力影响时柱的塑性受弯承载力；

V_{Gb}——重力荷载代表值（9度时高层尚应包括竖向地震作用标准值）作用下，按简支梁分析的梁端截面剪力设计值；

l_n——梁的净跨；

A_{br}——支撑杆件的截面面积；

M_u^j、V_u^j——连接的极限受弯、受剪承载力；

N_{ubr}^j、$M_{ub,sp}^j$、$M_{uc,sp}^j$——支撑、梁、柱拼接的极限受拉（压）、受弯承载力；

$M_{u,base}^j$——柱脚的极限受弯承载力；

η_j——连接系数，可按表 7-5 采用。

表 7-5　钢结构抗震设计的连接系数

母材牌号	梁柱连接时		支撑连接，构件拼接		柱脚	
	焊接	螺栓连接	焊接	螺栓连接		
Q235	1.40	1.45	1.25	1.30	埋入式	1.2
Q345	1.30	1.35	1.20	1.25	外包式	1.2
Q345GJ	1.25	1.30	1.15	1.20	外露式	1.1

注：1. 屈服强度高于 Q345 的钢材，按 Q345 的规定采用。
　　2. 屈服强度高于 Q345GJ 的 GJ 钢材，按 Q345GJ 的规定采用。
　　3. 翼缘焊接腹板栓接时，连接系数分别按表中连接形式取用。

7.5　钢框架结构的抗震构造措施

7.5.1　钢框架的抗震构造措施

1. 框架柱的长细比

长细比和轴压比均较大的柱，其延性较差，并容易发生全框架整体失稳。对柱的长细比和轴压比做些限制，就能控制二阶段效应对柱极限承载力的影响。研究表明，钢结构高度加大时，轴力加大，竖向地震对框架柱的影响很大。为了保证框架柱具有较好的延性，地震区柱的长细比不宜太大，一级不应大于 $60\sqrt{235/f_{ay}}$，二级不应大于 $80\sqrt{235/f_{ay}}$，三级不应大于 $100\sqrt{235/f_{ay}}$，四级时不应大于 $120\sqrt{235/f_{ay}}$。

2. 梁柱板件的宽厚比

在钢框架设计中,为了保证梁的安全承载,除了承载力和整体稳定问题外,还必须考虑梁的局部稳定问题。如果梁的受压翼缘宽厚比或腹板的高厚比较大,在受力过程中就会出现局部失稳。板件的局部失稳,降低了构件的承载力。防止板件失稳的有效方法是限制板件宽厚比。

当根据强柱弱梁设计框架柱时,柱中一般不会出现塑性铰,仅考虑柱在后期出现少量塑性,不需要很高的转动能力。因此,对柱板件的宽厚比不需要像梁那样严格。因此,正确地确定板件宽厚比,可以使结构达到安全且合理的设计。钢框架梁、柱板件宽厚比见表7-6。

表7-6 框架梁、柱的板件宽厚比限值

	板件名称	抗震等级			
		一级	二级	三级	四级
柱	工字形截面翼缘外伸部分	10	11	12	13
	工字形截面腹板	43	45	48	52
	箱形截面壁板	33	36	38	40
梁	工字形截面和箱形截面翼缘外伸部分	9	9	10	11
	箱形截面翼缘在两腹板之间部分	30	30	32	36
	工字形截面和箱形截面腹板	$72-120\dfrac{N_b}{Af}$ $\leqslant 60$	$72-100\dfrac{N_b}{Af}$ $\leqslant 65$	$80-110\dfrac{N_b}{Af}$ $\leqslant 70$	$85-120\dfrac{N_b}{Af}$ $\leqslant 75$

注:1. 表列数值适用于Q235钢,采用其他牌号钢材时,应乘以$\sqrt{235/f_{ay}}$,f_{ay}为钢材的名义屈服强度。
2. $N_b/(Af)$为梁轴压比。

3. 构件的侧向支承

梁柱构件受压翼缘应根据需要设置侧向支承。在出现塑性铰的截面,梁柱构件上下翼缘均应设置侧向支承。当梁上翼缘与楼板有可靠连接时,简支梁可不设置侧向支承,固端梁下翼缘在梁端0.15倍梁跨附近宜设置隅撑。梁端采用骨形连接、加盖板或梁端扩大时,应在塑性区外设置竖向加劲肋,隅撑与偏置的竖向加劲肋相连。梁端翼缘宽度较大,对梁下翼缘侧向约束较大时,也可不设隅撑。相邻两支承点间的构件长细比,应符合《钢结构设计标准》的有关规定。若不满足可按图7-10所示方法设置侧向约束。

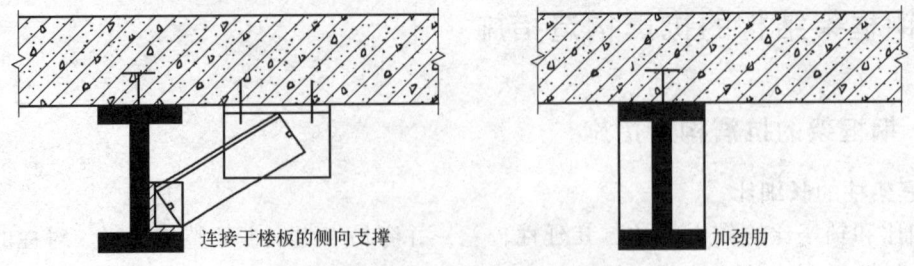

图7-10 钢梁受压翼缘侧向约束

4. 梁柱连接的构造要求

梁与柱的连接宜采用柱贯通型连接方式。柱在两个互相垂直的方向都与梁刚接时宜采用箱形截面,并在梁翼缘连接处设置隔板。隔板采用电渣焊时,柱壁板厚度不宜小于16mm,

小于16mm时可改用工字形柱或采用贯通式隔板。当柱仅在一个方向与梁刚接时，宜采用工字形截面，并将柱腹板置于刚接框架平面内。

工字形柱（绕强轴）和箱形柱与梁刚接时，如图7-11所示，应符合下列要求：

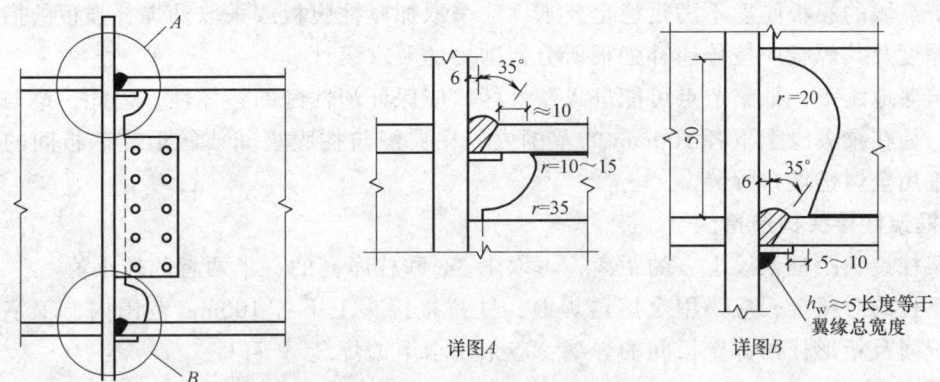

图7-11 框架梁与柱的现场连接

1）梁翼缘与柱翼缘间应采用全熔透坡口焊缝；一、二级抗震时，应检验焊缝的V形切口冲击韧性，其夏比冲击韧性在-20℃时不低于27J。

2）柱在梁翼缘对应位置应设置横向加劲肋（隔板），加劲肋（隔板）厚度不应小于梁翼缘厚度，强度与梁翼缘相同。

3）梁腹板宜采用摩擦型高强度螺栓与柱连接板连接（经工艺试验合格能确保现场焊接质量时，可用气保焊进行焊接）；腹板角部应设置焊接孔，孔形应使其端部与梁翼缘和柱翼缘间的全熔透坡口焊缝完全隔开。

4）腹板连接板与柱的焊接，当板厚不大于16mm时应采用双面角焊缝，焊缝有效厚度应满足等强度要求，且不小于5mm；板厚大于16mm时采用K形坡口对接焊缝。该焊缝宜采用气体保护焊，且板端应绕焊。

5）一级和二级抗震时，宜采用能将塑性铰自梁端外移的端部扩大形连接、梁端加盖板或骨形连接。

框架梁采用悬臂梁段与柱刚性连接时，如图7-12所示，悬臂梁段与柱应采用全焊接连接，此时上下翼缘焊接孔的形式宜相同；梁的现场拼接可采用翼缘焊接腹板螺栓连接或全部螺栓连接。

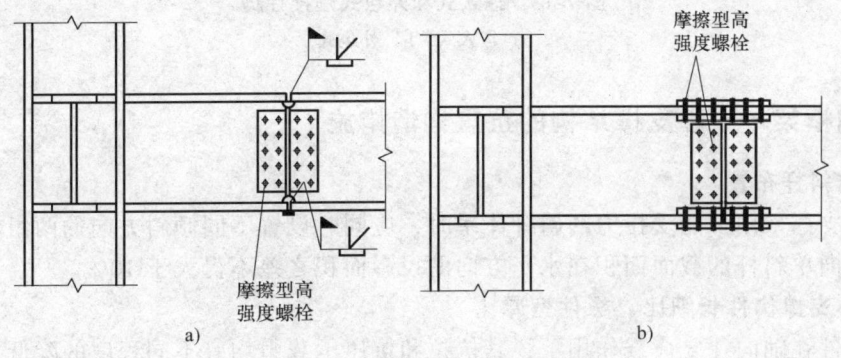

图7-12 框架柱与梁悬臂段的连接

箱形柱在与梁翼缘对应位置设置的隔板，应采用全熔透对接焊缝与壁板相连。工字形柱的横向加劲肋与柱翼缘，应采用全熔透对接焊缝连接，与腹板可采用角焊缝连接。

5. 节点域补强及节点附近构造措施

当节点域的腹板厚度不满足稳定要求，应采取加厚柱腹板或采取贴焊补强板的措施。补强板的厚度及其焊缝应按传递补强板所分担剪力的要求设计。

在罕遇地震下，框架节点可能进入塑性区，应保证塑性区的整体性。因此，梁与柱刚性连接时，柱在梁翼缘上下各 500mm 的范围内，柱翼缘与柱腹板间或箱形柱壁板间的连接焊缝，应采用全熔透坡口焊缝。

6. 框架柱接头构造措施

框架柱接头距框架梁上方的距离，可取 1.3m 和柱净高的一半两者的较小值。

上下柱的对接接头应采用全熔透焊缝，柱拼接接头上下各 100mm 范围内，工字形柱翼缘与腹板间及箱形柱角部壁板间的焊缝，应采用全熔透焊缝。

7. 刚接柱脚

钢结构的刚接柱脚宜采用埋入式，也可采用外包式，如图 7-13 所示，6 度、7 度且高度不超过 50m 的钢结构的刚接柱脚也可采用外露式。埋入式柱脚和外包式柱脚的设计和构造，应符合有关标准的规定。

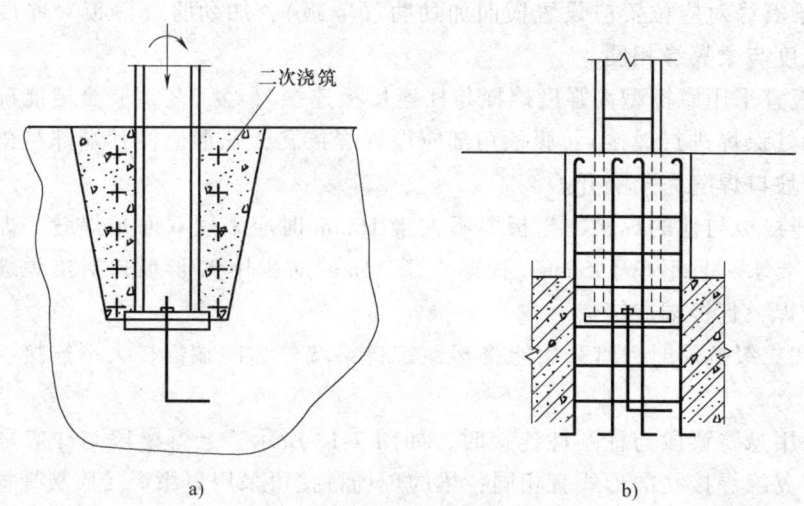

图 7-13　埋入式和外包式刚接柱脚
a) 埋入式　b) 外包式

7.5.2　钢框架—中心支撑结构的抗震构造措施

1. 受拉斜杆布置

当中心支撑采用只能受拉力的斜杆体系时，应同时设置不同倾斜方向的两组斜杆，且每组中不同方向单斜杆的截面面积在水平方向的投影面积之差不得大于 10%。

2. 中心支撑构件长细比、板件宽厚比

支撑杆件在轴向往复荷载作用下，其抗拉和抗压承载力均有不同程度的降低，在弹塑性屈曲后，支撑杆件的抗压承载力退化更为严重，支撑杆件的长细比是影响其性能的重要因

素，当长细比较大时，构件只能受拉，不能受压，在反复荷载作用下，当支撑构件受压失稳后，其承载力降低、刚度退化、耗能能力随之降低。长细比小的杆件滞回曲线丰满，耗能性能好，工作性能稳定。但支撑的长细比并非越小越好，支撑的长细比越小，支撑刚架的刚度就越大，不但承受的地震作用越大，而且在某些情况下动力分析得出的层间位移也越大。

支撑杆件的长细比，按压杆设计时，不应大于 $120\sqrt{235/f_{ay}}$；一、二、三级中心支撑不得采用拉杆设计，四级时可采用拉杆，其长细比不应大于 180。

板件宽厚比是影响局部屈曲的重要因素，直接影响支撑杆件的承载力和耗能能力。在反复荷载作用下比单向静载作用下更容易发生失稳，因此，有抗震设防要求时，板件宽厚比的限值应比非抗震设防时要求更严格。同时，板件宽厚比应与支撑杆件长细比相匹配，对于长细比较小的支撑杆件，宽厚比应严格一些。对长细比较大的支撑杆件，宽厚比应放宽是合理的。支撑杆件的板件宽厚比，不应大于表 7-7 的限值。采用节点板连接时，应注意节点板的强度和稳定。

表 7-7 钢结构中心支撑板件宽厚比限值

板件名称	抗震等级			
	一级	二级	三级	四级
翼缘外伸部分	8	9	10	13
工字形截面腹板	25	26	27	33
箱形截面壁板	18	20	25	30
圆管外径与壁厚比	38	40	40	42

注：表列数值适用于 Q235 钢，采用其他牌号钢材应乘以 $\sqrt{235/f_{ay}}$，圆管应乘以 $235/f_{ay}$。

3. 中心支撑节点构造要求

1）一、二、三级时，支撑宜采用 H 型钢制作，两端与框架可采用刚接构造，梁柱与支撑连接处应设置加劲肋；一级和二级采用焊接工字形截面的支撑时，其翼缘与腹板的连接宜采用全熔透连续焊缝。

2）支撑与框架连接处，支撑杆端宜做成圆弧。

3）梁在与 V 形支撑或人字形支撑相交处，应设置侧向支承；该支承点与梁端支承点间的侧向长细比（λ_y）以及支承力，应符合《钢结构设计标准》关于塑性设计的规定。

4）若支撑和框架采用节点板连接，应符合《钢结构设计标准》关于节点板在连接杆件每侧有不小于 30°夹角的规定；一、二级时，支撑端部至节点板最近嵌固点（节点板与框架构件连接焊缝的端部）在沿支撑杆件轴线方向的距离，不应小于节点板厚度的 2 倍。

4. 框架部分的抗震构造要求

框架—中心支撑结构的框架部分，当房屋高度不高于 100m 且框架部分按计算分配的地震剪力不大于结构底部总地震剪力的 25%时，一、二、三级的抗震构造措施可按框架结构降低一级的相应要求采用；其他抗震构造措施，应符合框架结构抗震构造措施的规定要求。

7.5.3 钢框架—偏心支撑结构的抗震构造措施

抗震构造设计思路是保证消能梁段延性、消能能力及板件局部稳定性，保证消能梁段在反复荷载作用下的滞回性能，保证偏心支撑杆件的整体稳定性、局部稳定性。另外，偏心支撑的斜杆中心线与梁中心线的交点，一般在消能梁段的端部或在消能梁段内，此时将产生与消能梁段端部弯矩方向相反的附加弯矩,从而减少消能梁段和支撑杆件的弯矩,对抗震有利。

1. 保证消能梁段延性及局部稳定

为使消能梁段有良好的延性和消能能力,偏心支撑框架消能梁段的钢材屈服强度不应大于345MPa。消能梁段及与其在同一跨内的非消能梁段,板件的宽厚比不应大于表7-8的规定。

表7-8 偏心支撑框架梁的板件宽厚比限值

板件名称		宽厚比限值
翼缘外伸部分		8
腹板	当 $N/Af \leq 0.14$ 时	$90\left(1-1.65\dfrac{N}{Af}\right)$
	当 $N/Af > 0.14$ 时	$33\left(2.3-\dfrac{N}{Af}\right)$

注:表列数值适用于Q235钢,当材料为其他钢号时应乘以 $\sqrt{235/f_{ay}}$。

2. 保证偏心支撑构件稳定性

为保证偏心支撑构件的稳定性,偏心支撑框架的支撑构件的长细比不应大于 $120\sqrt{235/f_{ay}}$,支撑杆件的板件宽厚比不应超过轴心受压构件在弹性设计时的宽厚比限值。

3. 消能梁段构造要求

1)为保证消能梁段具有良好的滞回性能,考虑消能梁段的轴力,限制该梁段的长度,当 $N>0.16Af$ 时,消能梁段的长度应符合下列规定:

当 $\rho(A_w/A)<0.3$ 时 $\qquad a<1.6M_{lp}/V_l$ (7-20)

当 $\rho(A_w/A)\geq 0.3$ 时 $\quad a \leq 1.6[1.15-0.5\rho(A_w/A)]M_{lp}/V_l$ (7-21)

式中 a——消能梁段的长度;

ρ——消能梁段轴向力设计值与剪力设计值之比。

2)消能梁段的腹板不得贴焊补强板,也不得开洞,以保证塑性变形的发展。

3)消能梁段与支撑连接处,应在其腹板两侧配置加劲肋,加劲肋的高度应为梁腹板高度,一侧的加劲肋宽度不应小于 $(b_f/2-t_w)$,厚度不应小于 $0.75t_w$ 和10mm的较大值。这是为了保证剪力传递,防止梁腹板屈曲。

4)消能梁段的长度会影响消能屈服的类型。消能梁段应按下列要求在其腹板上设置中间加劲肋:

① 当 $a \leq 1.6M_{lp}/V_l$ 时,加劲肋间距不大于 $(30t_w-h/5)$。

② 当 $2.6M_{lp}/V_l<a\leq 5M_{lp}/V_l$ 时,应在距消能梁段端部 $1.5b_f$ 处配置中间加劲肋,且中间加劲肋间距不应大于 $(52t_w-h/5)$。

③ 当 $1.6M_{lp}/V_l<a\leq 2.6M_{lp}/V_l$ 时,中间加劲肋的间距宜在上述二者间线性插入。

④ 当 $a>5M_{lp}/V_l$ 时,可不配置中间加劲肋。

⑤ 中间加劲肋应与消能梁段的腹板等高,当消能梁段截面高度不大于640mm时,可配置单侧加劲肋,消能梁段截面高度大于640mm时,应在两侧配置加劲肋,一侧加劲肋的宽度不应小于 $(b_f/2-t_w)$,厚度不应小于 t_w 和10mm。

5)消能梁段两端上下翼缘应设置侧向支撑,支撑的轴力设计值不得小于消能梁段翼缘轴向承载力设计值（翼缘宽度、厚度和钢材抗压强度设计值的乘积）的6%，即$0.06b_f t_f f$。

4. 消能梁段与柱的连接要求

1）消能梁段与柱连接时，其长度不得大于$1.6M_{lp}/V_l$，且应满足有关偏心支撑框架构件的抗震承载力验算的规定。

2）消能梁段翼缘与柱翼缘之间应采用坡口全熔透对接焊缝连接，消能梁段腹板与柱之间应采用角焊缝（气体保护焊）连接；角焊缝的承载力不得小于消能梁段腹板的轴力、剪力和弯矩同时作用时的承载力。

3）消能梁段与柱腹板连接时，消能梁段翼缘与横向加劲板间应采用坡口全熔透焊缝，消能梁段腹板与柱连接板间应采用角焊缝（气体保护焊）连接；角焊缝的承载力不得小于消能梁段腹板的轴力、剪力和弯矩同时作用时的承载力。

5. 非消能梁段的构造

偏心支撑框架非消能梁段的上下翼缘，应设置侧向支撑，支撑的轴力设计值不得小于梁翼缘轴向承载力设计值的2%，即$0.02b_f t_f f$。

6. 框架部分的抗震构造要求

框架—偏心支撑结构的框架部分，当房屋高度不高于100m且框架部分按计算分配的地震剪力不大于结构底部总地震剪力的25%时，一、二、三级的抗震构造措施可按框架结构降低一级的相应要求采用。其他抗震构造措施，应符合钢框架结构抗震构造措施的规定。

思 考 题

1. 钢结构在地震中的破坏有何特点？
2. 钢框架—中心支撑体系和钢框架—偏心支撑体系的抗震作用机理各有何特点？
3. 钢结构在多遇和罕遇地震计算时，阻尼比如何采用？
4. 楼盖与钢梁有哪些可靠的连接措施？为什么在进行罕遇地震作用下结构地震反应分析时不考虑楼板与钢梁的共同作用？
5. 钢框架结构中，框架柱的长细比和框架梁、柱的宽厚比各有什么要求？
6. 钢框架—中心支撑结构中，中心支撑节点有哪些构造要求？
7. 钢框架—偏心支撑结构中，偏心支撑框架消能梁段的钢材屈服强度的要求是什么？为什么？其支撑杆件的长细比要求是什么？

桥梁延性抗震设计 | 第8章

随着我国 JTG/T B02—01—2008《公路桥梁抗震设计细则》和 CJJ 166—2011《城市桥梁抗震设计规范》的制定，桥梁抗震设计在设计理念上有了非常大的改变。本章主要以《城市桥梁抗震设计规范》（以下简称《桥梁抗震规范》）为标准，介绍桥梁延性抗震设计的相关内容，包括桥梁震害、桥梁抗震设计的一般规定、延性抗震设计理论、规则桥梁的延性抗震设计、桥梁抗震构造措施。

8.1 桥梁震害

近年来，随着城市现代化的发展，我国的基础设施建设发展迅猛。桥梁作为基础设施建设的重要组成，其数量已超过100万座。在地震中，要确保城市生命线的正常运行，桥梁起着举足轻重的作用。调查与分析桥梁的震害及产生的原因，可以帮助我们采取正确的抗震设计方法和抗震措施。

大量的震害研究分析表明，桥梁的震害可以分为直接震害和间接震害。间接震害是指因地震引发的地质灾害等间接因素引起的桥梁破坏，如山间落石、泥石流等冲击桥梁，堰塞湖等引发的桥梁破坏。直接震害是指直接由地震作用引起的震害。根据桥梁的组成，可以分为上部主梁的破坏、支座部分的破坏、下部桥墩的破坏和基础的破坏。这里只讨论桥梁的直接震害。

1. 上部主梁的破坏

在震害中，单纯的主梁破坏非常少见，最常见的破坏形式是移位、碰撞和落梁震害。地震作用主要以运动的形式作用在主梁上，引起主梁的振动，这种振动由支座传递给桥墩，继而传递给基础、地基承受。主梁振动过大，与下部连接装置失效，会发生移位甚至落梁破坏。当基础遭到破坏，或当桥梁横跨断层时，上部主梁易产生较大的相对位移，更易发生落梁破坏。

图8-1是汶川地震中彻底关大桥主梁的横纵向移位。彻底关大桥是一座斜桥，斜交45°。大量震害表明，相比直线桥梁，弯桥、斜桥更容易发生较大的相对位移。相关资料显示，图8-1中的彻底关大桥纵向位移达到30cm，同时相应的横向位移达到21cm，部分挡块遭到破坏。

桥梁的碰撞震害主要发生在相邻梁之间设置伸缩缝的地方，或上部主梁与桥台之间，如图8-2所示。

图8-3是汶川地震中百花大桥第五联落梁震害，这是一个非常典型的桥梁震害，许多文献都对这一震害进行了分析。百花大桥第五联发生落梁的原因主要有：①百花大桥是一座弯

桥，上部主梁更容易发生较大的相对位移；②第五联桥墩与相邻第六联桥墩高度差异较大，进而引起两联整体刚度相差较大，地震时，两联发生了非同向振动，产生了较大的相对位移，且超过了两联连接支承宽度（60cm）；③第五联和第六联之间缺乏必要的横、纵向连接构造措施。

图 8-1　汶川彻底关大桥上部主梁移位震害

图 8-2　主梁与桥台间的碰撞震害

a)

b)

图 8-3　汶川地震中百花大桥落梁震害

图 8-4 是汶川地震中映秀顺河桥倒塌震害。地震时，映秀—北川主断裂带从该桥穿过，地表发生竖向位移约 0.5m，水平位移接近 1m，对岸侧断层地表隆起高达 2m。过大的地表破裂位移导致桥梁发生较大位移，产生落梁震害乃至全桥倒塌损毁。

2. 支座部分的破坏

支座的破坏在地震中非常普遍。支座是桥梁地震作用传递过程中的必经环节，它的强弱对桥梁其他部位的抗震产生着重要影响。当支座与上下部结构之间的连接强度或自身

图 8-4　汶川地震中横跨断层的映秀顺河桥倒塌

强度不足时，不仅支座自身会发生破坏，严重的还会导致主梁的落梁。

我国桥梁普遍采用的是板式橡胶支座，在地震中，板式橡胶支座主要会发生移位、脱落和撕裂破坏，如图8-5和图8-6所示。

图8-5 支座移位、脱落

图8-6 支座的撕裂破坏

3. 桥墩的破坏

桥墩主要采用钢筋混凝土墩柱的形式，它的破坏模式主要分为剪切破坏和弯曲破坏。

剪切破坏属于脆性破坏，较易发生在桥墩中部，会形成非常明显的剪切面，如图8-7所示。剪切破坏会引起强度和刚度的急剧下降，因此在地震中是需要避免的。

弯曲破坏属于延性破坏，经常出现在墩底塑性铰区域，如图8-8所示。弯曲破坏一般不会出现强度的急剧下降，会产生非弹性变形，耗散部分地震能量，因此在地震中对于桥墩来说，如果发生破坏，希望是不严重的弯曲破坏。但如果非弹性变形较大，也会发生严重的桥梁震害。图8-9是阪神地震中高架桥墩柱的弯曲破坏，因为约束箍筋不足，桥梁发生严重倒塌灾害。

研究发现，水面以下桥墩，在地震中也会出现破坏。如图8-10所示，庙子坪岷江大桥水下一个桥墩，在地震后通过潜水和水下摄像等途径发现桥墩开裂。

图8-7 桥墩的剪切破坏

图8-8 桥墩的弯曲破坏

4. 基础的破坏

在地震中，由地基失效引起的桥梁结构的破坏在震害现象中占有很大的比例。如果基础建立在易发生液化的松散饱和砂土层，地基的液化会导致基础承载力的急剧下降，从而使桥墩及上部结构发生过大的位移。如果基础建立在断层、滑坡位置，地震时巨大的挤压力会导致桩基础或桥墩折断或倒塌。地基失效引起的桥梁结构破坏，有时候是人力所不能避免的，因此，在桥梁选址时，应选择对抗震有利的地段，避开不利地段，当无法避开时，应采取有效的措施对地基进行处理或采用深基础。基础的破坏比较隐蔽，应当尽量避免。

图 8-9　阪神地震中桥墩的弯曲破坏

图 8-10　庙子坪岷江大桥水下墩身开裂

8.2　桥梁工程抗震设计的一般规定

不同于民用建筑，桥梁在进行抗震设计时，需要遵从其特有的一些规定。先满足了这些规定，才能做进一步的抗震计算。这些规定包括：桥梁结构的抗震设防分类和设防标准、地震影响、桥梁抗震设计方法分类等。

8.2.1　桥梁结构抗震设防分类和设防标准

《桥梁抗震规范》中规定，对于城市桥梁，应根据其结构形式，在城市交通网络中位置的重要性及承担的交通量，分为甲、乙、丙、丁四类，见表 8-1。

表 8-1　城市桥梁抗震设防分类

桥梁抗震设防分类	桥梁类型
甲	悬索桥、斜拉桥及大跨度拱桥
乙	除甲类桥梁以外的交通网络中枢纽位置的桥梁和城市快速路上的桥梁
丙	城市主干路和轨道交通桥梁
丁	除甲、乙和丙三类桥梁以外的其他桥梁

城市桥梁的设防标准采用两级抗震设防，即在 E1 和 E2 地震作用下，各类桥梁需要满足不同的性能要求，见表 8-2。

8.2.2　地震作用和地震影响

一般情况下，对于普通桥梁的地震反应分析，只考虑水平向地震作用，直线桥梁应分别考虑顺桥向和横桥向地震作用。当地震基本烈度为 8 度和 9 度时的拱式结构、长悬臂桥梁结构和大跨度结构，以及竖向作用引起的地震效应很重要时，还要考虑竖向地震的作用。

表 8-2 城市桥梁抗震设防标准

桥梁抗震设防分类	E1 地震作用		E2 地震作用	
	震后使用要求	损伤状态	震后使用要求	损伤状态
甲	立即使用	结构总体反应在弹性范围内，基本无损伤	不需修复或经简单修复可继续使用	可发生局部轻微损伤
乙	立即使用	结构总体反应在弹性范围内，基本无损伤	经抢修可恢复使用，永久性修复后恢复正常运营功能	有限损伤
丙	立即使用	结构总体反应在弹性范围内，基本无损伤	经临时加固，可供紧急救援车辆使用	不产生严重的结构损伤
丁	立即使用	结构总体反应在弹性范围内，基本无损伤	—	不致倒塌

注：E1 和 E2 地震作用是指地震重现期分别为 475 年和 2500 年。

桥梁结构在计算地震作用时，通常采用反应谱法，使用的规范反应谱的表达式为

$$S = \begin{cases} 10(\eta_2 - 0.45)S_{max}T + 0.45S_{max}, & 0 < T \leq 0.1s \\ \eta_2 S_{max}, & 0.1s < T \leq T_g \\ \eta_2 S_{max}(T_g/T)^\gamma, & T_g < T \leq 5T_g \\ [\eta_2 0.2^\gamma - \eta_1(T - 5T_g)]S_{max}, & 5T_g < T \leq 6s \end{cases} \quad (8-1)$$

其中

$$S_{max} = 2.25a \quad (8-2)$$

$$\eta_1 = 0.02 + (0.05 - \zeta)/8 \quad (8-3)$$

$$\eta_2 = 1 + \frac{0.05 - \zeta}{0.06 + 1.7\zeta} \quad (8-4)$$

$$\gamma = 0.9 + \frac{0.05 - \zeta}{0.5 + 5\zeta} \quad (8-5)$$

式中 T_g——特征周期（s），根据场地类别和地震动参数区划的特征周期分区按表 4-2 采用，计算 8、9 度 E2 地震作用时，特征周期宜增加 0.05s；

a——E1 或 E2 地震作用下水平向地震动峰值加速度，需要根据表 8-3 进行调整；

η_1——自 5 倍特征周期至 6s 区段直线下降斜率调整系数，按式 (8-3) 选取。

η_2——结构的阻尼调整系数，按式 (8-4) 选取；

γ——自振周期至 5 倍特征周期区段曲线衰减指数，按式 (8-5) 选取；

ζ——结构的阻尼比，对于混凝土结构一般取 0.05；

T——结构自振周期（s）。

《桥梁抗震规范》规定，在进行桥梁抗震设计时采用两级抗震设防标准。如何体现 E1 地震和 E2 地震的不同影响，《桥梁抗震规范》做了如下规定：

1) 对于甲类桥梁，其所在地区遭受的 E1 和 E2 地震影响，应按地震安全性评价确定，相应的 E1 和 E2 地震重现期分别为 475 年和 2500 年。

2) 对于其他各类桥梁所在地区遭受的 E1 和 E2 地震影响，应根据现行《中国地震动参

数区划图》的地震动峰值加速度、地震动反应谱特征周期以及 E1 和 E2 地震调整系数来表征。

表 8-3 各类桥梁 E1 和 E2 地震调整系数

抗震设防分类	E1 地震作用				E2 地震作用			
	6 度	7 度	8 度	9 度	6 度	7 度	8 度	9 度
乙类	0.61	0.61	0.61	0.61		2.2 (2.05)	2.0 (1.7)	1.55
丙类	0.46	0.46	0.46	0.46		2.2 (2.05)	2.0 (1.7)	1.55
丁类	0.35	0.35	0.35	0.35				

注：括号内数值为相应于表 4-1 中括号内数值的地震调整系数。

例如，当对某乙类桥梁进行 7 度区（0.1g）E1 和 E2 地震作用下的抗震计算时，根据《桥梁抗震规范》规定的反应谱计算公式，其中水平向地震动峰值加速度 a 的取值，应根据现行《中国地震动参数区划图》的地震动峰值加速度，乘以表 8-3 中的 E1 和 E2 地震调整系数（0.61 和 2.2）得到。

8.2.3 抗震设计方法分类

《桥梁抗震规范》不仅规定了桥梁的不同设防分类，也规定了在进行抗震计算时的抗震设计方法：

1）比较重要的甲类桥梁的抗震设计可参考相应规范给出的抗震设计原则进行设计（参考《桥梁抗震规范》中第 10 章内容）。

2）乙、丙和丁类桥梁的抗震设计方法根据桥梁场地地震基本烈度和桥梁结构抗震设防分类，分为 A、B、C 三类。在不同的地区，选用不同的设计方法，见表 8-4。

A 类：应进行 E1 和 E2 地震作用下的抗震分析和抗震验算，并应满足相关构造和措施要求。

B 类：应进行 E1 地震作用下的抗震分析和抗震验算，并应满足相关构造和措施要求。

C 类：应满足相关构造和抗震措施要求，不需进行抗震分析和抗震验算。

表 8-4 桥梁抗震设计方法选用

地震基本烈度 \ 抗震设防分类	乙	丙	丁
6 度	B	C	C
7 度、8 度和 9 度区	A	A	B

8.2.4 桥梁的抗震体系

在进行桥梁抗震设计时，首先要确定桥梁的抗震体系。桥梁的抗震体系应符合如下规定：

1）有可靠和稳定传递地震作用到地基的途径。

2）有效的位移约束，能可靠地控制结构地震位移，避免发生落梁破坏。

3）有明确、可靠、合理的地震能量耗散部位。

4）应避免因部分结构构件的破坏而导致整个结构丧失抗震能力或对重力荷载的承载能力。

根据地震能量耗散部位的不同，可采用的抗震体系有延性抗震体系和减隔震体系。延性抗震体系的桥梁，在地震作用下，桥梁的塑性变形、耗能部位位于桥墩，如图 8-11 所示。减隔震体系的桥梁，在地震作用下，桥梁的耗能部位位于桥梁的上、下部连接构件（支座）上，如图 8-12 所示。

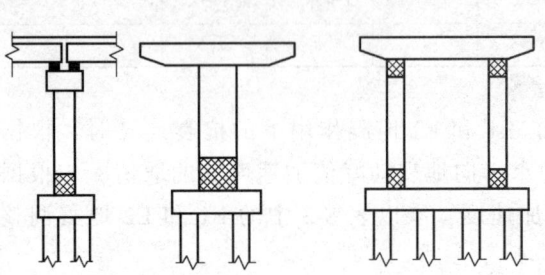

图 8-11 延性抗震体系示意

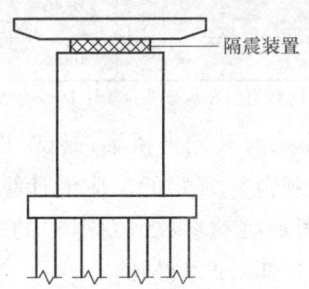

图 8-12 减隔震抗震体系示意

一般情况下，墩柱长细比较大的桥梁，墩柱部位容易形成塑性铰，一般宜采用延性抗震体系；而对于墩柱长细比较小的粗矮墩，墩柱部分不容易形成塑性铰，一般宜采用减隔震抗震体系。两种抗震体系的减震机制是不同的，一般在设计初期就需要确定桥梁具体的抗震体系。

8.3 延性抗震设计理论

8.3.1 延性的基本概念

1. 延性的定义

"延性"的概念最早是在 1961 年美国波特兰水泥协会（PCA）发布的《多层钢筋混凝土建筑抗震设计》手册中提出的。应用到抗震理论上，用"延性"来表示结构物超过弹性阶段的抗震能力。它的定义是：结构在初始强度没有明显退化情况下的非弹性变形能力。它包括两个方面的能力，一是承受较大的非弹性变形，同时强度没有明显下降的能力；二是利用滞回特性吸收能量的能力。它实质上反映了一种非弹性变形的能力，即结构从屈服到破坏的后期变形能力，这种能力能保证强度不会因为发生非弹性变形而急剧下降。

大量震害研究发现，在强震中，某些桥梁不具备能够抵抗强震的强度，但能够在强烈地震动作用下幸存下来，有些甚至不会发生严重破坏。这些具备"延性"能力的桥梁，在强震中能保持一定的初始强度，并不会因为非弹性变形的加剧而导致强度下降。因此，对某些桥梁进行"延性"设计，能更经济地实现结构预期的抗震设防目标。

2. 延性指标

常用的延性指标有曲率延性系数（简称曲率延性）和位移延性系数（简称位移延性）。曲率延性系数的定义为：截面屈服后的极限曲率与屈服曲率之比，即

$$\mu_\phi = \frac{\phi_u}{\phi_y} \tag{8-6}$$

式中 ϕ_u——截面的极限曲率；
      ϕ_y——截面的屈服曲率。

对于钢筋混凝土构件，工程上一般采用理论屈服曲率，它的定义为

$$\phi_y = \frac{M_i}{M'_i}\phi'_y \tag{8-7}$$

式中 ϕ'_y——截面最外层受拉钢筋初始屈服时的曲率；
      M'_i——截面最外层受拉钢筋初始屈服弯矩。
      M_i——理论屈服弯矩，根据实际的和理论的 M-ϕ 曲线在 $\phi'_y \sim \phi_u$ 间包围的面积相等的原则确定，如图8-13所示。

对于钢筋混凝土构件的极限曲率，一般有两种取法：被箍筋约束的核心混凝土达到极限压应变值，或临界截面的抗弯能力下降到最大弯矩值的85%。

位移延性系数的定义为：构件的极限位移与屈服位移之比

$$\mu_\Delta = \frac{\Delta_u}{\Delta_y} \tag{8-8}$$

式中 Δ_u——构件的极限位移；
      Δ_y——构件的屈服位移。

钢筋混凝土结构的位移延性系数与结构体系的布置有关，一般没有统一公式。

3. 曲率延性系数与位移延性系数的关系

对于简单的结构构件，可以通过曲率与位移的对应关系，推得曲率延性系数和位移延性系数之间的对应关系。

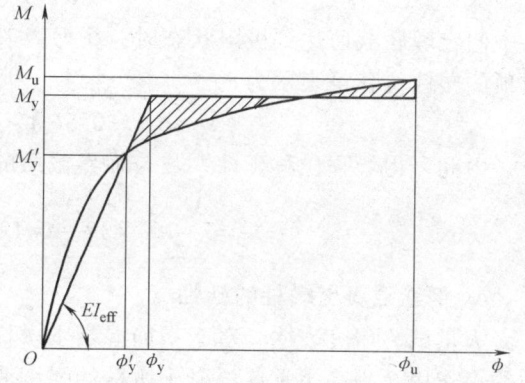

图8-13 理论屈服曲率定义

如图8-14所示的单柱墩，墩顶位移与墩身的曲率分布存在如下关系

$$\Delta = \iint \varphi(x)\,dx\,dx \tag{8-9}$$

当墩底截面开始屈服时，可认为曲率沿墩高呈线性分布（图8-14b）

$$\varphi(x) = \frac{x}{l}\varphi_y \tag{8-10}$$

将式（8-10）代入式（8-9）中并积分，可得到墩底刚屈服时墩顶的屈服位移

$$\Delta_y = \frac{1}{3}\varphi_y l^2 \tag{8-11}$$

当墩底截面屈服达到极限状态时，沿墩高的实际曲率分布曲线如图8-14d所示。为了便于计算，引入等效塑性铰长度的概念，即假设在墩底附近存在一个高度为 l_p 的等塑性曲率段，在该段长度内截面的塑性曲率等于墩底截面的最大塑性曲率。由等效塑性铰长度计算的墩顶塑性位移，应与按式（8-9）代入实际曲率分布计算的结果相等。

按照等效塑性铰长度的概念，在墩底截面达到极限状态时，桥墩的塑性转角可表示为

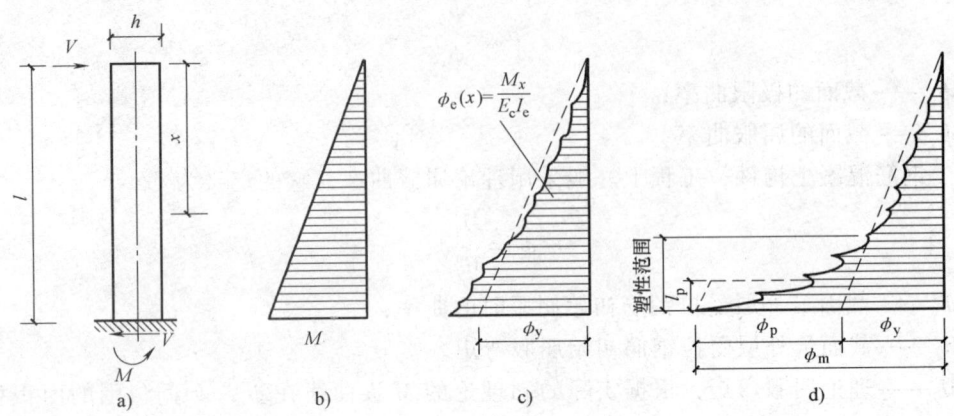

图 8-14 悬臂墩曲率分布
a) 计算简图　b) M　c) 屈服　d) 极限状态

$$\theta_p = l_p(\varphi_u - \varphi_y) \tag{8-12}$$

假定墩底截面达到极限状态时，桥墩以等效塑性铰区的中心点为中心发生塑性转动，则墩顶的塑性位移可表示为

$$\Delta_p = \theta_p(l - 0.5l_p) = (\varphi_u - \varphi_y)l_p(l - 0.5l_p) \tag{8-13}$$

由此可得墩顶位移延性系数与临界截面的曲率延性系数之间的对应关系

$$\mu_\Delta = \frac{\Delta_y + \Delta_p}{\Delta_y} = 1 + \frac{\Delta_p}{\Delta_y} = 1 + 3(\mu_\varphi - 1)\frac{l_p}{l}\left(1 - 0.5\frac{l_p}{l}\right) \tag{8-14}$$

4. 钢筋混凝土墩柱的延性

大量试验研究表明，对于钢筋混凝土墩柱，横向箍筋和纵向钢筋对核心混凝土提供有效的约束作用，提高了钢筋混凝土墩柱的强度和延性。国内外研究表明，影响钢筋混凝土墩柱延性的因素有轴压比、纵筋配筋率、箍筋用量、箍筋形状、混凝土强度等级、保护层厚度等。

在影响钢筋混凝土墩柱延性能力的因素中，截面的箍筋配置水平是影响塑性铰区延性能力的一个重要因素。横向箍筋的作用有：提供斜截面的抗剪能力；约束核心混凝土，大大提高混凝土的极限压应变，从而大大提高塑性铰区截面的转动能力；阻止纵向受压钢筋过早屈曲。

受到横向箍筋约束的混凝土，它的应力—应变曲线相比无约束混凝土发生了很大的变化，如图 8-15 所示，箍筋的约束极大地提高了约束混凝土的强度和延性。

在进行墩柱的延性验算时，由于存在横向箍筋的约束，约束混凝土的应力—应变关系可以采用 Mander 本构模型。Mander 本构模型提供了约束混凝土的应力—应变关系，适用于任意形状的截面，而且考虑了纵向钢筋、横向约束钢筋的配筋量及屈服强度、配筋形状等，能够正确计算出混凝土的有效约束应力。计算方法可以参考相关资料。

为了保证钢筋混凝土墩柱有足够的延性，保证结构能够发挥预期的延性水平，《桥梁抗震规范》要求塑性铰区域内应加密箍筋，具体配置规定如下：

1）加密区的长度不应小于墩柱弯曲方向截面边长或墩柱上弯矩超过最大弯矩 80% 的范围，当墩柱的高度与弯曲方向截面边长比小于 2.5 时，墩柱加密区的长度应取墩柱全高。

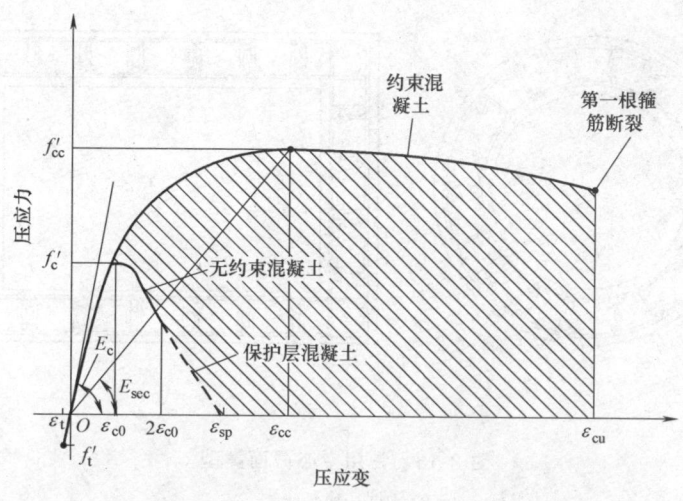

图 8-15 无约束混凝土和约束混凝土的应力—应变曲线

2）加密箍筋的最大间距不应大于 10cm 或 6d 或 b/4（d 为纵筋的直径，b 为墩柱弯曲方向的截面边长）。

3）箍筋的直径不应小于 10mm。

4）螺旋式箍筋的接头必须采用对接焊，矩形箍筋应有 135°弯钩，并应伸入核心混凝土 6d 以上。

同时，《桥梁抗震规范》对基本烈度为 7 度和 8 度地区，给出了圆形、矩形墩柱潜在塑性铰区内加密箍筋的最小体积含筋率，如式（8-15）和式（8-16），并规定在基本烈度为 9 度及以上地区，潜在塑性铰区域内加密箍筋应适当增加，以提高其延性能力。

（1）圆形截面最小含筋率

$$\rho_{smin} = [0.14\eta_k + 5.84(\eta_k - 0.1)(\rho_t - 0.01) + 0.028]\frac{f_{ck}}{f_{hk}} \geq 0.004 \quad (8-15)$$

（2）矩形截面最小含筋率

$$\rho_{smin} = [0.1\eta_k + 4.17(\eta_k - 0.1)(\rho_t - 0.01) + 0.02]\frac{f_{ck}}{f_{hk}} \geq 0.004 \quad (8-16)$$

式中　η_k——轴压比；

ρ_t——纵向配筋率；

f_{ck}——混凝土抗压强度标准值；

f_{hk}——箍筋抗拉强度标准值。

此外，对于空心截面墩柱塑性铰区域加密箍筋的构造，除满足对实体桥墩的要求外，还应配置内外两层环形箍筋，在内外两层环形箍筋之间应配置足够的拉筋，如图 8-16 所示。

8.3.2 桥梁延性抗震设计基本理论

1. 能力保护设计方法

在桥梁抗震设计中，为了避免地震破坏的随机性，保证结构在大震作用下能以"延性"

 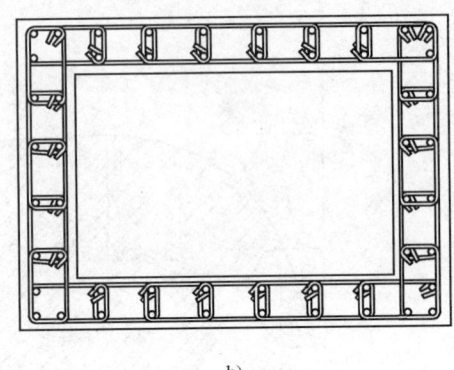

图 8-16 常用空心截面类型

a) 圆形 b) 矩形

的形式反应,新西兰学者 Park 等在 20 世纪 70 年代中期提出了结构延性抗震设计中的一个重要方法——能力保护设计方法。

在结构体系中,把期望发生延性破坏的构件称为延性构件;把脆性构件等不希望发生非弹性变形的构件,称为能力保护构件。

能力保护设计方法的基本思想:通过设计,使结构体系中的延性构件和能力保护构件形成强度等级差异,确保整个结构不发生脆性的破坏模式。它的数学表述可以表示为

$$P_{ib} \geqslant \lambda_0 P_d \tag{8-17}$$

式中 P_{ib}——能力保护构件的设计强度;

P_d——延性构件的设计强度;

λ_0——超强因子。

由式 (8-17) 可以看出,能力保护构件的强度要远大于延性构件的强度,因此整个结构在受力时,延性构件会最先发生破坏,从而保护了能力保护构件使其不发生破坏。

2. 延性构件与能力保护构件的选择

桥梁作为一个结构整体,可以分成主梁、支座、盖(帽)梁、桥墩、基础等部分。地震作用下,主梁产生水平惯性力,并通过支座传递给盖梁及桥墩,最后传递给基础和地基。在进行抗震设计时,为了保证这条传力路径不间断,同时确保延性构件容易修复,因此通常把桥墩作为延性构件进行设计,而把主梁、支座、盖梁和基础作为能力保护构件进行设计。

需要注意的是,钢筋混凝土构件的剪切破坏属于脆性破坏,会大大降低结构的延性能力,因此,对于延性墩柱的抗剪设计,应采用能力保护设计方法进行设计。

3. 潜在塑性铰位置的选择

延性构件主要是通过在特定位置形成塑性铰来提供延性的,在选择和设计结构中预期出现的塑性铰位置时,除了应能使结构获得最优的耗能,并尽可能使预期的塑性铰出现在易于发现和易于修复的结构部位外,还应尽可能减小由于塑性损伤而对结构造成的不利影响。

《桥梁抗震规范》规定,独柱墩的潜在塑性铰区一般选择在墩底,双柱墩在顺桥向的潜在塑性铰区也在墩底,而双柱墩在横桥向及刚构桥在顺桥向上,潜在塑性铰区一般选择在墩

顶和墩底部位,如图 8-17 所示。

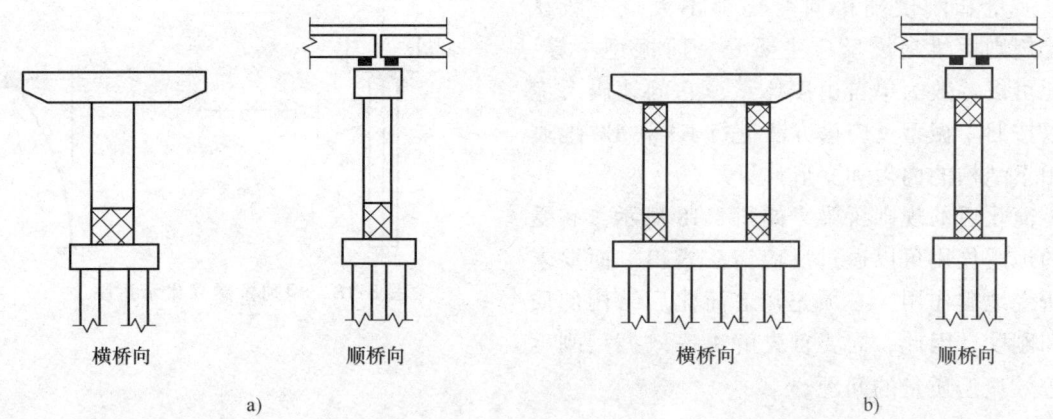

图 8-17 墩柱塑性铰区域
a) 单柱墩　b) 双柱墩

8.4 规则桥梁的延性抗震设计

8.4.1 规则桥梁的定义

对桥梁进行延性抗震设计时,会涉及非弹性的变形问题,它的计算可以通过输入若干地震动记录,采用动态时程分析方法得到。但这种方法计算过程复杂,需要输入大量的数据,耗费大量的计算和分析时间,工程上还是偏向于使用反应谱法进行抗震计算。因此,针对大量的普通桥梁,《桥梁抗震规范》规定了一套简化的延性抗震设计方法。

抗震分析时,可以将桥梁划分为规则桥梁和非规则桥梁。简支梁及表 8-5 限定范围内的桥梁属于规则桥梁,不在此表范围内的桥梁属于非规则桥梁。非规则桥梁需要进行专门的抗震研究。

表 8-5 规则桥梁的定义

参数	参数值				
单跨最大跨径	≤90m				
墩高	≤30m				
单墩长细比	大于 2.5 且小于 10				
跨数	2	3	4	5	6
曲线桥梁圆心角 ϕ 及半径 R	单跨 $\phi<30°$ 且一联累计 $\phi<90°$,同时曲梁半径 $R \geq 20B_0$(B_0 为桥宽)				
跨与跨间最大跨长比	3	2	2	1.5	1.5
轴压比	<0.3				
任意两桥墩间最大刚度比		4	4	3	2
下部结构类型	桥墩为单柱墩、双柱框架墩、多柱排架墩				
地基条件	不易液化、侧向滑移或不易冲刷的场地,远离断层				

从表8-5可以看出，规则桥梁一般建于有利地段上，跨径不太大，跨数不太多，它的形状、质量和刚度随桥向变化都不大。一般认为，规则桥梁地震反应主要受一阶振型主导，因此可以等效为单自由度体系，它的地震反应可以按照单振型反应谱方法进行E1和E2地震作用下结构的内力和变形计算。

简化后的规则桥梁，如图8-18所示，它受到的地震作用可以通过反应谱法求得。而要求得所受地震作用，必须先知道简化后结构的质量和刚度，因此，需要首先解决等效振型刚度和等效振型质量的问题。

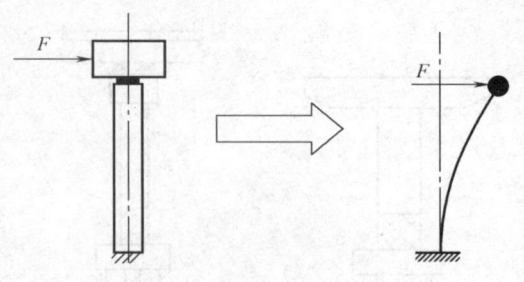

图8-18 规则桥梁简化示意图

8.4.2 等效振型刚度

规则桥梁的等效振型刚度，《桥梁抗震规范》规定，对于简支梁，可按单墩模型考虑，其顺桥向和横桥向的等效刚度K需要分别计算，将其定义为作用在顺桥向或横桥向的支座顶面或上部结构质量重心处的单位水平力在该点引起的水平位移δ的倒数，即

$$K = \frac{1}{\delta} \qquad (8-18)$$

连续梁一般顺桥向只设一个固定支座，其余均为活动支座。因此连续梁在顺桥向的地震反应可简化为固定支座处的单墩模型，其顺桥向等效振型刚度见式（8-18），但计算地震作用时需要考虑其余活动支座的摩擦效应。

需要注意的是，在计算等效振型刚度时，对于地震作用较小的E1地震，表8-2规定，结构的总体反应在弹性范围内，处于基本无损伤状态；但对于地震作用较大的E2地震，桥梁结构有可能会出现有限的损伤状态，一旦结构进入损伤状态发生屈服，就需要考虑开裂截面折减效应的影响，对刚度进行折减。

8.4.3 等效振型质量

将规则桥梁等效为单自由度体系时，它的质点质量不是单纯的叠加，还应考虑墩身、盖梁等的质量参与作用。《桥梁抗震规范》规定等效振型质量的计算公式为

$$M_t = M_{sp} + \eta_{cp} M_{cp} + \eta_p M_p \qquad (8-19)$$

$$\eta_{cp} = X_0^2 \qquad (8-20)$$

$$\eta_p = 0.16(X_0^2 + X_f^2 + 2X_{f/2}^2 + X_f X_{f/2} + X_0 X_{f/2}) \qquad (8-21)$$

式中　M_t——换算质点质量（t）；

$\quad\quad M_{sp}$——桥梁上部结构的质量，一跨梁的质量，对于轨道交通桥梁横桥向，还应计入50%活载质量；

$\quad\quad M_{cp}$——盖梁的质量；

$\quad\quad M_p$——墩身质量，对于扩大基础，为基础顶面以上墩身质量；

$\quad\quad \eta_{cp}$——盖梁质量换算系数；

η_p——墩身质量换算系数;

X_0——考虑地基变形时,顺桥向作用于支座顶面或横桥向作用于上部结构质心处的单位水平力在墩身计算高度 H 处引起的水平位移与单位力作用处的水平位移的比值,如图 8-19 所示;

$X_{f/2}$ 和 X_f——考虑地基变形时,顺桥向作用于支座顶面或横桥向作用于上部结构质心处的单位水平力在墩身计算高度 $H/2$ 处、一般冲刷线或基础顶面引起的水平位移与单位力作用处的水平位移的比值。

8.4.4　E1 地震作用下桥梁的地震反应

求得规则桥梁的等效振型质量和等效振型刚度后,即可确定振型的周期

$$T = 2\pi\sqrt{\frac{M_t}{K}} \quad (8-22)$$

则桥梁总的水平地震作用

$$E_{ktp} = SM_t \quad (8-23)$$

式中　S——根据结构基本周期 T 计算出的反应谱值,见式(8-1)。

对于简支梁,墩身水平地震作用可直接用式(8-23)确定。

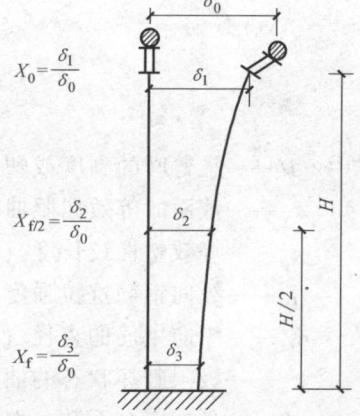

图 8-19　X_0、$X_{f/2}$ 和 X_f 示意

对于连续梁一联中一个墩采用顺桥向固定支座,其余均为顺桥向活动支座的,其固定支座的顺桥向地震反应还应扣除活动墩的摩擦力

$$E_{ktp} = SM_t - \sum_{i=1}^{N}\mu_i R_i \quad (8-24)$$

式中　R_i——第 i 个活动支座的恒载反力(kN);

μ_i——摩擦系数,一般取 0.02。

活动墩的支座地震作用则为相应的摩擦力

$$E_{kti} = \mu_i R_i \quad (8-25)$$

8.4.5　E1 地震作用下延性构件的设计与验算

根据延性抗震设计中的能力设计方法,在整个结构体系中,强度上的首要薄弱部位应是延性构件的弯曲塑性铰区,因此,在 E1 地震作用下,实际上只要进行延性构件潜在塑性铰区的抗弯强度验算即可。

8.4.6　E2 地震作用下延性构件的设计与验算

E2 地震作用下,如果延性构件发生屈服进入塑性阶段,则需要验算延性构件的延性能力或变形能力。对于规则桥梁,可以简化为墩顶位移能力的验算。

《桥梁抗震规范》规定,E2 地震作用下,应按下式验算顺桥向和横桥向桥墩墩顶的位移或桥墩塑性铰区域塑性转动能力

$$\Delta_d \leq \Delta_u \tag{8-26}$$

$$\theta_p \leq \theta_u \tag{8-27}$$

式中 Δ_d——E2 地震作用下的墩顶位移（cm），当 E2 地震作用墩顶的位移采用弹性方法计算时，应乘以地震位移修正系数；

Δ_u——墩顶允许位移（cm）；

θ_p——E2 地震作用下，塑性铰区域的塑性转角；

θ_u——塑性铰区域的最大允许转角。

$$\Delta_u = \frac{1}{3}H^2\varphi_y + \left(H - \frac{l_p}{2}\right)\theta_u \tag{8-28}$$

$$l_p = 0.08H + 0.022 f_y d_{bl} \geq 0.044 f_y d_{bl} \tag{8-29}$$

$$\theta_u = l_p(\varphi_u - \varphi_y)/K \tag{8-30}$$

式中 H——悬臂墩的高度或塑性铰截面到反弯点的距离（cm）；

φ_y——截面的等效屈服曲率（1/cm）；

l_p——等效塑性铰长度（cm）；

f_y——纵向钢筋抗拉强度标准值（MPa）；

d_{bl}——纵向主筋的直径（cm）；

φ_u——极限破坏状态的曲率能力（1/cm）；

K——延性安全系数，取 2.0。

其中，截面的等效屈服曲率 φ_y 和等效屈服弯矩 M_y 可通过把实际的弯矩—曲率曲线等效为理想弹塑性弯矩—曲率来求得，等效方法可根据图 8-13 中两个阴影面积相等求得，计算中应考虑最不利轴力组合。具体的计算方法可以参考相关资料。

需要注意的是，E2 地震作用下，当结构进入塑性状态后，在结构刚度上有较大的变化，原来的振型刚度已不再适用，此时不仅要进行等效振型刚度的折减，而且对于 E2 地震作用下的墩顶位移 Δ_d 的求取，也需要相应的假设，即等位移准则与等能量准则。

研究表明：对于长周期的单自由度系统，非线性系统的最大反应位移与完全弹性系统的最大反应位移在统计平均意义上相等，这就是等位移准则。根据等位移准则，非线性系统位移等于弹性系统的位移（图 8-20a），即

$$\Delta_p = \Delta_e \tag{8-31}$$

对于中等周期的单自由度系统，弹性体系在最大位移时储存的变形能与弹塑性体系达到最大位移时的耗能相等，这就是等能量准则。根据等能量准则，非线性系统的位移略大于弹性体系的最大位移，可通过采用适当的位移调整系数来计算非线性系统的位移（图 8-20b），即

$$\Delta_p = R_d \Delta_e \tag{8-32}$$

$$R_d = \left(1 - \frac{1}{\mu_D}\right)\frac{T^*}{T} + \frac{1}{\mu_D} \geq 1.0, \frac{T^*}{T} > 1.0$$

$$R_d = 1.0, \frac{T^*}{T} \leq 1.0$$

$$T^* = 1.25 T_g$$

式中 Δ_p——非线性系统位移；

Δ_e——按弹性方法计算出的位移；
R_d——位移修正系数；
T——结构自振周期；
T_g——反应谱特征周期；
μ_D——桥墩构件延性系数，一般情况可取 3。

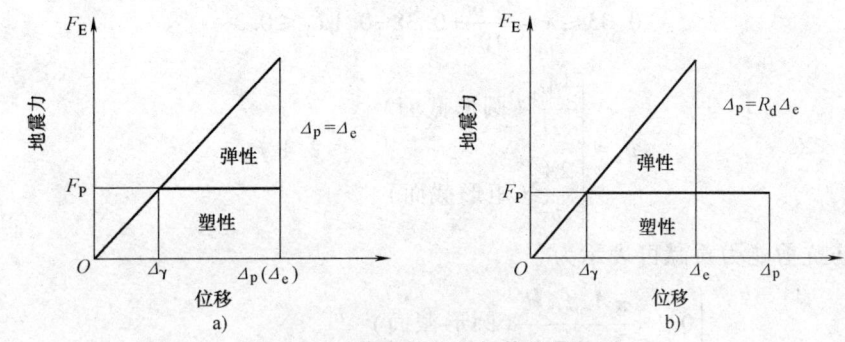

图 8-20　等位移准则与等能量准则
a) 等位移准则　b) 等能量准则

8.4.7　E2 地震作用下能力保护构件的设计与验算

《桥梁抗震规范》规定，在 E2 地震作用下，如结构未进入塑性，桥梁墩柱的剪力设计值，桥梁盖梁、基础和支座的内力设计值可采用 E2 地震作用的计算结果。如果结构进入塑性，当桥梁盖梁、基础、支座和墩柱抗剪作为能力保护构件设计时，其弯矩和剪力设计值应取与墩柱塑性铰区域截面超强弯矩对应的弯矩和剪力值。所谓超强，是指在大量的震害和试验结构观察发现，钢筋混凝土墩柱的实际抗弯承载能力要大于其设计承载能力，这种现象称为墩柱抗弯超强现象。

以墩柱抗剪为例，墩柱塑性铰区域沿顺桥向和横桥向的斜截面抗剪强度，应按下式验算

$$V_{c0} \leq \varphi(V_c + V_s) \tag{8-33}$$

式中　V_{c0}——剪力设计值（kN）；
　　　V_c——塑性铰区域混凝土的抗剪能力贡献（kN）；
　　　V_s——横向钢筋的抗剪能力贡献（kN）；
　　　φ——抗剪强度折减系数，按规范取 0.85。

其中，对于剪力值的设计

$$V_{c0} = \frac{M_0}{H} \tag{8-34}$$

$$M_0 = \varphi^0 M_R \tag{8-35}$$

式中　M_0——超强弯矩；
　　　M_R——塑性铰区截面的名义抗弯强度（按截面实际配筋，采用材料强度标准值，在恒载轴力作用下计算）；
　　　φ^0——超强系数，按规范取 1.2；
　　　H——墩高。

塑性铰区混凝土抗剪能力贡献可表示为

$$V_c = 0.1 v_c A_e \quad (8\text{-}36)$$

$$v_c = \begin{cases} 0, & P_c \leq 0 \\ \lambda\left(1 + \dfrac{P_c}{1.38 A_g}\right)\sqrt{f_{cd}} \leq \min\left(0.355\sqrt{f_{cd}},\, 1.47\lambda\sqrt{f_{cd}}\right), & P_c > 0 \end{cases} \quad (8\text{-}37)$$

$$0.03 \leq \lambda = \dfrac{\rho_s f_{yh}}{10} + 0.38 - 0.1\mu_\Delta \leq 0.3 \quad (8\text{-}38)$$

$$\rho_s = \begin{cases} \dfrac{4 A_{sp}}{s D'} & (\text{圆形截面}) \\ \dfrac{2 A_v}{bs} & (\text{矩形截面}) \end{cases} \leq 2.4/f_{yh} \quad (8\text{-}39)$$

横向钢筋抗剪能力贡献可表示为

$$V_s = \begin{cases} 0.1 \times \dfrac{\pi}{2} \dfrac{A_{sp} f_{yh} D'}{s} & (\text{圆形截面}) \\ 0.1 \times \dfrac{A_v f_{yh} h_0}{s} & (\text{矩形截面}) \end{cases} \leq 0.08\sqrt{f_{cd}} A_e \quad (8\text{-}40)$$

式中 v_c——塑性铰区域混凝土的抗剪强度（MPa）；

f_{cd}——混凝土抗压强度设计值（MPa）；

A_g——墩柱塑性铰区域截面全面积（cm^2）；

A_e——核心混凝土面积，可取 $A_e = 0.8 A_g$；

A_v——计算方向上箍筋面积总和（cm^2）；

A_{sp}——螺旋箍筋面积（cm^2）；

f_{yh}——箍筋抗拉强度设计值（MPa）；

h_0——核心混凝土受压边缘至受拉侧钢筋重心的距离（cm）；

s——箍筋的间距（cm）；

μ_Δ——墩柱位移延性系数，为墩柱地震位移需求与墩柱塑性铰屈服时的位移的比值；

P_c——墩柱截面最小轴压力（kN）；

b——墩柱的宽度（cm）；

D'——螺旋箍筋环的直径（cm）。

8.4.8 某连续梁桥单柱墩顺桥向地震作用分析实例

以一联两跨每跨 16m 的连续梁桥为例，如图 8-21 所示，中间墩采用固定支座，其余均为活动支座，桥梁上部结构总重（包括二期恒载）为 2700kN，每个支座的支座反力均为 900kN，摩擦系数取 0.02。桥墩采用实体矩形墩，如图 8-22 所示，墩高 8m，上部变截面部分可视为盖梁，墩身采用 C40 混凝土，支座与垫石总高为 0.2m。桥墩质量为 60t，盖梁质量为 10t。图 8-23 为墩柱配筋方案，箍筋纵向间距为 10cm，保护层厚度均为 8cm。

桥梁位于 7 度设防区，设计基本地震加速度值为 0.1g，地震区分组为第三组，局部场地类别为Ⅱ类，根据表 4-2 查得场地特征周期为 0.45s。该桥属于丙类桥梁，结合设防烈度参考表 8-4，选用 A 类抗震设计方法。根据表 8-3，地震调整系数在 E1 地震作用下取 0.46，

E2 地震作用下取 2.2。采用的设计反应谱如下式,具体参数详见式(8-1),阻尼比取 0.05。

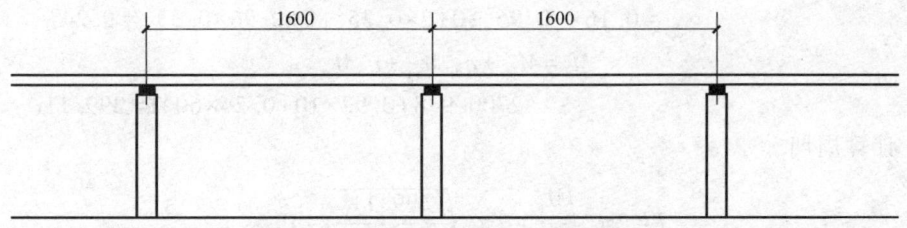

图 8-21 桥梁立面示意图(单位:cm)

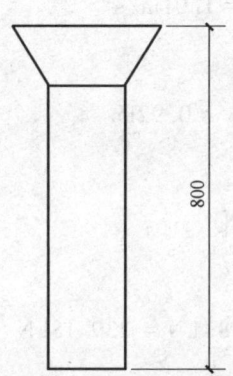

图 8-22 桥墩示意图(单位:cm)

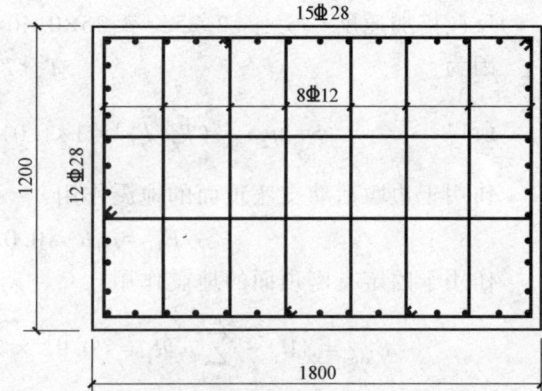

图 8-23 桥墩配筋示意图(单位:cm)

$$S=\begin{cases} 10(\eta_2-0.45)S_{max}T+0.45S_{max}, & 0<T\leqslant 0.1s \\ \eta_2 S_{max}, & 0.1s<T\leqslant T_g \\ \eta_2 S_{max}(T_g/T)^\gamma, & T_g<T\leqslant 5T_g \\ [\eta_2 0.2^\gamma-\eta_1(T-5T_g)]S_{max}, & 5T_g<T\leqslant 6s \end{cases}$$

因为结构在顺桥向只有一个固定支座,其余为活动支座,因此顺桥向可仅考虑固定墩的高度建立单自由度模型,质量按 2 跨计算,质量中心位于固定墩支座顶部。在此质量中心处施加单位力,不考虑基础变形,桥墩各关键节点的位移见表 8-6。

表 8-6 单位力作用下桥墩各关键节点的位移

方向	单位力作用点	墩顶	墩中点	墩底
顺桥向/(m/kN)	2.10×10^{-5}	2.02×10^{-5}	7.32×10^{-6}	0

1. E1 地震作用下顺桥向地震反应分析及验算

(1) 计算等效振型刚度 根据表 8-6,计算顺桥向的等效振型刚度

$$K=\frac{1}{\delta}=\frac{1}{2.10\times 10^{-5}}kN/m=4.76\times 10^4 kN/m$$

(2) 计算等效振型质量 根据表 8-6,计算桥墩的质量换算系数

$$X_0=\frac{2.02\times 10^{-5}}{2.10\times 10^{-5}}=0.96, X_{f/2}=\frac{7.32\times 10^{-6}}{2.10\times 10^{-5}}=0.35, X_f=0$$

$$\eta_{cp}=X_0^2=0.96^2=0.92$$

$$\eta_p = 0.16(X_0^2 + X_f^2 + 2X_{f/2}^2 + X_f X_{f/2} + X_0 X_{f/2})$$
$$= 0.16 \times (0.96^2 + 0 + 2 \times 0.35^2 + 0 + 0.96 \times 0.35) = 0.24$$
$$M_t = M_{sp} + \eta_{cp} M_{cp} + \eta_p M_p$$
$$= (2700/9.8 + 0.92 \times 10 + 0.24 \times 60)\text{t} = 299.11\text{t}$$

（3）计算周期
$$T = 2\pi\sqrt{\frac{M_t}{K}} = 2\pi\sqrt{\frac{299.11}{4.76 \times 10^4}}\text{s} = 0.5\text{s}$$

（4）计算桥墩所受地震作用

反应谱加速度 $S_{max} = 2.25a = 2.25 \times 0.46 \times 0.1 \times 9.8\text{m/s}^2 = 1.01\text{m/s}^2$

因为 $T_g < T \leq 5T_g$

所以 $S = \eta_2 S_{max}(T_g/T)^\gamma = 1 \times 1.01 \times \left(\frac{0.45}{0.5}\right)^{0.9}\text{m/s}^2 = 0.92\text{m/s}^2$

作用于边墩活动支座顶面的地震作用
$$E_{kti} = \mu_i R_i = 0.02 \times 900\text{kN} = 18\text{kN}$$

作用于固定支座顶面的地震作用
$$E_{ktp} = SM_t - \sum_{i=1}^{N}\mu_i R_i = (0.92 \times 299.11 - 2 \times 18)\text{kN} = 239.18\text{kN}$$

（5）墩柱强度验算 顺桥向固定墩墩底截面为最不利受力截面，墩底组合轴力为
$$N_z = N_D + N_E = (900 + 60 \times 9.8 + 10 \times 9.8)\text{kN} = 1586\text{kN}$$

墩底组合弯矩为
$$M_z = M_D + M_E = 0\text{kN}\cdot\text{m} + 239.18 \times (8 + 0.2)\text{kN}\cdot\text{m} = 1918.22\text{kN}\cdot\text{m}$$

截面尺寸如图8-23所示，计算得墩底截面抗弯强度（等效屈服弯矩，材料强度采用设计值）为 $3.12 \times 10^3\text{kN}\cdot\text{m}$，强度满足要求。

2. E2地震作用下顺桥向地震反应分析及验算

（1）地震反应分析 假设在E2地震作用下桥墩仍处于弹性状态，不需要进行刚度折减，纵向周期仍为0.5s，则反应加速度为
$$S_{max} = 2.25a = 2.25 \times 2.2 \times 0.1 \times 9.8\text{m/s}^2 = 4.85\text{m/s}^2$$
$$S = \eta_2 S_{max}(T_g/T)^\gamma = 1 \times 4.85 \times \left(\frac{0.45}{0.5}\right)^{0.9}\text{m/s}^2 = 4.41\text{m/s}^2$$

作用于固定支座顶面的地震作用
$$E_{ktp} = SM_t - \sum_{i=1}^{N}\mu_i R_i = (4.41 \times 299.11 - 2 \times 18)\text{kN} = 1283.07\text{kN}$$

墩底组合弯矩
$$M_z = M_D + M_E = 0\text{kN}\cdot\text{m} + 1283.07 \times (8 + 0.2)\text{kN}\cdot\text{m} = 10521.21\text{kN}\cdot\text{m}$$

根据截面尺寸计算墩底截面强度，其中材料强度采用标准值，计算得墩底等效屈服弯矩为 $4.88 \times 10^3\text{kN}\cdot\text{m}$，强度明显不满足要求，墩底将发生屈服，需按延性构件刚度折减计算。

（2）计算折减刚度 通过采用相关程序软件计算墩底截面在恒载作用下的等效屈服弯

矩和等效屈服曲率，则截面的等效抗弯刚度为

$$E_c I_{eff} = \frac{M_y}{\phi_y} = \frac{4881.63}{0.00216} \text{kN} \cdot \text{m}^2 = 2.26 \times 10^6 \text{kN} \cdot \text{m}^2$$

因为不考虑基础变形，刚度折减系数可表示为

$$\frac{E_c I_{eff}}{E_c I} = \frac{2.26 \times 10^6}{32500 \times \frac{1.8 \times 1.2^3}{12} \times 10^3} = 0.27$$

则折减后的刚度为

$$K_e = 0.27 \times 4.76 \times 10^4 \text{kN/m} = 1.28 \times 10^4 \text{kN/m}$$

（3）折减后的位移分析　顺桥向刚度折减后周期变为

$$T = 2\pi \sqrt{\frac{M_t}{K_e}} = 2\pi \sqrt{\frac{299.11}{1.28 \times 10^4}} \text{s} = 0.96 \text{s}$$

反应谱加速度变为

$$S = \eta_2 S_{max}(T_g/T)^\gamma = 1 \times 4.85 \times \left(\frac{0.45}{0.96}\right)^{0.9} \text{m/s}^2 = 2.43 \text{m/s}^2$$

固定墩墩顶水平地震作用为

$$E_{ktp} = S M_t - \sum_{i=1}^{N} \mu_i R_i = (2.43 \times 299.11 - 2 \times 18) \text{kN} = 690.84 \text{kN}$$

桥墩为延性构件，E2阶段需要验算桥墩位移，根据式（8-32），位移修正系数为

$$\frac{T^*}{T} = \frac{1.25 \times 0.45}{0.96} = 0.56 \leq 1.0, R_d = 1.0$$

墩顶位移需求

$$\Delta_d = R_d \Delta_e = R_d \frac{F_{E2}}{K_e} = 1 \times \frac{690.84}{1.28 \times 10^4} \text{m} = 0.054 \text{m} = 5.4 \text{cm}$$

（4）墩顶位移能力验算　软件求得墩底截面等效屈服曲率，$\phi_y = 2.16 \times 10^{-5} \text{cm}^{-1}$，极限曲率 $\phi_u = 8.26 \times 10^{-4} \text{cm}^{-1}$。

根据式（8-29），计算得等效塑性铰长度

$$l_p = 0.08 H + 0.022 f_y d_{bl} = (0.08 \times 800 + 0.022 \times 400 \times 2.8) \text{cm} = 88.64 \text{cm}$$

则塑性铰区最大允许转角为

$$\theta_u = l_p(\varphi_u - \varphi_y)/K = 88.64 \times \frac{(8.26 \times 10^{-4} - 2.16 \times 10^{-5})}{2} \text{rad} = 3.57 \times 10^{-2} \text{rad}$$

根据式（8-28），墩顶允许位移计算得

$$\Delta_u = \frac{1}{3} H^2 \varphi_y + \left(H - \frac{l_p}{2}\right) \theta_u$$

$$= \frac{1}{3} \times 800^2 \times 2.16 \times 10^{-5} \text{cm} + \left(800 - \frac{88.64}{2}\right) \times 3.57 \times 10^{-2} \text{cm} = 31.59 \text{cm（满足要求）}$$

（5）墩柱塑性铰区抗剪强度验算　塑性铰区超强弯矩按式（8-35）计算

$$M_{p0} = \varphi^0 M_p = 1.2 \times 4.88 \times 10^3 \text{kN} \cdot \text{m} = 5.86 \times 10^3 \text{kN} \cdot \text{m}$$

延性墩柱的底部区域为潜在塑性铰区，由式（8-34）得桥墩沿顺桥向剪力设计值为

$$V_{c0} = \frac{M_{p0}}{H_n} = \frac{5.86 \times 10^3}{8+0.2} \text{kN} = 714.63 \text{kN}$$

单个桥墩墩柱塑性铰区沿顺桥向的斜截面抗剪强度包括塑性铰区混凝土抗剪能力贡献和横向钢筋抗剪能力贡献，并采用式（8-33）进行验算。其中，塑性铰区混凝土抗剪能力贡献（矩形）$V_c = 0.1 v_c A_e$，横向钢筋抗剪能力贡献（矩形）$V_s = 0.1 \frac{A_v f_{yh} h_0}{s}$。

对于墩柱混凝土截面，采用的是 C40 混凝土，$f_{cd} = 18.4 \text{MPa}$ 箍筋采用 HRB400，$f_{yh} = 330 \text{MPa}$，纵向间距 $s = 10 \text{cm}$，保护层厚度均为 8cm，由图 8-23 知 $b = 120 \text{cm}$，则

$$h_0 = (120-16) \text{cm} = 104 \text{cm}$$

$$A_g = 180 \times 120 \text{cm}^2 = 21600 \text{cm}^2, A_e = 0.8 A_g = 17280 \text{cm}^2$$

$$A_v = 8 \times \pi \left(\frac{d}{2}\right)^2 = 8 \times 3.14 \times \left(\frac{12}{2}\right)^2 \text{mm}^2 = 904 \text{mm}^2 = 9.04 \text{cm}^2$$

由前面的计算可得 $P_c = 1586 \text{kN}$

墩顶底相对位移

$$\Delta_d = \frac{Fl^3}{3EI} = \frac{690.84 \times 8^3}{3 \times 2.26 \times 10^6} \text{cm} = 5.21 \text{cm}$$

$$\mu_\Delta = \frac{5.21}{\frac{\phi_y l^2}{3}} = \frac{5.21}{2.16 \times 10^{-5} \times (800+20)^2/3} = 1.12$$

根据式（8-36）~ 式（8-40）计算得

$$\rho_s = \frac{2A_v}{bs} = \frac{2 \times 9.04}{120 \times 10} = 0.015 > 2.4/f_{yh} = 0.0072, 取 \rho_s = 0.0072$$

$$\lambda = \frac{\rho_s f_{yh}}{10} + 0.38 - 0.1 \mu_\Delta = \frac{2.4}{10} + 0.38 - 0.1 \times 1.12 = 0.508 > 0.3, 取 \lambda = 0.3$$

$$v_c = \lambda \left(1 + \frac{P_c}{1.38 \times A_g}\right) \sqrt{f_{cd}} = 0.3 \times \left(1 + \frac{1586}{1.38 \times 21600}\right) \times \sqrt{18.4}$$

$$= 1.35 \leq \min(0.355 \sqrt{f_{cd}}, 1.47 \lambda \sqrt{f_{cd}}) = \min(1.52, 1.89) = 1.52$$

$$V_c = 0.1 v_c A_e = 0.1 \times 1.35 \times 17280 \text{kN} = 2332.8 \text{kN}$$

$$V_s = 0.1 \frac{A_v f_{yh} h_0}{s} = 0.1 \times \frac{9.04 \times 330 \times 104}{10} \text{kN} = 3102.53 \text{kN} \leq 0.08 \sqrt{f_{cd}} A_e = 5929.83 \text{kN}$$

$$V_{c0} \leq \varphi (V_c + V_s) = 0.85 \times (2332.8 + 3102.53) \text{kN} = 4620.03 \text{kN}$$

可见桥墩的抗剪强度满足要求。

（6）其他能力保护构件的验算（略）

8.5 桥梁抗震构造措施

由于地震的随机性，某种情况下，采取合理的抗震构造措施可以充分发挥结构的潜力，

比单纯依靠抗震计算来增强结构的抗震能力更加经济有效。《桥梁抗震规范》对桥梁构造措施作了如下规定：

1) 应采用有效的防落梁措施。

2) 桥梁抗震措施的使用不宜导致桥梁主要构件的地震反应发生较大改变，否则，在进行抗震分析时，应考虑抗震措施的影响。抗震措施应根据其受到的地震作用进行设计。

3) 过渡墩及桥台处的支座垫石不宜高于10cm，且顺桥向宜与墩、台最外缘平齐。

桥梁防落梁措施，目前主要由梁端搭放长度、缓冲装置、限位装置三部分组成。

(1) 梁端搭放长度 《桥梁抗震规范》中明确规定，在6度区，简支梁梁端墩、台帽或盖梁边缘应有一定的距离（图8-24），其最小值 a（cm）按下式计算

$$a \geq 40 + 0.5L \tag{8-41}$$

式中 L——梁的计算跨径（m）。

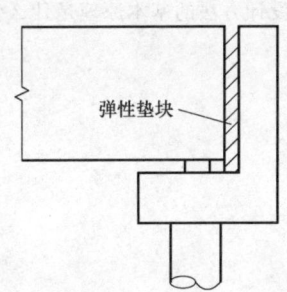

图 8-24 梁端至墩、台帽或盖梁边缘的最小距离 a

(2) 缓冲装置 缓冲装置布置在桥梁伸缩缝、主梁与桥台之间，作用是防止由于地震作用发生相互碰撞。《桥梁抗震规范》规定，7度区，在梁与梁之间、梁与桥台胸墙之间应加装橡胶垫或其他弹性衬垫，其构造如图8-25所示。

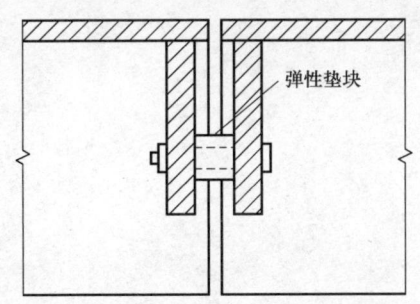

图 8-25 梁与梁、梁与桥台间的缓冲装置

(3) 限位装置 在可能发生更大烈度地震的地区，还需要在桥梁上安装连梁限位装置，防止发生较大的相对位移。常用限位装置如图8-26~图8-28所示。

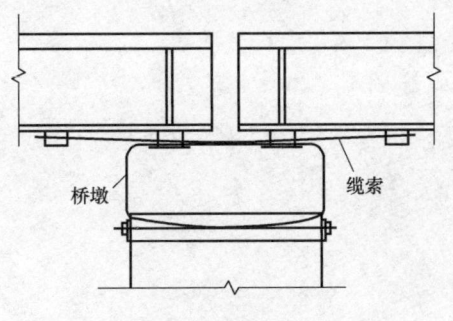

图 8-26 缆索连接式

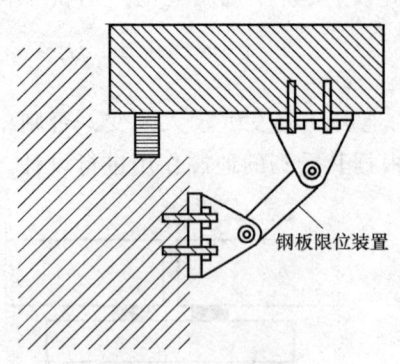
图 8-27 钢板连接式

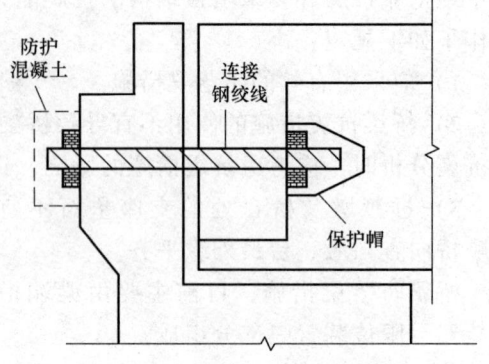
图 8-28 预应力钢绞线连接式

1. 简述桥梁震害的特点。
2. 我国城市桥梁抗震设防分类分为哪几类？
3. 桥梁的抗震体系包括哪几种？
4. 什么是延性？
5. 常用的延性指标包括哪几种？
6. 能力设计方法的基本原理是什么？

结构隔震与消能减震设计 第9章

纵观结构抗震发展史，建筑结构一般都是采用增强承载力和变形来抵御地震，抵抗倒塌是依靠结构主要构件开裂损坏并吸收地震能量来实现的。因此，按传统抗震方法设计的结构即使能避免房屋倒塌，但结构破坏造成的直接和间接经济损失及其引发的次生灾害却给人类造成了巨大损失，极大地妨碍了社会发展。近几十年来，结构隔震和消能减震技术的研究与应用得到迅速发展。研究表明，通过适当的隔震或减震措施，在地震中特别是大震作用下，结构的地震反应可大大降低，从而能有效地减轻地震灾害。

9.1 结构隔震原理与方法

结构隔震是工程结构抗震技术之一。基础隔震的基本思想是在上部结构和基础之间采用某种隔离装置将地震动与结构隔开，减少地震能量向上部结构的传输，使上部结构产生很小的振动，这种振动不会造成上部结构的破坏，可达到预期的防震要求。

9.1.1 基础隔震原理与设计要求

隔震体系包括上部结构、隔震装置和下部结构三个部分。结构隔震体系之所以能够大幅度减小上部结构的地震反应，是因为隔震层装置可以改变结构的动力特性，延长结构的自振周期，增加结构的阻尼，隔断地震能量向上部结构的传递，从而有效地减小结构的地震响应，使其被控制在设防要求范围内。为达到明显的减震效果，隔震装置一般应满足下述要求：

1）应具有可变的水平刚度。在微震或风荷载作用下，要有足够的水平刚度，能保证结构在使用状态下的安全和使用要求。在强震作用下，水平刚度较小，形成滑动隔震层，结构水平变形集中在隔震层，上部结构的反应由传统抗震的"放大晃动型"变为"整体水平滑移型"。延长上部结构自振周期，远离场地卓越周期，从而有效地隔断地震能量向上部结构的传输，降低上部结构的地震反应。

2）应具有较大阻尼和较强的耗能能力。隔震层中的高阻尼部件能够大量耗散地震能量，地震能量被隔断在隔震层，确保荷载—位移曲线的包络图面积较大。上部结构由刚性体系变为柔性体系，其地震反应大大降低，从而保证了建筑结构的可靠度和安全性。

3）应具有较好的复位能力、抗疲劳能力、抗老化能力、耐久性和耐火性。

根据《抗震规范》的要求，建筑结构采用隔震设计时应符合下列各项要求：

1）建筑结构隔震设计确定设计方案时，除应根据建筑的抗震设防类别、设防烈度、建筑高度、场地条件、结构材料和施工等因素，经技术、经济和使用条件综合比较确定外，尚应与采用抗震设计的方案进行对比分析。

2) 结构高宽比宜小于4，且不应大于相关规范和规程对非隔震结构的具体规定，其变形特征接近剪切变形，最大高度应满足规范对非隔震结构的要求；高宽比大于4或非隔震结构相关规定的结构采用隔震设计时，应进行专门研究。

3) 建筑场地宜为Ⅰ、Ⅱ、Ⅲ类，并应选用稳定性较好的基础类型。

4) 风荷载和其他非地震作用的水平荷载标准值产生的总水平力不宜超过结构总重力的10%。

5) 隔震层应提供必要的竖向承载力、侧向刚度和阻尼；穿过隔震层的设备配管、配线，应采用柔性连接或其他有效措施以适应隔震层的罕遇地震水平位移。

9.1.2 隔震技术分类简介

建筑结构的隔震按照隔震装置分为橡胶垫隔震、滑移隔震和混合隔震等；按照隔震位置可分为基础隔震、顶部隔震、层间隔震和建筑结构局部隔震等。

（1）橡胶垫隔震　建筑隔震橡胶支座是一种常用的减震、隔震橡胶装置，它由坚硬的薄钢板和柔软的薄橡胶片交替叠合、高温模压硫化而成，也称为叠层橡胶支座。橡胶层与夹层钢板紧密粘结，当橡胶支座承受上部结构自重和其他荷载时，薄钢板能够限制橡胶的横向变形，增大竖向刚度，而柔软的橡胶层使其具有足够的水平移动能力，延长了建筑物的自振周期。此外，在橡胶支座中间装入铅棒还可增大阻尼比。

（2）滑移隔震　滑移隔震支座是设置滑移层，利用基础与上部结构之间的相互滑动达到基础隔震目的的。在结构受到较小的水平地震作用时，摩擦滑移装置能够提供足够的摩擦力阻止上部结构滑动，使建筑物固接于基础之上，与地面一同运动；当受到强震作用时，超过了摩擦滑移装置能够提供的最大摩擦力时，滑移面开始滑移，摩擦阻尼同时消耗地震能量，从而发挥隔震作用，将传入上部结构的地震能量保持在一定范围内，进而保证上部结构的安全。滑移材料有不锈钢摩擦滑板、砂垫层、石墨砂浆、聚四氟乙烯滑板、滑石粉等。

（3）滚动隔震　滚动隔震支座是利用滚珠、滚轴等几何复位特性达到减震的目的。滚珠或者滚轴几乎能把地面运动和结构运动完全隔开，具有很好的隔震效果。

（4）摩擦摆隔震　摩擦摆隔震支座采用滑动支撑与多层橡胶并用，不锈钢表面做成凹球面，利用摩擦阻尼消耗地震能量，利用自身重力形成恢复力。

9.1.3 结构隔震设计要点

1. 动力分析模型

建筑结构隔震体系的动力模型可由具体情况分为单质点模型、多质点模型和空间模型。通常情况下，基础隔震体系的上部结构的侧移刚度远大于隔震层的水平等效刚度，地震作用时，结构的水平位移集中在隔震层，上部结构可以认为只做整体水平运动，所以将上部结构近似简化为一个刚体，那么就将隔震结构简化为单质点模型进行分析，其动力平衡方程为

$$M\ddot{x} + C_{eq}\dot{x} + K_h x = -M\ddot{x}_g \quad (9-1)$$

式中　M——上部结构质量；

C_{eq}——隔震层等效阻尼系数；

K_h——隔震层水平等效刚度；

x、$\dot{x}$、$\ddot{x}$——上部近似刚体相对于地面的位移、速度和加速度；

$\ddot{x}_g$——地面的加速度。

如果要分析上部结构的细部地震反应,就可以考虑采用多质点模型或者空间模型。这些模型可看作在常规模型底部加入隔震层简化模型的结果。图 9-1 为多质点隔震结构计算简图,增加由隔震支座及其顶部梁板组成的质点,隔震层具有水平等效刚度 K_h 和等效黏滞阻尼比 ζ_{eq}。K_h 和 ζ_{eq} 可按下列公式计算

$$K_h = \sum K_j \tag{9-2}$$

$$\zeta_{eq} = \frac{\sum K_j \zeta_j}{K_h} \tag{9-3}$$

式中　ζ_{eq}——隔震层等效黏滞阻尼比;

　　　K_h——隔震层水平等效刚度;

　　　ζ_j——第 j 隔震支座的等效黏滞阻尼比;

　　　K_j——第 j 隔震支座的水平等效刚度。

2. 分部设计法

隔震层的位置把整个隔震结构体系分成上部结构(隔震层以上结构)、隔震层、隔震层以下结构和基础 4 部分。进行隔震结构设计时对这几部分分别进行设计,即分部设计法。分部设计法的步骤是:选择隔震部件(包括隔震垫和阻尼器),确定水平向减震系数,验算罕遇地震下隔震层的位移,按水平向减震系数进行上部结构的计算和构造,设计隔震层梁板和支墩,对隔震层下部结构和基础进行设计。

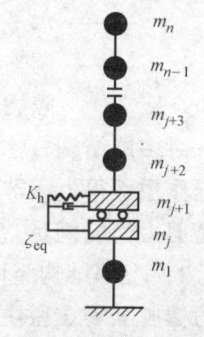

图 9-1　隔震结构计算简图

(1) 隔震层以上结构地震作用计算

1) 水平向减震系数 β。隔震层上部结构基于"水平向减震系数"来进行抗震设计。水平减震系数的计算涉及上部结构的安全。水平减震系数指与不采用隔震技术的情况相比,建筑物采用隔震技术后描述其地震作用降低程度的一个系数。其取值原则为:对于多层建筑,为按弹性计算所得的隔震与非隔震结构各层层间剪力的最大比值;对于高层建筑结构,尚应计算隔震与非隔震各层倾覆力矩的最大比值,并与层间剪力的最大值比较,取二者的较大值。结构隔震与非隔震两种情况下各层最大层间剪力或最大倾覆力矩,一般要求采用时程分析法进行计算。时程分析时输入地震波的反应谱特性和数量,应满足第 4 章的规定,计算结果宜取包络值。当处于发震断层 10km 以内时,输入地震波应考虑近场影响系数。对于砌体结构及与其基本周期相当的结构,水平向减震系数采用下列方法计算。

砌体结构的水平向减震系数可按照隔震后整个体系的基本周期根据下式确定

$$\beta = 1.2\eta_2 \left(\frac{T_{gm}}{T_1}\right)^{\gamma} \tag{9-4}$$

式中　β——水平向减震系数;

　　　η_2——地震影响系数的阻尼调整系数,根据隔震层等效阻尼确定;

　　　γ——地震影响系数的曲线下降段衰减指数,根据隔震层等效阻尼确定;

　　　T_{gm}——砌体结构采用隔震方案时的特征周期,根据本地区所属的设计地震分组确定,小于 0.4s 时按 0.4s 采用;

　　　T_1——隔震体系的基本周期,不应大于 2.0s 和 5 倍特征周期的较大值。

与砌体结构周期相当的结构,其水平向减震系数可按照隔震后整个体系的基本周期根据

下式确定：

$$\beta = 1.2\eta_2 \left(\frac{T_g}{T_1}\right)^\gamma \left(\frac{T_0}{T_g}\right)^{0.9} \tag{9-5}$$

式中 T_0——非隔震结构的计算周期，当小于特征周期时应采用特征周期的数值；

T_1——隔震体系的基本周期，不应大于 5 倍特征周期；

T_g——特征周期。

2）上部结构水平地震作用计算。隔震后水平地震作用计算的水平地震影响系数可按第 4 章内容确定。其中，水平地震影响系数最大值可按下式计算

$$\alpha_{\max l} = \frac{\beta \alpha_{\max}}{\psi} \tag{9-6}$$

式中 $\alpha_{\max l}$——隔震后的水平地震影响系数最大值；

$\alpha_{\max}$——非隔震的水平地震影响系数最大值；

β——水平向减震系数；

ψ——调整系数（一般橡胶支座，取 0.80；支座剪切性能偏差为 S-A 类，取 0.85；隔震装置带有阻尼器时，相应减少 0.05）。

对多层结构，水平地震作用沿高度可按重力荷载代表值分布。隔震层以上结构的总水平地震作用不得低于非隔震结构在 6 度设防时的总水平地震作用，并进行抗震验算；各楼层的水平剪力尚应满足《抗震规范》对本地区设防烈度的最小地震剪力系数的规定。

3）上部结构竖向地震作用计算。结构所受的地震作用，既有水平向的也有竖向的。目前的橡胶隔震支座主要是隔离水平地震作用，尚不能有效隔离结构的竖向地震作用，导致隔震后结构的竖向地震力有可能会大于水平地震力，因此竖向地震影响不可忽略。9 度时和 8 度且水平向减震系数不大于 0.3 时，隔震层以上的结构应按设防烈度进行竖向地震作用的计算。隔震层以上结构进行竖向地震作用标准值计算时，各楼层可视为质点，按式（4-98）计算竖向地震作用标准值沿高度的分布。其竖向地震作用标准值，8 度（0.20g）、8 度（0.30g）和 9 度时分别不应小于隔震层以上结构总重力荷载代表值的 20%、30% 和 40%。

（2）隔震层的计算　隔震层设计的主要内容包括隔震层位置的确定，隔震装置的数量、规格和布置，隔震层在罕遇地震下的承载力和变形控制，连接构造等。

1）隔震支座压应力验算。为保证隔震支座在罕遇地震下不坏，能稳定地支承建筑物的重力，应对隔震支座控制其平均压应力和拉应力。隔震层各橡胶隔震支座，考虑永久荷载和可变荷载组合的竖向压应力限值，不应超过表 9-1 的规定，拉应力不应超过 1MPa。以此保证隔震层在罕遇地震时的强度和稳定性。

表 9-1　橡胶隔震支座压应力限值

建筑类别	甲类建筑	乙类建筑	丙类建筑
压应力限值/MPa	10	12	15

注：1. 压应力设计值应按永久荷载和可变荷载的组合计算；其中，楼面活荷载应按 GB 50009—2012《建筑结构荷载规范》的规定乘以折减系数。
2. 结构倾覆验算时应包括水平地震作用效应组合；需进行竖向地震作用计算的结构，尚应包括竖向地震作用效应组合。
3. 当橡胶支座的第二形状系数（有效直径与橡胶层总厚度之比）小于 5.0 时，应降低压应力限值：小于 5 不小于 4 时，降低 20%；小于 4 不小于 3 时，降低 40%。
4. 外径小于 300mm 的橡胶支座，丙类建筑的压应力限值为 10MPa。

2)隔震支座变形验算。为保证隔震层和隔震支座在罕遇地震作用下的变形,尚应对其变形进行验算。

对应于罕遇地震水平剪力的水平位移,应符合下列要求

$$u_i \leqslant [u_i] \tag{9-7}$$
$$u_i = \eta_i u_c \tag{9-8}$$

式中 u_i——罕遇地震作用下,第 i 个隔震支座考虑扭转的水平位移;

$[u_i]$——第 i 个隔震支座的水平位移限值,对橡胶隔震支座,不应超过该支座有效直径的 0.55 倍和支座内部橡胶总厚度的 3.0 倍两者的较小值;

u_c——罕遇地震下隔震层质心处或不考虑扭转的水平位移;

η_i——第 i 个隔震支座的扭转影响系数。

η_i 应取考虑扭转和不考虑扭转时第 i 个支座计算位移的比值;当隔震层以上结构的质心与隔震层刚度中心在两个主轴方向均无偏心时,边支座的扭转影响系数不应小于 1.15;仅考虑单向地震作用的扭转时,扭转影响系数可按下式计算:

$$\eta_i = 1 + \frac{12es_i}{a^2 + b^2} \tag{9-9}$$

式中 e——上部结构质心与隔震层刚度中心在垂直于地震方向的偏心距,如图 9-2 所示;

s_i——第 i 个隔震支座与隔震层刚度中心在垂直于地震作用方向的距离;

a、b——隔震层平面的两个边长。

对边支座,其扭转影响系数不宜小于 1.15;当隔震层和上部结构采取有效的抗扭措施时或扭转周期小于平动周期的 70% 时,扭转影响系数可取 1.15。

同时考虑双向地震作用的扭转时,仍然按照式 (9-9) 计算,但其中的偏心距 e 应采用式 (9-10) 和式 (9-11) 中的较大值代替。

$$e = \sqrt{e_x^2 + (0.85e_y)^2} \tag{9-10}$$
$$e = \sqrt{e_y^2 + (0.85e_x)^2} \tag{9-11}$$

式中 e_x——考虑 y 方向地震作用时的偏心距;

e_y——考虑 x 方向地震作用时的偏心距。

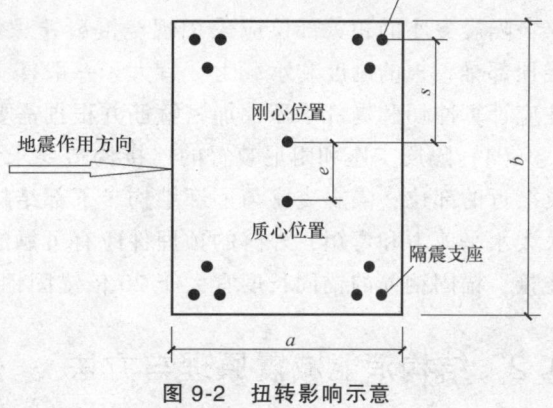

图 9-2 扭转影响示意

(3)隔震层以下结构的设计 隔震层以下的结构和基础应符合下列要求:

1)隔震层支墩、支柱及相连构件,应采用隔震结构罕遇地震下隔震支座底部的竖向力、水平力和力矩进行承载力验算。

2)隔震层以下的结构中直接支承隔震层以上结构的相关构件,应满足嵌固的刚度比和隔震后设防地震的抗震承载力要求,并按罕遇地震进行抗剪承载力验算。隔震层以下、地面以上的结构在罕遇地震下的层间位移角限值满足表 9-2 的要求。

3)隔震建筑地基基础的抗震验算和地基处理仍应按本地区抗震设防烈度进行,甲、乙

类建筑的抗液化措施应按提高一个液化等级确定,直至全部消除液化沉陷。

表 9-2　隔震层以下、地面以上结构罕遇地震作用下层间弹塑性位移角限值

下部结构类型	θ_p
钢筋混凝土框架结构和钢结构	1/100
钢筋混凝土框架—抗震墙	1/200
钢筋混凝土抗震墙	1/250

3. 隔震结构的隔震措施

(1) 隔震结构应采取不阻碍隔震层在罕遇地震下发生大变形的措施

1) 上部结构的周边应设置竖向隔离缝,缝宽不宜小于各隔离支座在罕遇地震下的最大水平位移值的 1.2 倍且不小于 200mm。对两相邻隔震结构,其缝宽取最大水平位移值之和,且不小于 400mm。

2) 上部结构与下部结构之间,应设置完全贯通的水平隔离缝,缝高可取 20mm,并用柔性材料填充;当设置水平隔离缝确有困难时,应设置可靠的水平滑移垫层。

3) 穿越隔离层的门廊、楼梯、电梯、车道等部位,应防止可能的碰撞。

(2) 隔离层以上结构的抗震措施　当水平向减震系数大于 0.40 时(设置阻尼器时为 0.38)不应降低非隔震时的有关要求;水平向减震系数不大于 0.40 时(设置阻尼器为 0.38),可适当降低对非隔震建筑的要求,但烈度降低不得超过 1 度,与抵抗竖向地震作用有关的抗震构造措施不应降低。

(3) 隔震层与上部结构的连接要求　隔震层顶部应设置梁板式楼盖,且应符合下列要求:隔震支座的相关部位应采用现浇混凝土梁板结构,现浇板厚度不应小于 160mm;隔震层顶部梁、板的刚度和承载力,宜大于一般楼盖梁板的刚度和承载力;隔震支座附近的梁、柱应计算冲切和局部承压,加密箍筋并根据需要配置网状钢筋。

(4) 隔震支座和阻尼装置的连接构造要求　隔震支座和阻尼装置应安装在便于维护人员接近的部位;隔震支座与上部结构、下部结构之间的连接件,应能传递罕遇地震下支座的最大水平剪力和弯矩;外露的预埋件应有可靠的防锈措施。预埋件的锚固钢筋应与钢板牢固连接,锚固钢筋的锚固长度宜大于 20 倍锚固钢筋直径,且不应小于 250mm。

9.2　结构消能减震原理与方法

结构的消能减震就是在结构的某些部位采取措施,设置消能装置或构件,这些装置通常包括阻尼器、耗能支撑等。当结构承受地震荷载时,这些消能装置或构件进入非弹性状态,产生弹塑性滞回变形,大量吸收并消耗地震传入结构的能量,衰减了主体结构的地震响应,从而避免了主体结构在地震中的破坏或倒塌。

9.2.1　消能减震原理

在消能减震结构中,消能减震原理可通过对结构在地震发生时的能量转换形式来描述,如图 9-3 所示,结构在地震发生时任意时刻的能量方程为:

传统抗震结构
$$E_{in} = E_v + E_k + E_c + E_s \tag{9-12}$$

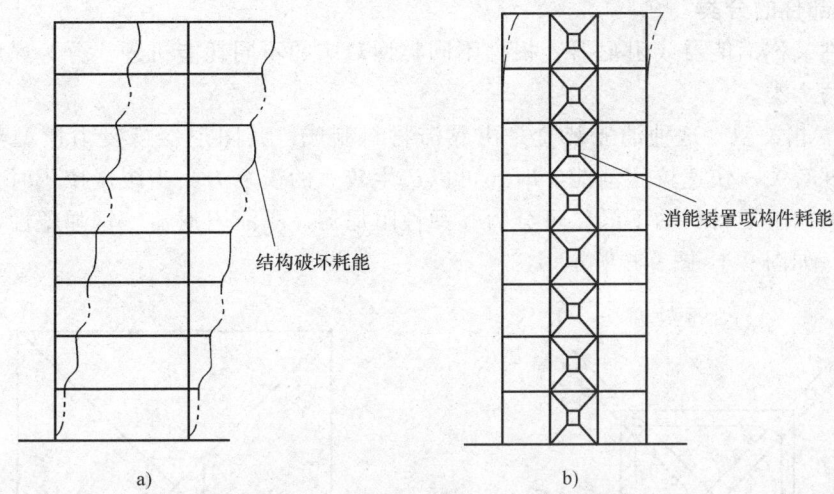

图 9-3 结构能量转换形式对比
a) 传统抗震结构 b) 消能减震结构

消能减震结构 $$E_{in} = E_v + E_k + E_c + E_s + E_d \tag{9-13}$$

式中 E_{in}——地震过程中输入结构体系的能量；

E_v——结构体系的动能；

E_k——结构体系的弹性应变能；

E_c——结构体系本身的阻尼耗能；

E_s——结构构件的弹塑性变形消耗的能量；

E_d——消能装置或构件耗散吸收的能量。

在式（9-12）和式（9-13）中，E_v 和 E_k 仅仅是能量转换，E_c 一般不超过 5%，只占总能量中很小的一部分，可忽略不计。从式（9-12）可以看出，传统抗震结构主要依靠 E_s 来消耗地震输入的能量，这样，必然会依靠主体结构的损坏、破坏甚至倒塌来消耗地震传入的能量。从式（9-13）可以看出，消能减振结构的耗能装置在主体结构进入非弹性阶段之前率先进入消能工作状态，大量消耗输入结构体系的地震能量，而结构自身消耗了少量的地震能量。

结构消能减震原理可以从两个方面来理解。从能量角度出发，地震输入的能量是不变的，消能减震结构利用消能装置或构件的损伤破坏来消耗传入的能量，消能装置消耗的能量越多，结构本身消耗的能量就越少，利用消能装置的耗能能力，可以有效地减轻地震作用时结构本身的损伤；从动力学角度出发，消能装置起到了增大结构阻尼的作用，结构阻尼如果较大，必然会使结构的地震反应减小。

消能减震结构的减震机理明确，有明显的减震效果，安全，经济，适用范围比较广，如高层、超高层建筑、高柔、高耸结构、大跨结构和柔性管道等。目前结构消能减震技术已被应用在实际工程中。

9.2.2 消能减震结构体系分类

消能减震结构体系可按照消能部件和消能装置的不同类型和不同形式进行分类。

1. 消能部件的分类

消能部件又称消能器或阻尼器，根据不同类型对应的不同耗能机理，分为速度相关型和位移相关型两大类。

（1）速度相关型　这种消能装置是由黏滞材料制成，其阻尼器恢复力模型与消能器两端的相对速度有关。快速拉压消能器时，可以产生较大的恢复力，当缓慢拉压时，需要的作用力很小。根据阻尼材料的不同，可分为黏弹性阻尼器、黏滞阻尼器、钢弹塑性消能器和摩擦消能器等。如图9-4~图9-6所示。

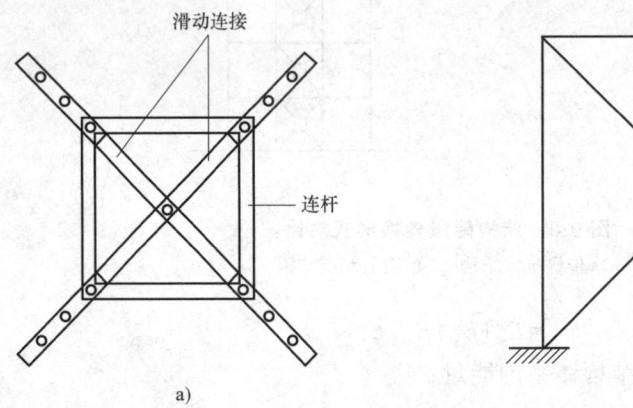

图 9-4　Pall 型摩擦阻尼器及位置
a）摩擦阻尼器　b）单自由度位置

（2）位移相关型　这种消能装置是由塑性变形能力较好的材料制成，其阻尼器恢复力模型与消能器两端的相对位移有关。这种消能装置可以凭借阻尼器的滞回耗能来耗散地震能量，可分为金属屈服阻尼器和摩擦阻尼器等。

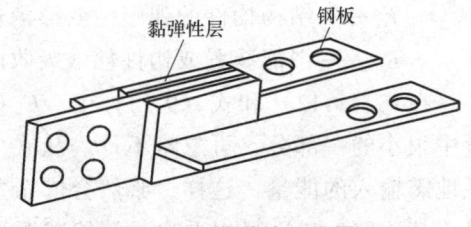

图 9-5　黏弹性阻尼器

2. 消能装置的分类

消能装置可根据不同构造形式对应的不同减震

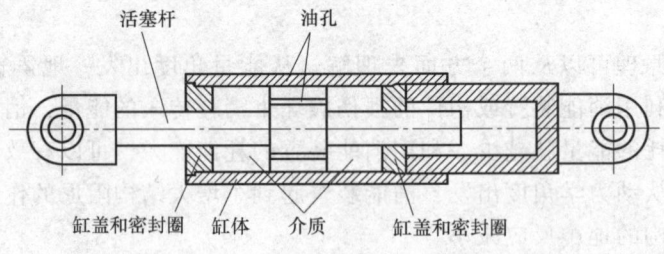

图 9-6　黏滞阻尼器

机理，分为消能支撑、消能剪力墙、消能连接和消能节点等。

（1）消能支撑　消能支撑可以提高结构的刚度，又能利用支撑交叉处的滞回变形耗散地震传入能量。按消能形式分为消能交叉支撑、摩擦消能支撑、消能偏心支撑和消能隅撑等多种类型，如图9-7~图9-9所示。

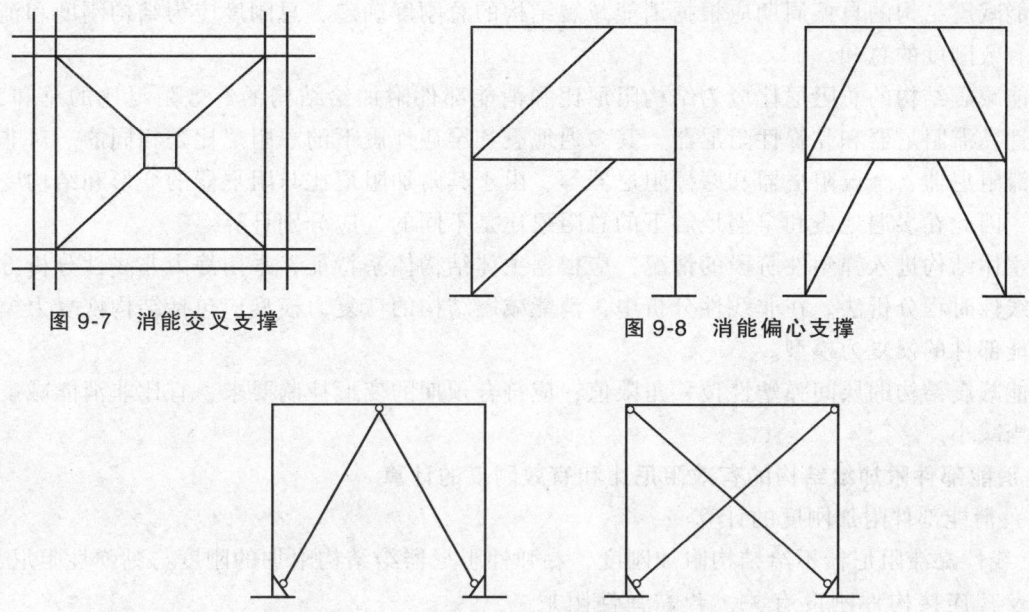

图 9-7 消能交叉支撑　　　　　图 9-8 消能偏心支撑

图 9-9 消能隅撑

（2）消能剪力墙　该装置与一般的剪力墙相比，具有一定的抗震、抗风刚度，利用墙内设置的摩擦缝或墙周耗能材料来消耗地震传入能量。如图 9-10～图 9-11 所示。

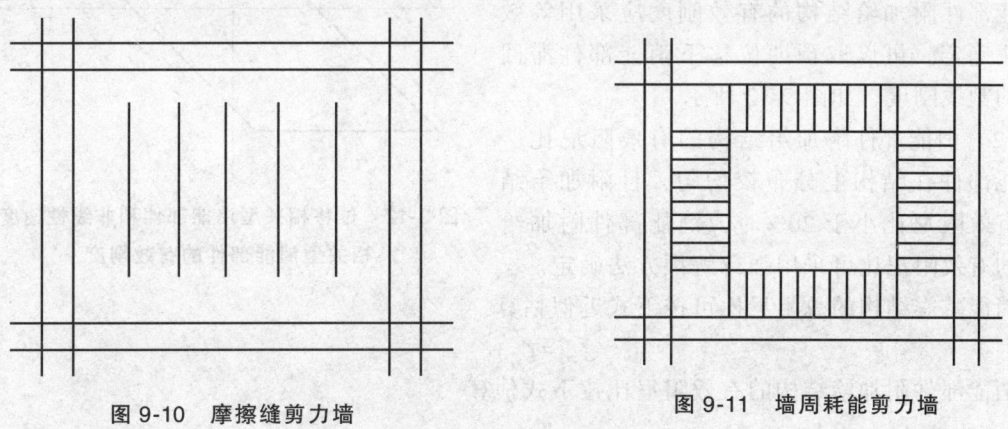

图 9-10 摩擦缝剪力墙　　　　　图 9-11 墙周耗能剪力墙

（3）消能节点　在结构梁柱节点或其他节点处设置消能装置，当节点因结构发生侧向位移而转动时，消能器耗散传入地震能量。

9.2.3 消能减震结构设计要点

1. 消能减震结构设计计算方法

当主体结构基本处于弹性工作阶段时，可采用线性分析方法简化估算，并根据结构的变形特征和高度等采用底部剪力法、振型分解反应谱法和时程分析法。消能减震结构的地震影响系数可根据消能减震结构的总阻尼比按不同阻尼比下地震反应谱的相关曲线或计算公式采用。

消能减震结构的自振周期应根据消能减震结构的总刚度确定，总刚度应为结构刚度和消能部件有效刚度的总和。

消能减震结构的总阻尼比应为结构阻尼比和消能部件附加给结构的有效阻尼比的总和，对于线性黏滞阻尼器和黏弹性阻尼器，其多遇地震和罕遇地震下的总阻尼比是相同的。对非线性黏滞阻尼器、金属阻尼器和摩擦阻尼器等，由于其附加阻尼比与阻尼器的变形和结构变形有关，因此在多遇地震和罕遇地震下的总阻尼比是不同的，应分别计算。

对主体结构进入弹塑性阶段的情况，应根据主体结构体系特征，采用静力非线性分析方法或非线性时程分析法。在非线性分析中，消能减震结构的恢复力模型应包括结构恢复力模型和消能部件的恢复力模型。

消能减震结构的层间弹塑性位移角限值，应符合预期的变形控制要求，宜比非消能减震结构适当减小。

2. 消能部件附加给结构的有效阻尼比和有效刚度的计算

（1）消能部件附加刚度的计算

1）线性黏滞阻尼器不给结构附加刚度，黏弹性阻尼器给结构附加的刚度与黏弹性阻尼器刚度及其连接构件刚度有关，若黏弹性阻尼器的连接构件刚度较大，变形较小，则黏弹性阻尼器给结构附加的刚度可以直接取黏弹性阻尼器刚度。

2）位移相关型消能部件和非线性速度相关型消能部件附加给结构的有效刚度应采用等效线性法确定，可以取预期位移下消能部件滞回模型的割线刚度，如图9-12所示。

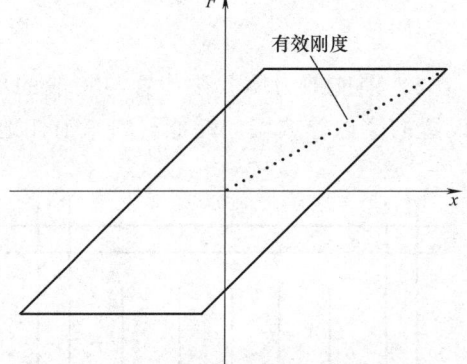

图9-12 位移相关型消能部件和非线性速度相关型消能部件的有效刚度

（2）消能部件附加给结构的有效阻尼比

当消能部件在结构上分布较均匀，且附加给结构的有效阻尼比小于20%时，消能部件附加给结构的有效阻尼比可采用强行解耦方法确定。

消能减震结构的总阻尼比可按下式近似估算

$$\zeta_j = \zeta_{sj} + \zeta_{cj} \tag{9-14}$$

消能部件附加给结构的有效阻尼比按下式估算

$$\zeta_{cj} = \frac{T_j}{4\pi M_j} \Phi_j^T C_c \Phi_j \tag{9-15}$$

式中 ζ_j、ζ_{sj}、ζ_{cj}——消能减震结构的j振型阻尼比、原结构的j振型阻尼比和消能器附加的j振型阻尼比；

T_j、Φ_j、M_j——消能减震结构第j振型自振周期、振型和广义质量；

C_c——消能器产生的结构附加阻尼。

消能部件附加给结构的阻尼比，一般总可以采用耗能与应变能比值的方法确定，即

$$\zeta_a = \sum_j \frac{W_{cj}}{4\pi W_s} \tag{9-16}$$

式中 ζ_a——消能减震结构的附加有效阻尼比；

W_{cj}——第 j 个消能部件在结构预期层间位移下往复循环一周消耗的能量；

W_s——设置消能部件的结构在预期位移下的总应变能。

不计扭转影响时，消能减震结构在水平地震作用下的总应变能，可按下式估算

$$W_s = \frac{1}{2} \sum F_i u_i \qquad (9\text{-}17)$$

式中 F_i——质点 i 的水平地震作用标准值；

u_i——质点 i 对应于水平地震作用标准值的位移。

速度线性相关型消能器在水平地震作用下往复循环一周消耗的能量，可按下式估算

$$W_{cj} = \frac{2\pi^2}{T_1} \sum C_j \cos^2 \theta_j \Delta u_j^2 \qquad (9\text{-}18)$$

式中 T_1——消能减震结构的基本自振周期；

C_j——第 j 个消能器的线性阻尼系数；

θ_j——第 j 个消能器的消能方向与水平面的夹角；

Δu_j——第 j 个消能器两端的相对水平位移。

当消能器的阻尼系数和有效刚度与结构自振周期有关时，可取相应于消能减震结构基本自振周期的值。

位移相关型和速度非线性相关型消能器在水平地震作用下往复循环一周消耗的能量，可按下式估算

$$W_{cj} = A_j \qquad (9\text{-}19)$$

式中 A_j——第 j 个消能器的恢复力滞回环在相对水平位移 Δu_j 时的面积。

消能器的有效刚度可取消能器的恢复力滞回环在相对水平位移 Δu_j 时的割线刚度。

消能部件附加给结构的有效阻尼比超过 25% 时，宜按照 25% 计算。

3. 消能部件的设计参数规定

为了能够有效发挥消能部件的耗能特性，与其连接的支承构件的刚度不能过小，否则支承构件变形过大，降低消能部件的耗能性能的发挥。速度线性相关型消能器与斜撑、墙体或梁等支承构件组成消能部件时，支承构件沿消能器消能方向的刚度应满足下式

$$K_b \geq \frac{6\pi}{T_1} C_D \qquad (9\text{-}20)$$

式中 K_b——支承构件沿消能器方向的刚度；

C_D——消能器的线性阻尼系数；

T_1——消能减震结构的基本自振周期。

为了保证黏弹性消能器在遭遇设计地震时不发生破坏，要求剪切变形不能超过黏弹性材料的剪切极限变形，黏弹性消能器的黏弹性材料总厚度应满足下式

$$t \geq \frac{\Delta u}{[\gamma]} \qquad (9\text{-}21)$$

式中 t——黏弹性消能器的黏弹性材料的总厚度；

Δu——沿消能器方向的最大可能位移；

$[\gamma]$——黏弹性材料允许的最大剪应变。

位移相关型消能器与斜撑、墙体或梁等支承构件组成消能部件时，消能部件的恢复力模

型参数宜符合下列要求

$$\frac{\Delta u_{py}}{\Delta u_{sy}} \leqslant \frac{2}{3} \tag{9-22}$$

式中　Δu_{py}——消能部件在水平方向的屈服位移或起滑位移；

Δu_{sy}——设置消能部件的结构层间屈服位移。

为保证阻尼器在可能遭遇的较大地震作用时仍能发挥作用，消能器的极限位移应不小于罕遇地震下消能器最大位移的 1.2 倍；对速度相关型消能器，消能器的极限速度应不小于地震作用下消能器最大速度的 1.2 倍，且消能器应满足在此极限速度下的承载力要求。

4. 消能减震结构的构造要求

消能器与支承构件的连接，应符合《抗震规范》和有关规程对相关构件连接的构造要求；在消能器施加给主结构最大阻尼力作用下，消能器与主结构之间的连接部件应在弹性范围内工作；与消能部件相连的结构构件设计时，应计入消能部件传递的附加内力。

消能减震结构的抗震性能明显提高时，主体结构的抗震构造要求可适当降低。降低程度可根据消能减震结构地震影响系数与不设置减震装置结构的地震影响系数的比值确定，最大降低程度应控制在 1 度以内。

9.3　结构主动减震控制简介

地震灾害是人类社会经常面临的自然灾害之一。地震灾害具有随机性和突发性，而且地震难以准确预测，往往造成灾难性的后果。传统的结构抗震设计依靠增加结构自身的强度、刚度和延性来抗震，这样，很大的地震能量从地面传递给结构，极易导致建筑结构的破坏。因为这种"以硬碰硬"的抗震方法是被动的、消极的。而减震控制方法则是采用隔震、耗能、施加外力、调整改变结构动力特性等方法来消耗地震能量，减小结构自身的地震反应，从而确保结构本身的安全，与传统结构抗震设计方法相比，具有安全性、有效性、经济性和适用性的特点，是土木工程防灾减灾积极有效的防震减震方法和技术。

按照是否有外部能源输入，结构减震控制可分为被动控制、主动控制和混合控制三类，如图 9-13 所示。被动减震控制没有外界能量输入，主要是通过抗震设计改变结构的刚度、阻尼和质量的大小及其在结构体系中的分布，或者改变外荷载的传递途径，以达到减小结构

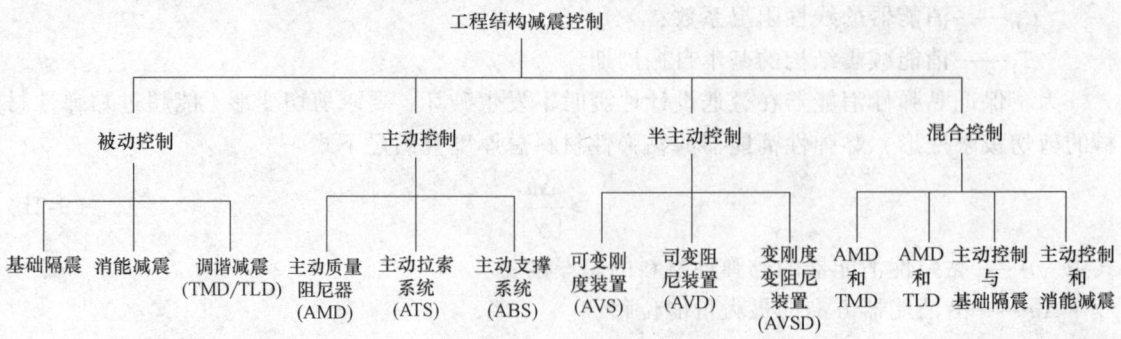

图 9-13　减震控制分类

自身地震反应的目的。

结构主动控制是利用外部输入能量，在结构受激励振动过程中，对结构施加控制力或改变结构的动力特性，从而迅速减小结构自身的振动反应。主动控制系统主要包括传感器、处理器和制动器。传感器用来测量结构的动力反应或外部激励信息。处理器处理传感器测量的信息，按照设定的控制律，计算所得控制力并将其输出传递给制动器。制动器产生控制力，所需的能量由外部能源提供。混合控制是将被动控制和主动控制同时施加在同一结构上的结构减震控制形式。

结构主动控制系统分为开环控制系统、闭环控制系统和开闭环控制系统。开环控制是基于某种控制算法，由测量的激励信息（输入）来确定控制力，从而控制结构的振动。闭环控制是基于某种控制算法，由测得的结构反应（输出）信息来确定控制力，从而控制结构的振动。开闭环控制是同时使用输入输出信息来确定控制力。

在地震作用下，具有 n 个自由度的主动控制线性结构体系的动力方程可表示为

$$[M]\{\ddot{X}\}+[C]\{\dot{X}\}+[K]\{X\}=\{F\}\ddot{X}_g+[D]\{u\} \tag{9-23}$$

式中　$[M]$、$[C]$、$[K]$——结构的质量矩阵、阻尼矩阵和刚度矩阵；

$\quad\quad\{F\}$——地震惯性力作用位置指示矢量；

$\quad\quad[D]$——控制力作用位置指示矩阵；

$\quad\quad\{u\}$——控制力矢量；

$\quad\quad\{\ddot{X}\}$、$\{\dot{X}\}$、$\{X\}$——结构的加速度、速度、位移矢量；

$\quad\quad\ddot{X}_g$——地面加速度。

如何确定控制力 $\{u\}$ 是结构主动减震控制的关键，需要通过控制理论来确定上述参数进而得到最佳减震效果。通过对结构施加主动控制，可以改变结构的动力特性，增大结构的刚度和阻尼，从而减小结构自身的地震反应。

与无控制结构相比，结构主动减震控制的效果好，能使地震反应大幅度减小；并且适应范围广，不仅能针对某个主振型进行控制，还能对结构的多个振型进行控制。主动减震控制在理论研究和试验方面均已取得较大成果，主动减震控制技术的广泛应用将会取得显著的社会效益和经济效益。

思 考 题

1. 基础隔震结构的基本原理是什么？
2. 试述基础隔震结构的设计要求和构造。
3. 试述消能减震装置的类型和滞回特性。
4. 试述消能减震结构设计中主要计算分析参数的确定。

第10章 地下建筑抗震设计

地下建筑指建造在岩层或土层中的建筑。由于地下建筑处在一定厚度的岩层或土层中，故具有良好的防护性能、热稳定性和密闭性，以及综合的经济、社会和环境效益。21世纪以来，随着城市建设的迅速发展，地下建筑的开发利用已成为提高城市容量、缓解城市交通、改善城市环境的重要手段。

地下建筑种类繁多，建筑功能和抗震设防要求各不相同。本章主要介绍地下建筑不同于地面建筑的抗震设计部分，且主要适用于地下车库、过街通道、地下变电站和地下空间综合体等单建式地下建筑，不包括地下铁道、城市公路隧道等交通运输类工程。至于高层建筑的地下室，包括设置防震缝与主楼对应范围分开的地下室，属于附建式地下建筑，其性能要求与地面建筑一致，可按前面章节的要求进行抗震设计。

10.1 地下建筑的震害特点

随着现代化城市的高速发展，单建式地下建筑的规模正在扩大，类型也越来越多。20世纪以来世界地震震害资料表明，地震对地下建筑结构的破坏是客观存在的。而地下建筑的周围有围岩的介质约束，结构受力及其环境与地面建筑不同，破坏特征也与地面建筑不同。

10.1.1 地下建筑的震害

1995年日本的阪神地震中地下结构的破坏最具代表性。在这次地震中，神户市采用明挖法建造、上覆土层较浅的地下铁道、地下停车场、地下商业街等大量地下结构都发生严重破坏。地铁车站的震害主要为中柱的破坏，结构主体受损相对较小。如地铁大开站，约有30根截面0.4m×1.0m、间距3.5m的中柱折断且钢筋屈曲，35个支承平台倒塌。上层候车厅的柱根破坏，使大片地面陷落，最大沉陷约3m。1976年唐山地震中，地下通道、煤矿巷道和人防工程都遭到了不同程度的破坏。

现有震害资料显示，地下2~3层的钢筋混凝土结构形式的地下车库，主体结构基本看不到变形，但在吸排气塔及楼梯间等部位，与主体结构接合处出现混凝土的剥离和裂缝。这种集中于接合部位附近的破坏是由于两部分刚度差异造成地震中动态反应不同，使接合部位发生相对位移而造成的。地下过街通道的破坏主要是电气、空调、给排水和防灾设备的破坏，而主体结构没有受到破坏。

10.1.2 地下建筑地震反应特点

地下建筑因有围岩等介质约束，结构受力及破坏特征与地面建筑不同，其地震反应的差异主要表现为：

1）地下建筑结构的振动变形受周围地基土壤的约束作用明显，在结构动力反应中自振特性不明显，而地面建筑结构的动力反应具有明显自振特性，特别是低阶模态的影响。

2）地下建筑结构的振动形态受地震波入射方向变化的影响很大，地震波入射方向发生不大的变化，地下建筑结构各点的变形和应力可以发生较大的变化。而地面建筑结构的振动形态受地震波入射方向的影响相对较小。

3）地下建筑结构在震动中各点的相位差别十分明显。而地面建筑结构在震动中各点相位差别不明显。

4）地下建筑结构在振动中的主要应变与地震加速度的大小联系不明显，与周围岩土介质在地震作用下的变形关系密切。而影响地面建筑结构动力反应大小的主要因素是地震加速度。

5）地基在地震作用下的应变或变形以及土壤与结构的相互作用，常对地下建筑结构的地震响应起主要作用。

6）地下建筑结构的地震反应随埋深发生的变化不是很明显，对地面建筑结构来说，埋深却是影响结构动力反应的一个重要因素。

地震灾害对地下建筑的安全使用构成了潜在的危害。而地下建筑一旦破坏，修复非常困难。特别是对地下变电站、地下交通枢纽和地下空间综合体等关系到国计民生的重要地下建（构）筑物，地震破坏造成的停电、停运带来的经济损失往往超过地下建筑本身的修复费用。因此，研究地下建筑的地震灾害特点，搞好地下建筑的抗震设计，对提升现代化城市的抗震防灾水平，确保城市的可持续发展具有重要意义。

10.2 地下建筑抗震设计的一般规定

10.2.1 地下建筑的场地要求

建设场地的地形、地质条件对地下建筑结构的抗震性能均有直接或间接的影响。因此地下建筑宜建造在密实、均匀、稳定的地基上，这样做有利于结构在经受地震作用时保持稳定。当处于软弱土、液化土或断层破碎带等不利地段时，应分析其对结构抗震稳定性的影响，采取相应措施。

10.2.2 抗震设防目标

地下建筑种类较多，抗震能力和使用功能也各不相同，其抗震设防的要求也不同。为便于对地下建筑进行抗震设计，《抗震规范》对单建式钢筋混凝土地下建筑结构的抗震等级做了规定：丙类钢筋混凝土地下结构的抗震等级，6度、7度时不应低于四级，8度、9度时不宜低于三级。乙类钢筋混凝土地下结构的抗震等级，6度、7度时不宜低于三级，8度、9度时不宜低于二级。本规定主要针对乙、丙类设防的地下建筑，对其他设防类别，可按规范相关规定提高或降低。由该规定可以看出，地下建筑的抗震等级要求略高于高层建筑的地下室，这是因为：

1）高层建筑的地下室，在楼房倒塌后一般即弃之不用，单建式地下建筑则在附建房屋倒塌后仍有继续服役的必要，其使用功能的重要性常常高于高层建筑地下室。

2) 地下建筑一般不宜带缝工作，尤其是在地下水位较高的场所，其整体性要求高于地面建筑。

3) 地下空间是不可再生资源，损坏后一般不能推倒重来，需原地修复，难度较大。

10.2.3 地下建筑的规则性及结构选型要求

地下建筑的建筑布置应力求简单、对称、规则、平顺；横剖面的形状和构造不宜沿纵向突变。对称、规则并具有良好的整体性，是抗震结构建筑布置的一般要求，与地面建筑相比，地下建筑更加强调体型的简单，外形平顺，剖面性状、构件组成和尺寸不沿纵向过多变化，使其抗震能力提高。

地下建筑的结构体系应根据使用要求、场地工程地质条件和施工方法等条件综合分析后确定，并应具有良好的整体性，避免抗侧力结构的侧向刚度和承载力突变。

此外，地下建筑结构设计应具有等强度概念。强柱弱梁是地面建筑抗震设计的基本要求，而在单建式地下建筑结构设计中，由于顶板、底板可看作筏板，其梁的刚度通常大于柱，很容易形成刚度较大的顶板、底板和刚度较小的侧墙，削弱了柱对梁的约束作用，在柱端形成事实上的铰。这样减少了超静定次数，对抗震不利，也难以形成强柱弱梁。另外，从横剖面上看，两侧墙土压力相差较大时，采用框架式地下结构容易失稳，形成铰接的四边形，也对抗震不利。

地下结构中，柱子的剪切强度和延性设计与地面结构同样重要，不可忽视。同时应加强结构抗侧力构件。

10.3 地下建筑抗震设计计算要点

10.3.1 可不进行抗震计算分析的范围

根据当前的工程抗震经验，按《抗震规范》要求采取抗震措施的下列地下建筑，可不进行地震作用计算和抗震验算：

1) 设防烈度为7度时Ⅰ、Ⅱ类场地的丙类地下建筑。这类地下建筑不进行抗震计算的主要依据是参考唐山地震中天津市人防工程震害调查的资料给出的。

2) 设防烈度8度（0.20g）Ⅰ、Ⅱ类场地时，不超过二层，体型规则的中小跨度丙类地下建筑。由于该类建筑体型简单、跨度不大，构件连接整体性好，其结构的整体刚度相对较大，抗震能力较强，具有设计经验时也可不进行地震作用计算。

10.3.2 计算模型的选取

地下建筑因有围岩的介质约束，其地震反应与地面结构不同。建立地下建筑结构抗震计算模型时，需要重点考虑以下两个问题。

(1) 周围土层的模拟　地下建筑抗震计算模型的最大特点，除了结构自身受力、传力途径的模拟外，还需要正确模拟周围土层的影响。根据结构实际情况确定的计算模型应能较准确地反映周围挡土结构和内部各构件的实际受力状况；与周围挡土结构分离的内部结构，可采用与地面建筑同样的计算模型。

（2）结构模型的选取　周围地层分布均匀、规则且具有对称轴的纵向较长的地下建筑，结构分析时可选择平面应变分析模型并采用反应位移法或等效水平地震加速度法、等效侧力法计算。已有研究资料显示，典型软土地铁车站结构受到横断面方向的水平地震作用时，各中柱柱端弯矩值沿纵轴自结构两端逐渐增大，在离两端0.76倍横向跨度时，变化趋于平缓，如图10-1所示。因此，长条形地下建筑结构按横截面的平面应变问题进行抗震计算的方法一般适用于离端部或接头的距离达1.5倍结构跨度以上的地下建筑。而端部和接头部位的结构受力情况复杂，抗震计算时原则上应采用空间结构模型。

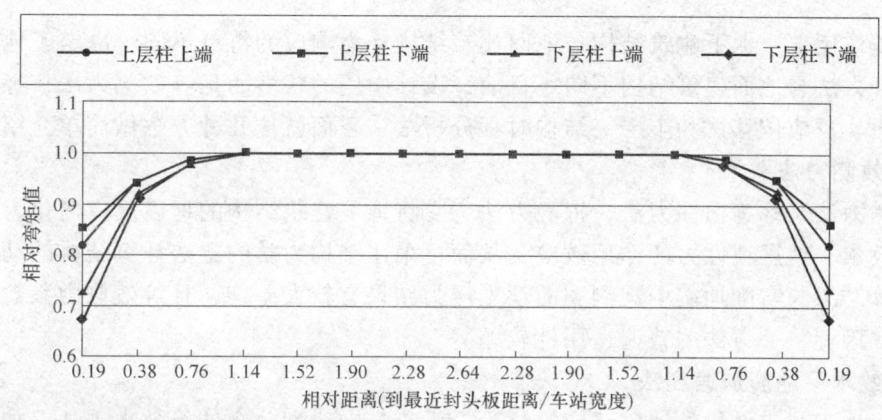

图10-1　地铁车站各中柱柱端相对弯矩值分布图

结构形式、土层和荷载分布的规则性对结构的地震反应都有影响，差异较大时地下建筑结构的地震反应也将有明显的空间效应。此时，即使是外形相仿的长条形结构，也宜按空间结构模型进行抗震计算和分析。对于长宽比和高宽比均小于3及不适于采用平面应变分析的地下建筑，宜采用空间结构分析计算模型并采用土层—结构时程分析法计算。采用空间计算模型时，在横截面上的计算范围和边界条件可与平面应变问题的计算相同，纵向边界可取为离结构端部距离为2倍结构横断面面积当量宽度处的横剖面，边界条件宜为自由场边界。

10.3.3　地震作用方向和取值

地下建筑结构的地震作用方向、取值与地面建筑有所不同。

（1）水平地震作用　建筑按平面应变模型分析的地下建筑结构，可仅计算横向的水平地震作用；对不规则的地下建筑结构，宜同时计算结构横向和纵向的水平地震作用。对于长条形地下建筑结构，作用方向与其纵轴方向斜交的水平地震作用，可分解为横断面上和沿纵轴方向作用的水平地震作用，二者强度均将降低，一般不可能单独起控制作用。因而，对按平面应变问题分析的地下建筑结构，可仅考虑沿结构横向的水平地震作用。

（2）竖向地震作用　地下空间综合体等体型复杂的结构，8、9度时尚应考虑竖向地震作用。而对体型复杂的地下空间结构或地基地质条件复杂的长条形地下建筑结构，地震时易产生不均匀沉降并导致结构裂损，因此即使设防烈度为7度，必要时也需考虑竖向地震作用效应的综合作用。

（3）地震作用的取值　地面以下设计基本地震加速度值随深度增加而逐渐减小，所以地下建筑结构地震作用的取值应随地下深度比地面建筑结构相应减小；基岩处的地震作用可取地面的一半，地面至基岩的不同深度处可按插入法确定；地表、土层界面和基岩面较平坦时，也可采用一维波动法确定；土层界面、基岩面或地表起伏较大时，宜采用二维或三维有限元确定。

（4）重力荷载代表值的确定　地下建筑结构静力设计时，水、土压力是主要荷载，故在确定地下建筑结构重力荷载代表值时，应包含水土压力的标准值。因此，地下建筑结构的重力荷载代表值应取结构、构件自重和水、土压力的标准值及各可变荷载的组合值之和。

10.3.4　抗震计算方法

在地震作用下，地下建筑结构与地面建筑结构动力响应的特点不同，决定了地下建筑结构抗震分析方法与地面建筑结构不同。目前，设计中用的较多的是等效侧力法、等效水平地震加速度法、反应位移法和土层—结构时程分析法。下面就这几种方法做简单介绍。

1. 等效侧力法

等效侧力法又称为惯性力法、拟静力法。它将地下建筑结构的地震反应简化为作用在节点上的等效水平地震惯性力的作用效应，从而可采用结构力学的方法计算结构的动内力。但由于其计算结果与实际地震中观测到的动土压力结果有较大差别，且等效侧力系数取值需要事先确定，因此，该方法的普遍适用性较差。

2. 等效水平地震加速度法

此法将地下建筑结构的地震反应简化为沿垂直方向线性分布的等效水平地震加速度的作用效应。计算时采用的数值方法常为有限元法。建立计算模型时，土体可采用平面应变单元，结构可采用梁单元。计算模型的底面采用固定边界，侧面采用水平滑移边界，如图10-2所示。模型底面可取设计基岩面，顶面取地表，侧面边界到结构的距离宜取结构水平有效宽度的3～5倍。该方法的普遍适用性也较差。

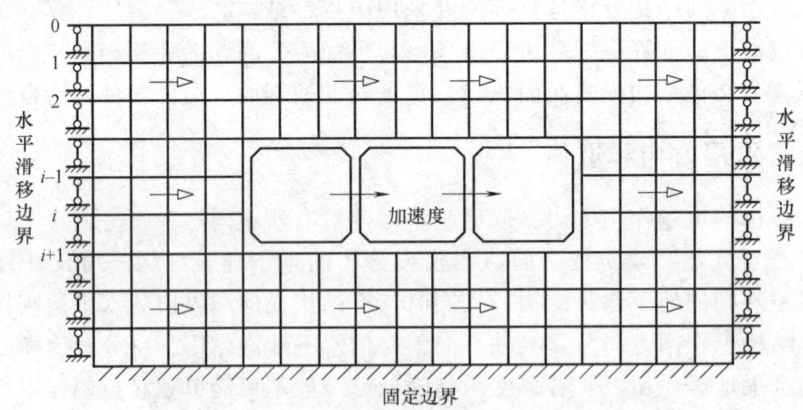

图10-2　等效水平地震加速度法的平面应变计算模型

3. 反应位移法

反应位移法是根据地下建筑结构在地震中的响应特征而开发的计算方法。地下建筑结构的地震响应主要取决于周围地层的变形，因此，将土层动力反应位移的最大值作为强制位移施加于地基弹簧的非结构连接端的节点上，然后按静力原理计算内力。土层动力反应位移的最大值可通过输入地震波的动力有限元计算确定。

采用反应位移法计算需要解决两个关键因素：一是合理估计地基弹簧的弹性模量；二是选择作用在地下建筑结构上的等效侧向荷载。以图 10-3 所示的长条形地下建筑结构为例，其横截面的等效侧向荷载为两侧土层变形形成的侧向力 $p(z)$、结构自重产生的惯性力及结构与周围土层间的剪应力 τ 三者之和。地下建筑结构本身的惯性力，可取结构的质量乘以最大加速度，并施加在结构重心上。

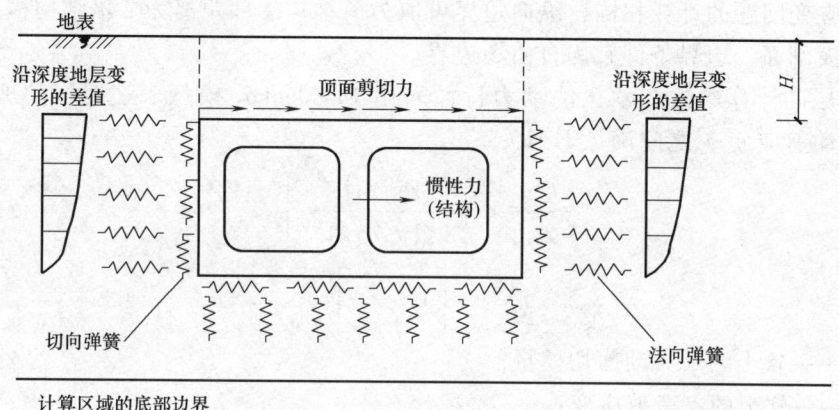

图 10-3 反应位移法的等效荷载

$p(z)$ 和 τ 可按下列公式计算

$$\tau = \frac{G}{\pi H} S_v T_s \tag{10-1}$$

$$p(z) = k_h [u(z) - u(z_b)] \tag{10-2}$$

式中 τ——地下建筑结构顶板上表面与土层接触处的剪应力；

G——土层的动剪切模量，可采用结构周围地层中应变水平为 10^{-4} 量级的地层的剪切刚度，其值约为初始值的 70%~80%；

H——顶板以上土层的厚度；

S_v——基底上的速度反应谱，可由地面加速度反应谱得到；

T_s——顶板以上土层的固有周期；

$p(z)$——土层变形形成的侧向力；

$u(z)$——距地表深度 z 处的地震土层变形；

z_b——地下建筑结构底面距地表面的深度；

k_h——地震时单位面积的水平向土层弹簧系数，可采用不包含地下建筑结构的土层有限元网格，在地下建筑结构处施加单位水平力然后求出对应的水平变形得到。

4. 土层—结构时程分析法

土层—结构时程分析法即直接动力法，是最经典的方法。其基本原理为：将地震运动视为一个随时间变化的过程，并将地下建筑结构和周围岩土体介质视为共同受力变形的整体，通过直接输入地震加速度记录，在满足变形协调条件的前提下分别计算结构物和岩土体介质在各时刻的位移、速度、加速度及应变和内力，并验算场地的稳定性，进行结构截面设计。

时程分析法有普遍的适用性，特别是按空间结构模型分析时可采用这一方法。从工程应用角度看，采用时程分析法对地下建筑结构进行计算分析时应注意以下问题：

（1）计算区域及边界条件　根据软土地区的研究成果，采用平面应变问题时程分析法进行网格划分时，侧向边界宜取至离相邻结构边墙至少3倍结构宽度处，底部边界取至基岩表面，或经时程分析法试算结果趋于稳定的深度处，上部边界取至地表。计算的边界条件，侧向边界可采用自由场边界，底部边界离结构底面较远时可取为可输入地震加速度时程的固定边界，地表为自由变形边界。采用空间结构模型计算时，在横截面上的计算范围和边界条件可与平面应变问题的计算相同，纵向边界可取为离结构端部距离为2倍结构横断面面积当量宽度处的横剖面，边界条件宜为自由场边界。

（2）土层的计算参数　软土的动力特性采用 Davidenkov 模型表述时，动剪切模量 G、阻尼比 λ 与动剪应变 γ_d 之间满足下列关系式

$$\frac{G}{G_{\max}} = 1 - \left[\frac{(\gamma_d/\gamma_0)^{2B}}{1+(\gamma_d/\gamma_0)^{2B}}\right]^A \tag{10-3}$$

$$\frac{\lambda}{\lambda_{\max}} = \left[1 - \frac{G}{G_{\max}}\right]^\beta \tag{10-4}$$

式中　$G_{\max}$——软土的最大动剪切模量；

γ_0——软土的参考剪应变；

$\lambda_{\max}$——软土的最大阻尼比；

A、B、β——拟合参数。

以上参数可由土的动力特性试验确定，缺乏资料时也可按下列经验公式估算

$$G_{\max} = \rho c_s^2 \tag{10-5}$$

$$\lambda_{\max} = \alpha_2 - \alpha_3 (\sigma_v')^{\frac{1}{2}} \tag{10-6}$$

$$\sigma_v' = \sum_{i=1}^{n} \gamma_i' h_i \tag{10-7}$$

式中　ρ——软土的质量密度；

c_s——软土的剪切波速；

σ_v'——软土的有效上覆压力；

γ_i'——第 i 层土的有效重度；

h_i——第 i 层土的厚度；

α_2、α_3——经验常数，可由当地试验数据拟合分析确定。

10.3.5　地下建筑结构的抗震验算

限于当前地下建筑结构抗震性能的研究水平及有限成果，目前单建式地下建筑结构的抗震验算主要参照地面建筑的抗震验算内容，除应符合第4章讲述的验算要求外，尚应符合下列要求：

1）应进行多遇地震作用下截面承载力和构件变形的抗震验算。

2）对于不规则的地下建筑、地下变电站和地下空间综合体等，尚应进行罕遇地震作用下的抗震变形验算。计算地下建筑结构弹塑性变形时可采用第4章的简化计算方法，但考虑到地下建筑震后修复难度较大，将罕遇地震作用下混凝土结构弹塑性层间位移角的限值

$[\theta_p]$ 取为 1/250。

3）在存在液化土层的地基中建造地下建筑结构时，应注意检验其抗浮稳定性，并在必要时采取措施加固地基，以防地震时结构周围的场地液化。鉴于采取措施加固后地基的动力特性将有所变化，应根据实测标准贯入锤击数与临界锤击数的比值确定液化折减系数，进而计算地下连续墙的抗拔桩的摩阻力。

10.4 地下建筑抗震构造措施

由于地震的随机性，在一定条件下，合理的抗震构造措施可以充分发挥结构的潜力，比单纯依靠抗震计算来增强结构抗震能力更加经济有效。但目前我国对地下建筑结构抗震设计中结构构件的抗震构造措施的研究还很少，在实际设计中主要参照相同类型地面建筑结构的抗震构造措施，由于地下、地上结构在地震中动力响应有区别，该做法具有一定的片面性。

钢筋混凝土地下建筑宜采用现浇结构。需要设置部分装配式构件时，应使其与周围构件有可靠的连接。地下钢筋混凝土框架结构构件的尺寸常大于同类地面结构的构件，但使用功能不同的框架结构要求不同，因此，地下钢筋混凝土框架结构构件的最小尺寸应不低于同类地面结构构件的规定。当地下钢筋混凝土结构按抗震等级提出构造要求时，应根据"强柱弱梁"的设计概念采取适当加强框架柱的措施。针对地震中中柱的破坏较严重现象，中柱的纵向钢筋最小总配筋率应增加 0.2%。中柱与梁或顶板、中间楼板及底板连接处的箍筋应加密，其范围和构造与地面框架结构的柱相同。

地下建筑的顶板、底板和楼板，宜采用梁板结构。当采用板柱—抗震墙结构时，应在柱上板带中设构造暗梁，其构造要求与同类地面结构的相应构件相同。对地下连续墙的复合墙体，顶板、底板及各层楼板的负弯矩钢筋至少应有 50% 锚入地下连续墙，锚入长度按受力计算确定；正弯矩钢筋需锚入内衬，并均不小于规定的锚固长度。

水平地震作用下，地下建筑侧墙、顶板和楼板开孔都将影响结构体系的抗震承载能力，故楼板开孔时，孔洞宽度应不大于该层楼板宽度的 30%；洞口的布置宜使结构质量和刚度的分布仍较均匀、对称，避免局部突变。孔洞周围应设置满足构造要求的边梁或暗梁。

地下建筑周围土体和地基存在液化土层时，对液化土层采取注浆加固和换土等技术措施可有效地消除或减轻液化危害。对液化土层未采取措施时，应考虑地下建筑结构上浮的可能性，并进行地下建筑结构抗液化上浮验算，必要时采取增设抗拔桩、配置压重等相应的抗浮措施。地基中包含薄的液化土夹层时，以加强地下建筑结构而不是加固地基为好。当基坑开挖中采用深度大于 20m 的地下连续墙作为围护结构时，坑内土体将因受到地下连续墙的挟持包围而形成较好的场地条件，地震时一般不可能液化。这两种情况，周围土体都存在液化土，在承载力及抗浮稳定性验算中，仍应计入周围土层液化引起的土压力增加和摩擦力降低等因素的影响。

当地下建筑不可避免地穿越地震时岸坡可能滑动的古河道或可能发生明显不均匀沉陷的软土地带时，应采取更换软弱土或设置桩基础等措施。

汶川地震中公路隧道的震害表明，当断层破碎带的复合式支护采用素混凝土内衬时，地震下内衬结构严重裂损并大量坍塌，而采用钢筋混凝土内衬结构的隧道口部地段，复合式支护的内衬结构仅出现裂缝。因此，借鉴该经验，位于岩石中的地下建筑，口部通道和未经注浆加固处理的断层破碎带区段采用复合式支护结构时，内衬结构应采用钢筋混凝土衬砌，不得采用素混凝土衬砌。采用离壁式衬砌时，内衬结构应在拱墙相交处设置水平撑抵紧围岩。采用钻爆法施工时，初期支护和围岩地层间应密实回填。干砌块石回填时应注浆加强。

思考题

1. 简述地下建筑的震害特点。
2. 地下建筑结构计算模型选取应注意的问题有哪些？
3. 地下建筑结构的抗震设防的目标是什么？
4. 地下建筑结构的抗震计算有哪些方法？各有何特点？
5. 地下建筑结构抗震验算的内容有哪些？

我国主要城镇和地区的抗震设防烈度、设计基本地震加速度和设计地震分组

附 录

    本附录仅提供我国各县级及县级以上城镇和地区建筑工程抗震设计时采用的抗震设防烈度（以下简称"烈度"）、设计基本地震加速度值（以下简称"加速度"）和所属的设计地震分组（以下简称"分组"）。

A.1 北京市

烈度	加速度	分组	县级及县级以上城镇
8度	0.20g	第二组	东城区、西城区、朝阳区、丰台区、石景山区、海淀区、门头沟区、房山区、通州区、顺义区、昌平区、大兴区、怀柔区、平谷区、密云区、延庆区

A.2 天津市

烈度	加速度	分组	县级及县级以上城镇
8度	0.20g	第二组	和平区、河东区、河西区、南开区、河北区、红桥区、东丽区、津南区、北辰区、武清区、宝坻区、滨海新区、宁河区
7度	0.15g	第二组	西青区、静海区、蓟县

A.3 河北省

	烈度	加速度	分组	县级及县级以上城镇
石家庄市	7度	0.15g	第一组	辛集市
	7度	0.10g	第一组	赵县
	7度	0.10g	第二组	长安区、桥西区、新华区、井陉矿区、裕华区、栾城区、藁城区、鹿泉区、井陉县、正定县、高邑县、深泽县、无极县、平山县、元氏县、晋州市
	7度	0.10g	第三组	灵寿县
	6度	0.05g	第三组	行唐县、赞皇县、新乐市
唐山市	8度	0.30g	第二组	路南区、丰南区
	8度	0.20g	第二组	路北区、古冶区、开平区、丰润区、滦县
	7度	0.15g	第三组	曹妃甸区（唐海）、乐亭县、玉田县
	7度	0.15g	第二组	滦南县、迁安市
	7度	0.10g	第三组	迁西县、遵化市
秦皇岛市	7度	0.15g	第二组	卢龙县
	7度	0.10g	第三组	青龙满族自治县、海港区
	7度	0.10g	第二组	抚宁区、北戴河区、昌黎县
	6度	0.05g	第三组	山海关区

(续)

	烈度	加速度	分组	县级及县级以上城镇
邯郸市	8度	0.20g	第二组	峰峰矿区、临漳县、磁县
	7度	0.15g	第二组	邯山区、丛台区、复兴区、邯郸县、成安县、大名县、魏县、武安市
	7度	0.15g	第一组	永年县
	7度	0.10g	第三组	邱县、馆陶县
	7度	0.10g	第二组	涉县、肥乡县、鸡泽县、广平县、曲周县
邢台市	7度	0.15g	第一组	桥东区、桥西区、邢台县①、内丘县、柏乡县、隆尧县、任县、南和县、宁晋县、巨鹿县、新河县、沙河市
	7度	0.10g	第二组	临城县、广宗县、平乡县、南宫市
	6度	0.05g	第三组	威县、清河县、临西县
保定市	7度	0.15g	第二组	涞水县、定兴县、涿州市、高碑店市
	7度	0.10g	第二组	竞秀区、莲池区、徐水区、高阳县、容城县、安新县、易县、蠡县、博野县、雄县
	7度	0.10g	第三组	清苑区、涞源县、安国市
	6度	0.05g	第三组	满城区、阜平县、唐县、望都县、曲阳县、顺平县、定州市
张家口市	8度	0.20g	第二组	下花园区、怀来县、涿鹿县
	7度	0.15g	第二组	桥东区、桥西区、宣化区、宣化县②、蔚县、阳原县、怀安县、万全县
	7度	0.10g	第三组	赤城县
	7度	0.10g	第二组	张北县、尚义县、崇礼县
	6度	0.05g	第三组	沽源县
	6度	0.05g	第二组	康保县
承德市	7度	0.10g	第三组	鹰手营子矿区、兴隆县
	6度	0.05g	第三组	双桥区、双滦区、承德县、平泉县、滦平县、隆化县、丰宁满族自治县、宽城满族自治县
	6度	0.05g	第一组	围场满族蒙古族自治县
沧州市	7度	0.15g	第二组	青县
	7度	0.15g	第一组	青县、肃宁县、献县、任丘市、河间市
	7度	0.10g	第三组	黄骅市
	7度	0.10g	第二组	新华区、运河区、沧县③、东光县、南皮县、吴桥县、泊头市
	6度	0.05g	第三组	海兴县、盐山县、孟村回族自治县
廊坊市	8度	0.20g	第二组	安次区、广阳区、香河县、大厂回族自治县、三河市
	7度	0.15g	第二组	固安县、永清县、文安县
	7度	0.15g	第一组	大城县
	7度	0.10g	第二组	霸州市
衡水市	7度	0.15g	第一组	饶阳县、深州市
	7度	0.10g	第二组	桃城区、武强县、冀州市
	7度	0.10g	第一组	安平县
	6度	0.05g	第三组	枣强县、武邑县、故城县、阜城县
	6度	0.05g	第二组	景县

① 邢台县政府驻邢台市桥东区。
② 宣化县政府驻张家口市宣化区。
③ 沧县政府驻沧州市新华区。

附录　我国主要城镇和地区的抗震设防烈度、设计基本地震加速度和设计地震分组

A.4 山西省

	烈度	加速度	分组	县级及县级以上城镇
太原市	8度	0.20g	第二组	小店区、迎泽区、杏花岭区、尖草坪区、万柏林区、晋源区、清徐县、阳曲县
	7度	0.15g	第二组	古交市
	7度	0.10g	第三组	娄烦县
大同市	8度	0.20g	第二组	城区、矿区、南郊区、大同县
	7度	0.15g	第三组	浑源县
	7度	0.15g	第二组	新荣区、阳高县、天镇县、广灵县、灵丘县、左云县
阳泉市	7度	0.10g	第三组	盂县
	7度	0.10g	第二组	城区、矿区、郊区、平定县
长治市	7度	0.10g	第三组	平顺县、武乡县、沁县、沁源县
	7度	0.10g	第二组	城区、郊区、长治县、黎城县、壶关县、潞城市
	6度	0.05g	第三组	襄垣县、屯留县、长子县
晋城市	7度	0.10g	第三组	沁水县、陵川县
	6度	0.05g	第三组	城区、阳城县、泽州县、高平市
朔州市	8度	0.20g	第二组	山阴县、应县、怀仁县
	7度	0.15g	第二组	朔城区、平鲁区、右玉县
晋中市	8度	0.20g	第二组	榆次区、太谷县、祁县、平遥县、灵石县、介休市
	7度	0.10g	第三组	榆社县、和顺县、寿阳县
	7度	0.10g	第二组	昔阳县
	6度	0.05g	第三组	左权县
运城市	8度	0.20g	第三组	永济市
	7度	0.15g	第三组	临猗县、万荣县、闻喜县、稷山县、绛县
	7度	0.15g	第二组	盐湖区、新绛县、夏县、平陆县、芮城县、河津市
	7度	0.10g	第二组	垣曲县
忻州市	8度	0.20g	第二组	忻府区、定襄县、五台县、代县、原平市
	7度	0.15g	第三组	宁武县
	7度	0.15g	第二组	繁峙县
	7度	0.10g	第三组	静乐县、神池县、五寨县
	6度	0.05g	第三组	岢岚县、河曲县、保德县、偏关县
临汾市	8度	0.30g	第二组	洪洞县
	8度	0.20g	第二组	尧都区、襄汾县、古县、浮山县、汾西县、霍州市
	7度	0.15g	第二组	曲沃县、翼城县、蒲县、侯马市
	7度	0.10g	第二组	安泽县、吉县、乡宁县、隰县
	6度	0.05g	第三组	大宁县、永和县
吕梁市	8度	0.20g	第二组	文水县、交城县、孝义市、汾阳市
	7度	0.10g	第三组	离石区、岚县、中阳县、交口县
	6度	0.05g	第三组	兴县、临县、柳林县、石楼县、方山县

A.5 内蒙古自治区

	烈度	加速度	分组	县级及县级以上城镇
呼和浩特市	8度	0.20g	第二组	新城区、回民区、玉泉区、赛罕区、土默特左旗
	7度	0.15g	第二组	托克托县、和林格尔县、武川县
	7度	0.10g	第二组	清水河县
包头市	8度	0.30g	第二组	土默特右旗
	8度	0.20g	第二组	东河区、石拐区、九原区、昆都仑区、青山区
	7度	0.15g	第二组	固阳县
	6度	0.05g	第三组	白云鄂博矿区、达尔罕茂明安联合旗
乌海市	8度	0.20g	第二组	海勃湾区、海南区、乌达区
赤峰市	8度	0.20g	第一组	元宝山区、宁城县
	7度	0.15g	第一组	红山区、喀喇沁旗
	7度	0.10g	第一组	松山区、阿鲁科尔沁旗、敖汉旗
	6度	0.05g	第一组	巴林左旗、巴林右旗、林西县、克什克腾旗、翁牛特旗
通辽市	7度	0.10g	第一组	科尔沁区、开鲁县
	6度	0.05g	第一组	科尔沁左翼中旗、科尔沁左翼后旗、库伦旗、奈曼旗、扎鲁特旗、霍林郭勒市
鄂尔多斯市	8度	0.20g	第二组	达拉特旗
	7度	0.10g	第三组	东胜区、准格尔旗
	6度	0.05g	第三组	鄂托克前旗、鄂托克旗、杭锦旗、伊金霍洛旗
	6度	0.05g	第一组	乌审旗
呼伦贝尔市	7度	0.10g	第一组	扎赉诺尔区、陈巴尔虎右旗、扎兰屯市
	6度	0.05g	第一组	海拉尔区、阿荣旗、莫力达瓦达斡尔族自治旗、鄂伦春自治旗、鄂温克族自治旗、陈巴尔虎旗、新巴尔虎左旗、满洲里市、牙克石市、额尔古纳市、根河市
巴彦淖尔市	8度	0.20g	第二组	杭锦后旗
	8度	0.20g	第一组	磴口县、乌拉特前旗、乌拉特后旗
	7度	0.15g	第二组	临河区、五原县
	7度	0.10g	第二组	乌拉特中旗
乌兰察布市	7度	0.15g	第二组	凉城县、察哈尔右翼前旗、丰镇市
	7度	0.10g	第三组	察哈尔右翼中旗
	7度	0.10g	第二组	集宁区、卓资县、兴和县
	6度	0.05g	第三组	四子王旗
	6度	0.05g	第二组	化德县、商都县、察哈尔右翼后旗
兴安盟	6度	0.05g	第一组	乌兰浩特市、阿尔山市、科尔沁右翼前旗、科尔沁右翼中旗、扎赉特旗、突泉县
锡林郭勒盟	6度	0.05g	第三组	太仆寺旗
	6度	0.05g	第二组	正蓝旗
	6度	0.05g	第一组	二连浩特市、锡林浩特市、阿巴嘎旗、苏尼特左旗、苏尼特右旗、东乌珠穆沁旗、西乌珠穆沁旗、镶黄旗、正镶白旗、多伦县
阿拉善盟	8度	0.20g	第二组	阿拉善左旗、阿拉善右旗
	6度	0.05g	第一组	额济纳旗

附录　我国主要城镇和地区的抗震设防烈度、设计基本地震加速度和设计地震分组

A.6　辽宁省

	烈度	加速度	分组	县级及县级以上城镇
沈阳市	7度	0.10g	第一组	和平区、沈河区、大东区、皇姑区、铁西区、苏家屯区、浑南区(原东陵区)、沈北新区、于洪区、辽中县
	6度	0.05g	第一组	康平县、法库县、新民市
大连市	8度	0.20g	第一组	瓦房店市、普兰店市
	7度	0.15g	第一组	金州区
	7度	0.10g	第二组	中山区、西岗区、沙河口区、甘井子区、旅顺口区
	6度	0.05g	第二组	长海县
	6度	0.05g	第一组	庄河市
鞍山市	8度	0.20g	第二组	海城市
	7度	0.10g	第二组	铁东区、铁西区、立山区、千山区、岫岩满族自治县
	7度	0.10g	第一组	台安县
抚顺市	7度	0.10g	第一组	新抚区、东洲区、望花区、顺城区、抚顺县[①]
	6度	0.05g	第一组	新宾满族自治县、清原满族自治县
本溪市	7度	0.10g	第二组	南芬区
	7度	0.10g	第一组	平山区、溪湖区、明山区
	6度	0.05g	第一组	本溪满族自治县、桓仁满族自治县
丹东市	8度	0.20g	第一组	东港市
	7度	0.15g	第一组	元宝区、振兴区、振安区
	6度	0.05g	第二组	凤城市
	6度	0.05g	第一组	宽甸满族自治县
锦州市	6度	0.05g	第二组	古塔区、凌河区、太和区、凌海市
	6度	0.05g	第一组	黑山县、义县、北镇市
营口市	8度	0.20g	第二组	老边区、盖州市、大石桥市
	7度	0.15g	第二组	站前区、西市区、鲅鱼圈区
阜新市	6度	0.05g	第一组	海州区、新邱区、太平区、清河门区、细河区、阜新蒙古族自治县、彰武县
辽阳市	7度	0.10g	第二组	弓长岭区、宏伟区、辽阳县
	7度	0.10g	第一组	白塔区、文圣区、太子河区、灯塔市
盘锦市	7度	0.10g	第二组	双台子区、兴隆台区、大洼县、盘山县
铁岭市	7度	0.10g	第一组	银州区、清河区、铁岭县[②]、昌图县、开原市
	6度	0.05g	第一组	西丰县、调兵山市
朝阳市	7度	0.10g	第二组	凌源市
	7度	0.10g	第一组	双塔区、龙城区、朝阳县[③]、建平县、北票市
	6度	0.05g	第二组	喀喇沁左翼蒙古族自治县
葫芦岛市	6度	0.05g	第二组	连山区、龙港区、南票区
	6度	0.05g	第三组	绥中县、建昌县、兴城市

[①] 抚顺县政府驻抚顺市顺城区新城路中段。
[②] 铁岭县政府驻铁岭市银州区工人街道。
[③] 朝阳县政府驻朝阳市双塔区前进街道。

A.7 吉林省

	烈度	加速度	分组	县级及县级以上城镇
长春市	7度	0.10g	第一组	南关区、宽城区、朝阳区、二道区、绿园区、双阳区、九台区
	6度	0.05g	第一组	农安县、榆树市、德惠市
吉林市	8度	0.20g	第一组	舒兰市
	7度	0.10g	第一组	昌邑区、龙潭区、船营区、丰满区、永吉县
	6度	0.05g	第一组	蛟河市、桦甸市、磐石市
四平市	7度	0.10g	第一组	伊通满族自治县
	6度	0.05g	第一组	铁西区、铁东区、梨树县、公主岭市、双辽市
辽源市	6度	0.05g	第一组	龙山区、西安区、东丰县、东辽县
通化市	6度	0.05g	第一组	东昌区、二道江区、通化县、辉南县、柳河县、梅河口市、集安市
白山市	6度	0.05g	第一组	浑江区、江源区、抚松县、靖宇县、长白朝鲜族自治县、临江市
松原市	8度	0.20g	第一组	宁江区、前郭尔罗斯蒙古族自治县
	7度	0.10g	第一组	乾安县
	6度	0.05g	第一组	长岭县、扶余市
白城市	7度	0.15g	第一组	大安市
	7度	0.10g	第一组	洮北区
	6度	0.05g	第一组	镇赉县、通榆县、洮南市
延边朝鲜族自治州	7度	0.15g	第一组	安图县
	6度	0.05g	第一组	延吉市、图们市、敦化市、珲春市、龙井市、和龙市、汪清县

A.8 黑龙江省

	烈度	加速度	分组	县级及县级以上城镇
哈尔滨市	8度	0.20g	第一组	方正县
	7度	0.15g	第一组	依兰县、通河县、延寿县
	7度	0.10g	第一组	道里区、南岗区、道外区、松北区、香坊区、呼兰区、尚志市、五常市
	6度	0.05g	第一组	平房区、阿城区、宾县、巴彦县、木兰县、双城区
齐齐哈尔市	7度	0.10g	第一组	昂昂溪区、富拉尔基区、泰来县
	6度	0.05g	第一组	龙沙区、建华区、铁峰区、碾子山区、梅里斯达斡尔族区、龙江县、依安县、甘南县、富裕县、克山县、克东县、拜泉县、讷河市
鸡西市	6度	0.05g	第一组	鸡冠区、恒山区、滴道区、梨树区、城子河区、麻山区、鸡东县、虎林市、密山市
鹤岗市	7度	0.10g	第一组	向阳区、工农区、南山区、兴安区、东山区、兴山区、萝北县
	6度	0.05g	第一组	绥滨县
双鸭山市	6度	0.05g	第一组	尖山区、岭东区、四方台区、宝山区、集贤县、友谊县、宝清县、饶河县
大庆市	7度	0.10g	第一组	肇源县
	6度	0.05g	第一组	萨尔图区、龙凤区、让胡路区、红岗区、大同区、肇州县、林甸县、杜尔伯特蒙古族自治县

附录 我国主要城镇和地区的抗震设防烈度、设计基本地震加速度和设计地震分组

（续）

	烈度	加速度	分组	县级及县级以上城镇
伊春市	6度	0.05g	第一组	伊春区、南岔区、友好区、西林区、翠峦区、新青区、美溪区、金山屯区、五营区、乌马河区、汤旺河区、带岭区、乌伊岭区、红星区、上甘岭区、嘉荫县、铁力市
佳木斯市	7度	0.10g	第一组	向阳区、前进区、东风区、郊区、汤原县
	6度	0.05g	第一组	桦南县、桦川县、抚远县、同江市、富锦市
七台河市	6度	0.05g	第一组	新兴区、桃山区、茄子河区、勃利县
牡丹江市	6度	0.05g	第一组	东安区、阳明区、爱民区、西安区、东宁县、林口县、绥芬河市、海林市、宁安市、穆棱市
黑河市	6度	0.05g	第一组	爱辉区、嫩江县、逊克县、孙吴县、北安市、五大连池市
绥化市	7度	0.10g	第一组	北林区、庆安县
	6度	0.05g	第一组	望奎县、兰西县、青冈县、明水县、绥棱县、安达市、肇东市、海伦市
大兴安岭地区	6度	0.05g	第一组	加格达奇区、呼玛县、塔河县、漠河县

A.9 上海市

烈度	加速度	分组	县级及县级以上城镇
7度	0.10g	第二组	黄浦区、徐汇区、长宁区、静安区、普陀区、闸北区、虹口区、杨浦区、闵行区、宝山区、嘉定区、浦东新区、金山区、松江区、青浦区、奉贤区、崇明县

A.10 江苏省

	烈度	加速度	分组	县级及县级以上城镇
南京市	7度	0.10g	第二组	六合区
	7度	0.10g	第一组	玄武区、秦淮区、建邺区、鼓楼区、浦口区、栖霞区、雨花台区、江宁区、溧水区
	6度	0.05g	第一组	高淳区
无锡市	7度	0.10g	第一组	崇安区、南长区、北塘区、锡山区、滨湖区、惠山区、宜兴市
	6度	0.05g	第二组	江阴市
徐州市	8度	0.20g	第二组	睢宁县、新沂市、邳州市
	7度	0.10g	第三组	鼓楼区、云龙区、贾汪区、泉山区、铜山区
	7度	0.10g	第二组	沛县
	6度	0.05g	第二组	丰县
常州市	7度	0.10g	第一组	天宁区、钟楼区、新北区、武进区、金坛区、溧阳市
苏州市	7度	0.10g	第一组	虎丘区、吴中区、相城区、姑苏区、吴江区、常熟市、昆山市、太仓市
	6度	0.05g	第二组	张家港市
南通市	7度	0.10g	第二组	崇川区、港闸区、海安县、如东县、如皋市
	6度	0.05g	第二组	通州区、启东市、海门市
连云港市	7度	0.15g	第三组	东海县
	7度	0.10g	第三组	连云区、海州区、赣榆区、灌云县
	7度	0.10g	第三组	灌南县
淮安市	7度	0.10g	第三组	清河区、淮阴区、清浦区
	7度	0.10g	第二组	盱眙县
	6度	0.05g	第三组	淮安区、涟水县、洪泽县、金湖县

(续)

	烈度	加速度	分组	县级及县级以上城镇
盐城市	7度	0.15g	第三组	大丰区
	7度	0.10g	第三组	盐都区
	7度	0.10g	第二组	亭湖区、射阳县、东台市
	6度	0.05g	第三组	响水县、滨海县、阜宁县、建湖县
扬州市	7度	0.15g	第二组	广陵区、江都区
	7度	0.15g	第一组	邗江区、仪征市
	7度	0.10g	第二组	高邮市
	6度	0.05g	第三组	宝应县
镇江市	7度	0.15g	第一组	京口区、润州区
	7度	0.10g	第一组	丹徒区、丹阳市、扬中市、句容市
泰州市	7度	0.10g	第二组	海陵区、高港区、姜堰区、兴化市
	6度	0.05g	第二组	靖江市
	6度	0.05g	第一组	泰兴市
宿迁市	8度	0.30g	第二组	宿城区、宿豫区
	8度	0.20g	第二组	泗洪县
	7度	0.15g	第三组	沭阳县
	7度	0.10g	第三组	泗阳县

A.11 浙江省

	烈度	加速度	分组	县级及县级以上城镇
杭州市	7度	0.10g	第一组	上城区、下城区、江干区、拱墅区、西湖区、余杭区
	6度	0.05g	第一组	滨江区、萧山区、富阳区、桐庐县、淳安县、建德市、临安市
宁波市	7度	0.10g	第一组	海曙区、江东区、江北区、北仑区、镇海区、鄞州区
	6度	0.05g	第一组	象山县、宁海县、余姚市、慈溪市、奉化市
温州市	6度	0.05g	第二组	洞头区、平阳县、苍南县、瑞安市
	6度	0.05g	第一组	鹿城区、龙湾区、瓯海区、永嘉县、文成县、泰顺县、乐清市
嘉兴市	7度	0.10g	第一组	南湖区、秀洲区、嘉善县、海宁市、平湖市、桐乡市
	6度	0.05g	第一组	海盐县
湖州市	6度	0.05g	第一组	吴兴区、南浔区、德清县、长兴县、安吉县
绍兴市	6度	0.05g	第一组	越城区、柯桥区、上虞区、新昌县、诸暨市、嵊州市
金华市	6度	0.05g	第一组	婺城区、金东区、武义县、浦江县、磐安县、兰溪市、义乌市、东阳市、永康市
衢州市	6度	0.05g	第一组	柯城区、衢江区、常山县、开化县、龙游县、江山市
舟山市	7度	0.10g	第一组	定海区、普陀区、岱山县
	6度	0.05g	第一组	嵊泗县
台州市	6度	0.05g	第二组	玉环县
	6度	0.05g	第一组	椒江区、黄岩区、路桥区、三门县、天台县、仙居县、温岭市、临海市

附录　我国主要城镇和地区的抗震设防烈度、设计基本地震加速度和设计地震分组

（续）

	烈度	加速度	分组	县级及县级以上城镇
丽水市	6度	0.05g	第二组	庆元县
	6度	0.05g	第一组	莲都区、青田县、缙云县、遂昌县、松阳县、云和县、景宁畲族自治县、龙泉市

A.12　安徽省

	烈度	加速度	分组	县级及县级以上城镇
合肥市	7度	0.10g	第一组	瑶海区、庐阳区、蜀山区、包河区、长丰县、肥东县、肥西县、庐江县、巢湖市
芜湖市	6度	0.05g	第一组	镜湖区、弋江区、鸠江区、三山区、芜湖县、繁昌县、南陵县、无为县
蚌埠市	7度	0.15g	第二组	五河县
	7度	0.10g	第二组	固镇县
	7度	0.10g	第一组	龙子湖区、蚌山区、禹会区、淮上区、怀远县
淮南市	7度	0.10g	第一组	大通区、田家庵区、谢家集区、八公山区、潘集区、凤台县
马鞍山市	6度	0.05g	第一组	花山区、雨山区、博望区、当涂县、含山县、和县
淮北市	6度	0.05g	第三组	杜集区、相山区、烈山区、濉溪县
铜陵市	7度	0.10g	第一组	铜官山区、狮子山区、郊区、铜陵县
安庆市	7度	0.10g	第一组	迎江区、大观区、宜秀区、枞阳县、桐城市
	6度	0.05g	第一组	怀宁县、潜山县、太湖县、宿松县、望江县、岳西县
黄山市	6度	0.05g	第一组	屯溪区、黄山区、徽州区、歙县、休宁县、黟县、祁门县
滁州市	7度	0.10g	第二组	天长市、明光市
	7度	0.10g	第一组	定远县、凤阳县
	6度	0.05g	第二组	琅琊区、南谯区、来安县、全椒县
阜阳市	7度	0.10g	第一组	颍州区、颍东区、颍泉区
	6度	0.05g	第一组	临泉县、太和县、阜南县、颍上县、界首市
宿州市	7度	0.15g	第二组	泗县
	7度	0.10g	第三组	萧县
	7度	0.10g	第二组	灵璧县
	6度	0.05g	第三组	埇桥区
	6度	0.05g	第二组	砀山县
六安市	7度	0.15g	第一组	霍山县
	7度	0.10g	第一组	金安区、裕安区、寿县、舒城县
	6度	0.05g	第一组	霍邱县、金寨县
亳州市	7度	0.10g	第二组	谯城区、涡阳县
	6度	0.05g	第二组	蒙城县
	6度	0.05g	第一组	利辛县
池州市	7度	0.10g	第一组	贵池区
	6度	0.05g	第一组	东至县、石台县、青阳县
宣城市	7度	0.10g	第一组	郎溪县
	6度	0.05g	第一组	宣州区、广德县、泾县、绩溪县、旌德县、宁国市

A.13 福建省

	烈度	加速度	分组	县级及县级以上城镇
福州市	7度	0.10g	第三组	鼓楼区、台江区、仓山区、马尾区、晋安区、平潭县、福清市、长乐市
	6度	0.05g	第三组	连江县、永泰县
	6度	0.05g	第二组	闽侯县、罗源县、闽清县
厦门市	7度	0.15g	第三组	思明区、湖里区、集美区、翔安区
	7度	0.15g	第二组	海沧区
	7度	0.10g	第三组	同安区
莆田市	7度	0.10g	第三组	城厢区、涵江区、荔城区、秀屿区、仙游县
三明市	6度	0.05g	第一组	梅列区、三元区、明溪县、清流县、宁化县、大田县、尤溪县、沙县、将乐县、泰宁县、建宁县、永安市
泉州市	7度	0.15g	第三组	鲤城区、丰泽区、洛江区、石狮市、晋江市
	7度	0.10g	第三组	泉港区、惠安县、安溪县、永春县、南安市
	6度	0.05g	第三组	德化县
漳州市	7度	0.15g	第三组	漳浦县
	7度	0.15g	第二组	芗城区、龙文区、诏安县、长泰县、东山县、南靖县、龙海市
	7度	0.10g	第三组	云霄县
	7度	0.10g	第二组	平和县、华安县
南平市	6度	0.05g	第二组	政和县
	6度	0.05g	第一组	延平区、建阳区、顺昌县、浦城县、光泽县、松溪县、邵武市、武夷山市、建瓯市
龙岩市	6度	0.05g	第二组	新罗区、永定区、漳平市
	6度	0.05g	第一组	长汀县、上杭县、武平县、连城县
宁德市	6度	0.05g	第二组	蕉城区、霞浦县、周宁县、柘荣县、福安市、福鼎市
	6度	0.05g	第一组	古田县、屏南县、寿宁县

A.14 江西省

	烈度	加速度	分组	县级及县级以上城镇
南昌市	6度	0.05g	第一组	东湖区、西湖区、青云谱区、湾里区、青山湖区、新建区、南昌县、安义县、进贤县
景德镇市	6度	0.05g	第一组	昌江区、珠山区、浮梁县、乐平市
萍乡市	6度	0.05g	第一组	安源区、湘东区、莲花县、上栗县、芦溪县
九江市	6度	0.05g	第一组	庐山区、浔阳区、九江县、武宁县、修水县、永修县、德安县、星子县、都昌县、湖口县、彭泽县、瑞昌市、共青城市
新余市	6度	0.05g	第一组	渝水区、分宜县
鹰潭市	6度	0.05g	第一组	月湖区、余江县、贵溪市
赣州市	7度	0.10g	第一组	安远县、会昌县、寻乌县、瑞金市
	6度	0.05g	第一组	章贡区、南康区、赣县、信丰县、大余县、上犹县、崇义县、龙南县、定南县、全南县、宁都县、于都县、兴国县、石城县
吉安市	6度	0.05g	第一组	吉州区、青原区、吉安县、吉水县、峡江县、新干县、永丰县、泰和县、遂川县、万安县、安福县、永新县、井冈山市

附录 我国主要城镇和地区的抗震设防烈度、设计基本地震加速度和设计地震分组

(续)

	烈度	加速度	分组	县级及县级以上城镇
宜春市	6度	0.05g	第一组	袁州区、奉新县、万载县、上高县、宜丰县、靖安县、铜鼓县、丰城市、樟树市、高安市
抚州市	6度	0.05g	第一组	临川区、南城县、黎川县、南丰县、崇仁县、乐安县、宜黄县、金溪县、资溪县、东乡县、广昌县
上饶市	6度	0.05g	第一组	信州区、广丰县、上饶县、玉山县、铅山县、横峰县、弋阳县、余干县、鄱阳县、万年县、婺源县、德兴市

A.15 山东省

	烈度	加速度	分组	县级及县级以上城镇
济南市	7度	0.10g	第三组	长清区
济南市	7度	0.10g	第二组	平阴县
济南市	6度	0.05g	第三组	历下区、市中区、槐荫区、天桥区、历城区、济阳县、商河县、章丘市
青岛市	7度	0.10g	第三组	黄岛区、平度市、胶州市、即墨市
青岛市	7度	0.10g	第二组	市南区、市北区、崂山区、李沧区、城阳区
青岛市	6度	0.05g	第三组	莱西市
淄博市	7度	0.15g	第二组	临淄区
淄博市	7度	0.10g	第三组	张店区、周村区、桓台县、高青县、沂源县
淄博市	7度	0.10g	第二组	淄川区、博山区
枣庄市	7度	0.15g	第三组	山亭区
枣庄市	7度	0.15g	第二组	台儿庄区
枣庄市	7度	0.10g	第三组	市中区、薛城区、峄城区
枣庄市	7度	0.10g	第二组	滕州市
东营市	7度	0.10g	第三组	东营区、河口区、垦利县、广饶县
东营市	6度	0.05g	第三组	利津县
烟台市	7度	0.15g	第三组	龙口市
烟台市	7度	0.15g	第二组	长岛县、蓬莱市
烟台市	7度	0.10g	第三组	莱州市、招远市、栖霞市
烟台市	7度	0.10g	第二组	芝罘区、福山区、莱山区
烟台市	7度	0.10g	第一组	牟平区
烟台市	6度	0.05g	第三组	莱阳市、海阳市
潍坊市	8度	0.20g	第二组	潍城区、坊子区、奎文区、安丘市
潍坊市	7度	0.15g	第三组	诸城市
潍坊市	7度	0.15g	第二组	寒亭区、临朐县、昌乐县、青州市、寿光市、昌邑市
潍坊市	7度	0.10g	第三组	高密市
济宁市	7度	0.10g	第三组	微山县、梁山县
济宁市	7度	0.10g	第二组	兖州区、汶上县、泗水县、曲阜市、邹城市
济宁市	6度	0.05g	第三组	任城区、金乡县、嘉祥县
济宁市	6度	0.05g	第二组	鱼台县

(续)

	烈度	加速度	分组	县级及县级以上城镇
泰安市	7度	0.10g	第三组	新泰市、肥城市
	7度	0.10g	第二组	泰山区、岱岳区、宁阳县
	6度	0.05g	第三组	东平县
威海市	7度	0.10g	第一组	环翠区、文登区、荣成市
	6度	0.05g	第二组	乳山市
日照市	8度	0.20g	第二组	莒县
	7度	0.15g	第三组	五莲县
	7度	0.10g	第三组	东港区、岚山区
莱芜市	7度	0.10g	第三组	钢城区
	7度	0.10g	第二组	莱城区
临沂市	8度	0.20g	第二组	兰山区、罗庄区、河东区、郯城县、沂水县、莒南县、临沭县
	7度	0.15g	第二组	沂南县、兰陵县、费县
	7度	0.10g	第三组	平邑县、蒙阴县
德州市	7度	0.15g	第二组	平原县、禹城市
	7度	0.10g	第三组	临邑县、齐河县
	7度	0.10g	第二组	德城区、陵城区、夏津县
	6度	0.05g	第三组	宁津县、庆云县、武城县、乐陵市
聊城市	8度	0.20g	第二组	阳谷县、莘县
	7度	0.15g	第二组	东昌府区、茌平县、高唐县
	7度	0.10g	第三组	冠县、临清市
	7度	0.10g	第二组	东阿县
滨州市	7度	0.10g	第三组	滨城区、博兴县、邹平县
	6度	0.05g	第三组	沾化区、惠民县、阳信县、无棣县
菏泽市	8度	0.20g	第二组	鄄城县、东明县
	7度	0.15g	第二组	牡丹区、郓城县、定陶县
	7度	0.10g	第三组	巨野县
	7度	0.10g	第二组	曹县、单县、成武县

A.16 河南省

	烈度	加速度	分组	县级及县级以上城镇
郑州市	7度	0.15g	第二组	中原区、二七区、管城回族区、金水区、惠济区
	7度	0.10g	第二组	上街区、中牟县、巩义市、荥阳市、新密市、新郑市、登封市
开封市	7度	0.15g	第二组	兰考县
	7度	0.10g	第二组	龙亭区、顺河回族区、鼓楼区、禹王台区、祥符区、通许县、尉氏县
	6度	0.05g	第二组	杞县
洛阳市	7度	0.10g	第二组	老城区、西工区、瀍河回族区、涧西区、吉利区、洛龙区、孟津县、新安县、宜阳县、偃师市
	6度	0.05g	第三组	洛宁县
	6度	0.05g	第二组	嵩县、伊川县
	6度	0.05g	第一组	栾川县、汝阳县

附录　我国主要城镇和地区的抗震设防烈度、设计基本地震加速度和设计地震分组

（续）

	烈度	加速度	分组	县级及县级以上城镇
平顶山市	6度	0.05g	第一组	新华区、卫东区、石龙区、湛河区①、宝丰县、叶县、鲁山县、舞钢市
	6度	0.05g	第二组	郏县、汝州市
安阳市	8度	0.20g	第二组	文峰区、殷都区、龙安区、北关区、安阳县②、汤阴县
	7度	0.15g	第二组	滑县、内黄县
	7度	0.10g	第二组	林州市
鹤壁市	8度	0.20g	第二组	山城区、淇滨区、淇县
	7度	0.15g	第二组	鹤山区、浚县
新乡市	8度	0.20g	第二组	红旗区、卫滨区、凤泉区、牧野区、新乡县、获嘉县、原阳县、延津县、卫辉市、辉县市
	7度	0.15g	第二组	封丘县、长垣县
焦作市	7度	0.15g	第二组	修武县、武陟县
	7度	0.10g	第二组	解放区、中站区、马村区、山阳区、博爱县、温县、沁阳市、孟州市
濮阳市	8度	0.20g	第二组	范县
	7度	0.15g	第二组	华龙区、清丰县、南乐县、台前县、濮阳县
许昌市	7度	0.10g	第一组	魏都区、许昌县、鄢陵县、禹州市、长葛市
	6度	0.05g	第二组	襄城县
漯河市	7度	0.10g	第一组	舞阳县
	6度	0.05g	第一组	召陵区、源汇区、郾城区、临颍县
三门峡市	7度	0.15g	第二组	湖滨区、陕州区、灵宝市
	6度	0.05g	第三组	渑池县、卢氏县
	6度	0.05g	第二组	义马市
南阳市	7度	0.10g	第一组	宛城区、卧龙区、西峡县、镇平县、内乡县、唐河县
	6度	0.05g	第一组	南召县、方城县、淅川县、社旗县、新野县、桐柏县、邓州市
商丘市	7度	0.10g	第二组	梁园区、睢阳区、民权县、虞城县
	6度	0.05g	第三组	睢县、永城市
	6度	0.05g	第二组	宁陵县、柘城县、夏邑县
信阳市	7度	0.10g	第一组	罗山县、潢川县、息县
	6度	0.05g	第一组	浉河区、平桥区、光山县、新县、商城县、固始县、淮滨县
周口市	7度	0.10g	第一组	扶沟县、太康县
	6度	0.05g	第一组	川汇区、西华县、商水县、沈丘县、郸城县、淮阳县、鹿邑县、项城市
驻马店市	7度	0.10g	第一组	西平县
	6度	0.05g	第一组	驿城区、上蔡县、平舆县、正阳县、确山县、泌阳县、汝南县、遂平县、新蔡县
省直辖县级行政单位	7度	0.10g	第二组	济源市

① 湛河区政府驻平顶山市新华区曙光街街道。
② 安阳县政府驻安阳市北关区灯塔路街道。

253

A.17 湖北省

	烈度	加速度	分组	县级及县级以上城镇
武汉市	7度	0.10g	第一组	新洲区
	6度	0.05g	第一组	江岸区、江汉区、硚口区、汉阳区、武昌区、青山区、洪山区、东西湖区、汉南区、蔡甸区、江夏区、黄陂区
黄石市	6度	0.05g	第一组	黄石港区、西塞山区、下陆区、铁山区、阳新县、大冶市
十堰市	7度	0.15g	第一组	竹山县、竹溪县
	7度	0.10g	第一组	郧阳区、房县
	6度	0.05g	第一组	茅箭区、张湾区、郧西县、丹江口市
宜昌市	6度	0.05g	第一组	西陵区、伍家岗区、点军区、猇亭区、夷陵区、远安县、兴山县、秭归县、长阳土家族自治县、五峰土家族自治县、宜都市、当阳市、枝江市
襄阳市	6度	0.05g	第一组	襄城、樊城区、襄州区、南漳县、谷城县、保康县、老河口市、枣阳市、宜城市
鄂州市	6度	0.05g	第一组	梁子湖区、华容区、鄂城区
荆门市	6度	0.05g	第一组	东宝区、掇刀区、京山县、沙洋县、钟祥市
孝感市	6度	0.05g	第一组	孝南区、孝昌县、大悟县、云梦县、应城市、安陆市、汉川市
荆州市	6度	0.05g	第一组	沙市区、荆州区、公安县、监利县、江陵县、石首市、洪湖市、松滋市
黄冈市	7度	0.10g	第一组	团风县、罗田县、英山县、麻城市
	6度	0.05g	第一组	黄州区、红安县、浠水县、蕲春县、黄梅县、武穴市
咸宁市	6度	0.05g	第一组	咸安区、嘉鱼县、通城县、崇阳县、通山县、赤壁市
随州市	6度	0.05g	第一组	曾都区、随县、广水市
恩施土家族苗族自治州	6度	0.05g	第一组	恩施市、利川市、建始县、巴东县、宣恩县、咸丰县、来凤县、鹤峰县
省直辖县级行政单位	6度	0.05g	第一组	仙桃市、潜江市、天门市、神农架林区

A.18 湖南省

	烈度	加速度	分组	县级及县级以上城镇
长沙市	6度	0.05g	第一组	芙蓉区、天心区、岳麓区、开福区、雨花区、望城区、长沙县、宁乡县、浏阳市
株洲市	6度	0.05g	第一组	荷塘区、芦淞区、石峰区、天元区、株洲县、攸县、茶陵县、炎陵县、醴陵市
湘潭市	6度	0.05g	第一组	雨湖区、岳塘区、湘潭县、湘乡市、韶山市
衡阳市	6度	0.05g	第一组	珠晖区、雁峰区、石鼓区、蒸湘区、南岳区、衡阳县、衡南县、衡山县、衡东县、祁东县、耒阳市、常宁市
邵阳市	6度	0.05g	第一组	双清区、大祥区、北塔区、邵东县、新邵县、邵阳县、隆回县、洞口县、绥宁县、新宁县、城步苗族自治县、武冈市
岳阳市	7度	0.10g	第二组	湘阴县、汨罗市
	7度	0.10g	第一组	岳阳楼区、岳阳县
	6度	0.05g	第一组	云溪区、君山区、华容县、平江县、临湘市
常德市	7度	0.15g	第一组	武陵区、鼎城区
	7度	0.10g	第一组	安乡县、汉寿县、澧县、临澧县、桃源县、津市市
	6度	0.05g	第一组	石门县

附录　我国主要城镇和地区的抗震设防烈度、设计基本地震加速度和设计地震分组

（续）

	烈度	加速度	分组	县级及县级以上城镇
张家界市	6度	0.05g	第一组	永定区、武陵源区、慈利县、桑植县
益阳市	6度	0.05g	第一组	资阳区、赫山区、南县、桃江县、安化县、沅江市
郴州市	6度	0.05g	第一组	北湖区、苏仙区、桂阳县、宜章县、永兴县、嘉禾县、临武县、汝城县、桂东县、安仁县、资兴市
永州市	6度	0.05g	第一组	零陵区、冷水滩区、祁阳县、东安县、双牌县、道县、江永县、宁远县、蓝山县、新田县、江华瑶族自治县
怀化市	6度	0.05g	第一组	鹤城区、中方县、沅陵县、辰溪县、溆浦县、会同县、麻阳苗族自治县、新晃侗族自治县、芷江侗族自治县、靖州苗族侗族自治县、通道侗族自治县、洪江市
娄底市	6度	0.05g	第一组	娄星区、双峰县、新化县、冷水江市、涟源市
湘西土家族苗族自治州	6度	0.05g	第一组	吉首市、泸溪县、凤凰县、花垣县、保靖县、古丈县、永顺县、龙山县

A.19　广东省

	烈度	加速度	分组	县级及县级以上城镇
广州市	7度	0.10g	第一组	荔湾区、越秀区、海珠区、天河区、白云区、黄埔区、番禺区、南沙区
	6度	0.05g	第一组	花都区、增城区、从化区
韶关市	6度	0.05g	第一组	武江区、浈江区、曲江区、始兴县、仁化县、翁源县、乳源瑶族自治县、新丰县、乐昌市、南雄市
深圳市	7度	0.10g	第一组	罗湖区、福田区、南山区、宝安区、龙岗区、盐田区
珠海市	7度	0.10g	第二组	香洲区、金湾区
	7度	0.10g	第一组	斗门区
汕头市	8度	0.20g	第二组	龙湖区、金平区、濠江区、潮阳区、澄海区、南澳县
	7度	0.15g	第二组	潮南区
佛山市	7度	0.10g	第一组	禅城区、南海区、顺德区、三水区、高明区
江门市	7度	0.10g	第一组	蓬江区、江海区、新会区、鹤山市
	6度	0.05g	第一组	台山市、开平市、恩平市
湛江市	8度	0.20g	第二组	徐闻县
	7度	0.10g	第一组	赤坎区、霞山区、坡头区、麻章区、遂溪县、廉江市、雷州市、吴川市
茂名市	7度	0.10g	第一组	茂南区、电白区、化州市
	6度	0.05g	第一组	高州市、信宜市
肇庆市	7度	0.10g	第一组	端州区、鼎湖区、高要区
	6度	0.05g	第一组	广宁县、怀集县、封开县、德庆县、四会市
惠州市	6度	0.05g	第一组	惠城区、惠阳区、博罗县、惠东县、龙门县
梅州市	7度	0.10g	第二组	大埔县
	7度	0.10g	第一组	梅江区、梅县区、丰顺县
	6度	0.05g	第一组	五华县、平远县、蕉岭县、兴宁市
汕尾市	7度	0.10g	第一组	城区、海丰县、陆丰市
	6度	0.05g	第一组	陆河县

（续）

	烈度	加速度	分组	县级及县级以上城镇
河源市	7度	0.10g	第一组	源城区、东源县
	6度	0.05g	第一组	紫金县、龙川县、连平县、和平县
阳江市	7度	0.15g	第一组	江城区
	7度	0.10g	第一组	阳东区、阳西县
	6度	0.05g	第一组	阳春市
清远市	6度	0.05g	第一组	清城区、清新区、佛冈县、阳山县、连山壮族瑶族自治县、连南瑶族自治县、英德市、连州市
东莞市	7度	0.10g	第一组	东莞市
中山市	6度	0.05g	第一组	中山市
潮州市	8度	0.20g	第二组	湘桥区、潮安区
	7度	0.15g	第二组	饶平县
揭阳市	7度	0.15g	第二组	榕城区、揭东区
	7度	0.10g	第二组	惠来县、普宁市
	6度	0.05g	第一组	揭西县
云浮市	6度	0.05g	第一组	云城区、云安区、新兴县、郁南县、罗定市

A.20 广西壮族自治区

	烈度	加速度	分组	县级及县级以上城镇
南宁市	7度	0.15g	第一组	隆安县
	7度	0.10g	第一组	兴宁区、青秀区、江南区、西乡塘区、良庆区、邕宁区、横县
	6度	0.05g	第一组	武鸣区、马山县、上林县、宾阳县
柳州市	6度	0.05g	第一组	城中区、鱼峰区、柳南区、柳北区、柳江县、柳城县、鹿寨县、融安县、融水苗族自治县、三江侗族自治县
桂林市	6度	0.05g	第一组	秀峰区、叠彩区、象山区、七星区、雁山区、临桂区、阳朔县、灵川县、全州县、兴安县、永福县、灌阳县、龙胜各族自治县、资源县、平乐县、荔浦县、恭城瑶族自治县
梧州市	6度	0.05g	第一组	万秀区、长洲区、龙圩区、苍梧县、藤县、蒙山县、岑溪市
北海市	7度	0.10g	第一组	合浦县
	6度	0.05g	第一组	海城区、银海区、铁山港区
防城港市	6度	0.05g	第一组	港口区、防城区、上思县、东兴市
钦州市	7度	0.15g	第一组	灵山县
	7度	0.10g	第一组	钦南区、钦北区、浦北县
贵港市	6度	0.05g	第一组	港北区、港南区、覃塘区、平南县、桂平市
玉林市	7度	0.10g	第一组	玉州区、福绵区、陆川县、博白县、兴业县、北流市
	6度	0.05g	第一组	容县
百色市	7度	0.15g	第一组	田东县、平果县、乐业县
	7度	0.10g	第一组	右江区、田阳县、田林县
	6度	0.05g	第二组	西林县、隆林各族自治县
	6度	0.05g	第一组	德保县、那坡县、凌云县

附录　我国主要城镇和地区的抗震设防烈度、设计基本地震加速度和设计地震分组

（续）

	烈度	加速度	分组	县级及县级以上城镇
贺州市	6度	0.05g	第一组	八步区、昭平县、钟山县、富川瑶族自治县
河池市	6度	0.05g	第一组	金城江区、南丹县、天峨县、凤山县、东兰县、罗城仫佬族自治县、环江毛南族自治县、巴马瑶族自治县、都安瑶族自治县、大化瑶族自治县、宜州市
来宾市	6度	0.05g	第一组	兴宾区、忻城县、象州县、武宣县、金秀瑶族自治县、合山市
崇左市	7度	0.10g	第一组	扶绥县
	6度	0.05g	第一组	江州区、宁明县、龙州县、大新县、天等县、凭祥市
自治区直辖县级行政单位	6度	0.05g	第一组	靖西市

A.21　海南省

	烈度	加速度	分组	县级及县级以上城镇
海口市	8度	0.30g	第二组	秀英区、龙华区、琼山区、美兰区
三亚市	6度	0.05g	第一组	海棠区、吉阳区、天涯区、崖州区
三沙市	7度	0.10g	第一组	三沙市①
儋州市	7度	0.10g	第二组	儋州市
省直辖县级行政单位	8度	0.20g	第二组	文昌市、定安县
	7度	0.15g	第二组	澄迈县
	7度	0.15g	第一组	临高县
	7度	0.10g	第二组	琼海市、屯昌县
	6度	0.05g	第二组	白沙黎族自治县、琼中黎族苗族自治县
	6度	0.05g	第一组	五指山市、万宁市、东方市、昌江黎族自治县、乐东黎族自治县、陵水黎族自治县、保亭黎族苗族自治县

① 三沙市政府驻地西沙永兴岛。

A.22　重庆市

烈度	加速度	分组	县级及县级以上城镇
7度	0.10g	第一组	黔江区、荣昌区
6度	0.05g	第一组	万州区、涪陵区、渝中区、大渡口区、江北区、沙坪坝区、九龙坡区、南岸区、北碚区、綦江区、大足区、渝北区、巴南区、长寿区、江津区、合川区、永川区、南川区、铜梁区、璧山区、潼南区、梁平县、城口县、丰都县、垫江县、武隆县、忠县、开县、云阳县、奉节县、巫山县、巫溪县、石柱土家族自治县、秀山土家族苗族自治县、酉阳土家族苗族自治县、彭水苗族土家族自治县

A.23　四川省

	烈度	加速度	分组	县级及县级以上城镇
成都市	8度	0.20g	第二组	都江堰市
	7度	0.15g	第二组	彭州市
	7度	0.10g	第三组	锦江区、青羊区、金牛区、武侯区、成华区、龙泉驿区、青白江区、新都区、温江区、金堂县、双流县、郫县、大邑县、蒲江县、新津县、邛崃市、崇州市

257

(续)

	烈度	加速度	分组	县级及县级以上城镇
自贡市	7度	0.10g	第二组	富顺县
	7度	0.10g	第一组	自流井区、贡井区、大安区、沿滩区
	6度	0.05g	第三组	荣县
攀枝花市	7度	0.15g	第三组	东区、西区、仁和区、米易县、盐边县
泸州市	6度	0.05g	第二组	泸县
	6度	0.05g	第一组	江阳区、纳溪区、龙马潭区、合江县、叙永县、古蔺县
德阳市	7度	0.15g	第二组	什邡市、绵竹市
	7度	0.10g	第三组	广汉市
	7度	0.10g	第二组	旌阳区、中江县、罗江县
绵阳市	8度	0.20g	第二组	平武县
	7度	0.15g	第二组	北川羌族自治县(新)、江油市
	7度	0.10g	第二组	涪城区、游仙区、安县
	6度	0.05g	第二组	三台县、盐亭县、梓潼县
广元市	7度	0.15g	第二组	朝天、青川县
	7度	0.10g	第二组	利州区、昭化区、剑阁县
	6度	0.05g	第二组	旺苍县、苍溪县
遂宁市	6度	0.05g	第一组	船山区、安居区、蓬溪县、射洪县、大英县
内江市	7度	0.10g	第一组	隆昌县
	6度	0.05g	第二组	威远县
	6度	0.05g	第一组	市中区、东兴区、资中县
乐山市	7度	0.15g	第三组	金口河区
	7度	0.15g	第二组	沙湾区、沐川县、峨边彝族自治县、马边彝族自治县
	7度	0.10g	第三组	五通桥区、犍为县、夹江县
	7度	0.10g	第二组	市中区、峨眉山市
	6度	0.05g	第三组	井研县
南充市	6度	0.05g	第二组	阆中市
	6度	0.05g	第一组	顺庆区、高坪区、嘉陵区、南部县、营山县、蓬安县、仪陇县、西充县
眉山市	7度	0.10g	第三组	东坡区、彭山县、洪雅县、丹棱县、青神县
	6度	0.05g	第二组	仁寿县
宜宾市	7度	0.10g	第三组	高县
	7度	0.10g	第二组	翠屏区、宜宾县、屏山县
	6度	0.05g	第三组	珙县、筠连县
	6度	0.05g	第二组	南溪区、江安县、长宁县
	6度	0.05g	第一组	兴文县
广安市	6度	0.05g	第一组	广安区、前锋区、岳池县、武胜县、邻水县、华蓥市
达州市	6度	0.05g	第一组	通川区、达川区、宣汉县、开江县、大竹县、渠县、万源市

附录　我国主要城镇和地区的抗震设防烈度、设计基本地震加速度和设计地震分组

(续)

	烈度	加速度	分组	县级及县级以上城镇
雅安市	8度	0.20g	第三组	石棉县
	8度	0.20g	第一组	宝兴县
	7度	0.15g	第三组	荥经县、汉源县
	7度	0.15g	第二组	天全县、芦山县
	7度	0.10g	第三组	名山区
	7度	0.10g	第二组	雨城区
巴中市	6度	0.05g	第一组	巴州区、恩阳区、通江县、平昌县
	6度	0.05g	第二组	南江县
资阳市	6度	0.05g	第一组	雁江区、安岳县、乐至县
	6度	0.05g	第二组	简阳市
阿坝藏族羌族自治州	8度	0.20g	第三组	九寨沟县
	8度	0.20g	第二组	松潘县
	8度	0.20g	第一组	汶川县、茂县
	7度	0.15g	第二组	理县、阿坝县
	7度	0.10g	第三组	金川县、小金县、黑水县、壤塘县、若尔盖县、红原县
	7度	0.10g	第二组	马尔康县
甘孜藏族自治州	9度	0.40g	第二组	康定市
	8度	0.30g	第二组	道孚县、炉霍县
	8度	0.20g	第三组	理塘县、甘孜县
	8度	0.20g	第二组	泸定县、德格县、白玉县、巴塘县、得荣县
	7度	0.15g	第三组	九龙县、雅江县、新龙县
	7度	0.15g	第二组	丹巴县
	7度	0.10g	第三组	石渠县、色达县、稻城县
	7度	0.10g	第二组	乡城县
凉山彝族自治州	9度	0.40g	第三组	西昌市
	8度	0.30g	第三组	宁南县、普格县、冕宁县
	8度	0.20g	第三组	盐源县、德昌县、布拖县、昭觉县、喜德县、越西县、雷波县
	7度	0.15g	第三组	木里藏族自治县、会东县、金阳县、甘洛县、美姑县
	7度	0.10g	第三组	会理县

A.24　贵州省

	烈度	加速度	分组	县级及县级以上城镇
贵阳市	6度	0.05g	第一组	南明区、云岩区、花溪区、乌当区、白云区、观山湖区、开阳县、息烽县、修文县、清镇市
六盘水市	7度	0.10g	第二组	钟山区
	6度	0.05g	第三组	盘县
	6度	0.05g	第二组	水城县
	6度	0.05g	第一组	六枝特区

(续)

	烈度	加速度	分组	县级及县级以上城镇
遵义市	6度	0.05g	第一组	红花岗区、汇川区、遵义县、桐梓县、绥阳县、正安县、道真仡佬族苗族自治县、务川仡佬族苗族自治县凤冈县、湄潭县、余庆县、习水县、赤水市、仁怀市
安顺市	6度	0.05g	第一组	西秀区、平坝区、普定县、镇宁布依族苗族自治县、关岭布依族苗族自治县、紫云苗族布依族自治县
铜仁市	6度	0.05g	第一组	碧江区、万山区、江口县、玉屏侗族自治县、石阡县、思南县、印江土家族苗族自治县、德江县、沿河土家族自治县、松桃苗族自治县
黔西南布依族苗族自治州	7度	0.15g	第一组	望谟县
	7度	0.10g	第二组	普安县、晴隆县
	6度	0.05g	第三组	兴义市
	6度	0.05g	第二组	兴仁县、贞丰县、册亨县、安龙县
毕节市	7度	0.10g	第三组	威宁彝族回族苗族自治县
	6度	0.05g	第三组	赫章县
	6度	0.05g	第二组	七星关区、大方县、纳雍县
	6度	0.05g	第一组	金沙县、黔西县、织金县
黔东南苗族侗族自治州	6度	0.05g	第一组	凯里市、黄平县、施秉县、三穗县、镇远县、岑巩县、天柱县、锦屏县、剑河县、台江县、黎平县、榕江县、从江县、雷山县、麻江县、丹寨县
黔南布依族苗族自治州	7度	0.10g	第一组	福泉市、贵定县、龙里县
	6度	0.05g	第一组	都匀市、荔波县、瓮安县、独山县、平塘县、罗甸县、长顺县、惠水县、三都水族自治县

A.25 云南省

	烈度	加速度	分组	县级及县级以上城镇
昆明市	9度	0.40g	第三组	东川区、寻甸回族彝族自治县
	8度	0.30g	第三组	宜良县、嵩明县
	8度	0.20g	第三组	五华区、盘龙区、官渡区、西山区、呈贡区、晋宁县、石林彝族自治县、安宁市
	7度	0.15g	第三组	富民县、禄劝彝族苗族自治县
曲靖市	8度	0.20g	第三组	马龙县、会泽县
	7度	0.15g	第三组	麒麟区、陆良县、沾益县
	7度	0.10g	第三组	师宗县、富源县、罗平县、宣威市
玉溪市	8度	0.30g	第三组	江川县、澄江县、通海县、华宁县、峨山彝族自治县
	8度	0.20g	第三组	红塔区、易门县
	7度	0.15g	第三组	新平彝族傣族自治县、元江哈尼族彝族傣族自治县
保山市	8度	0.30g	第三组	龙陵县
	8度	0.20g	第三组	隆阳区、施甸县
	7度	0.15g	第三组	昌宁县

附录　我国主要城镇和地区的抗震设防烈度、设计基本地震加速度和设计地震分组

（续）

	烈度	加速度	分组	县级及县级以上城镇
昭通市	8度	0.20g	第三组	巧家县、永善县
	7度	0.15g	第三组	大关县、彝良县、鲁甸县
	7度	0.15g	第二组	绥江县
	7度	0.10g	第三组	昭阳区、盐津县
	7度	0.10g	第二组	水富县
	6度	0.05g	第二组	镇雄县、威信县
丽江市	8度	0.30g	第三组	古城区、玉龙纳西族自治县、永胜县
	8度	0.20g	第三组	宁蒗彝族自治县
	7度	0.15g	第三组	华坪县
普洱市	9度	0.40g	第三组	澜沧拉祜族自治县
	8度	0.30g	第三组	孟连傣族拉祜族佤族自治县、西盟佤族自治县
	8度	0.20g	第三组	思茅区、宁洱哈尼族彝族自治县
	7度	0.15g	第三组	景东彝族自治县、景谷傣族彝族自治县
	7度	0.10g	第三组	墨江哈尼族自治县、镇沅彝族哈尼族拉祜族自治县、江城哈尼族彝族自治县
临沧市	8度	0.30g	第三组	双江拉祜族佤族布朗族傣族自治县、耿马傣族佤族自治县、沧源佤族自治县
	8度	0.20g	第三组	临翔区、凤庆县、云县、永德县、镇康县
楚雄彝族自治州	8度	0.20g	第三组	楚雄市、南华县
	7度	0.15g	第三组	双柏县、牟定县、姚安县、大姚县、元谋县、武定县、禄丰县
	7度	0.10g	第三组	永仁县
红河哈尼族彝族自治州	8度	0.30g	第三组	建水县、石屏县
	7度	0.15g	第三组	个旧市、开远市、弥勒市、元阳县、红河县
	7度	0.10g	第三组	蒙自市、泸西县、金平苗族瑶族傣族自治县、绿春县
	7度	0.10g	第一组	河口瑶族自治县
	6度	0.05g	第三组	屏边苗族自治县
文山壮族苗族自治州	7度	0.10g	第三组	文山市
	6度	0.05g	第三组	砚山县、丘北县
	6度	0.05g	第二组	广南县
	6度	0.05g	第一组	西畴县、麻栗坡县、马关县、富宁县
西双版纳傣族自治州	8度	0.30g	第三组	勐海县
	8度	0.20g	第三组	景洪市
	7度	0.15g	第三组	勐腊县
大理白族自治州	8度	0.30g	第三组	洱源县、剑川县、鹤庆县
	8度	0.20g	第三组	大理市、漾濞彝族自治县、祥云县、宾川县、弥渡县、南涧彝族自治县、巍山彝族回族自治县
	7度	0.15g	第三组	永平县、云龙县

（续）

	烈度	加速度	分组	县级及县级以上城镇
德宏傣族景颇族自治州	8度	0.30g	第三组	瑞丽市、芒市
	8度	0.20g	第三组	梁河县、盈江县、陇川县
怒江傈僳族自治州	8度	0.20g	第三组	泸水县
	8度	0.20g	第二组	福贡县、贡山独龙族怒族自治县
	7度	0.15g	第三组	兰坪白族普米族自治县
迪庆藏族自治州	8度	0.20g	第二组	香格里拉市、德钦县、维西傈僳族自治县
省直辖县级行政单位	8度	0.20g	第三组	腾冲市

A.26 西藏自治区

	烈度	加速度	分组	县级及县级以上城镇
拉萨市	9度	0.40g	第三组	当雄县
	8度	0.20g	第三组	城关区、林周县、尼木县、堆龙德庆县
	7度	0.15g	第三组	曲水县、达孜县、墨竹工卡县
昌都市	8度	0.20g	第三组	卡若区、边坝县、洛隆县
	7度	0.15g	第三组	类乌齐县、丁青县、察雅县、八宿县、左贡县
	7度	0.15g	第二组	江达县、芒康县
	7度	0.10g	第三组	贡觉县
山南地区	8度	0.30g	第三组	错那县
	8度	0.20g	第三组	桑日县、曲松县、隆子县
	7度	0.15g	第三组	乃东县、扎囊县、贡嘎县、琼结县、措美县、洛扎县、加查县、浪卡子县
日喀则市	8度	0.20g	第三组	仁布县、康马县、聂拉木县
	8度	0.20g	第二组	拉孜县、定结县、亚东县
	7度	0.15g	第三组	桑珠孜区(原日喀则市)、南木林县、江孜县、定日县、萨迦县、白朗县、吉隆县、萨嘎县、岗巴县
	7度	0.15g	第二组	昂仁县、谢通门县、仲巴县
那曲地区	8度	0.30g	第三组	申扎县
	8度	0.20g	第三组	那曲县、安多县、尼玛县
	8度	0.20g	第二组	嘉黎县
	7度	0.15g	第三组	聂荣县、班戈县
	7度	0.15g	第二组	索县、巴青县、双湖县
	7度	0.10g	第三组	比如县
阿里地区	8度	0.20g	第三组	普兰县
	7度	0.15g	第三组	噶尔县、日土县
	7度	0.15g	第二组	札达县、改则县
	7度	0.10g	第三组	革吉县
	7度	0.10g	第二组	措勤县

附录　我国主要城镇和地区的抗震设防烈度、设计基本地震加速度和设计地震分组

（续）

	烈度	加速度	分组	县级及县级以上城镇
林芝市	9度	0.40g	第三组	墨脱县
	8度	0.30g	第三组	米林县、波密县
	8度	0.20g	第三组	巴宜区（原林芝县）
	7度	0.15g	第三组	察隅县、朗县
	7度	0.10g	第三组	工布江达县

A.27　陕西省

	烈度	加速度	分组	县级及县级以上城镇
西安市	8度	0.20g	第二组	新城区、碑林区、莲湖区、灞桥区、未央区、雁塔区、阎良区、临潼区、长安区、高陵区、蓝田县、周至县、户县
铜川市	7度	0.10g	第三组	王益区、印台区、耀州区
	6度	0.05g	第三组	宜君县
宝鸡市	8度	0.20g	第三组	凤翔县、岐山县、陇县、千阳县
	8度	0.20g	第二组	渭滨区、金台区、陈仓区、扶风县、眉县
	7度	0.15g	第三组	凤县
	7度	0.10g	第三组	麟游县、太白县
咸阳市	8度	0.20g	第二组	秦都区、杨陵区、渭城区、泾阳县、武功县、兴平市
	7度	0.15g	第三组	乾县
	7度	0.15g	第二组	三原县、礼泉县
	7度	0.10g	第三组	永寿县、淳化县
	6度	0.05g	第三组	彬县、长武县、旬邑县
渭南市	8度	0.30g	第二组	华县
	8度	0.20g	第二组	临渭区、潼关县、大荔县、华阴市
	7度	0.15g	第三组	澄城县、富平县
	7度	0.15g	第二组	合阳县、蒲城县、韩城市
	7度	0.10g	第三组	白水县
延安市	6度	0.05g	第三组	吴起县、富县、洛川县、宜川县、黄龙县、黄陵县
	6度	0.05g	第二组	延长县、延川县
	6度	0.05g	第一组	宝塔区、子长县、安塞县、志丹县、甘泉县
汉中市	7度	0.15g	第二组	略阳县
	7度	0.10g	第三组	留坝县
	7度	0.10g	第二组	汉台区、南郑县、勉县、宁强县
	6度	0.05g	第三组	城固县、洋县、西乡县、佛坪县
	6度	0.05g	第一组	镇巴县
榆林市	6度	0.05g	第三组	府谷县、定边县、吴堡县
	6度	0.05g	第一组	榆阳区、神木县、横山县、靖边县、绥德县、米脂县、佳县、清涧县、子洲县

（续）

	烈度	加速度	分组	县级及县级以上城镇
安康市	7度	0.10g	第一组	汉滨区、平利县
	6度	0.05g	第三组	汉阴县、石泉县、宁陕县
	6度	0.05g	第二组	紫阳县、岚皋县、旬阳县、白河县
	6度	0.05g	第一组	镇坪县
商洛市	7度	0.15g	第二组	洛南县
	7度	0.10g	第三组	商州区、柞水县
	7度	0.10g	第一组	商南县
	6度	0.05g	第三组	丹凤县、山阳县、镇安县

A.28 甘肃省

	烈度	加速度	分组	县级及县级以上城镇
兰州市	8度	0.20g	第三组	城关区、七里河区、西固区、安宁区、永登县
	7度	0.15g	第三组	红古区、皋兰县、榆中县
嘉峪关市	8度	0.20g	第二组	嘉峪关市
金昌市	7度	0.15g	第三组	金川区、永昌县
白银市	8度	0.30g	第三组	平川区
	8度	0.20g	第三组	靖远县、会宁县、景泰县
	7度	0.15g	第三组	白银区
天水市	8度	0.30g	第二组	秦州区、麦积区
	8度	0.20g	第三组	清水县、秦安县、武山县、张家川回族自治县
	8度	0.20g	第二组	甘谷县
武威市	8度	0.30g	第三组	古浪县
	8度	0.20g	第三组	凉州区、天祝藏族自治县
	7度	0.10g	第三组	民勤县
张掖市	8度	0.20g	第三组	临泽县
	8度	0.20g	第二组	肃南裕固族自治县、高台县
	7度	0.15g	第三组	甘州区
	7度	0.15g	第二组	民乐县、山丹县
平凉市	8度	0.20g	第三组	华亭县、庄浪县、静宁县
	7度	0.15g	第三组	崆峒区、崇信县
	7度	0.10g	第三组	泾川县、灵台县
酒泉市	8度	0.20g	第二组	肃北蒙古族自治县
	7度	0.15g	第三组	肃州区、玉门市
	7度	0.15g	第二组	金塔县、阿克塞哈萨克族自治县
	7度	0.10g	第三组	瓜州县、敦煌市
庆阳市	7度	0.10g	第三组	西峰区、环县、镇原县
	6度	0.05g	第三组	庆城县、华池县、合水县、正宁县、宁县

附录　我国主要城镇和地区的抗震设防烈度、设计基本地震加速度和设计地震分组

（续）

	烈度	加速度	分组	县级及县级以上城镇
定西市	8度	0.20g	第三组	通渭县、陇西县、漳县
	7度	0.15g	第三组	安定区、渭源县、临洮县、岷县
陇南市	8度	0.30g	第二组	西和县、礼县
	8度	0.20g	第三组	两当县
	8度	0.20g	第二组	武都区、成县、文县、宕昌县、康县、徽县
临夏回族自治州	8度	0.20g	第三组	永靖县
	7度	0.15g	第三组	临夏市、康乐县、广河县、和政县、东乡族自治县
	7度	0.15g	第二组	临夏县
	7度	0.10g	第三组	积石山保安族东乡族撒拉族自治县
甘南藏族自治州	8度	0.20g	第三组	舟曲县
	8度	0.20g	第二组	玛曲县
	7度	0.15g	第三组	临潭县、卓尼县、迭部县
	7度	0.15g	第二组	合作市、夏河县
	7度	0.10g	第三组	碌曲县

A.29　青海省

	烈度	加速度	分组	县级及县级以上城镇
西宁市	7度	0.10g	第三组	城中区、城东区、城西区、城北区、大通回族土族自治县、湟中县、湟源县
海东市	7度	0.10g	第三组	乐都区、平安区、民和回族土族自治县、互助土族自治县、化隆回族自治县、循化撒拉族自治县
海北藏族自治州	8度	0.20g	第二组	祁连县
	7度	0.15g	第三组	门源回族自治县
	7度	0.15g	第二组	海晏县
	7度	0.10g	第三组	刚察县
黄南藏族自治州	7度	0.15g	第二组	同仁县
	7度	0.10g	第三组	尖扎县、河南蒙古族自治县
	7度	0.10g	第二组	泽库县
海南藏族自治州	7度	0.15g	第二组	贵德县
	7度	0.10g	第三组	共和县、同德县、兴海县、贵南县
果洛藏族自治州	8度	0.30g	第三组	玛沁县
	8度	0.20g	第三组	甘德县、达日县
	7度	0.15g	第三组	玛多县
	7度	0.10g	第三组	班玛县、久治县
玉树藏族自治州	8度	0.20g	第三组	曲麻莱县
	7度	0.15g	第三组	玉树市、治多县
	7度	0.10g	第三组	称多县
	7度	0.10g	第二组	杂多县、囊谦县

（续）

	烈度	加速度	分组	县级及县级以上城镇
海西蒙古族藏族自治州	7度	0.15g	第三组	德令哈市
	7度	0.15g	第二组	乌兰县
	7度	0.10g	第三组	格尔木市、都兰县、天峻县

A.30 宁夏回族自治区

	烈度	加速度	分组	县级及县级以上城镇
银川市	8度	0.20g	第三组	灵武市
	8度	0.20g	第二组	兴庆区、西夏区、金凤区、永宁县、贺兰县
石嘴山市	8度	0.20g	第二组	大武口区、惠农区、平罗县
吴忠市	8度	0.20g	第三组	利通区、红寺堡区、同心县、青铜峡市
	6度	0.05g	第三组	盐池县
固原市	8度	0.20g	第三组	原州区、西吉县、隆德县、泾源县
	7度	0.15g	第三组	彭阳县
中卫市	8度	0.20g	第三组	沙坡头区、中宁县、海原县

A.31 新疆维吾尔自治区

	烈度	加速度	分组	县级及县级以上城镇
乌鲁木齐市	8度	0.20g	第二组	天山区、沙依巴克区、新市区、水磨沟区、头屯河区、达阪城区、米东区、乌鲁木齐县①
克拉玛依市	8度	0.20g	第三组	独山子区
	7度	0.10g	第三组	克拉玛依区、白碱滩区
	7度	0.10g	第一组	乌尔禾区
吐鲁番市	7度	0.15g	第二组	高昌区（原吐鲁番市）
	7度	0.10g	第二组	鄯善县、托克逊县
哈密地区	8度	0.20g	第二组	巴里坤哈萨克自治县
	7度	0.15g	第二组	伊吾县
	7度	0.10g	第二组	哈密市
昌吉回族自治州	8度	0.20g	第三组	昌吉市、玛纳斯县
	8度	0.20g	第二组	木垒哈萨克自治县
	7度	0.15g	第三组	呼图壁县
	7度	0.15g	第二组	阜康市、吉木萨尔县
	7度	0.10g	第二组	奇台县
博尔塔拉蒙古自治州	8度	0.20g	第三组	精河县
	8度	0.20g	第二组	阿拉山口市
	7度	0.15g	第三组	博乐市、温泉县
巴音郭楞蒙古自治州	8度	0.20g	第二组	库尔勒市、焉耆回族自治县、和静镇、和硕县、博湖县
	7度	0.15g	第二组	轮台县
	7度	0.10g	第三组	且末县
	7度	0.10g	第二组	尉犁县、若羌县

附录 我国主要城镇和地区的抗震设防烈度、设计基本地震加速度和设计地震分组

(续)

	烈度	加速度	分组	县级及县级以上城镇
阿克苏地区	8度	0.20g	第二组	阿克苏市、温宿县、库车县、拜城县、乌什县、柯坪县
	7度	0.15g	第二组	新和县
	7度	0.10g	第三组	沙雅县、阿瓦提县、阿瓦提镇
克孜勒苏柯尔克孜自治州	9度	0.40g	第三组	乌恰县
	8度	0.30g	第三组	阿图什市
	8度	0.20g	第三组	阿克陶县
	8度	0.20g	第二组	阿合奇县
喀什地区	9度	0.40g	第三组	塔什库尔干塔吉克自治县
	8度	0.30g	第三组	喀什市、疏附县、英吉沙县
	8度	0.20g	第三组	疏勒县、岳普湖县、伽师县、巴楚县
	7度	0.15g	第三组	泽普县、叶城县
	7度	0.10g	第三组	莎车县、麦盖提县
和田地区	7度	0.15g	第二组	和田市、和田县②、墨玉县、洛浦县、策勒县
	7度	0.10g	第三组	皮山县
	7度	0.10g	第二组	于田县、民丰县
伊犁哈萨克自治州	8度	0.30g	第三组	昭苏县、特克斯县、尼勒克县
	8度	0.20g	第三组	伊宁市、奎屯市、霍尔果斯市、伊宁县、霍城县、巩留县、新源县
	7度	0.15g	第三组	察布查尔锡伯自治县
塔城地区	8度	0.20g	第三组	乌苏市、沙湾县
	7度	0.15g	第二组	托里县
	7度	0.15g	第一组	和布克赛尔蒙古自治县
	7度	0.10g	第二组	裕民县
	7度	0.10g	第一组	塔城市、额敏县
阿勒泰地区	8度	0.20g	第三组	富蕴县、青河县
	7度	0.15g	第二组	阿勒泰市、哈巴河县
	7度	0.10g	第二组	布尔津县
	6度	0.05g	第三组	福海县、吉木乃县
自治区直辖县级行政单位	8度	0.20g	第三组	石河子市、可克达拉市
	8度	0.20g	第二组	铁门关市
	7度	0.15g	第三组	图木舒克市、五家渠市、双河市
	7度	0.10g	第二组	北屯市、阿拉尔市

① 乌鲁木齐县政府驻乌鲁木齐市水磨沟区南湖南路街道。
② 和田县政府驻和田市古江巴格街道。

A.32 港澳特区和台湾省

	烈度	加速度	分组	县级及县级以上城镇
香港特别行政区	7度	0.15g	第二组	香港

(续)

	烈度	加速度	分组	县级及县级以上城镇
澳门特别行政区	7度	0.10g	第二组	澳门
台湾省	9度	0.40g	第三组	嘉义县、嘉义市、云林县、南投县、彰化县、台中市、苗栗县、花莲县
	9度	0.40g	第二组	台南县、台中县
	8度	0.30g	第三组	台北市、台北县、基隆市、桃园县、新竹县、新竹市、宜兰县、台东县、屏东县
	8度	0.20g	第三组	高雄市、高雄县、金门县
	8度	0.20g	第二组	澎湖县
	6度	0.05g	第三组	妈祖县

参 考 文 献

[1] 中华人民共和国住房和城乡建设部.建筑抗震设计规范（2016年版）：GB 50011—2010［S］.北京：中国建筑工业出版社，2016.
[2] 中华人民共和国住房和城乡建设部.混凝土结构设计规范：GB 50010—2010［S］.北京：中国建筑工业出版社，2011.
[3] 中华人民共和国住房和城乡建设部.砌体结构设计规范：GB 50003—2011［S］.北京：中国建筑工业出版社，2002.
[4] 中华人民共和国住房和城乡建设部.建筑工程抗震设防分类标准：GB 50223—2008［S］.北京：中国建筑工业出版社，2008.
[5] 中华人民共和国国家质量监督检验检疫总局.中国地震烈度表：GB/T 17742—2008［S］.北京：中国建筑工业出版社，2008.
[6] 国家标准建筑抗震设计规范管理组.建筑抗震设计规范（GB 50011—2010）统一培训教材［M］.北京：地震出版社，2010.
[7] 中华人民共和国住房和城乡建设部.城市桥梁抗震设计规范：CJJ 166—2011［S］.北京：中国建筑工业出版社，2011.
[8] 中华人民共和国交通部.公路钢筋混凝土及预应力混凝土桥涵设计规范：JTG D62—2012［S］.北京：人民交通出版社，2012.
[9] 中华人民共和国住房和城乡建设部.钢结构设计标准：GB 50017—2017［S］.北京：中国建筑工业出版社，2018.
[10] 易方民，高小旺，苏经宇.建筑抗震设计规范理解与应用［M］.北京：中国建筑工业出版社，2011.
[11] 李国强，李杰，苏小卒.建筑结构抗震设计［M］.北京：中国建筑工业出版社，2009.
[12] 王社良.抗震结构设计［M］.武汉：武汉理工大学出版社，2008.
[13] 胡聿贤.地震工程学［M］.北京：地震出版社，2006.
[14] 丰定国，王社良.抗震结构设计［M］.武汉：武汉工业大学出版社，2001.
[15] 马成松，苏原.结构抗震设计［M］.北京：北京大学出版社，2006.
[16] 郭继武.建筑抗震设计［M］.北京：中国建筑工业出版社，2006.
[17] 沈蒲生.高层建筑结构设计［M］.北京：中国建筑工业出版社，2006.
[18] 李爱群，高振世.工程结构抗震设计［M］.北京：中国建筑工业出版社，2005.
[19] 祝英杰.结构抗震设计［M］.北京：北京大学出版社，2009.
[20] 左宏亮，戴纳新，王涛.建筑结构抗震［M］.北京：中国水利水电出版社，2009.
[21] 吕西林，周德源，等.建筑结构抗震设计理论与实例［M］.2版.上海：同济大学出版社，2002.
[22] 尚守平，周福霖.结构抗震设计［M］.北京：高等教育出版社，2003.
[23] 沈聚敏，周锡元，等.抗震工程学［M］.北京：中国建筑工业出版社，2000.
[24] 王东升，郭迅，孙治国，等.汶川大地震公路桥梁震害初步调查［J］.地震工程与工程振动，2009，29（3）：84-94.
[25] 范立础，李建中.汶川桥梁震害分析与抗震设计对策［J］.公路，2009（5）：122-128.
[26] 惠迎新，王克海，李冲.跨断层地表破裂带桥梁震害研究及抗震概念设计［J］.公路交通科技，2014，31（10）：51-57.
[27] 宋亚光.中小跨径公路桥梁抗震防落梁构造措施探讨［J］.北方交通，2011（5）：112-114.
[28] 范立础，卓卫东.桥梁延性抗震设计［M］.北京：人民交通出版社，2001.
[29] 叶爱君，管仲国.桥梁抗震［M］.北京：人民交通出版社，2017.
[30] 庄卫林，刘振宇，蒋劲松.汶川大地震公路桥梁震害分析及对策［J］.岩石力学与工程学报，2009，28（7）：1377-1387.